제2판

# 기본측량학

김성규 · 이진녕 · 김동현 · 김용석
박병수 · 양승룡 · 엄재구 · 이동락 공저

도서출판 구미서관

# 머리말

측량학(測量學)은 인간의 생활과 밀접한 관계가 있으며 전통적으로 건설(健設)분야의 가장 기본이 되는 학문으로 간주되어 왔다. 측량이란 지표(地表), 지하(地下) 및 우주공간(宇宙空間) 상의 여러 점들의 상호위치를 정하고, 지도(地圖)를 만들거나 모든 구조물(構造物)의 위치를 정량화시키며, 환경 및 자원에 관한 정보를 수집하여 정성적으로 해석하기도 하는 학문이다. 현장에서는 전통적인 지상측량으로부터 인공위성과 전파, 전자기파를 이용한 위성측량에 이르기까지 다양한 센서와 관측법이 현재 이용되고 있는 실정이어서 본서에서는 측량의 기본적인 이론을 기반으로 원격탐측(Remote Sensing)에 이르기까지 측량 전반에 관한 내용을 기술하고 있다. 측량은 모든 공학이 그러하듯이 물리세계의 현상을 파악하고 이를 수학적 원리를 이용하여 구현하여 정량화하고 있으므로, 기본을 이해하고 현실에 적용하기 위해서는 최소한의 수학적, 물리학적 소양이 필요하다. 전반적인 내용을 설명하고 이해하기 위해서는 많은 분량의 지면이 필요하지만 본서에서는 이를 보다 함축적으로 기술하고 중요한 부분을 강조하며, 최대한 이해도를 높이기 위해 중요한 내용을 강조하는 형식으로 도서를 집필하려 하였다.

기본측량학은 총 16장으로 구성하여, 오랜 기간 실무경험과 강의경험 및 국내외 관련서적을 참고하여 집필하였으며, 측량의 핵심이 되는 기본이론을 간략하게 요약·정리하여 학부나 전문대학교의 해당 학제에 따라 선택적으로 강의에 활용할 수 있을 것이다. 1장 총론에서 9장 지형측량까지를 1학기 분량으로, 10장 면적 및 체적의 측정에서 16장 원격탐사까지를 2학기 분량으로 하여 학제를 구분하여 강의할 수도 있고, 한학기 분량으로 압축하여 수업할 경우 1장 총론에서 11장 노선측량까지의 내용에 15장 사진측량을 추가하여 커리큘럼을 구성할 수도 있다. 또한 기업체 입사시험과 지형공간정보(산업)기사 시험준비를 위한 엄선된 문제를 예제로 다루어 교안으로서의 활용에 이해가 쉽도록 하였으므로 각종 시험을 준비하는 수험생에게도 본 도서가 좋은 길잡이가 되어줄 것을 기대해 본다.

어려운 출판환경과 상황속에서도 양질의 토목관련서적을 발굴·출간하여 주시고, 특히 이 책의 출판을 위해 수고해주신 구미서관 대표님을 비롯한 편집부 관계자 여러분들께도 진심으로 감사의 말씀을 드린다.

2022년 2월
저자

# 차 례

## Chapter 1 총 론



## Chapter 2 오차론 | Theory of Error



## Chapter 3 거리측량 | Distance Surveying

## Chapter 4 각측량 | Transit Surveying



## Chapter 5 트래버스측량 | Traverse Surveying

## Chapter 6 삼각측량 | Triangulation Surveying



## Chapter 7 수준측량 | Leveling

## Chapter 8 GPS측량 | Global Positioning System



## Chapter 9 지형측량 | Topographic Surveying



## Chapter 10 면적 및 체적의 측정

## Chapter 11 노선측량 | Route Surveying



## Chapter 12 터널측량 | Tunnel Surveying



## Chapter 13 하천측량 | River Surveying

## Chapter 14 지형공간정보체계 | Geospatial Information System



## Chapter 15 사진측량 | Photogrammetry

## Chapter 16 원격탐사 | Remote Sensing

basic surveying

Chapter 1

# 총 론

# 01 서론(序論)

### (1) 측량의 정의

측량(測量 : Surveying)이란 지구 및 우주공간에 존재하는 모든 대상물(지표면, 지하, 해양, 공간)의 기하학적 위치(거리, 방향, 높이, 시)를 관측하여 지도 제작 및 모든 구조물의 위치를 정량화시키며, 환경 및 자원에 관한 정보를 수집하여 이를 정성적으로 해석하는 제반 방법을 다루는 학문이다.

과거에는 각 거리, 높이를 관측하여 점의 위치를 결정하는 측량과 지도제작을 위한 측량을 주로 다루어왔지만 근래에는 과학기술의 발전으로 사진측량(Photogrammetry), 원격탐측정(Remote Sensing), 인공위성측량(Satellite Surveying), 항공라이다(LiDAR : Light Detecion And Ranging)를 이용한 지형측량 그리고 지형정보체계(Geographic Information System)와 같은 새로운 측량 기법에 대한 연구가 활발히 진행되고 있는 추세이며 여러 학문 분야에 활용할 수 있는 기술로 발전하였다.

# 02 측량의 역사

### (1) 측량의 시초

측량의 시초를 정확히 알 수는 없으나 성경에 나오는 내용 중 소유권과 경계를 나타내는 지계표, 지계석 등의 용어는 경계말뚝을 의미하며 측량의 존재를 추측할 수 있게 한다. 또한 기원전(BC) 2500년경의 점토판위에 그려진 바빌로니아(Babylonia)지방의 지도가 현존하는 가장 오래된 지도로 알려지고 있으며, 그리스의 역사학자 헤로도터스(Herodotus)에 의하면 B.C. 1400년경 세금징수 목적의 토지 분할이 측량의 시초였다고 하는 등 문헌에 따라 여러 가지 주장이 있으나 보편적으로 B.C. 3000년경 Egypt에서 매년 나일강 하류의 홍수로 유실된 농경지의 토지경계를 알기 위하여 시작한 것으로 알려져 있다.

### (2) 측량의 역사

1) 1590년경 : 평판 발명(John Praetorius)

2) 15세기 : 컴퍼스 발명(아라비아)

3) 1617년 : 삼각측량 방법 발견(Snellius ; 1570~1626)

4) 1631년 : 아들자의 발명(Pierre Vernier ; 프랑스)

5) 1669년 : 망원경 부측각기계 발명(Picard ; 프랑스)

6) 1640년 : Stadia법 발명(영국 과학자 Gas Coigine ; 1620~1644)

7) 1670년 : Traverse측량 방법의 시작(John Ogilive)

8) 1670년 : level에 장치한 기포관(air-level) 발명(Thevenot)

9) 1740년 : Y-level 발명(Sisson)

10) 1848년 : dumpy level 발명(Gravatt)

11) 18세기 : 각 측량기인 트랜싯 고안, 최소제곱법 연구(Gauss)

12) 19세기 : 사진측량 시작(로세다 ; 프랑스)

13) 20세기 : 입체 도화기개발(사진측량의 기초, 플프리히 ; 독일)

14) 1970년대 이후 원격 탐측.

## 03 측량의 분류

### (1) 측량의 크기(측량할 지역의 넓이)에 의한 분류

#### 1) 대지측량(大地測量 : large area surveying, 測地學的測量 : geodetic surveying) : 기준점 측량

지구가 구형인 것을 고려하여 실행하는 측량으로 명확한 기준은 없으나 거리 약 22km 이상, 면적으로는 약 380km$^2$ 이상의 측량을 말하며 측지측량이라고 한다.

#### 2) 소지측량(小地測量, 平面測量 : plane surveying)

지구의 곡율을 고려하지 않고 평지로 가정하여 실시하는 측량으로 평면측량(平面測量 : plane surveying)이라 한다. 명확한 기준은 없으므로 거리 약 22km 이하, 면적으로는 약 380km$^2$ 이하의 측량을 말한다. 그리고 대지측량과 평면측량의 오차의 차이는 반지름 11km 범위에 약 1/1,000,000 정밀도를 나타낸다($A = \pi \cdot R^2 = 3.14 \times 11 \times 11 \fallingdotseq 380\,\text{km}^2$).

그림 1.1에서 평면으로 관측한 거리(지평선상의 거리)를 $d$라 하고, $D$를 $C$점에서 지구 표면을 따라 관측한 거리(수평선상의 거리)라고 할 때

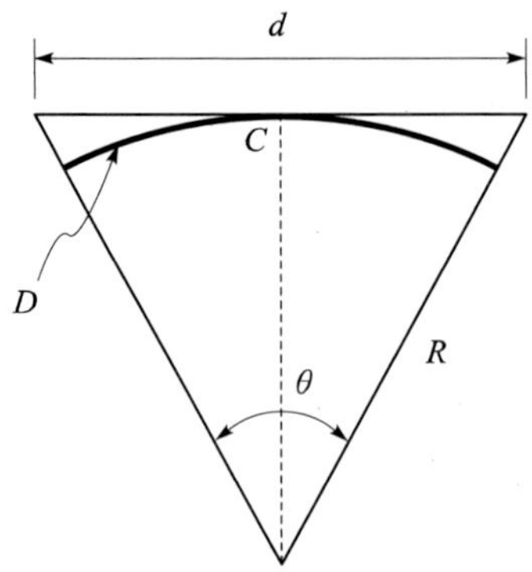


그림 1.1 Macraurain의 정리

$$d = 2R\tan\frac{\theta}{2}$$

여기서, $\tan\frac{\theta}{2} = \frac{\theta}{2} + \frac{1}{3}(\frac{\theta}{2})^3 + \frac{2}{15}(\frac{\theta}{2})^5 + \cdots$ *Taylor* 전개

$$R\theta = D,\ \frac{\theta}{2} = \frac{D}{2R}$$

따라서,

$$d = 2R\left\{\frac{\theta}{2} + \frac{1}{3}(\frac{\theta}{2})^3\right\} = 2R\left\{\frac{D}{2R} + \frac{1}{3}(\frac{D}{2R})^3\right\} = D + \frac{1}{12}(\frac{D}{R})^2 \times D$$

$$\therefore\ \frac{d-D}{D} = \frac{1}{12}(\frac{D}{R})^2 \qquad \therefore\ d-D = \frac{D^3}{12R^2} \qquad (1.1)$$

그러므로 $\frac{d-D}{D}$ 에 의하여 허용오차가 구해진다.

즉, $r = 6370\text{km}$, 허용오차$(\frac{d-D}{D}) \leq \frac{1}{10^6}$ 일 때, 평면측량은 $D = 22\text{km}$, 반경 11km, 거리오차 2.2cm, 면적 약 $380\text{km}^2$ 이내

**예제 1.1**

허용정밀도 $\frac{1}{100만}$ 의 경우 평면으로 간주할 수 있는 거리 및 면적은?

| 풀이 |

$$\frac{D^2}{12R^2} = \frac{1}{100만} \qquad \therefore\ D = \sqrt{\frac{12R^2}{100만}} = 22.07(\text{km}) \qquad A = \pi R^2 = \pi\left(\frac{22.07}{2}\right)^2 \fallingdotseq 380(\text{km}^2)$$

### (2) 측량 목적에 의한 분류

1) 지형측량(地形測量 : Topographical Surveying)

토지 및 육지(토지의 기복형태)측량으로 평면적인 모양과 입체적인 모양을 동시에 측정하여 지형도를 만드는 측량을 말한다.

2) 노선측량(路線測量 : Route Surveying)

도로, 철도, 수로, 상·하수도, 전기, 통신, gas 관로 등의 노선의 축조(築造) 또는 개수(改修)에 필요한 측량을 말한다.

3) 하해측량(河海測量 : Hydrographic surveying)

수로측량이라고도 하며 하천, 항만 등의 개수(改修)공사를 실시하여 계획을 수립하기 위한 측량을 말한다(수위, 유량, 조류, 수심 등의 측정이 포함).

4) 지적측량(地籍測量 : Cadastral Surveying)

토지의 위치, 경계, 면적 종류 등을 알기 위한 측량을 말한다.

5) 천문측량(天文測量 : Astronomical Surveying)

별 및 태양관측에 의한 천문방위각, 시, 경도, 위도를 결정하고, 천체간의 상호위치 관계를 측정하는 측량을 말한다.

6) 고저측량(高低測量 : Leveling Surveying)

토지의 높고 낮은 차를 구하는 측량을 말한다.

7) 공사측량(工事測量 : Engineering Surveying)

건설공사를 하기 위하여 필요로 하는 측량을 말한다.

8) 항만측량(港灣測量 : Harbor Surveying)

방파제, 준설 및 항만시설물의 위치 등을 필요로 하는 측량을 말한다.

9) 터널측량(Tunnel Surveying)

노선측량의 일부로서 터널의 계획 및 굴착 등에 필요한 측량을 말한다.

### (3) 사용하는 기계·기구에 의한 분류

1) 거리측량(距離測量 : distance surveying)

줄자 그리고 전파거리측정기, 광파거리측정기 등을 사용하여 거리를 구하는 측량을 말한다.

2) 평판측량(平板測量 : plane table surveying)

평판측량기를 이용하여 지형의 평면도를 작성하는 측량을 말한다.

3) 나침반측량(컴퍼스측량 : compass surveying)

컴퍼스측량기(나침반)를 이용하여 각을 측정하는 측량을 말한다.

4) 전경의 측량(트랜싯측량 : transit surveying)

트랜싯을 이용하여 주로 각을 측정하는 측량을 말한다.

5) 수준측량(水準測量 : level surveying)

레벨을 이용하여 고저차를 측정하는 측량을 말한다.

6) 시거측량(視距測量 : stadia surveying)

망원경의 시거(스타디아)선을 이용하여 간접적 방법으로 거리와 고저차를 측정하는 측량을 말한다.

7) 육분의 측량(六分儀 測量 ; sextant surveying)

선상에서 육분의라는 기계를 사용한 각 관측으로 천체관측, 하천 및 항만 측량 등에 이용하였으나 측량기술의 발전으로 근래에는 거의 사용하지 않는다.

8) 기압수준측량(氣壓水準測量 : barometric surveying)

고도차에 의한 기압을 각각 측정하여 고저차를 구하는 측량을 말한다.

9) 사진측량(寫眞測量 : photogrammetry)

항공 또는 지상 촬영 사진에 의해 대상물의 정량적, 정성적 해석을 하는 측량을 말한다.

10) GPS측량(세계 위치결정 체계 : Global Positioning System)

인공위성을 이용한 세계적 위치 결정 체계로 위치가 정확한 위성에서 발사한 전파를 수신하여 관측점까지의 소요 시간을 측정함으로써 3차원 위치를 정밀하게 구할 수 있는 측량을 말하며, 장거리를 정밀하게 측정할 수 있는 VLBI 측량과 비교분석이 가능한 위성 측량 방법을 말한다.

### (4) 측량법에 따른 분류(공간정보의 구축 및 관리 등에 관한 법률)

1) 기본측량

모든 측량의 기초가 되는 공간정보를 제공하기 위하여 국토교통부장관이 실시하는 측량을 말한다.

2) 공공측량

① 국가, 지방자치단체, 그 밖에 대통령령으로 정하는 기관이 관계 법령에 따른 사업 등을 시행하기 위하여 기본측량을 기초로 실시하는 측량

② ① 외의 자가 시행하는 측량 중 공공의 이해 또는 안전과 밀접한 관련이 있는 측량으로서 대통령령으로 정하는 측량

3) 지적측량

① 토지를 지적공부에 등록하거나 지적공부에 등록된 경계점을 지상에 복원하기 위하여 제21호에 따른 필지의 경계 또는 좌표와 면적을 정하는 측량을 말하며, 지적확정측량 및 지적재조사측량을 포함한다.

② 지적확정측량이란 제86조제1항에 따른 사업이 끝나 토지의 표시를 새로 정하기 위하여 실시하는 지적측량을 말한다.

③ 지적재조사측량이란 「지적재조사에 관한 특별법」에 따른 지적재조사사업에 따라 토지의 표시를 새로 정하기 위하여 실시하는 지적측량을 말한다.

4) 일반측량

기본측량, 공공측량 및 지적측량 외의 측량을 말한다.

### (5) 측량 순서에 의한 분류

1) 골조측량(骨租測量 : skeleton surveying)

넓은 측량구역 전체에 조건이 만족되게 골조를 만든다(삼각측량, 삼변측량, 위성측량, 다각측량 등).

2) 세부측량(細部測量 : detail surveying)

골조가 된 각점을 정확하게 측정하고 그 점을 기준으로 하여 세부의 측량을 하게 된다(평판측량, 시거측량, 광파 및 전파 측정기를 이용한 세부측량, 사진측량, GPS를 이용한 실시간 이동측량방법(R.T.K, VRS 등).

## 04 측지학(Geodesy)

### (1) 정 의

지구내부의 특성, 지구의 형상 및 운동을 결정하는 측량과 지구표면 및 우주공간상에 있는 모든 점들 간의 상호위치관계를 산정하는 측량의 가장 기본적인 학문이다.

### (2) 지구의 형상

지구의 형상은 물리적 지표면, 지오이드(geoid), 지구타원체로 구분할 수 있다.

1) 물리적 표면

실제 측량이 실시되는 곳으로 자연 그대로 불규칙하고 복잡하기 때문에 수치적으로 표현하기 어려우며 측량 및 지도제작 등을 위한 기준면으로 사용할 수 없다.

2) 타원체

① 장반경과 단반경의 크기가 결정되면 그 형상과 크기가 결정 된다. 타원체의 종류는 회전타원체, 지구타원체, 준거타원체, 국제타원체로 구분한다.

- 편평율 = $\frac{a-b}{a}$ (편평률이 작아지는 것은 지구의 적도반경이 감소하고 극반경이 증가한 경우)
- 편심율(이심율) = $\sqrt{\frac{a^2-b^2}{a^2}}$
- 자오선 곡율반경 $M = \frac{a(1-e^2)}{W^3}$

  $W = \sqrt{(1-e^2\sin^2\phi)}$
- 횡곡율반경

  $N = \frac{a}{W} = \frac{a}{\sqrt{(1-e^2\sin^2\phi)}}$
- 평균곡율반경 $R = \sqrt{MN}$

  $M$ = 자오선 곡률 반경, $N$ = 횡곡률 반경

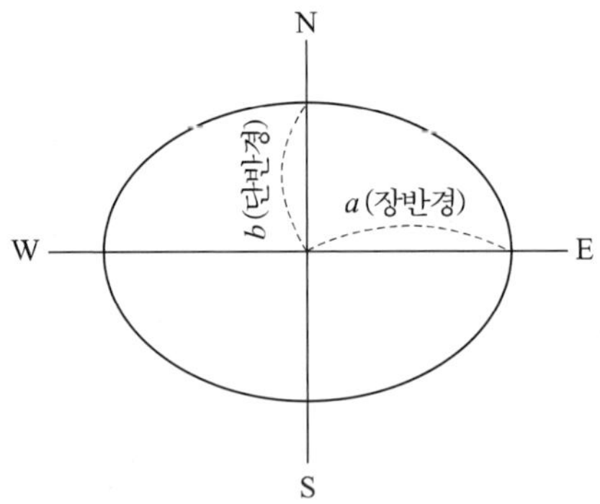


그림 1.2 타원체

② 지구의 회전타원체(廻轉楕圓體)관계

- 남북이 동서보다 약간 편평한 회전타원체이다.
- 지구의 회전축과 지표면의 교점을 북극(north pole), 남극(south pole)이라 한다.
- 남북(N.S)의 중심인 지구 중심을 지심이라 한다.
- 지심을 지나 지축과 직교하는 면을 적도면(Equatorial Surface)이라 한다.
- 지구표면과 교선이 적도선이 된다.
- 적도면에 나란한 평면과 지표면과의 교선이 평행권이다.
- 그리고 적도 및 평행권은 원이다.
- 지축을 포함한 평면과 지표면과의 교선이 자오선(meridian)이며 자오선은 횡축이다.
- 위치를 표시하는 좌표계는 구면좌표계와 평면좌표계를 사용한다.
- 평면좌표는 직각좌표와 극좌표가 있다.
- 한국은 Bessel의 편평율을 사용한다(2002년 측량법 개정 이전까지).
- 만국측지학위원회에서는 Hayford의 편평율을 사용한다.
- 지구내부 원인에 의하여 자기장이 오랜 세월을 두고 서서히 변화하는 것을 영년 변화라 한다.
- 지구외부 원인에 의하여 수 시간 전부터 2~3일간에 지구 자기가 갑자기 크게 변화하는 것을 자기폭풍이라 한다.
- 지구 자기장이 하루를 주기로 변화하는 현상을 일변화라 한다.

**표 1.1 지구 타원체의 측정값**

| 측정자 | 사용국가 | 측정 년도 | 장경($a$) km | 단경($b$) km | 편평율$\left(\frac{a-b}{a}\right)$ |
|---|---|---|---|---|---|
| Bessel | 한국, 독일, 일본, 프랑스 | 1841 | 6,377.397 | 6,356.079 | 1 : 299.2 |
| Clarke | 영국, 미국 | 1880 | 6,378.206 | 6,356.515 | 1 : 294.05 |
| Hayford | 신흥국, 아프리카 등 | 1909 | 6,378.388 | 6,356.908 | 1 : 297 |
| GRS80 | IUGG국제타원체 (인공위성의 궤도 해석에 의한 값으로 결정) | 1980 | 6,378.137 | 6,356.752314140 | 1 : 298.2572221 |
| WGS84 | GPS 위성측량 | 1984 | 6,378.137 | 6,356.752314245 | 1 : 298.2572235 |

* GRS80 : Geodetic Reference System(1980측지기준좌표계)

* WGS84 : World Geodetic Reference System of 1984

측량 및 지구물리학에서는 지구를 회전타원체가 아닌 구로 해석하여 사용하는데 이때 반경은 장반경, 단반경을 산술평균하여

$R = \frac{2a+b}{3} \fallingdotseq 6{,}371\text{km}$로 사용한다.

또한 지구타원체를 Bessel 값으로 사용할 경우에 장반경= 6,377,397km, 단반경= 6,356.079km를 사용하므로 편평률은 1/299.15이다.

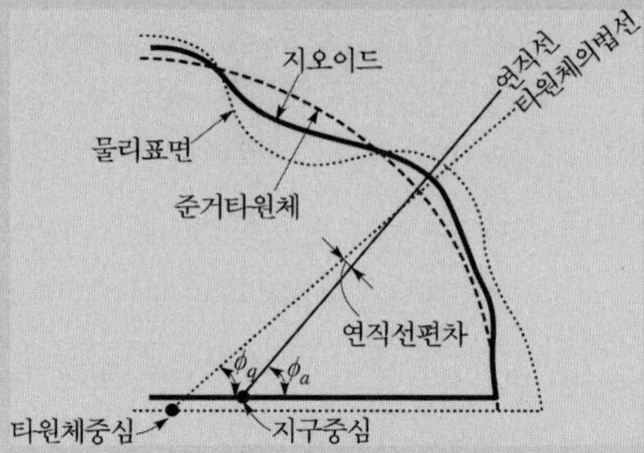


그림 1.3 지오이드와 지구타원체와의 관계

3) 지오이드(Geoid)

① 정지된 평균해수면을 육지로 연장시켜 지구물체를 둘러싸고 있다고 가정한 가상곡선을 지오이드라 한다.

② 지오이드의 특징

- 지오이드는 등포텐셜면이다.
- 지오이드는 연직선 중력방향에 직교한다.
- 지오이드는 불규칙한 지형이다.
- 지오이드는 위치에너지($E = \text{mgh}$)가 0이다.
- 지오이드는 육지에서는 회전타원체 위에 존재하고, 바다에서는 회전타원체면 아래에 존재한다.

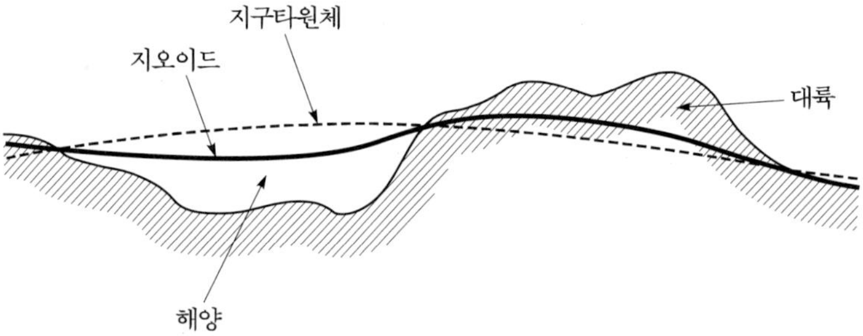


그림 1.4 지오이드의 특징

#### 4) 구면삼각형, 구과량

① **구면삼각형** : 구의 중심을 지나는 평면과 구면과의 교선을 대원이라 하고 세변이 대원의 호로 된 삼각형을 구면삼각형이라 한다.

② **구과량** : 구면삼각형의 $ABC$의 3각을 $\alpha$, $\beta$, $\gamma$라 하면 이 삼각형 내각의 합은 180°가 넘으며 이 차이를 구과량이라고 한다.

즉, $\varepsilon = (\alpha + \beta + \gamma) - 180°$

$$\varepsilon'' = \frac{A}{R^2}\rho''$$

$\varepsilon$ : 구과량

$A$ : 삼각형의 면적

$R$ : 지구반경(≒6,370km)

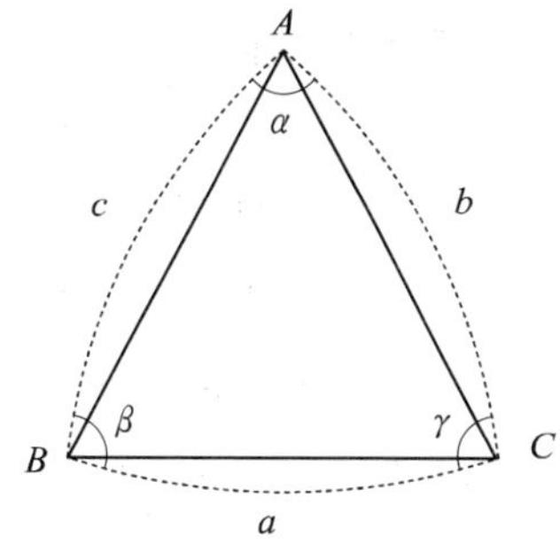


**그림 1.5 구면삼각형**

#### 5) 경도(Longitude), 위도(Latitude)

① **측지경도** : 본초자오면과 지표상 한점 $A$를 지나는 자오면을 만드는 적도면상의 각 거리를 말한다.

② **측지위도** : 그림 1.6과 같이 지표면상에 세운 법선이 적도면과 이루는 각을 말하며 적도를 0°, 남·북 각각 90°씩 나누어져 있다.

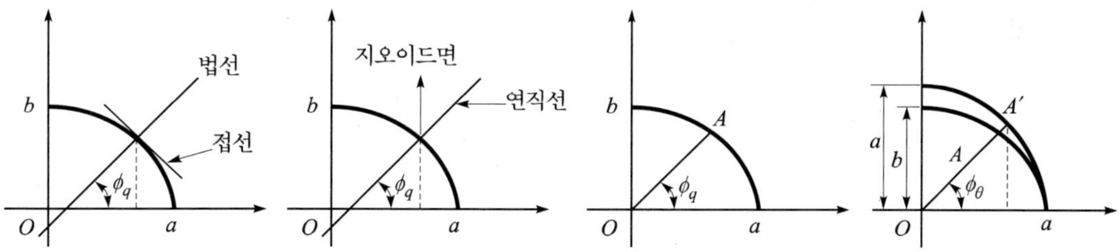


**그림 1.6 위도**

- **측지위도** : 지구상의 한 점에서 회전타원체의 법선이 적도면과 이루는 각을 말한다.
- **천문위도** : 지구상의 한 점에서 연직선(지오이드면과 직교하는 선)이 적도면과 이루는 각을 말한다.
- **지심위도** : 지구상의 한 점과 지구중심을 맺는 직선이 적도면과 이루는 각을 말한다.
- **화성위도** : 지구중심으로부터 장반경($\alpha$)을 반경으로 하는 원과 지구상의 한 점을 지나는 종선의 연장선과 지구중심을 연결한 직선이 이루는 각을 말한다.

6) 세계시(U.T)

표준시의 세계적인 기준시간대는 경도 0° 인 영국의 Greenwich를 중심으로 하며, Greenwich 자오선에 대한 평균태양시를 세계시라 한다. 지구의 자전운동은 극운동과 계절변화의 영향으로 균일한 것은 아니다.

① $UT_0$ : 이들 영향을 고려하지 않는 세계시, 전 세계가 같은 시각이다.

② $UT_1$ : 극운동 고려한 세계시, 전세계가 다른 시간이다.

③ $UT_2$ : $UT_1$에 계절변화를 고려한 것으로 다른 시각이다.

### (3) 지구좌표계

1) 경위도 좌표계

지구상의 절대적 위치를 표시하는 데 일반적으로 가장 널리 쓰이는 좌표계를 말한다.

2) 평면직교 좌표계

측량범위가 크지 않은 일반 측량에서는 평면 직교 좌표가 널리 사용된다.

3) UTM 좌표

UTM 투영법, 적도 → 횡축, 자오선 → 종축

경도 : 동경 180° 기준, 지구전체 6° 간격으로 60등분(1 ~ 60)
위도 : 남북위 80°까지 포함, 8° 간격 20등분(C ~ X, I와 O는 제외)

[참고] UTM 좌표구역에서 우리나라는 51, 52 종대 및 S, T 횡대에 속한다.

4) UPS좌표

위 도 80° 이상의 양극 지역의 좌표를 표시하는데 사용된다(UTM 좌표계의 극지방 보완).

5) WGS 좌표(World Geodetic System)

지심좌표 방식으로 위성측량에서 쓰는 좌표계를 말한다.

## 05 우리나라 측량원점

정밀 천문측량을 통하여 국가의 경위도 원점과 방위각을 결정하고 조석측량을 통하여 높이의 기준인 수준 및 고저량 기준 원점을 결정한다.

위치결정은 평면 및 곡면, 공간을 고려한 길이와 각의 조합해석으로 지표면뿐만 아니라 지하, 해양, 우주공간시설물 등에 관한 개발과 유지관리에 측량이 활용되고 있다.

현재 우리나라에서는 공간정보의 구축 및 관리 등에 관한 법률 제6조 1항 및 동법시행령 제7조의 규정에 의하여 세계측지계인 GRS80 타원체를 사용하고 있다.

## (1) 경위도 원점

### 1) 천문측량에 의한 경위도 원점

국토교통부 산하 국토지리정보원에 설치된 경위도 원점은 1981년부터 1985년 12월 27일까지 실시한 정밀 천문측량에 의한 값이다.

- 위도 : 37°16′31″ 9034
- 경도 : 127°03′05″ 1451
- 원방위각 : 170°58′18″ 190(경위도 원점에서 화성군 태안읍 동학산에 있는 2등 삼각점에 이르는 방위각)

### 2) GPS측량에 의하여 새롭게 결정된 경위도 원점

GRS80 타원체를 채용하여 새롭게 결정된 대한민국 경위도 원점의 위치와 수치는 다음과 같다.

- 경도 : 동경 127도 03분 14.8913초
- 위도 : 북위 37도 16분 33.3659초
- 원방위각 : 165도 03분 44.538초(원점으로부터 진북을 기준으로 오른쪽 방향으로 측정한 우주측지관측센터에 있는 위성기준점 안테나 참조점 중앙)

그림 1.7 경위도 원점

### (2) 평면 직각좌표 원점(1910～1918년 사이에 실시)

지도상의 제점간의 위치 관계를 용이하게 결정하도록 가정한 기준점으로 모든 삼각점의 $XY$좌표의 기준이 된다. 우리나라 평면직각좌표 도원점의 위치는 다음과 같다.

**표 1.2 도원점의 위치**

| 명 칭 | 경 도 | 위 도 |
|---|---|---|
| 서부원점 | 동경 125° | 북위 38° |
| 중부원점 | 동경 127° | 북위 38° |
| 동부원점 | 동경 129° | 북위 38° |
| 동해원점 | 동경 131° | 북위 38° |

### (3) 수준원점

1963년 인천시 남구 용현동 253번지(인하공업전문대학 교내)에 설치한 수준원점은 인천만은 평균해수면을 연결하여 그 표고를 26.6871m로 확정하였고, 이를 기초로 전국에 일등 수준점을 확대 설치하였다.

그림 1.8 수준원점

### (4) 삼각본점

일본 대마도의 1등삼각점으로부터 다음의 두 삼각 본점을 연결하여 우리나라의 삼각망형성하고 있다.

**표 1.3 삼각본점의 위치**

| 명 칭 | 경 도 | 위 도 | 거 리 |
|---|---|---|---|
| 절영도점 | 동경 129°30′16″2455 | 북위 35°04′46″0656 | 41,759.98m |
| 거제도점 | 동경 128°41′36″1968 | 북위 34°50′56″3549 | |

### (5) 중력 기준점

중력측량이란 중력가속도의 크기를 측정한 것으로 지구상의 표고산정, 지각변동, 지오이드 면의 깊이를 알 수 있고 성과를 이용하여 중력도를 작성하여 지하자원의 분포와 지구의 형상 해석에 사용할 수 있으며 기준점은 국토지리 정보원 구내에 중력계를 설치하여 절대

중력가속도값(979.94300cm/sec$^2$(gal))을 측정하여 설치한 중력 원점을 말한다.

1) **중력** : 만유인력 + 지구 자체의 원심력
2) **중력 이상** : 중력 실측값 – 실험실(이론) 실측값
3) **중력 보정** : 계기보정, 지형보정, 프리에어보정, 고도보정, 부게보정

그림 1.9 중력기준점

## 06 국제 단위계(SI, Unit System)

### (1) 기본단위

길이(m), 질량(kg), 시간(원자시, SEC), 전류(암페어A), 온도(캘빈K), 물량(mol), 광도(candela)

**표 1.4 기본단위표**

| 양 | 정의 및 내용 | 명 칭 | 기 호 |
|---|---|---|---|
| 길이 | 진공에서 빛이 1/299,792,458초 동안 진행한 경로의 길이이다. | 미터 | m |
| 질량 | 국제 킬로그램 원기의 질량과 동일하다. | 킬로그램 | kg |
| 시간 | 초는 세슘 133원자(133Cs)의 바닥상태에 있는 두 초미세준위간의 전이에 대응하는 복사선의 9,192,631,770 주기의 지속시간이다. | 초 | s |
| 전류 | 무시할 정도로 작은 단면적과 무한대의 길이를 가진 두 개의 서로 평행한 직선 도체가 진동중에서 1미터 떨어져 있고, 여기에 일정한 전류가 흐를 때 상호작용하는 힘이 1미터마다 $2\times10^{-7}$뉴튼이 될 때의 전류가 1암페어이다. | 암페어 | A |
| 열역학적 온도 | 열역학적 온도의 단위는 물의 삼중점에서 열역학적 온도의 1/273.16을 1캘빈으로 함 | 켈빈 | K |
| 물질량 | C12 의 0.012킬로그램에 포함되어 있는 원자수만큼 많은 기본구성체를 포함하는 어떤 체계의 물량을 1몰이라 함 | 몰 | mol |
| 광도 | 주파수 540×1012헤르쯔의 단색광을 방출하는 광원의 복사체가 매 스테라디안 당 1/683와트일 때의 광도가 1칸델라이다. | 칸델라 | cd |

## (2) 보조단위

**표 1.5 보조단위표**

| 양 | 정의 및 내용 | 명 칭 | 기 호 |
|---|---|---|---|
| 평면각 | 라디안은 한원의 원둘레에서 그 원의 반지름과 같은 길이의 호를 자르는 두 반지름 사이의 평면각 | 라디안 | rad |
| 입체각 | 스테라디안은 한 공의 표면에서 그 공의 반지름의 제곱과 같은 넓이의 표면을 자르고 그 꼭지점이 공의 중심에 있는 입체각 | 스테라디안 | sr |

1) 라디안(rad)

평면각 → 각속도(rad/s), 각가속도(red/sr)

2) 스테라디안(sr)

입체각 → 복사도(w/sr), 복사휘도($w/m^2$, sr), 광속도(cd, sr)

## (3) 유도단위

면적(제곱미터 : $m^2$), 부피(세제곱미터 : $m^3$), 속도, 속력(초당 미터 : m/s), 가속도(제곱초당 미터 : $m/s^2$), 밀도(세제곱 미터당 킬로그램 : $kg/m^3$)

## 연습문제

01 거리의 허용정밀도가 $1/10^6$일 때 지구의 곡률을 고려하여야 하는 측량구역은?

02 지구의 편평률이 $\frac{1}{297}$에서 $\frac{1}{400}$로 됐을 때 지구의 적도 반지름이 일정하다면 극반지름은?

03 지구의 평균반경은 대략 얼마로 하나?

04 반경 20m의 원에서 원호의 길이 10m에 낀 중심각은 얼마인가?

05 지구타원체의 편평도가 $\frac{1}{300}$이면 이심률은 얼마인가?

06 Bessel값의 지구의 이심률(eccentricity)은 얼마인가?
(단, 장반경 $a$=6,377.397km, 단반경 $b$=6,356.079km, 이심률 $e=\sqrt{\frac{a^2-b^2}{a^2}}$)

07 지구의 장반경 $a$=6,377.397km, 단반경 $b$=6,356.079km의 회전타원체이다.
① 지구의 편평율은 얼마인가?
② 지구의 반경을 6,370km로 할 때 약 20km 이내에서 평면으로 가정하여도 되는 정밀도의 기준은 얼마인가?

08 변 길이가 40km인 정삼각형 $ABC$의 내각을 오차 없이 실측했을 때 내각의 합은? (단, 지구반경 $R$은 6,370km이다)

09 반지름 10cm인 구의 표면에서 구면삼각형 $ABC$의 각을 측정하니 $A=75°$, $B=66°$, $C=49°$이었다면 구면삼각형의 면적은?

10 반경 $R$인 원의 중심을 $O$라 하고, 원호 $\overset{\frown}{AB}$의 길이를 $R$로 할 때 현(弦) $\overline{AB}$에 대한 중심각을 1Radian(rad)라 한다면 몇 도가 되겠는가?

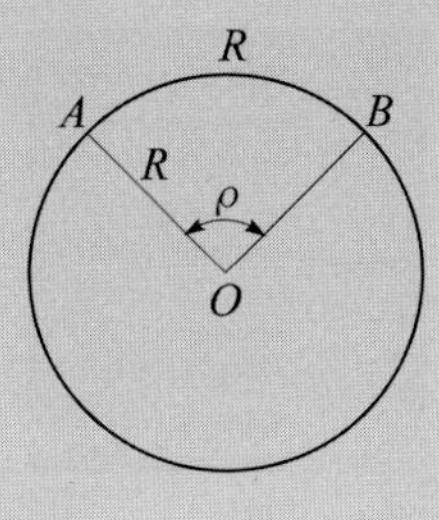


11 반경 20m의 원에서 중심각 60°에 대한 원주길이는 얼마인가?

basic surveying

Chapter 2

# 오차론

theory of Error

# 01 오차(誤差)

어떤 양을 관측할 때 아무리 주의하여도 정확성에는 한계가 있으므로 참값(true-value)을 얻을 수 없으므로 참값과 관측값과의 차를 오차라 한다. 즉 모든 관측에는 필연적으로 오차가 발생하고, 모든 관측값에는 오차가 포함되어 있으므로 우선 관측값에서 착오를 제거하고, 여러 상황에 따라 알 수 있는 오차를 보정하여야 한다. 다음으로 보정된 오차가 허용오차 범위내에 있다면 여러 통계학적, 기하학적 조건을 만족하도록 오차를 다시 조정하여야 한다. 오차의 일반적 특성은 첫째, 작은량의 오차가 큰 량의 오차보다 나타날 확률이 높다. 둘째, (+) 오차가 나타날 확률과 (−) 오차가 나타날 확률은 동일하다. 셋째, 매우 큰 오차가 나타날 확률은 매우 낮다.

이러한 오차는 일반적으로 성질에 의한 오차, 수치 해석상의 오차, 원인에 의한 오차로 분류하며 오차는 기계의 결함과 관측자의 습관과 부주의에 의해 일어나며 자연현상 및 주의환경에 따른 오차도 무시할 수 없다.

## (1) 성질에 의한 오차

### 1) 정오차(定誤差 : systematic error)

오차가 일어나는 원인이 명백하고, 일정한 조건 밑에서는 일정한 크기와 방향으로 발생하는 오차이며 누적오차 또는 누차라고도 한다. 따라서 그 원인이 조사되면 오차량을 계산하여 제거할 수 있는 오차이다. 정오차의 원인으로는 다음과 같다.

① 기계적 오차(instrumental error) : 사용하는 측량기계 기구에 의한 오차
② 개인적 오차(personal error) : 측량관측자의 습관에 의한 오차로 관측자나 관측방법을 바꿈으로서 보정이 가능(독해오차)
③ 자연적 오차(natural error) : 자연 환경에 따른 오차(온도, 바람, 중력, 측정 장애오차)

### 2) 부정오차(不定誤差 : random error) 우연오차(偶然誤差)

일어나는 원인이 불분명 하거나 원인을 안다 하여도 직접 처리하는 방법이 불확실하고 예견할 수 없으며 관측값에 어느 정도의 영향을 주고 있는지를 알 수 없는 성질의 불규칙한 오차이다. 아무리 주의해도 피할 수 없고 또 계산으로 제거할 수 없다. 그러므로 통계학(최소제곱법)적으로 소거하는 방법을 사용한다.

원인 : 불분명

3) 착오(錯誤 : mistake)

관측자 기술의 미숙, 심리상태의 혼란, 부주의, 착각에 의한 눈금 오독, 기장오기 등으로 일어난다.

원인 : 부주의에서 오는 오차

## (2) 오차와 관련된 용어 및 개념

1) 참값($\tau$)

참값(true value)이란 관측하고자 하는 양에 대한 이론적으로 정확한 값이며, 추상적인 개념으로 관측을 하면 크거나 작은 오차가 항상 포함되어 있기 때문에 관측에 의해 참값을 얻을 수 없다.

2) 참오차($\varepsilon$)

참오차(true error)는 관측값($x$)과 참값($\tau$)의 차이로 정의되는 추상적인 개념으로 참값을 정확하게 알 수 없으므로 참오차 역시 알 수 없다. 참오차 대신 측량에서는 잔차라는 개념을 대용하여 관측값 조정에 사용된다.

$$\varepsilon = x - \tau$$

3) 최확값($\mu$)

참값은 수학적인 개념으로 실제로는 참값을 알 수 없으므로 참값을 대신한 대표값이며, 반복 관측한 관측값들을 수학적 처리과정을 통해 얻어지는 참값에 가장 가까울 확률이 큰 값으로 정의하는 것이 최확값(MPV, most probable value)이다. 관측값과 잔차로 구성되어 있을 때 잔차 ($\nu$)가 0일 때 관측값은 최확값이 된다.

$$\mu = x - \nu$$

4) 잔차($\nu$)

잔차(residual error)는 최확값과 각 관측값들 사이의 차이로 정의하며, 관측값들을 조정할 때 잔차를 이용한다.

$$\nu = x - \mu$$

### 5) 편의($\beta$)

편의(bias)는 참값과 최확값과의 차이로 정의하며, 참값을 모르기 때문에 편의값 역시 알 수 없다.

$$\beta = \tau - \mu$$

### 6) 상대오차

상대오차(relative error)는 관측값과 잔차의 절대값의 비로 정의하며, 10m를 관측한 결과 +1mm의 잔차가 발생하였고, 100m를 관측한 결과 −1mm의 잔차가 발생하였을 때, 잔차만 고려하면 같은 크기의 오차이나 거리의 비로 보면 10m의 상대오차는 $\frac{1}{10,000}$이고, 100m의 상대오차는 $\frac{1}{100,000}$이다. 상대오차는 관측의 정밀도를 나타낼 때 매우 중요하게 사용된다.

### 7) 경중률(weight)

어떤 관측값이 이와 관련된 다른 관측값에 대해 상대적으로 어느 정도의 신뢰성을 갖는가를 표현하는 척도이며, 경중률의 개념은 분산으로부터 나오며, 정밀한 관측은 분산값이 적다. 이는 분산값이 큰 관측들보다 오차가 작으므로 더 신뢰할 만하다는 의미이다.

**경중률 : 관측값들의 신뢰도를 나타내는 값**

관측횟수($N$)에 비례하고, $P_1 : P_2 : P_3 = N_1 : N_2 : N_3$

관측길이($S$)에 반비례하며, $P_1 : P_2 : P_3 = \frac{1}{S_1} : \frac{1}{S_2} : \frac{1}{S_3}$

평균제곱근 오차($m$)의 제곱에 반비례함. $P_1 : P_2 : P_3 = \frac{1}{m_1^2} : \frac{1}{m_2^2} : \frac{1}{m_3^2}$

### 8) 분산(variance)

분산은 주어진 관측값들이 평균값 주위에 얼마나 퍼져있는가를 나타내는 척도이며, 잔차의 합이 0이 되는 것을 방지하기 위해 잔차의 제곱의 합에 대한 평균을 분산으로 정의하고 $\sigma^2$으로 표시한다. 그러나 현실적으로 관측횟수를 무한대로 할 수 없기에 한정된 표본을 이용하여 분산을 계산하며, 모집단 평균 대신 표본집단 평균을 사용하여 계산된 분산은 항상 기대값보다 작으므로 $n$ 대신 $n-1$을 사용하고 이를 자유도라 한다.

$$\sigma^2 = \frac{\sum_{i=1}^{n} (x_i - x)^2}{n-1}$$

9) 평균제곱근오차(mean square error : MSE)

평균제곱근오차는 관측단위를 맞추기 위해 분산에 제곱근을 취한 것으로 표준편차라고도 한다.

① 동일 경중률인 경우는

$$\sigma = \pm \sqrt{\frac{\sum_{i=1}^{n}(x_i - \mu)^2}{n-1}} = \pm \sqrt{\frac{\sum_{i=1}^{n} \nu_i^2}{n-1}}$$

② 경중률이 다른 경우에는

$$\sigma_m = \pm \sqrt{\frac{\sum_{i=1}^{n} (p_i\ \nu_i^2)}{n-1}}$$

여기서, $p$ : 경중률, $\nu$ : 잔차, $n$ : 관측횟수

10) 표준오차(Standard Error)

측량분야에서는 최확값으로부터의 오차를 주로 논하게 되는데, 이때 사용되는 오차를 표준오차라 하며, 평균제곱근오차는 단관측에 대한 오차를 의미하고, 표준오차는 최확값(평균값)에 대한 오차를 의미한다. 여러 표본평균값들에 대한 표준편차는 단관측에 대한 표준편차를 $\sqrt{n}$ 으로 나눈 값과 같으며, 이 값을 표준오차 또는 평균에 대한 표준오차라 부른다.

① 경중률이 동일한 경우의 표준오차

$$\sigma = \pm \sqrt{\frac{\sum_{i=1}^{n}(x_i - \mu)^2}{n(n-1)}} = \pm \sqrt{\frac{\sum_{i=1}^{n} \nu_i^2}{n(n-1)}}$$

② 경중률이 다른 경우의 표준오차

$$\sigma_m = \pm \sqrt{\frac{\sum_{i=1}^{n} (p_i\ \nu_i^2)}{\sum p_i(n-1)}}$$

### 11) 확률오차(Probable Error)

어느 오차보다 절대값이 큰 오차가 발생할 확률과 작은 오차가 발생할 확률이 같은 오차를 확률오차 또는 추차라 하며, 정밀도의 척도로 사용된다. 관측값이 전체관측값의 50%에 있을 확률을 나타내며, 50% 불확실성이라고도 한다. 확률오차는 표준편차에 0.6745배한 것이다.

$$\gamma = \pm 0.6745\sigma$$

① 동일 양을 측정했을 때의 확률오차

$$\therefore\ \gamma_m = \pm 0.6745\sqrt{\frac{\Sigma\nu^2}{n(n-1)}} \qquad 2.1$$

여기서, $\nu$ : 잔차(관측치와 평균치의 차)

$n$ : 측정횟수

**예제 2.1**

Staff를 10회 읽고 다음과 같은 결과를 얻었을 때 최확값과 확률오차를 구하라. (단위 : m)

| 측정치 | 2.467 | 2.460 | 2.469 | 2.465 | 2.471 | 2.461 | 2.463 | 2.466 | 2.460 | 2.468 | 평균 (2.465) |
|---|---|---|---|---|---|---|---|---|---|---|---|
| $\nu$ | 0.002 | 0.005 | 0.004 | 0.000 | 0.006 | 0.004 | 0.002 | 0.001 | 0.005 | 0.003 | $\Sigma\nu=0.036$ |
| $\nu^2\times10^{-6}$ | 4 | 25 | 16 | 0 | 36 | 16 | 4 | 1 | 25 | 9 | $\Sigma\nu^2=136$ |

| 풀이 |

$\therefore$ 평균치의 확률오차 $= \pm 0.6745\sqrt{\dfrac{136\times10^{-6}}{10(10-1)}} = \pm 0.00083(\text{m})$

$\therefore$ 측정치 각각의 확률오차 $= \pm 0.6745\sqrt{\dfrac{136\times10^{-6}}{(10-1)}} = \pm 0.0026(\text{m})$

② 측정값 합계의 확률오차

관측치를 합계한 값의 확률오차($\gamma$)의 조건식은 다음과 같다.

$$\therefore\ \gamma^2 = {\gamma_1}^2 + {\gamma_2}^2 + \cdots\cdots + {\gamma_n}^2 \qquad 2.2$$

각 측정값의 정도

$$\gamma_m = \pm\sqrt{n}\,\gamma \qquad 2.3$$

여기서, $\gamma_m$ : 관측치를 가한 값의 확률오차

$n$ : 측정횟수

$\gamma_1$, $\gamma_2$, ……, $\gamma_n$ : 각 측정값의 확률오차

**예제 2.2**

거리측정에 있어서 줄자로 1회 측량할 때의 확률오차가 $\pm 0.01\text{m}$ 이다. 약 500m의 거리를 50m의 줄자로 10회 나누어 측정할 때 확률오차는 얼마인가?

| 풀이 |

$\therefore\ \gamma_m = \pm 0.01 \times \sqrt{10} = \pm 0.03(\text{m})$

③ 비중이 다른 측정값의 확률오차

여러 회의 측정치로부터 평균값을 구하여 우차에 의한 오차는 비중이 다른 측정값의 확률오차(R)의 조건식은 다음과 같다.

$$\therefore\ \gamma = \pm 0.6745\sqrt{\frac{[P\nu^2]}{[P](n-1)}} \quad (2.4)$$

여기서, $\nu_1$, $\nu_2$, ……, $\nu_n$ : 각잔차

$P_1\nu_1{}^2 + P_2\nu_2{}^2, \cdots\cdots, + P_n\nu_n{}^2 = [P\nu^2]$ : 잔차의 제곱의 합

$P_1, P_2, \cdots\cdots, P_n$ : 측정경중률

$P_1 + P_2 + P_3 \cdots\cdots + P_n : [P] = n$

**예제 2.3**

관측치 $l_1 = 50.253\text{m}$, 경중률 $P_1 = 3$이고 관측치 $l_2 = 50.258\text{m}$, 경중률 $P_2 = 1$이였으며 관측치 $l_3 = 50.256\text{m}$, 경중률 $P_3 = 4$인 경우 최확값과 확률오차를 구하라.

| 풀이 |

$$\therefore\ \text{최확값}\ l_0 = \frac{P_1 l_1 + P_2 l_2 + P_3 l_3}{P_1 + P_2 + P_3}$$

$$= 50.25 + \frac{3 \times 0.003 + 1 \times 0.008 + 4 \times 0.006}{3 + 1 + 4}$$

$$= 50.255(\text{m})$$

| 구분 | 최확값 | 측정치 | 경중률 | 잔차($\nu$) | $P.\nu^2$ |
|---|---|---|---|---|---|
| $l_1$ | 50.255 | 50.253 | 3 | +0.002 | 0.000012 |
| $l_2$ | 50.255 | 50.258 | 1 | −0.003 | 0.000009 |
| $l_3$ | 50.255 | 50.256 | 4 | −0.001 | 0.000004 |
| $l_4$ | | | | | 0.000025 |

$$\therefore \text{ 확률오차 } \gamma = \pm 0.6745\sqrt{\frac{[P\nu^2]}{[P](n-1)}}$$

$$= \pm 0.6745\sqrt{\frac{0.000025}{8(3-1)}}$$

$$= \pm 0.000843 \fallingdotseq 0.843\text{mm}$$

## 02 정밀도와 정확도

관측값의 오차를 해석하는 경우에 가장 중요한 개념은 정확도와 정밀도의 차이를 이해하는 것이 무엇보다 중요하다. 일반적으로 부정오차의 가정은 큰 오차가 생기는 확률은 작은 오차가 생기는 확률보다 매우 작으며 같은 크기의 정(+)오차와 부(−)오차가 발생할 확률은 거의 같다. 그리고 오차들은 확률법칙을 따르며 매우 큰 오차는 거의 발생하지 않는다.

### (1) 정밀도(precision)

어느 관측값에 대한 정교성과 균질성을 표시하며 우연오차와 매우 밀접한 관계를 갖는데 반복 관측일 경우는 각 관측값의 편차로 하고 정밀도의 해석은 Gauss의 오차론으로부터 얻어진다.

**정밀도 해석** : 연속적인 확률변수 $X$가 분포할 때 평균 $\mu$와 분산 $\sigma^2$을 갖는 정규분포라 하며 이 분포곡선이 확률곡선이다.

$$f(x) = \frac{1}{\sqrt{2\pi\sigma}} e^{-\frac{1}{2}\left(\frac{x-\mu}{\sigma}\right)^2} \Rightarrow f(x) = \frac{h}{\sqrt{\pi}} e^{-h^2\epsilon^2} \quad (2.5)$$

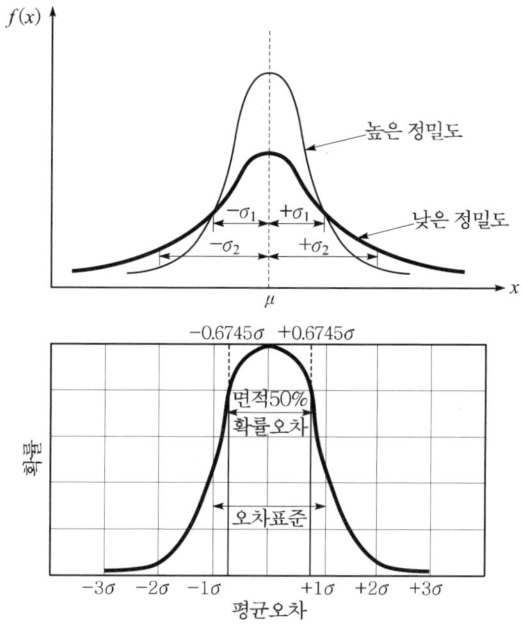


그림 2.1 확률곡선의 정밀도 비교

이 정규 분포곡선은 종의 모양이며 평균 $\pi$에 대해 대칭이다. 다음은 정규분포 $N(\mu\ ,\ \sigma^2)$에서 $\sigma$의 상수 배인 영역의 확률들이다.

$$P\left[\mu - \sigma_x \leq x \leq \mu + \sigma_x\right] = 0.6827$$
$$P\left[\mu - 2\sigma_x \leq x \leq \mu + 2\sigma_x\right] = 0.9545$$
$$P\left[\mu - 3\sigma_x \leq x \leq \mu + 3\sigma_x\right] = 0.9973$$
$$P\left[\mu - 4\sigma_x \leq x \leq \mu + 4\sigma_x\right] = 1.0000$$

2.6

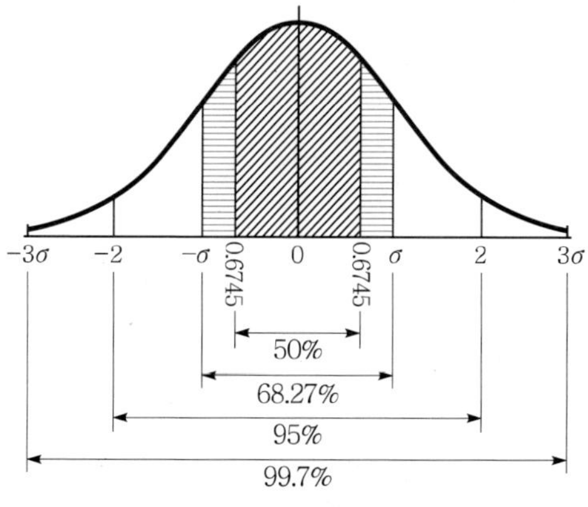


그림 2.2 정규분포곡선의 오차범위와 면적

윗 식은 측정값 $x$가 평균에서 $3\sigma$ 또는 $4\sigma$의 범위에 존재할 확률이 각각 99.73%와 100%임을 보여 주고 있으며 보통 이 범위를 우연오차의 허용한계로 보기도 한다. 따라서 이 한계보다 큰 오차는 과대오차로 보아도 무방하다.

어느 특정한 경우의 확률은 다음과 같다.

$$P\left[\mu - 0.6745\sigma_x \le x \le \mu + 0.6745\sigma_x\right] = 0.50$$
$$P\left[\mu - 1.960\ \ \sigma_x \le x \le \mu + 1.960\ \ \sigma_x\right] = 0.95 \tag{2.7}$$
$$P\left[\mu - 2.576\ \ \sigma_x \le x \le \mu + 2.576\ \ \sigma_x\right] = 0.99$$
$$P\left[\mu - 3.29\ \ \ \sigma_x \le x \le \mu + 3.29\ \ \ \sigma_x\right] = 0.999$$

### (2) 정확도(accuracy)

참값과 관측값의 편차를 나타내는 것으로 우연오차 뿐만 아니라 보정되지 않는 정오차 또는 과실에 의한 일어난 편의(bias)에 영향을 받는다.

정확도 해석 : 그림 2.2에서 평균제곱오차(M.S.E) $M^2$은 $M^2 = E[(x-\tau)^2]$

여기서 $\tau$는 참값이고 평균제곱오차는 정확도를 나타내는 척도이다.

Bias($\beta$)는 다음과 같이 정의한다.

$$\beta = \tau - \mu \tag{2.8}$$
$$M^2 = \sigma^2 - \beta^2 \tag{2.9}$$

즉, $\sigma$가 증가하면 정밀도는 감소하고 $\beta$가 증가하면 정확도는 감소한다.

$\sigma$가 감소하고 $\beta$가 증가하면 정밀도는 높으나 정확도는 낮아지므로 정밀도가 높다고 해서 정확도가 높다고는 말할 수 없다.

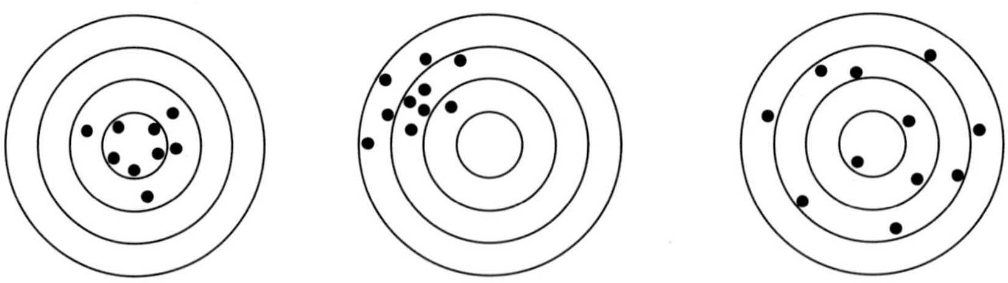

(a) 정밀, 정확하다　(b) 정밀하나 정확하지 않다　(c) 정확하나 정밀하지 못하다

(a)(b)는 매우 정밀한 반면 (a)(c)는 매우 정확하다

**그림 2.3 정밀도와 정확도의 비교**

### (3) 정밀도와 정확도의 특성

#### 1) 정밀도(precision)

① 관측값의 편차가 크면 정밀하지 않고 편차가 작으면 정밀하다.
② 관측의 균질성을 표시하는 척도이다.
③ 측정 장비와 측정방법에 크게 영향을 받는다.
④ 관측과정과 밀접한 관계가 있다.
⑤ 우연오차와도 밀접한 관계가 있다.
※ 관측값의 분포정도가 척도이다.

#### 2) 정확도(accuracy)

① 정오차와 착오가 얼마나 제거되었는가에 관계가 있다.
② 관측값과 얼마나 일치되는지를 표시하는 척도이다.
③ 관측의 균일성이나 정교성과는 무관하다.
④ 매우 큰 오차는 거의 발생하지 않는다.
⑤ 오차들은 확률법칙을 따른다.
※ 참값에 가까운 정도가 척도이다.

## 03 정밀도의 표현

### (1) 최확값(最確値 : Most Probable value)

다른 어떤 값보다 정확치에 가까운 확률이 가장 큰 값을 말한다.

#### 1) 정도가 같은 관측치의 최확값

같은 조건으로 여러 번 측정하였을 때 평균산출한 최확값을 말한다.

**예제 2.4**

어떤 거리를 5회 측정한 값은 $40.236\text{m}$, $40.235\text{m}$, $40.238\text{m}$, $40.233\text{m}$, $40.230\text{m}$ 라 하면 이 거리 측정의 최확값을 구하시오.

| 풀이 |

최확값 $= \dfrac{1}{5}(40.236+40.235+40.238+40.233+40.230)=40.234(\text{m})$

### 2) 조건부 관측치의 최확값

조건 만족과 관측값의 만족을 위한 최확값을 말하며 최확값은 가우스(Gauss)의 미정계수 법에 따른 관측치와 이론적인 조건의 값의 차이를 각 관측치에 등배분하면 된다.

**예제 2.5**

삼각측량에서 한 삼각망의 내각을 측정하니 $\angle A = 32°12'20''$, $\angle B = 58°23'40''$, $\angle C = 89°24'36''$ 일 때 최확값을 구하라.

| 풀이 |

$\angle A + \angle B + \angle C = 180°00'36''$ 오차가 36″ 이므로 $\dfrac{36''}{3} = 12''$ 을 감하면 된다.

각각의 최확값 $\angle A = 32°12'08''$, $\angle B = 58°23'28''$, $\angle C = 89°24'24''$ → $\angle A + B + C = 180°00'00''$

### 3) 비중(경중률)이 다른 조건부 관측치의 최확값

비중이 다른 조건부 관측값은 그 조건의 수치와 관측치의 합계의 차이를 각 측정의 비중에 반비례되도록 나누어서 보정하면 된다.

$$C_1 : C_2 : C_3 = \frac{1}{P_1} : \frac{1}{P_2} : \frac{1}{P_3} \qquad (2.10)$$

여기서, $P$ : 측정횟수

$C$ : 최확값을 얻기 위하여 측정값에 가하는 조정량

**예제 2.6**

비중이 다른 조건부 관측치의 최확값을 구하라.

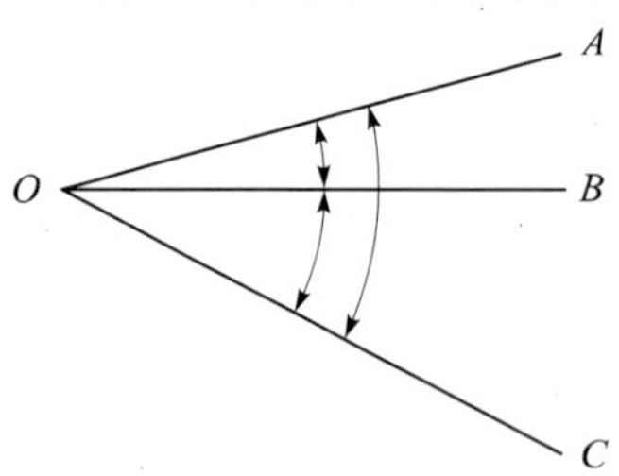


| 각 | 측정치 | 측정횟수 |
|---|---|---|
| AOB | 23°46′00″ | 1 |
| BOC | 59°14′27″ | 4 |
| AOC | 83°01′07″ | 6 |

| 풀이 |

$P_1 : P_2 : P_3 = 1 : 4 : 6$

$\angle AOB + \angle BOC = \angle AOC$가 되어야 하는 조건에서

$23°46'00'' + 59°14'27'' = 83°00'27''$ 이므로

$\angle AOC$ 보다 $40''$ 가 작으므로

$C_1 : C_2 : C_3 = 1 : \frac{1}{4} : \frac{1}{6} = 12 : 3 : 2$

$\therefore \ C_1 = 40'' \times \frac{12}{17} = 28''$, $C_2 = 40'' \times \frac{3}{17} = 07''$, $C_3 = 40'' \times \frac{2}{17} = 05''$

$\angle AOB = 23°46'00'' + 28'' = 23°46'28''$

$\angle BOC = 59°14'27'' + 07'' = 59°14'34''$

$\angle AOC = 83°01'07'' - 05'' = 83°01'02''$

4) 비중이 다른 관측치의 최확값

측정비중이 다른 결과에서 최확값을 구하자면 각 최확값에 비중값들을 곱하여 이 값들의 합계를 비중의 합계로 나눈 평균값을 말한다.

$$\therefore \ M = \frac{P_1 l_1 + P_2 l_2 \cdots\cdots P_n l_n}{P_1 + P_2 + P_3 + \cdots\cdots P_n} \qquad (2.11)$$

여기서, $l_1, \ l_2, \ l_3 \ \cdots\cdots \ l_n$ : 관측값

$P_1, \ P_2, \ P_3 \ \cdots\cdots \ P_n$ : 각 관측값의 비중

**예제 2.7**

서로 다른 세 사람이 같은 주의 아래서 한각을 $47°37'38''$ 로 1회 측정하고 $47°37'21''$ 의 4회 측정한 평균값을 얻고 끝 사람은 9회 측정해서 그 평균을 $47°37'30''$ 로 얻었다. 이 각의 최확값은?

| 풀이 |

$47°37'(38'' \times 1) = 47°37'38$

$47°37'(21'' \times 4) = 47°37'84''$

$47°37'(30'' \times 9) = 47°37' \frac{270''}{392''}$ $\quad \therefore \ \frac{392}{14} = 28''$

$\therefore$ 최확값 $= 47°37'28''$

**예제 2.8**

관측치 $l_1 = 50.24\mathrm{m}$, 경중률 $P_1 = 2$, 관측치 $l_2 = 50.25\mathrm{m}$, 경중률 $P_2 = 1$, 관측치 $l_3 = 50.26\mathrm{m}$, 경중률 $P_3 = 3$의 경우 최확값을 구하라.

| 풀이 |

$$\begin{aligned} \therefore \ \text{최확값} &= \frac{P_1 l_1 + P_2 l_2 + P_3 l_3}{P + P_2 + P_3} \\ &= 50 + \frac{2 \times 0.24 + 1 \times 0.25 + 3 \times 0.26}{2+1+3} \\ &= 50.252(\mathrm{m}) \end{aligned}$$

## 04 오차의 법칙

관측시 아무리 주의해도 정확성에는 한계가 있으므로 참값을 얻을 수 없다. 오차란 참값과 관측값의 차를 말하며 그 오차는 여러 구간 및 각으로 전파되므로 각각의 오차에 대한 전파값을 계산하고 관측오차가 허용오차 범위 내에 있음을 확인해야 한다.

### (1) 정오차의 법칙

오차의 부호와 크기를 알 때 이들 오차의 함수는 $y = f(x_1,\ x_2,\ \cdots,\ x_n)$이며 각각의 변수가 정오차 $\Delta x_1,\ \Delta x_2,\ \cdots,\ \Delta x_n$를 가지고 있는 경우의 함수식은

$$\Delta y = \frac{\partial y}{\partial x_1}\Delta x_1 + \frac{\partial y}{\partial x_2}\Delta x_2 + \cdots + \frac{\partial y}{\partial x_n}\Delta x_n$$

그림에서 $L = d\cos\theta$ 이고 $d$와 $\theta$에 대한 정오차는 $\Delta d$와 $\Delta\theta$ 라면

$$\begin{aligned} \Delta L &= (\cos\theta)\Delta d + (-d\sin\theta)\Delta\theta \\ &= L(\frac{\Delta d}{d}) + L(-\tan\theta)\Delta\theta \\ &= L[(\frac{\Delta d}{d}) - \tan\theta\Delta\theta] \end{aligned}$$

오차율은

$$\frac{\Delta L}{L} = \frac{\Delta d}{d} - \tan\theta\Delta\theta$$

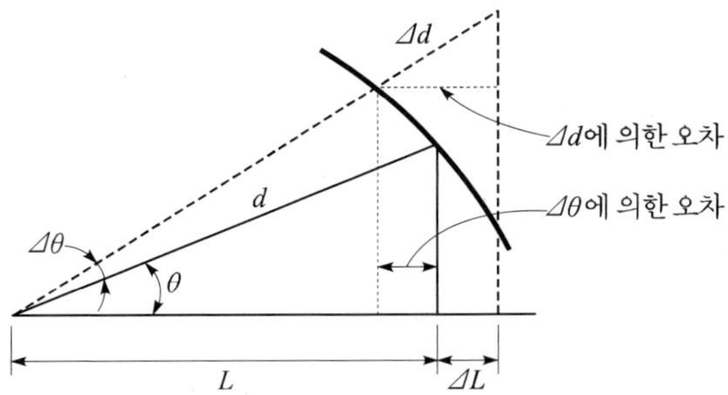


그림 2.4

**예제 2.9**

$d = 30.000\text{m}$, $\Delta d = 0.01\text{m}$, $\theta = 5°00'00''$, $\Delta\theta = -20''$ 일 때, 오차율과 수평거리오차를 구하시오.

| 풀이 |

수평거리 : $L = d\cos\theta = 30 \times \cos(5°) = 29.886\text{m}$

오차율 : $\frac{\Delta L}{L} = \frac{\Delta d}{d} - \tan\theta\Delta\theta = \frac{0.01}{30} - \tan 5° \times (\frac{-20''}{206265''}) = 0.00034$

수평거리오차 : $\Delta L = \frac{\Delta L}{L} \times L = 0.00034 \times 29.886 = 0.01016\text{m}$

## (2) 부정오차의 법칙

어떤 양 $X$가 $x_1$, $x_2$, $\cdots$, $x_n$의 함수로 표시되고 관측된 평균제곱근 오차를 $\sigma_1$, $\sigma_2$, $\cdots$, $\sigma_n$이라면 $X = f(x_1, x_2, \cdots, x_n)$에서 부정오차의 총합의 일반식은

$$M = \pm\sqrt{(\frac{\partial X}{\partial x_1})^2\sigma_1^2 + (\frac{\partial X}{\partial x_2})^2\sigma_2^2 + \cdots + (\frac{\partial X}{\partial x_n})^2\sigma_n^2}$$

1) 부정오차 전파의 응용

① $Y = aX$

$$\sigma_y = \pm a\sqrt{(\frac{\partial Y}{\partial X})^2} = \pm a\sigma_x$$

② $Y = X_1 + X_2 + \ldots\ldots + X_n$

$$\sigma_y = \pm\sqrt{(\frac{\partial Y}{\partial X_1})^2{\sigma_{x_1}}^2 + \cdots + (\frac{\partial Y}{\partial X_n})^2{\sigma_{x_n}}^2} = \pm\sqrt{{\sigma_{x_1}}^2 + {\sigma_{x_2}}^2 + \cdots + {\sigma_{x_n}}^2}$$

③ $Y = X_1 \cdot X_2$

$$\sigma_y = \pm\sqrt{X_2^2{\sigma_{x_1}}^2 + X_1^2{\sigma_{x_2}}^2}$$

④ $Y = X_1/X_2 = X_1 \cdot X_2^{-1}$

$$\sigma_y = \pm\sqrt{\left(\frac{1}{X_2}\right)^2{\sigma_{x_1}}^2 + \left(-1 \cdot \frac{X_1}{X_2^2}\right)^2{\sigma_{x_2}}^2}$$

$$= \pm\sqrt{\frac{X_1^2}{X_2^2}\left(\frac{{\sigma_{x_1}}^2}{X_1^2} + \frac{{\sigma_{x_2}}^2}{X_2^2}\right)}$$

$$= \pm\frac{X_1}{X_2}\sqrt{\left(\frac{\sigma_{x_1}}{X_1}\right)^2 + \left(\frac{\sigma_{x_2}}{X_2}\right)^2}$$

**예제 2.10**

어떤 기선을 측정하는데 4구간으로 나누어 측정하니 다음과 같을 때 전구간 길이와 전구간 길이의 오차는?

$L_1 = 39.551\text{m} \pm 0.0015\text{m}$

$L_2 = 39.883\text{m} \pm 0.0012\text{m}$

$L_3 = 39.336\text{m} \pm 0.0015\text{m}$

$L_4 = 39.448\text{m} \pm 0.0014\text{m}$

| 풀이 |

전구간 길이 $L = L_1 + L_2 + L_3 + L_4 = 158.218\text{m}$에 대한 오차는

$\therefore\ E = \sqrt{(0.0015)^2 + (0.0012)^2 + (0.0015)^2 + (0.0014)^2} = \pm 0.0028(\text{m})$

$\therefore\ L = 158.218 \pm 0.0028(\text{m})$

### (3) 오차의 전파의 적용

오차에서 정오차는 되풀이 측정한 횟수에 비례하여 커지므로 한번 측정의 정(定)오차를 $a$라 하면 $n$번 측정의 정오차는 $n \times a$가 되고 우연(偶然)오차는 되풀이한 횟수의 평방근에 비례하여 커지므로 한번 측정의 우연오차를 $b$라 하면 $n$번의 오차는 $b \times \sqrt{n}$가 되고 따라서 측정한 전체의 오차 $r$는 오차전파의 법칙에 따라 다음과 같다.

$$r = \sqrt{(an)^2 + (b\sqrt{n})^2} \tag{2.12}$$

여기서, $r$ : 측정전체의 오차

$n$ : 측정횟수

$a$ : 정오차

$b$ : 우연오차

**예제 2.11**

거리가 300m인 두점 사이를 50m 줄자를 사용하여 측정하였을 때 줄자의 일회 측정의 정오차가 $a = 3\text{mm}$, 우연오차 $b = \pm 4\text{mm}$라고 하면 전체오차는 얼마인가?

| 풀이 |

전체오차 $= \sqrt{(an)^2 + (b\sqrt{n})^2}$, $n = 300 \div 50 = 6$(회)

$\therefore\ r = \sqrt{(3\times 6)^2 + (4\sqrt{6})^2} = 20.494(\text{mm})$

## 연습문제

**01** 직사각형의 2변을 측정하여 다음 결과를 얻었다. 직사각형의 면적의 계산에 전파된 오차는 얼마인가?

$X_1 = 52.384 \pm 0.002\text{m}$, $X_2 = 35.263 \pm 0.004\text{m}$

**02** $A$와 $B$ 두 지점간의 고저차를 구하기 위해, (1), (2) 및 (3)의 각각의 노선을 따라 직접 수준측량을 실시하여 다음 표와 같은 결과를 얻었다. 고저차의 최확값은?

| 노선번호 | 관측결과 | 수준노선길이 |
|---|---|---|
| (1) | 12.330m | 2.0km |
| (2) | 12.345m | 1.0km |
| (3) | 12.340m | 1.0km |

**03** 어떤 거리를 30m 줄자로 관측한 결과 180m의 최확값을 얻었다. 이 때 중등오차가 ±3.8cm 이었다면 줄자 1회 관측에 대한 중등오차는?

**04** 동일 지점의 측정치가 다음 표와 같을 때 최확값과 정도를 구하라.

(단, 확률오차$= 0.6745\sqrt{\dfrac{\Sigma \nu^2}{n(n-1)}}$ )

| 측정횟수 | 1 | 2 | 3 | 4 | 5 |
|---|---|---|---|---|---|
| 측 정 치 | 32.80 | 32.84 | 32.90 | 32.64 | 32.82 |

**05** 한각을 3회 관측하여 다음과 같은 결과를 얻었다. 산술평균치, 평균오차, 관측치에 대한 표준오차, 최확값의 표준오차, 관측치에 대한 확률오차를 구하라.

| 횟수 | 관측치 |
|---|---|
| 1 | 65°26′16″ |
| 2 | 65°26′20″ |
| 3 | 65°26′18″ |

**06** 육면체인 저수탱크의 용적을 구하고자 한다. 밑변 $a$, $b$ 높이 $h$에 대한 측정결과가 다음과 같을 때 부피오차는?

$$a = 40.00 \pm 0.05\text{m},\ b = 10.00 \pm 0.03\text{m},\ h = 20.00 \pm 0.02\text{m}$$

**07** 한 점의 높이를 결정하기 위하여 수준측량을 하여 다음 결과를 얻었다. 높이를 구하고 정도를 알아보아라.

| 경중률 | 4 | 2 | 3 | 1 |
|---|---|---|---|---|
| 관측치 | 121.216 | 121.204 | 121.209 | 121.228 |

basic surveying

Chapter 3

# 거리측량

Distance Surveying

# 01 거리의 정의와 거리측량의 분류

## (1) 측량에서 말하는 거리

측량에서 말하는 거리는 수평거리(水平距離 : Horizontal Distance)이며, 경우에 따라 경사거리(傾斜距離 : Inclined Distance)를 측정하여 사용할 수 있지만 지도를 그리거나 면적을 계산할 때는 수평거리로 사용해야 한다. 연직거리(수직거리 ; Vertical Distance)의 측정은 고저차(高低差)를 구할 때 사용한다.

일반적으로 관측한 거리는 경사거리이므로 기준면(평균표고)에 대한 수평거리로 환산하여 사용한다.

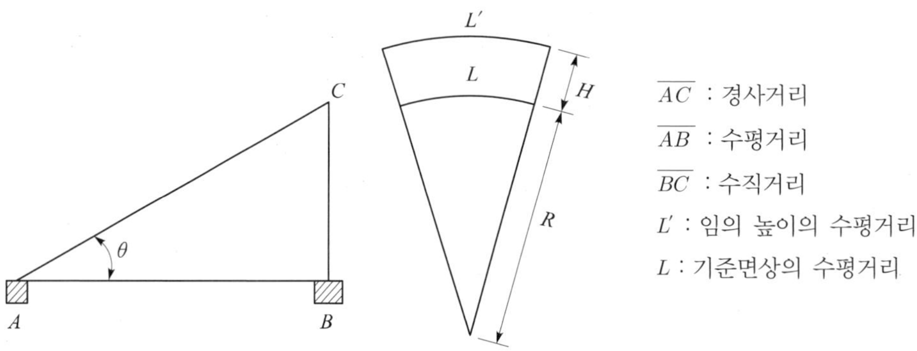


그림 3.1 거리

## (2) 거리측정 분류

### 1) 직접거리측량(直接距離測量)

줄자(tape) 등을 이용해서 거리를 재는 방법을 말한다.

### 2) 간접거리측량(間接距離測量)

거리를 직접 측정하지 않고 평판, 시거,(stadia), 수평표척(substance bar), 음측 등 계산이나 도해법을 이용하여 거리를 구하는 방법이다.

### 3) 전자기파 거리측량 방법

① 전자파거리측정기 : 전파를 이용하여 두 점간의 거리를 직접 측정하는 기구로 한변 조작

시간은 20~30분이며 사진측량의 기준점을 간단하게 측정하기 위한 목적으로 제작되었다. 발사된 고주파가 반사되어 돌아오는 반사파의 위상차로 거리를 구하는 기계이다.

② **광파거리측정기** : 광파를 이용하여 두 점간의 거리를 직접 측정하는 기구로 한번 조작 시간은 10~20분이며 광파는 가시광선이나 적외선을 사용하는 기계이다.

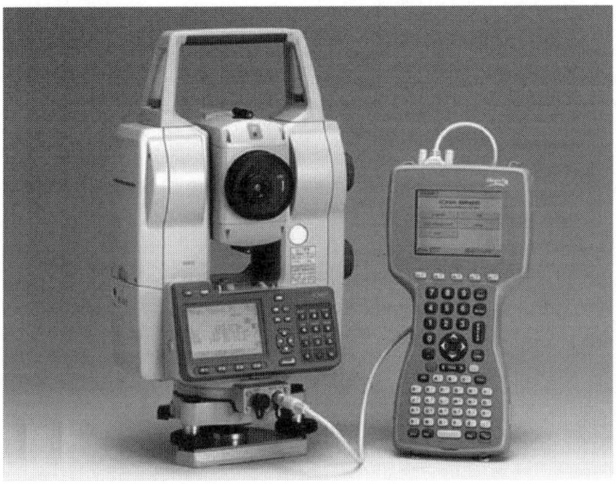

그림 3.2 광파거리측정기

**표 3.1** Geodimeter(광파측정기)와 Tellurometer(전파측정기)의 비교

<table>
<tr><th>항목(기계명)</th><th colspan="2">Geodimeter(광파)</th><th>Tellurometer(전파)</th></tr>
<tr><td>정 도</td><td colspan="2">$(1\sim2)\pm2\times10^{-6}D(\text{cm})$<br>$D$ : 관측거리</td><td>$(3\sim5)\pm4\times10^{-6}D(\text{cm})$</td></tr>
<tr><td>기후영향</td><td colspan="2">안개, 비, 눈 등 기후의 영향을 많이 받는다.</td><td>일기의 영향을 받지 않는다.</td></tr>
<tr><td>방 해 물</td><td colspan="2">두점간의 시준만 되면 가능하다.</td><td>장애물(송전선, 자동차, 고압선 부근은 관측불능)영향을 받는다.</td></tr>
<tr><td rowspan="2">관측가능거리</td><td rowspan="2">짧다.<br>(1m ~ 60km)</td><td>원거리용<br>(10m ~ 60km)</td><td rowspan="2">길다.<br>100m ~ 150km</td></tr>
<tr><td>근거리용<br>(1m ~ 1km)</td></tr>
<tr><td>한번조작시간</td><td colspan="2">10 ~ 20분</td><td>20 ~ 30분</td></tr>
</table>

## 02 직접거리측량에 사용되는 기계도구(줄자의 종류)

### (1) Chain(측쇄)

1) Egypt시대부터 발달하여 Nile강변 토지경계용으로 사용하기 시작했다.
2) 지름 3mm의 강철제 철사로 만들어졌으며 양 끝에 Handle이 있고 철사 1개의 길이 1 link(20cm)로 되었다.
3) 1 chain = 100 link
4) 무겁고 현재는 사용하지 않는다.

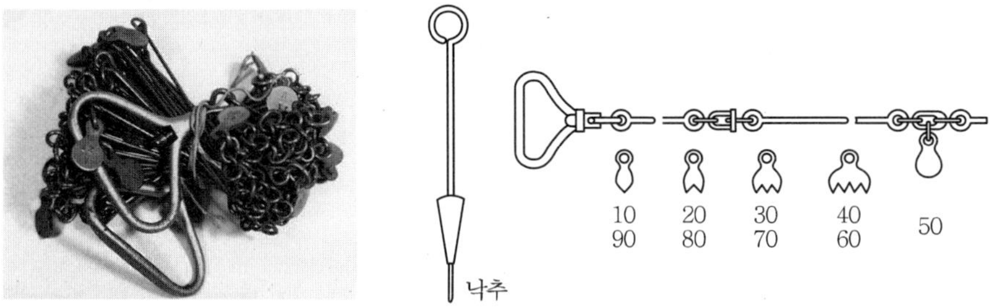


그림 3.3 체인(Chain)

### (2) 헝겊줄자(베줄자 ; 권척 ; 천줄자 ; Cloth tape)

휴대 및 사용하기가 편리하여 좋으나 건습 및 장력(표준은 2~5kg이고 10kg의 장력에 1/1,000)에 대하여 신축(보통습기에서 약 1/1,000단축)이 심하여 정도가 좋지 않다. 재료는 놋쇠줄을 넣고 짠, 베헝겊이나 화학제 헝겊으로 넓이 15mm 정도이고 길이 20~50mm가 보통이다.

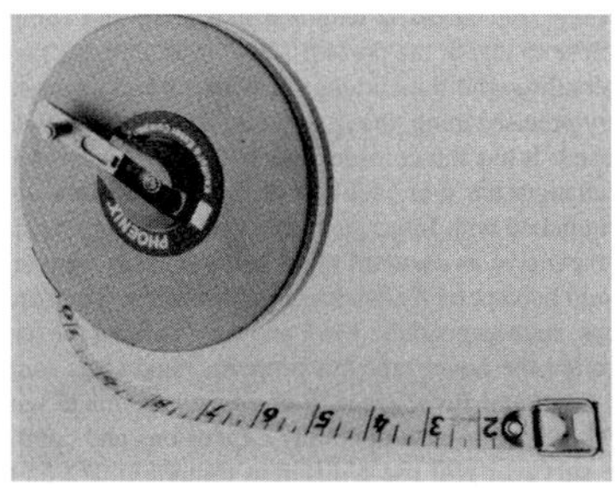

그림 3.4 헝겊 줄자(Cloth tape)

### (3) 강철 줄자(steel tape)

1) 폭이 12mm 정도의 얇은 강철에 mm 단위로 잣눈을 한 줄자로 길이는10~50m짜리가 흔하나 때로는 100m, 200m, 300m짜리도 있다.
2) 삼각측량의 기선측정과 같은 중요한 측량에 사용된다.
3) 습도에 의한 길이의 신축이 거의 없으나 녹이 슬기 쉽고, 무게가 무겁고, 쉽게 꺾어져

부러지기 쉬우며, 취급할 때 손을 다치기 쉬운 결점 등이 있다.

4) 근래에는 12~18크롬강으로 만든 스텐레스(stainless) 강철 줄자와 같은 녹이 나지 않는 것도 있다.
5) 강철 줄자는 사용 후 불순물을 닦아내고 글리세린과 같은 기름을 칠하여 두면 좋다.

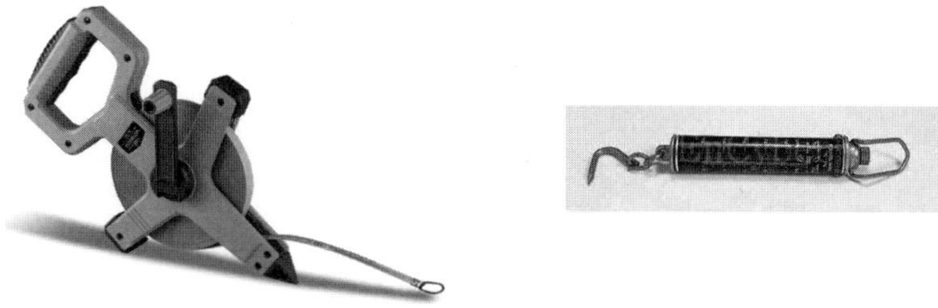

그림 3.5 강철 줄자(steel tape)

### (4) 인바 줄자(Invar tape)

1) nickel(약36%), 강철(63.6%), 탄소(0.4%)를 혼합한 합금으로 불변강철이다.
2) 온도에 대한 신축은 강철 줄자의 약 1/10 정도이다.
3) 삼각측량에서 기선(base line)측정에 사용한다.
4) 선 팽창계수는 1°C에 대하여 0.0000009이다.
5) 형태는 Tape형, Wire형이 있다.

그림 3.6 인바 줄자(Keuffel & Esser Co.)

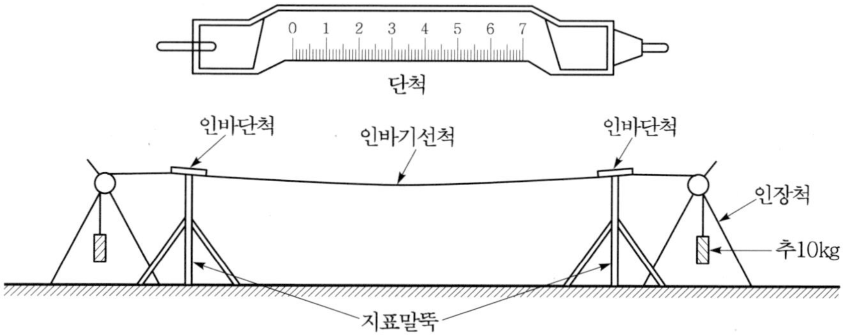


그림 3.7 인바 줄자(Invar tape)

### (5) 측승(간승 ; 잼줄 ; 줄자 ; Measuring Rope)

1) 마사와 금속의 심으로 외부에는 가는 마포로 감은 직경 약 3mm 정도의 줄이다.
2) 정도는 좋지 않으나 산악, 광산 등의 측량에는 편리하다.
3) 길이는 보통 50m, 100m이다.
4) 습기나 장력에 변화가 생기기 때문에 화학섬유인 비닐(vinyl)로 만든 것이 사용된다.

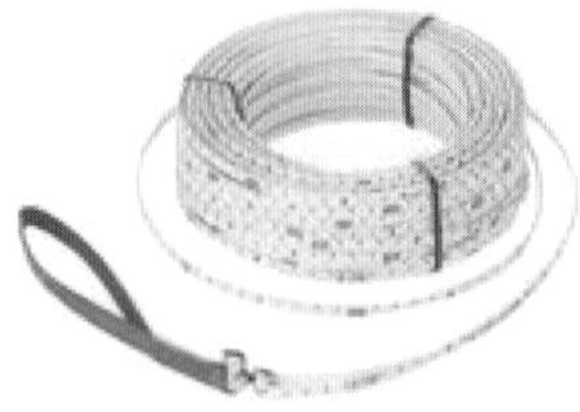

그림 3.8 측승 (Measuring Rope)

### (6) Pole(測桿)

1) 지름 2.5~3.0cm 정도의 원통형 파이프로 길이는 2~5m이다.
2) 표면에는 20cm 길이로 적색과 흰색을 번갈아 칠했다.
3) 끝에는 강철로 된 뾰족한 발(iron shoe)이 달려있어 땅에 박을 수 있게 되어 있다.
4) 측선의 방향결정, 측선의 연장 등에 사용되며 거리의 약측도 할 수 있다.
5) 측각(測角) 혹은 시준선의 기준이 되므로 항상 지평선에 직각이 되도록 바르게 세워야 한다.

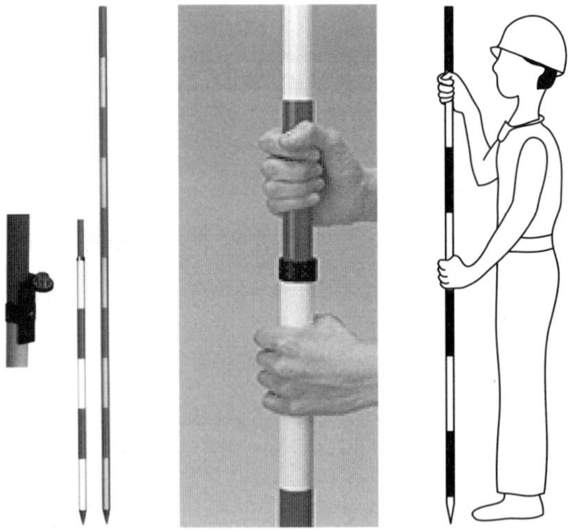

그림 3.9 폴(Pole)

### (7) 지도거리계(地圖距離計 : Curvimeter)

그림 3.10 Curvimeter

지도상의 거리측정 및 곡선거리측정을 하는 기구로 도로, 하천, 해안선 등의 거리를 측정할 때 사용된다.

### (8) 전자파거리측량기

(EDM : Electronic Distance Measuring Equipment)

전자파 측거의로 측정하고자 하는 2점간에 전자파를 왕복시키면 반사하여 되돌아오는 전자파의 위상(位相)은 거리에 상응하여 현장에서 거리측량을 실시하는 것으로 지형에 좌우되는 일이 없이 거리가 측정되는 이점이 있다.

1) EDM측정기의 분류

① 전자파기기(electro-optical instrument)

㉠ 보통 파장이 0.9m 정도인 적외선 광선을 변조하여 반송파로서 이용한다.

㉡ 광원은 보통 GaAs 또는 진공관을 사용한다.

㉢ 적용범위는 2~3km로 제한되며, 일반적으로 측량에서 많이 사용된다.

② 극초단파 측정기기(microwave instrument)

㉠ 주파수가 3~35GHz인 극초단파를 사용한다.

㉡ 작업범위는 상당히 길고, 일기가 흐리거나, 안개 또는 약간의 비 속에서도 작동할 수 있다.

㉢ 측정에 편리하게 발진장치, 수신장치, 안테나, 작동회로망 그리고 내장되어 있는 통신장치를 포함한다.

㉣ 측정범위는 약 50km 정도이다.

③ 장거리 라디오파 측정기(long radio-wave instrument)

㉠ 보통 1km 이상의 매우긴 파를 가진 에너지를 사용하는 기기이다.

㉡ 측청범위는 거의 100~800km 정도의 거리를 측정할 수가 있다.

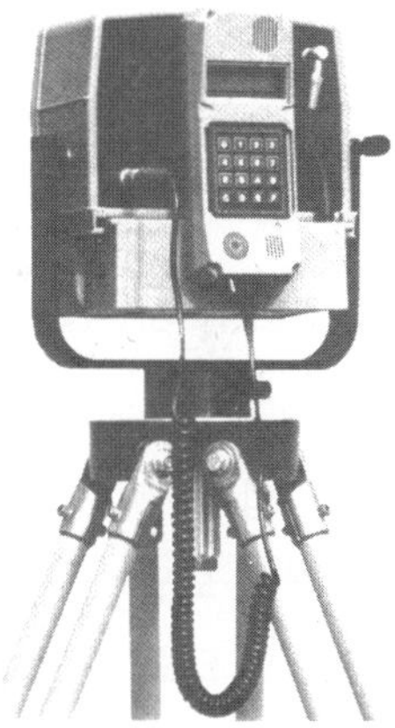

그림 3.11 전파거리측량기
(Elementary Surveying
Paul R. Wolf, 1996)

㉢ 항해, 항공사진 측량에서의 위치조정, 자기계측정, 해양이나 수로측정, 항구준설과 같은 특수 측량에 사용된다.

④ 전자파 측거기와 그 원리

$c = f \cdot \lambda$ 에서

$$\lambda = \frac{c}{f_A - f_B} = \frac{1}{\frac{1}{\lambda_A} - \frac{1}{\lambda_B}}$$ 가 된다.

여기서, $c$ : 전파속도, $f$ : 주파수, $\lambda$ : 파장

전파측거기는 전파(Micro wave)를 이용하는 경우 원거리측정용이며 광파측거기는 광파(Optical Wave)를 이용하는 경우 중근거리 측정용이다.

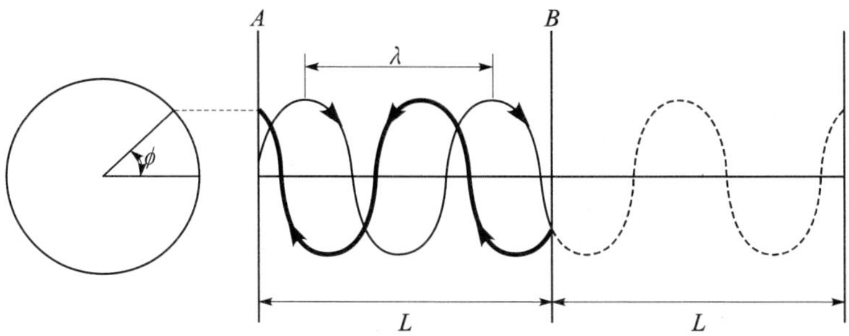


그림 3.12 2점간의 전자파의 왕복

2) 광파측거기에 의한 거리측량

1점으로부터 강도변조를 한 광선을 송출하여 발사광과 다른 점에서 반사 되어 되돌아오는 반사광과의 위상차를 측정하여 거리를 측정할 수 있다.

## (9) VLBI(Very Long Baseline Interferometer : **초장기선간섭계**)

지구상에서 1,000~10,000km 정도 떨어진 대륙간에 전파간섭계를 설치하여 전파원(우주의 준성)으로부터 나온 전파를 2개소이상의 관측시설에서 동시에 수신하여 2개의 간섭계에 도달한 전파의 시간차를 이용하여 거리를 측정한다.

VLBI는 지구표면의 위치를 1,000km에 약 1mm 오차로 파악이 가능하여 위치정확도가 수mm 정도의 측지기술이다.

## (10) GPS, NNSS

1) NNSS(Navy Navigation Satellite System)

① 1959년 TRANSIT계획으로 시작되었으며 1964년 경에 실용화되었다.
② 도플러 효과에 의한 전파 관측법을 이용한다.
③ 지구자전속도 변동조사 및 세계적 위치결합에 이용되었다.

④ 좌표계는 WGS-72를 사용하였다.

2) GPS(Global Positioning System)

① NNSS와 교체 보완된 새로운 항행체계이다.

② NNSS발전형(관측 소요시간, 정확도)으로서 위성체계는 24개(예비 6)이다.

③ 좌표계 WGS-84를 사용한다.

④ 정확한 위치를 알고 있는 위성에서 발시된 전파를 수신하여 관측점까지의 소요시간을 관측함으로써 고속물체의 위치관측과 속도관측에 유효하며, 측량에서는 주로 상대관측방법을 사용하여 정밀도를 확보할 수 있다.

## 03 거리측정 시 주의사항 및 경사지 거리측정 방법

### (1) 거리측정 작업시 주의사항

1) 줄자는 수평으로 한다.

2) 줄자는 바람의 영향에 주의한다.

3) 같은 거리를 적어도 2회 이상 측정하고 잣눈을 얻는다.

### (2) 경사지의 거리측정

1) 계단식 방법

산지나 농지의 측량일 때에는 경사가 5° 이내이면 비탈거리를 수평거리로 사용해도 별지장 없다.

① **강측법**(降側法 : Chaining Downhill Method) : 수평거리를 단계적으로 높은 지점에서 낮은 지점으로 향하여 측정하는 방법을 강측법이라 한다.

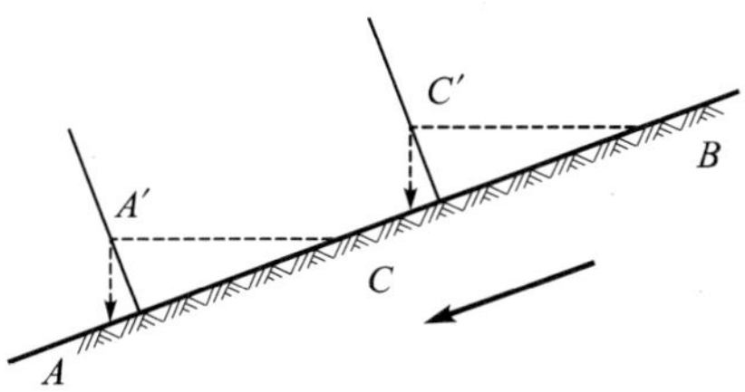


그림 3.13 강측법

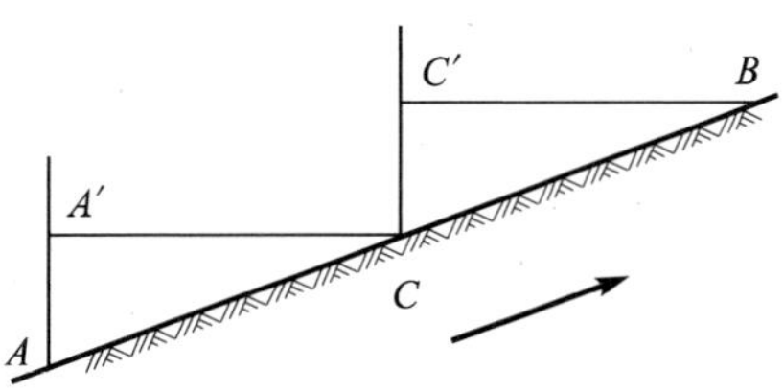


그림 3.14 등측법

② **등측법**(登測法 : Chaining Uphill Method) : 강측과 반대로 수평거리를 단계적으로 낮은 지점에서 높은 지점으로 향하여 측정하는 방법을 등측법이라 한다.

### 2) 비탈거리를 측정하여 수평거리로 환산하는 방법

경사면이 일정할 때 경사거리를 측정하여 이를 환산하면 수평거리를 얻을 수 있다. 이때 각은 경사측정기(Clinometer)로 $H$를 측정할 때는 Hand Level 등을 사용하며 트래버스 측량과 같이 각 측점의 높이를 관측하는 경우의 구간거리는 수준측량결과를 이용하면 정확도를 향상시킬 수 있다.

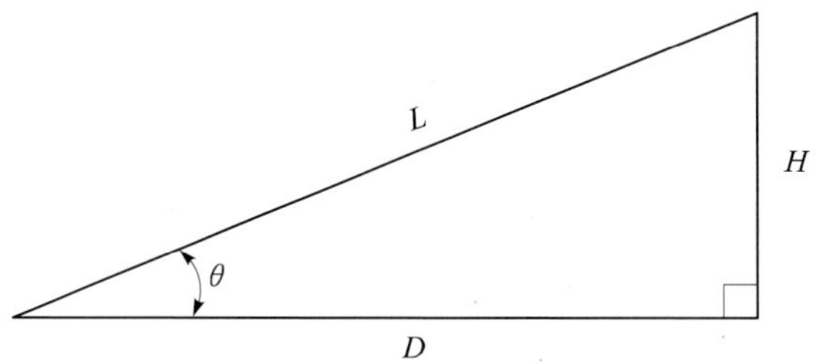


**그림 3.15 경사거리에 따른 수평거리환산**

$$\therefore\ D = L\cos\theta = L\sqrt{1-\left(\frac{H}{L}\right)^2} = L\left\{1-\frac{1}{2}\left(\frac{H}{L}\right)^2-\frac{1}{2\cdot 4}\left(\frac{H}{L}\right)^4\cdots\cdots\right\}$$

$$\fallingdotseq L-\frac{H^2}{2L} \qquad (3.1)$$

여기서, $D$ : 수평거리　　　$L$ : 경사거리
$\theta$ : 경사각　　　$H$ : 고저차

**예제 3.1**

$AB$측선에 장애물이 있어 직접 측정할 수 없으므로 $AC$ 및 $BC$를 측정하여 거리를 구하였다. $AB$의 거리는 얼마인가?

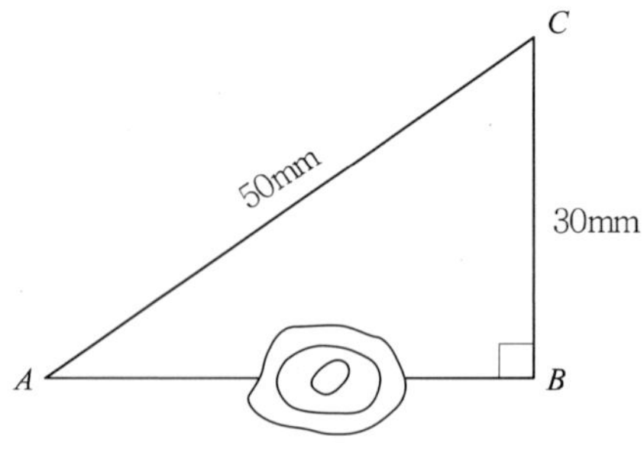


| 풀이 |

피타고라스 정리에서

$AC^2 = AB^2 + BC^2$

$\therefore\ AB = \sqrt{AC^2 - BC^2} = \sqrt{50^2 - 30^2} = 40(\mathrm{m})$

**예제 3.2**

경사각이 15°, 경사거리가 200m 일 때 수평거리를 구하라.

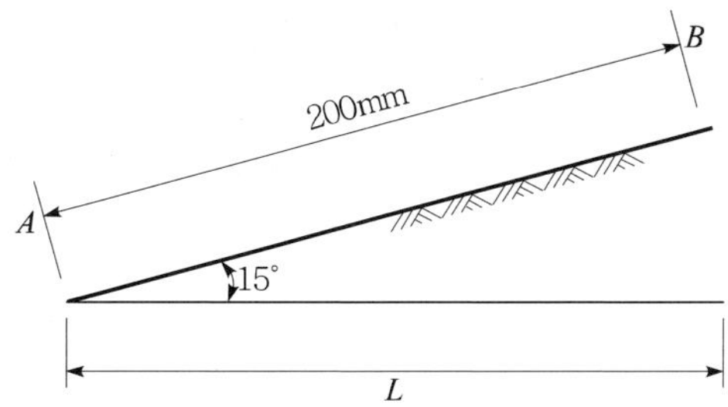


| 풀이 |

$L = 200 \times \cos 15° = 193.185(\mathrm{m})$

**예제 3.3**

60m 보다 약간 짧은 2점간을 30m 강권척으로서 측정하는 경우 거리측정의 정도를 1/1,000로 할 때 중간점은 Sight에서 얼마정도 떨어져도 차이가 없는가?(단, 그 외의 오차는 고려하지 않기로 한다)

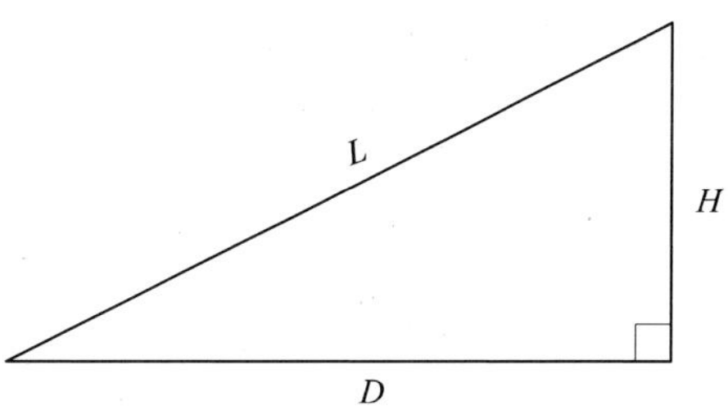


| 풀이 |

$$D = \sqrt{L^2 - H^2} = L\sqrt{1 - \left(\frac{H}{L}\right)^2}$$

$$\frac{D}{L} = \sqrt{1 - \left(\frac{H}{L}\right)^2},\ \frac{L-D}{L} = 1 - \frac{D}{L} = \frac{1}{1,000}\text{ 에서}$$

$$\frac{D}{L} = 1 - \frac{1}{1,000} = \sqrt{1 - \left(\frac{H}{L}\right)^2} = 0.001999,\ 1 - \left(\frac{H}{L}\right)^2 = \left(1 - \frac{1}{1,000}\right)^2$$

$$\left(\frac{H}{L}\right)^2 = 1 - \left(1 - \frac{1}{1,000}\right)^2 = 0.001999$$

$$\therefore\ \frac{H}{L} = \sqrt{0.001999} = 0.04471$$

$L = 30\mathrm{m}$ 줄자이므로 $\therefore\ H = 30 \times 0.04471 = 1.3413(\mathrm{m})$

### 3) 줄자의 특성값

표준길이보다 약간 길거나 짧을 때 공인된 범위에서 짧거나 긴 값을 말한다.

# 04 줄자를 이용한 골조측량 및 세부측량

줄자를 이용한 도근(圖根)측량(골격측량)과 세부(細部)측량(지거측량)은 예전에는 체인(Chain)측량이라고도 하였으며 이때 고저차는 Hand Level 등을 이용하여 수준측량(Level Sruveying)을 병행할 경우 그 결과를 이용하여 수평거리로 환산하여 사용하기도 한다.

## (1) 외업(外業)의 순서

답사 → 선점 → 골격측량 → 세부측량

## (2) 거리 세부측량

1) 답사 및 선점

① 답사 : 최소의 노력 비용 및 시간으로 소요의 측량을 할 수 있는 측점의 장소, 측량기구 및 방법 등을 대략 결정하는 작업

② 선점(選點)의 유의사항

㉠ 측정간의 거리는 100m 이내가 좋고 측점수는 적게 한다.

㉡ 측점간이 잘 보여야 한다.

㉢ 장애물이나 교통방해는 받지 않아야 한다.

㉣ 세부측량에 가장 편리하게 이용되는 곳이 좋다.

2) 골격(骨格)측량(도근측량)

측점(traverse와 삼각망) 상호간의 상대위치를 정하는 측량

① 줄자 등의 도기만으로 골격 결정 방법

㉠ 삼각구분법(Triangle Divsion Method) : 그리 넓지 않고 측점 간 투시가 좋은 곳에 사용된다. 삼각형으로 나눠 세변을 측정해서 산출.

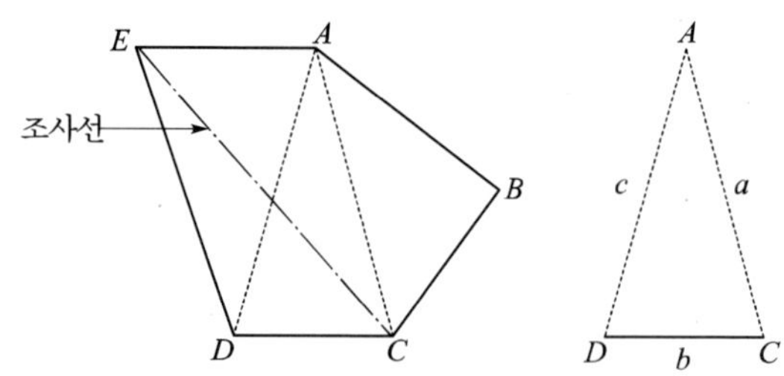


그림 3.16 삼각구분법

$$S = \frac{1}{2}(a+b+c)$$

$$\therefore A = \sqrt{s(s-a)(s-b)(s-c)} \quad (3.2)$$

**예제 3.4**

축척 1/300의 도상에서 3변의 길이가 각각 28.6cm, 40.3cm, 31.3cm일 때 지상 실면적은 얼마인가?

| 풀이 |

$$S = \frac{a+b+c}{2} = \frac{28.6+40.3+31.3}{2} = 50.1$$

$$\therefore A = M^2\sqrt{s(s-a)(s-b)(s-c)}$$
$$= (300)^2\sqrt{50.1(50.1-28.6)\times(50.1-40.3)\times(50.1-31.3)}$$
$$= 40093370\,\text{cm}^2 = 4009.337(\text{m}^2)$$

㉡ **수선구분법**(Perpendicular Method : 길고 좁은 경우나 경계선상에 장애물이 있을 때 적당하며 기준선을 취하여 각 측점까지 지거를 측정하여 도근점의 위치를 정하거나 세부측량을 하는 방법을 말한다. 결과의 정도를 알기 위하여 조사선을 두고 정확여부를 확인한다.

㉢ **계선법**(Tie Line Method) : 장애물이 있거나 대각선 투시가 곤란할 때 두 측선을 잇는 선을 계선이라 한다. 각 점의 연장선하고 계선 길이도 측정하여 측점에 다음측선의 방향을 알고 축척에 만족하도록 도근점의 위치를 정하거나 세부측량을 하는 방법을 말한다. 결과의 정도를 알기 위하여 조사선을 두고서 정확여부를 확인한다.

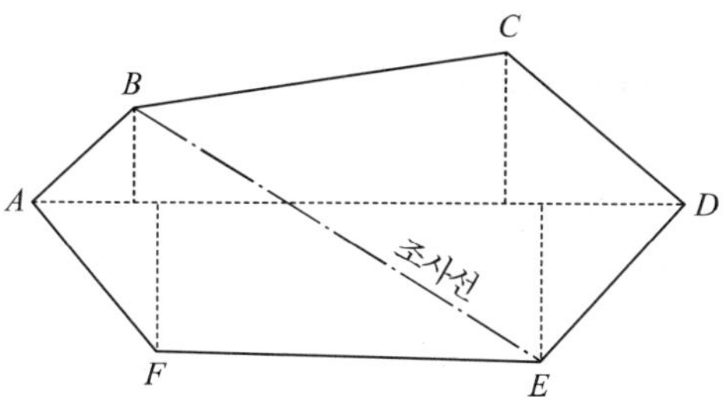


그림 3.17 수선구분법

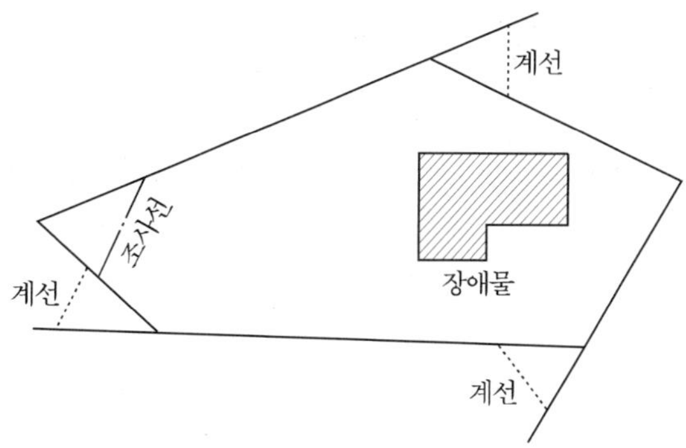


그림 3.18 계선법

3) 세부측량(細部 : Detailing)

골격 측량에서 결정된 기준으로 지형이나 지물을 측정하는 측량을 말한다.

① 지거(支距 : offset)란 본선을 기준으로 각점의 수평거리를 말한다.

② 지거측량(offsetting)이란 지거를 이용한 측량을 말한다.

③ 지거측량의 요령

㉠ 한 줄자를 측선상에 깔고 추가거리의 순서를 취한다.

㉡ 적은 구배(5°보다 낮은 것)인 경우는 이를 무시하고 지표면에 따라 거리를 취하면 된다.

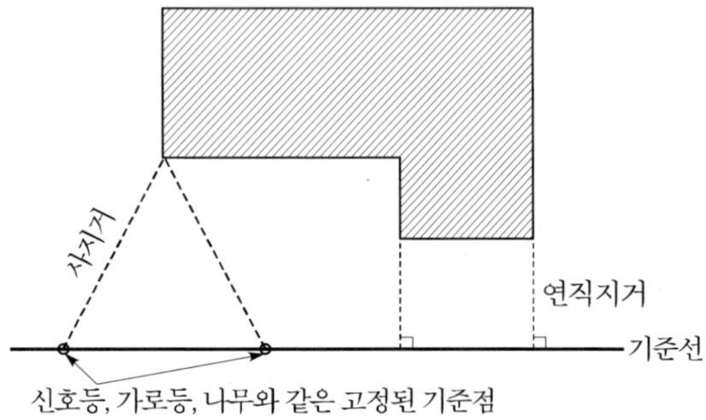


그림 3.19 지거측량

㉢ 줄자의 기점을 측정하려는 지형지물의 한점에 고정시키고 타단을 측선상에서 좌우로 이동시켜 최소 잣눈을 취하는 것을 원칙으로 한다. 그러나 정확성이 필요할 때는 직각기 등을 사용한다.

㉣ 지거는 될 수 있는 한 짧은 것이 좋으며 대개는 20m 이하로 하는 것이 좋다.

㉤ 중요한 지물에 대한 정확성이 필요할 경우는 사지거(斜支距 : diagonal offset)를 취해 둠이 좋다.

④ 지거측량의 야장 기입 방법

㉠ 견취식(見取式 : 약도식) 야장(sketch book)법 : 약도를 그려가지고 골격과 지거를 측정하여 기입하는 방법으로 측량 구역이 좁고 기입사항이 적을 때 적합하다.

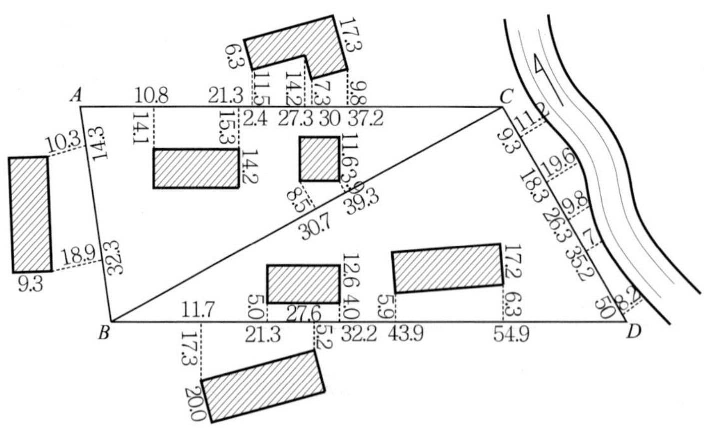

그림 3.20 견취식(약도식)

㉡ 종란식(縱欄式) 야장법 : 중앙에 폭 2cm 정도의 적색평행선을 그리고 그 종란 속에 측점부터 지거까지의 거리를 기입하고 그 좌우에 이에 대응하는 지거를 기입하는 방법을 말한다.

㉢ 종란식에서 유의사항

- 진행하는 방향에 야장을 갖고 하부에서 상부로 기입한다.
- 동일 측선의 기입이 끝나면 선을 그어 다음 측선과 구분한다.
- 측선이 좌절 및 우절되었을 때는 ㉮, ㉯ 등의 부호를 기록해 둔다.

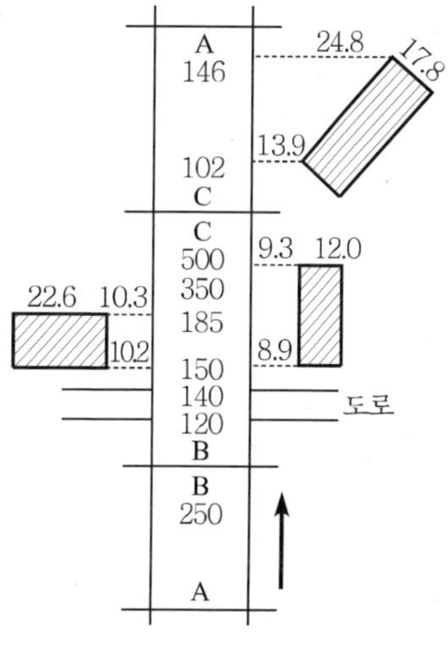


그림 3.21 종란식

## 05 장애물이 있을 때 측량방법

### (1) 1점만 접근할 수 있을 때의 거리측정

그림 3.22와 같이 1점만 접근할 수 있을 때의 거리 $A$ 측정방법은 $OB : OA = 1 : 2$로 하고 $B$점에서 직각으로 $OB : BC = 1 : 2$로 하여 $C$점에서 0점을 지나는 연장선을 얻어 $D$ 방향과 일치하도록 한 후 $A$점에서 직각으로 $D$방향을 관측할 때 두 방향이 교차하는 점이 $D$점이 된다. 닮음 삼각형법을 이용하여 비례식으로 구하면 $AD$거리를 얻을 수 있다.

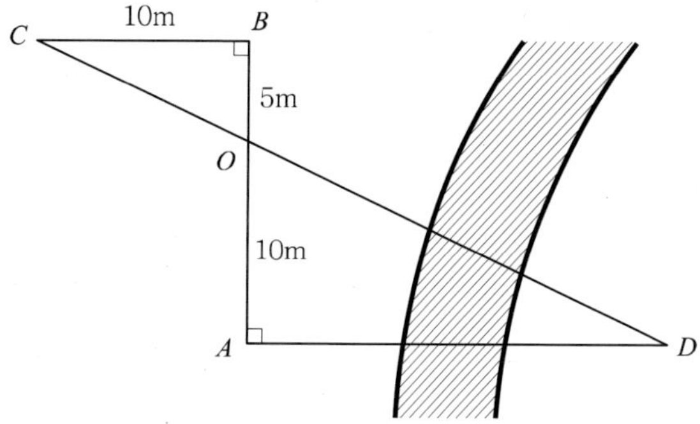


그림 3.22 삼각형 비례법(1)

$$AO : AD = BO : BC \tag{3.3}$$

$$\therefore\ AD = \frac{AO}{BO} \times BC = \frac{10}{5} \times 10 = 20(\text{cm})$$

그림 3.23의 $AC$와 $AB$거리를 정하고 $C$점, $A$점에서 직각으로 했을 때 $C$점이나 $D$점 방향선과 $A$점에서 $D$점 방향선이 교차하는 점이 $D$점이 된다.

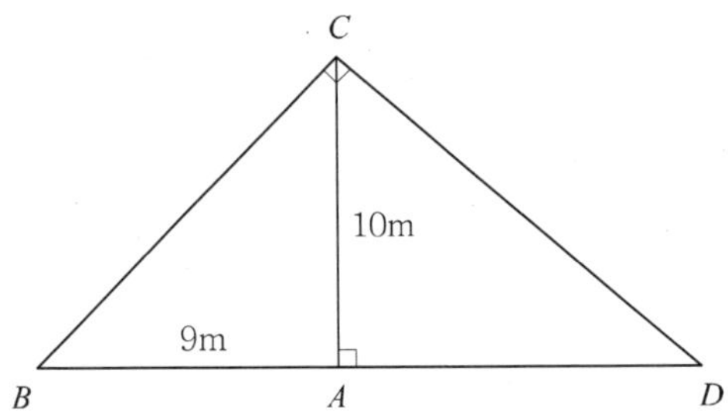


그림 3.23 삼각형 비례법(2)

$$AC^2 = AB \times AD \tag{3.4}$$

$$\therefore\ AD = \frac{AC^2}{AB} = \frac{10^2}{9} = 11.111(\text{m})$$

### (2) $P$, $Q$의 거리를 구할 경우

그림 3.24와 같이 $PQ$거리를 구할 때 $OP$, $OQ$선상에 $PQ \,//\, P_1Q_1$가 되도록 정하여 닮음삼각형 원리에 의해 비례식으로 구한다.

$$OP_1 = \frac{OP \times OQ_1}{OQ} \qquad \therefore\ PQ = \frac{P_1Q_1 \times OQ}{OQ_1} \tag{3.5}$$

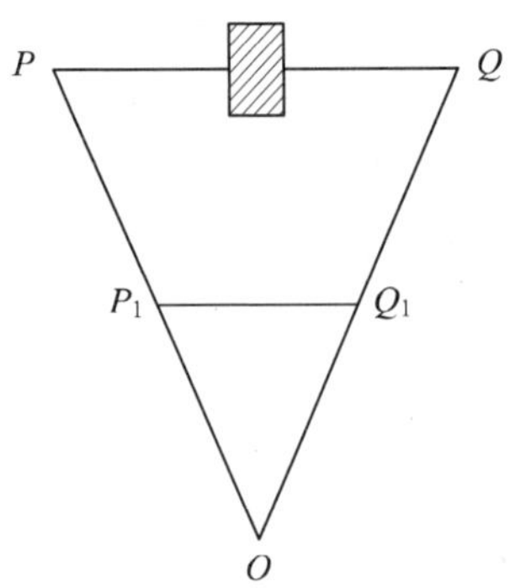


그림 3.24 삼각형의 비례법(3)

### (3) 사거리(AC)와 직각거리(BC)를 알 때 AB의 거리

그림 3.25와 같이 $AB$거리를 측정할 때 사거리($AC$)와 직각거리($BC$)를 구하여 피타고라스정리를 적용하여 $AB$거리를 구한다.

$$\therefore \ AB = \sqrt{AC^2 - BC^2} = \sqrt{100^2 - 60^2} = \sqrt{6,400} = 80(\mathrm{m}) \tag{3.6}$$

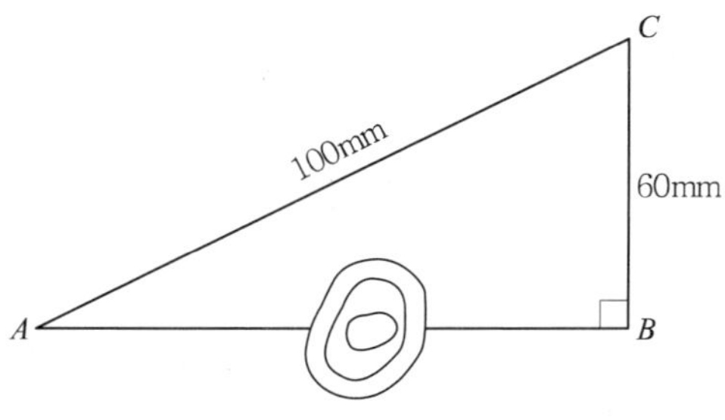


그림 3.25 피타고라스법

### (4) 각을 관측할 경우 AB의 거리

$$\overline{AB} = \sqrt{(AP)^2 + (BP)^2 + 2AP \cdot BP \ \cos\alpha} \tag{3.7}$$

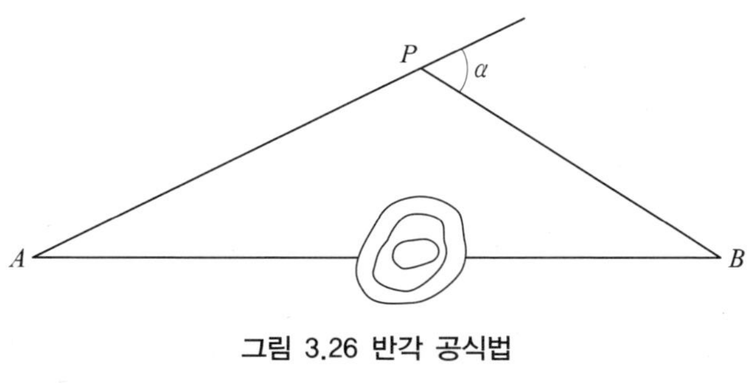


그림 3.26 반각 공식법

## 06 거리측량의 오차

### (1) 정오차(定誤差)의 원인

1) 줄자의 길이가 표준길이 보다 짧거나 길 때(표준척보정)
2) 측정을 정확한 일직선상에서 하지 않을 때(경사보정)

3) 줄자가 바람 혹은 초목에 걸쳐서 직선이 안 되었을 때(경사보정)
4) 경사지 측정에 줄자가 정확하게 수평으로 안 되었을 때(경사보정)
5) 줄자가 쳐져서 생긴 오차(처침보정)
6) 줄자에 가하는 힘이 검정시의 장력보다 항상 크거나 적을 때(장력보정)
7) 측정시 온도와 검정시 온도가 동일하지 않을 때(온도보정)

### (2) 우연오차(偶然誤差)의 원인

1) 정확한 잣눈을 읽지 못하거나 위치를 정확하게 표시하지 못했을 때
2) 온도나 습도가 측정 중에 때때로 변했을 때
3) 측정 중 일정한 장력을 확보하기 곤란하기 때문에
4) 한 잣눈의 끝수를 정확하게 읽기 곤란하기 때문에

### (3) 거리측량에서 확률오차를 이용했을 때의 정밀도의 허용범위

산지 $\frac{1}{500} \sim \frac{1}{1,000}$, 평지 $\frac{1}{1,000} \sim \frac{1}{5,000}$, 시가지 $\frac{1}{5,000} \sim \frac{1}{50,000}$

### (4) 측량에서 사용하는 기계와 기술의 정도에 따라서 정밀도 한계

베줄자 $\frac{1}{500} \sim \frac{1}{2,000}$, 대자 $\frac{1}{5,000} \sim \frac{1}{10,000}$, 체인 $\frac{1}{1,000} \sim \frac{1}{5,000}$,
강철 줄자 $\frac{1}{5,000} \sim \frac{1}{25,000}\left(\text{보정을 잘하면 } \frac{1}{100,000}\right)$

### (5) Traverse Surveying의 거리측정기를 위주로 하는 정밀도한계

평지 $\frac{1}{1,000}$, 완만한 경사지 $\frac{1}{600} \sim \frac{1}{800}$, 산지나 복잡한 지형 $\frac{1}{300} \sim \frac{1}{500}$

## 07 직접 거리측량의 정오차 보정

### (1) 표준척에 대한 보정

일반적으로 줄자가 만들어질 때 상공부 도량형 검정소에서 검사되어서 나오는 것이 원칙이다. 그러나 사용하다 보면 온도변화에 의한 신축 및 장력에 대한 오차는 피할 수 없기 때문에 정확한 거리를 구하기 위하여 다음 식을 적용한다.

$$\therefore\ C_0 = \pm \frac{\Delta l}{l} L \qquad L_0 = L \pm C_0 \tag{3.8}$$

여기서, $C_0$ : 줄자 보정량　　$l$ : 줄자 길이

$\Delta l$ : 줄자의 오차　　$L$ : 전체길이

### (2) 온도에 대한 보정(Correction for temperature) : $C_t$

표준온도 15℃에서 줄자를 만들어 눈금을 표시하였으므로 온도변화에 의한 신축에 대한 보정을 하여야 한다.

$$\therefore\ C_t = \alpha(t - t_0)L \qquad L_0 = L \pm C_t \tag{3.9}$$

여기서, $C_t$ : 온도보정량

$\alpha$ : 강철 줄자의 팽창계수(0.0000112~0.0000117/℃)

$t$ : 실측시의 온도($t > t_0$ ; +, $t < t_0$ ; −)

$t_0$ : 표준온도(15℃)

$L$ : 한구간의 측정길이

**예제 3.5**

강철 줄자로 기선을 측정하여 359.425m를 얻었다. 측정시 온도가 26°였다면 온도에 대한 보정을 한 길이는 얼마인가? (단, 표준온도는 15℃이고 steel의 팽창계수는 1℃에 0.000012이다.)

| 풀이 |

온도에 대한 보정($C_t$)

$C_t = \alpha(t - t_0)L = 0.000012 \times (26 - 15) \times 359.425 = 0.04745(\text{m})$

$\therefore$ 온도에 대한 보정을 한 길이 $= 359.425 + 0.047 = 359.472(\text{m})$

### (3) 장력에 대한 보정(Correction for pull) : $C_p$

표준장력 10kg에서 장력에 의해 수평치 못할 때는 실측장력이 증가하게 될 때는 장력보정을 해야 한다.

$$\therefore \ C_p = \frac{(P - P_0)}{AE} L \qquad L_0 = L \pm C_p \tag{3.10}$$

여기서, $C_p$ : 장력보정량

$A$ : 줄자의 단면적(Steel단면적 : 0.05512cm²)

$P$ : 실측장력

$P_0$ : 표준장력(보통 10kg)

$E$ : 줄자의 탄성계수(Steel tape : $2.1 \times 10^6 \text{kg/cm}^2$)

$L$ : 관측길이

**예제 3.6**

길이 48m의 기선을 점검시의 장력 10kg의 쇠줄자로 재었는데 실측시의 장력이 15kg이었다. 장력에 대한 보정량은 얼마인가?(단, 줄자의 단면적은 0.129cm², 탄성계수 $E = 2.1 \times 10^6 \text{kg/cm}^2$이다.)

| 풀이 |

$$\therefore \ C_p = \frac{L}{AE}(P - P_0) = \frac{4{,}800}{0.129 \times 2.1 \times 10^6}(15 - 10) = 0.0886(\text{cm})$$

### (4) 처짐에 대한 보정(Correction for Sag) : $C_s$

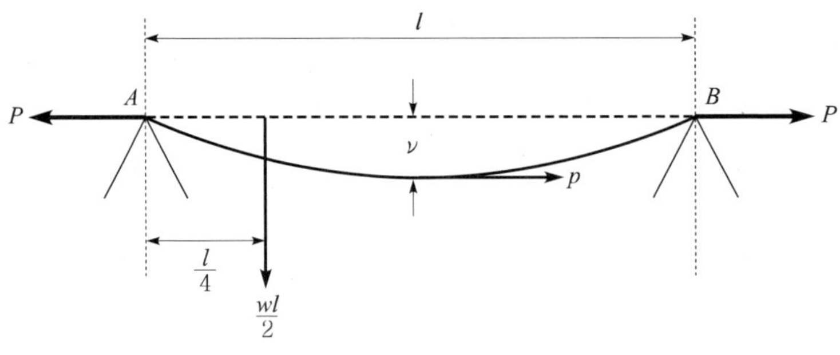


그림 3.27 처짐 보정도

두 점간 거리를 측정하기 위해서 장력을 가할 때 측점거리가 먼 거리일 때는 처짐에 대한 현상은 피할 수 없으므로 보정을 하여야 한다.

$$\therefore \ C_s = -\frac{l}{24}\left(\frac{Wl}{P}\right)^2 = -\frac{l}{24}n\frac{W^2l^3}{P^2}$$

$$L_0 = L - C_s \qquad (3.11)$$

여기서, $l : nl$

$l$ : 지지 말뚝의 간격

$n$ : 한구간에서 지지 말뚝의 간격수

$W$ : 줄자의 단위길이 무게($0.0078 \sim 0.0079\text{kg/cm}^2$)

$L$ : 관측길이

### (5) 처짐과 장력에 대한 보정의 소거 : $C_s + C_p = 0$

$C_s + C_p = 0$이 되는 조건식의 장력에서는 처짐과 장력에 대한 보정을 할 필요가 없다.

$$-\frac{l}{24}\left(\frac{Wl}{P_n}\right)^2 + \frac{P_n l}{AE} = 0$$

$$\therefore \ P_n = \sqrt[3]{\frac{AE}{24}(Wl)^2} \qquad (3.12)$$

여기서, $P_n$ : 만족하는 장력

### (6) 평균 해면상의 길이를 환산하는 보정(Correction for mean sea level) : $C_h$

기선의 실측장이 길 때는 지구가 타원체이므로 평균해면상의 수평거리로 보정하여야 한다.

$$\therefore \ C_h = -\frac{hl}{R} \qquad L_0 = L - C_n \qquad (3.13)$$

여기서, $R$ : 지구의 반경(평균 6370km)

$l$ : 기선의 실측장

$h$ : 측정기선의 평균보정

$L$ : 관측길이

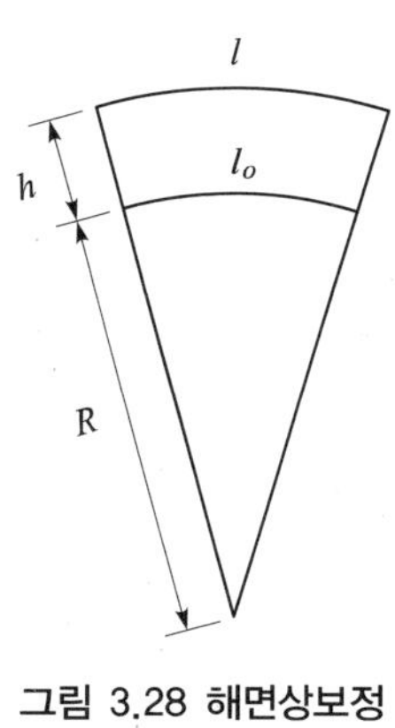


그림 3.28 해면상보정

**예제 3.7**

표고 $h = 326.42\text{m}$ 인 지대에 설치한 기선의 길이가 $l = 500\text{m}$ 일 때 평균해면상의 길이로 보정량을 계산한 값은? (단, $R = 6{,}367\text{km}$ 이다.)

| 풀이 |

평균해면상의 보정 $\therefore\ C_h = -\dfrac{hl}{R} = -\dfrac{326.42\times 500}{6{,}367\times 1{,}000} = -0.0256(\text{m})$

### (7) 경사에 대한 보정(Correction for slope) : $C_i$

경사기선의 실측장이 길 때 수평거리측정이 불가능하므로 경사에 대한 보정을 하여야 한다.

$$\therefore\ C_i = -\frac{h^2}{2l} \qquad (3.14)$$

$$D = \sqrt{l^2 - h^2} = l\left(1 - \frac{h^2}{l^2}\right)^{\frac{1}{2}} \fallingdotseq l - \frac{h^2}{2l}$$

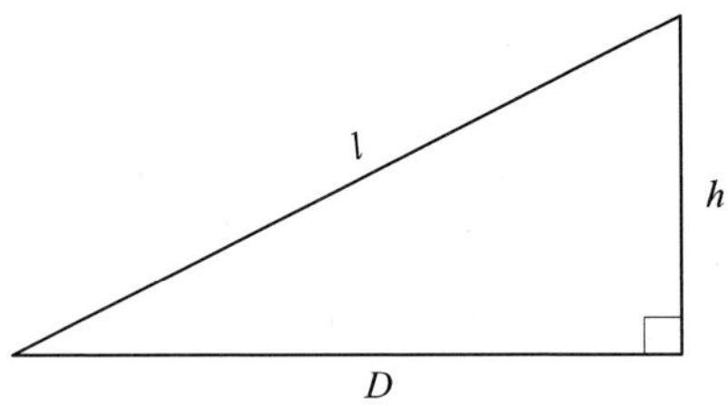

그림 3.29 경사보정

여기서, $l$ : 경사거리 $h$ : 고저차

**예제 3.8**

두 점간의 고저차의 측정에서 $0.1\text{m}$ 의 오차가 있었다면 경사보정에 미치는 오차는 얼마인가?(단, 경사거리 $S = 110.02\text{m}$, 고저차 $H = 2.50\text{m}$ 이다.)

| 풀이 |

$C_i = -\dfrac{h^2}{2l} \qquad \dfrac{dC_i}{dh} = -\dfrac{2h}{2l}$

$\therefore\ dC_i = -\dfrac{2h}{2l}\cdot dh = -\dfrac{2\times 2.5}{2\times 110.02}\times 0.1 = -2.27\times 10^{-3}(\text{m})$

**예제 3.9**

경사거리 $50\text{m}$ 에 대하여 경사보정이 $1\text{cm}$ 가 되는 비고는?

| 풀이 |

$C_i = -\dfrac{h^2}{2l} \qquad \therefore\ h = -\sqrt{2l\cdot C_i} = -\sqrt{2\times 50\times 0.01} = -1(\text{m})$

## 08 전 길이에 대한 오차

전 길이의 정오차와 부정오차의 합을 전 길이에 대한 오차라 한다.

### (1) 전 길이의 정오차

$$\therefore \ e_1 = \frac{L}{l}\delta_1 \tag{3.15}$$

### (2) 전길이의 부정오차

$$\therefore \ e_2 = \delta_2\sqrt{\frac{L}{l}} \tag{3.16}$$

여기서, $e_1$ : 전 길이의 정오차 $e_2$ : 전 길이의 부정오차
$L$ : 측정 전 길이 $l$ : 줄자의 길이
$\delta_1$ : 정오차(누적오차) $\delta_2$ : 부정오차(우연오차)

### (3) 전길이의 오차($\delta$)

$$\therefore \ \delta = \delta_1 \pm \delta_2 \tag{3.17}$$

**예제 3.10**

2,000m를 50m 강철 줄자로 측정할 때 매회 측정시 정오차 +2.5mm, 부정오차 ±2.5mm일 때 전길이에 대한 오차는 얼마나 기대되는가?

| 풀이 |

전길이에 대한 오차 + 정오차 ± 우연오차

정오차 : $e_1 = \frac{L}{l}\ \delta_1 = \frac{2{,}000}{50} \times (+2.5) = 100(\text{mm})$

부정오차 : $e_1 = \delta_2\sqrt{\frac{L}{l}} = (\pm 2.5) \times \sqrt{\frac{2{,}000}{50}} = \pm 15.8(\text{mm})$

전길이에 대한 오차 : $100(\text{mm}) \pm 15.8(\text{mm})$

**예제 3.11**

200m 의 측선을 20m 줄자로 측정하였다. 1회 측정에서 +5mm 의 누적오차와 ±25mm 의 우연오차가 있었다면 정확한 거리는?

| 풀이 |

정오차 : $5n = +5 \times \dfrac{200}{20} = +50(\mathrm{mm})$

부정오차 : $\pm 25\sqrt{n} = \pm 25\sqrt{\dfrac{200}{20}} = \pm 79.06(\mathrm{mm})$

∴ 정확한 거리 : $200 + 0.05 \pm 0.079 = 200.05 \pm 0.079(\mathrm{m})$

**예제 3.12**

50m의 강철 줄자로 기선측량을 하여 389.799m였다. 다음 조건에서 두점 A, B간의 기선길이는 얼마인가? (4째자리에서 반올림하시오.)
(단, 평균온도 : 24℃, AB간고저차 : 10.24m, 15℃에서 강철 줄자 변화 : 50m보다 3mm줄었다. 선팽창계수 : +0.000014, 지구반경 : 6370km, 표준장력 : 10kg, 측정 시 장력 : 20kg, 줄자의 단위면적 : 0.134cm$^2$, 줄자의 탄성계수 : 2.1 × 10$^6$kg/cm$^2$, 측정구간 : 8, 줄자의 단위무게 : 0.0106kg/m, A점의 표고 : 630m)

| 풀이 |

1) 표준척보정($C_0$)

$$\therefore C_0 = \pm \frac{\Delta l}{l} \cdot L = -\frac{0.003}{50} \times 389.799 = -0.023(\mathrm{m})$$

2) 온도보정($C_t$)

$$\therefore C_t = \alpha(t - t_0)L = 0.000014(24 - 15) \times 389.799 = 0.049(\mathrm{m})$$

3) 경사보정($C_i$)

$$\therefore C_i = -\frac{h^2}{2L} = -\frac{(10.24)^2}{2 \times 389.799} = -0.135(\mathrm{m})$$

4) 장력보정($C_p$)

$$\therefore C_p = \frac{(P - P_0)}{AE} L = \frac{(20 - 10) \times 389.799}{0.134 \times 2{,}100{,}000} = 0.014(\mathrm{m})$$

5) 처짐보정($C_s$)

$$\therefore C_s = -\frac{(WL)^2}{24P^2} \cdot L = -\frac{0.0106^2 \times 389.799^2}{24 \times 20^2} \times 389.799 = -0.693(\mathrm{m})$$

6) 표고보정($C_h$)

$$\therefore C_h = -\frac{h}{R} L = -\frac{630}{6{,}370{,}000} \times 389.799 = -0.039(\mathrm{m})$$

$$\begin{aligned} \therefore AB\text{간의 기선길이} &= L - C_0 + C_t + C_i + C_p + C_s + C_h \\ &= 389.799 - 0.023 + 0.049 - 0.135 + 0.014 - 0.693 - 0.039 \\ &= 388.972(\mathrm{m}) \end{aligned}$$

## 연습문제

**01** 구배 15%의 도로면상에서의 사거리가 50m일 때 수평거리는?

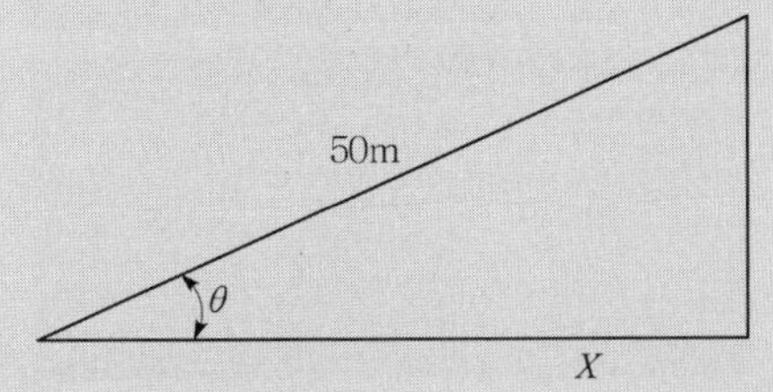


**02** 장애물로 인하여 접근하기 어려운 두 점 $P$, $Q$를 간접거리 측량한 결과 그림과 같다. $\overline{AB}$의 거리가 192.70m일 때 $\overline{PQ}$의 거리는?

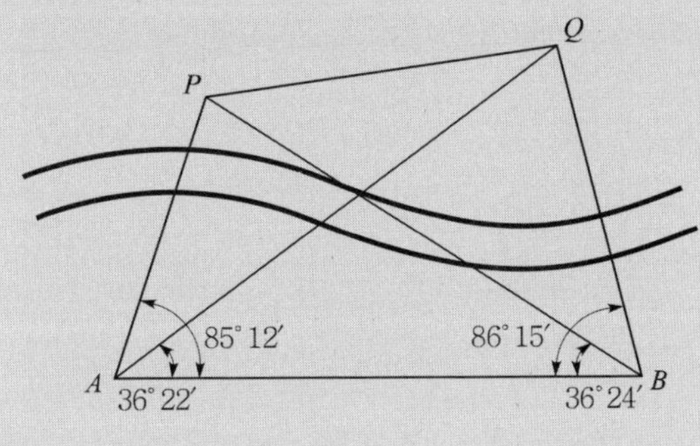


**03** 표준 줄자와 비교하여 7.5mm가 긴 30m 줄자로서 경사면을 잰 결과 값이 150m이었다. 경사 보정량이 1cm일 때 양 지점의 고저차는?

**04** 강철 줄자로 경사면 65m의 거리를 측정한 경우 경사 보정량이 1cm로 될 때, 양끝의 고저차는 얼마인가?

**05** 표고가 400m인 평탄지에서 거리 1.3km를 평균해수면상의 거리로 고치기 위한 보정값은 얼마인가? (단, 지구의 반경은 6,370km이다.)

**06** 30m 강권척을 가지고 거리를 측정하였는데 중간 15m 범위에서 직선으로부터 벗어나 측정되었다. 거리의 오차는 1/1,000 이하로 끝내려 할 때 줄자의 중앙이 직선에서 벗어난 양은 어느 정도까지 허용할 수 있는가?

basic surveying

Chapter 4

# 각측량

## Transit Surveying

# 01 각측량의 개요

각측량이라 함은 일반적으로 측각기계인 트랜싯(Transit)과 데오돌라이트(Theodolite)를 이용하여 실시하는 측량으로 어떤 점에서 시준한 2점 사이의 각을 여러 가지 방법으로 구하는 것을 말한다.

## (1) 각의 정의

공간상 점들간의 기하학적 위치를 결정하기 위해서는 각과 거리가 필요하게 된다. 대부분의 측량작업은 그림 4.1에서와 같이 측정된 각과 거리를 사용하여 미지점(구하고자 하는 점)의 직각 좌표를 구하게 된다. 이 경우 각은 두 측선의 방향의 차에 의하여 정의 되며 각을 재는 기준면이 수평면인가 연직면인가에 따라 수평각 $\alpha$, $\beta$와 연직각 $V_1$, $V_2$가 이루는 각을 말한다.

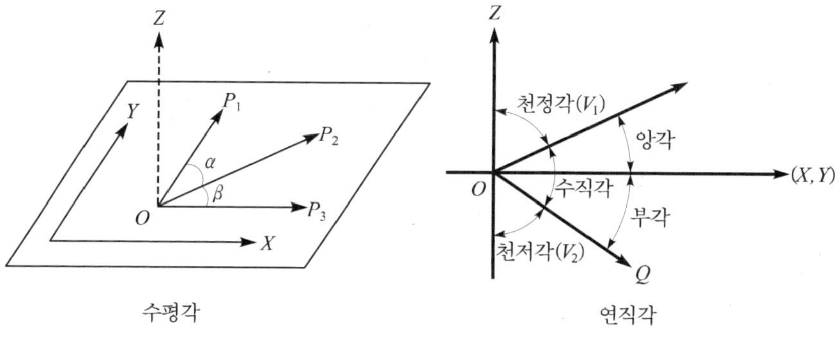


그림 4.1

## (2) 각의 단위

### 1) 도(degree)

원주를 360눈금으로 등분할 때 눈금 하나가 만드는 중심각을 1°(도)라 하며, 1°는 60′(분), 1′을 60″(초)로 하는 60진법에 의하여 표시한다. 이 방법은 대부분의 측량 현장에서 사용한다.

### 2) 그레이드(grade)

100진법을 사용하는 것으로 원주를 360등분하는 대신에 400등분으로 하고 눈금 하나가 만드는 중심각을 1그레이드(grade) 또는 곤(gon)이라 한다.

1그레이드는 100센티그레이드(centigrade), 1센티그레이드는 100센티센티그레이드(centi-centigrade)라고도 한다. 이 단위는 사진측량에서의 경사 단위로 사용되기도 하며 주로 유럽에서 많이 사용한다.

#### 3) 라디안(radian)

원의 반지름과 같은 길이의 원호가 만드는 원의 중심각을 1 라디안(radian)이라 한다. 따라서, 원의 둘레는 $2\pi r$이므로 전 원(360°)은 $2\pi r / r$, 즉 $2\pi$라디안이 된다. 도, 그레이드, 라디안의 관계는 다음과 같다.

1라디안$= 360° / 2\pi = 400^g / 2\pi$

#### 4) 밀(mil)

군사적인 작전, 특히 포병에서 많이 사용되는 단위로서 원의 둘레를 6400눈금으로 등분하여 눈금 하나가 만드는 각을 1밀(mil)이라 한다.

## 02 기계의 사용

### (1) 디지털 측정기 조작방법

측량 및 지형공간 정보기사, 산업기사 실기검정에서 대부분 TOPCON과 SOKKIA 측정기계를 사용하고 있으므로 제작사에 따라 차이가 있지만, 각을 측정하기 위해서는 기계에 충분히 익숙해야 하며 정확하게 기계를 세워야 한다.

#### 1) 기계의 각부명칭

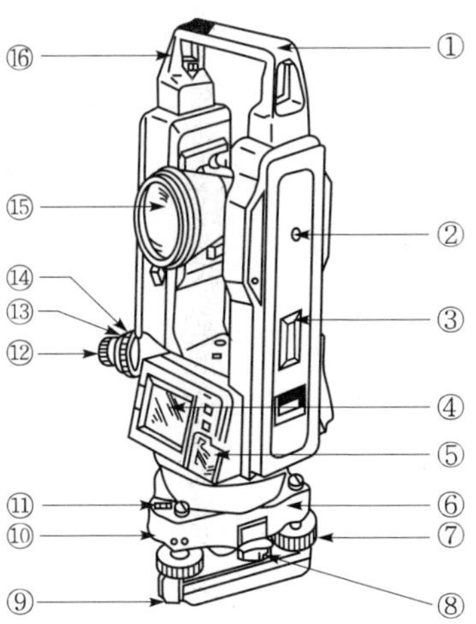


① 핸들
② 기계고 마크
③ 내부 스위치 카바
④ 표시기
⑤ 키보드
⑥ 정준대
⑦ 정준나사
⑧ 탈착레바
⑨ 밑판
⑩ 원형기포관 조정나사
⑪ 원형기포관
⑫ 광학 구심 접안나사
⑬ 광학 구심 초점판 조정나사카바
⑭ 광학 구심 초점 손잡이
⑮ 대물렌즈
⑯ 핸들부착나사

그림 4.2 디지털 측정기 구조

2) 기계를 세우기 위한 순서

① 충전된 밧데리를 부착하여 기계 본체를 삼각에 탑재하고, 한 손으로 기계를 받치고 기계 밑판에 있는 나사에 삼각의 중심나사를 꽂아 삼각에 고정한다.

② 측점에 정확하게 구심하기 위하여 삼각의 윗부분을 대략 수평으로하여 망원경을 측정자의 눈높이 보다 약간 낮은 상태로 측점상에 오도록 설치하면서 다리를 지면에 확실하게 고정한다.

③ 전원을 넣고 망원경을 360° 회전시켜 기계의 구심상태를 확인하면서 삼각다리를 움직여 기포가 중앙에 오도록 하고 정준나사로 정확하게 일치 시킨다.

④ 수평각의 설정하는 조작키의 기능에서 우회각, 좌회각을 선택하고 홀드 시킨다.

⑤ 셋트키를 작동하여 수평각을 0°에 설정하고 타켓을 시준해서 초점을 맞춘다.

⑥ 방향각을 관측하기 위한 표시의 고정시킨다.

⑦ 디지털에 나타난 각을 읽는다.

## (2) 기계를 세우는데 유의사항

1) 삼각 하나를 고정시키고 다른 2개 삼각으로 위치를 이동시켜 추와 측점을 일치시키며, 삼각의 상면이 수평이 되도록 한다.

2) 경사지에는 두 개의 각은 측점보다 얕고 같은 높이로 세우고 다른 한 개는 경사가 높은 곳에 세운다.

3) 이심장치(2cm 정도)에 의해 정확히 일치하도록 한다(이심장치로 움직일 때는 정준나사를 전부 풀어야 한다).

4) 연직축은 정확하게 한다.

5) 삼각은 지중에 튼튼하게 박고 삼각고정나사를 반드시 잠궈야 한다.

6) 기계의 높이는 눈보다 약간 낮은 것이 좋다(너무 높거나 낮으면 관측 중 피로해서 오차가 생기기 쉽다).

7) 광학 구심장치를 사용할 경우는 정준을 우선하여 구심하여야 하며, 상 · 하 2개의 이심장치로 본체를 가볍게 이동시켜 측점에 일치시킨다.

8) 기술정도에 따라 정확성과 신속성은 좌우된다.

## (3) 기계를 다루는데 주의사항

1) 기계운반시는 수직으로 한다.

2) 기계운반시 고정나사는 충격에 대비하여 가볍게 열어둔다.
3) 측량 도중 고정나사는 너무 강하게 잠그지 말아야 한다.
4) 접안렌즈에 십자선이 명확하게 보이게 한 다음 대물렌즈로 상을 조정한다.
5) 망원경 통 밖에서 대략 목표의 왼쪽을 시준하고 다음에 경통 안에서 미동나사를 사용하여 시준한다.
6) Pole(측점)의 아래를 반드시 시준한다.
7) 기계를 세운 다음 삼각에 닿지 않게 한다.
8) 기계는 일광을 오래 쬐지 않게 한다.
9) 자침을 사용하지 않을 때에는 반드시 잠근다.
10) 기계를 돌릴 때에는 두 손으로 상반의 끝 또는 지주의 아래의 끝을 가볍게 누르면서 하되 망원경에는 손을 대고 돌리지 말아야 한다.
11) 기계는 사용 후에 먼지를 기름 걸레로 닦고 렌즈는 부드러운 붓이나 렌즈용 헝겊으로 손질한다.

## 03 기계의 검사와 조정(Adjustment)

측량기계는 반복 사용에 의한 마모, 무리한 힘에 의한 기계사용, 부주의한 취급 등 여러 이유에서 원래의 최적측정상태를 유지하기 어렵기 때문에 정밀한 관측값을 얻기 위해서는 주기적 점검과 적절한 조정을 거쳐야 한다.

트렌싯 또는 데오돌라이트가 완전한 상태를 유지하기 위해서는 다음의 6가지 조정조건을 만족 하여야 한다.

### (1) 완전한 조정 조건

1) 기포관축과 연직축은 직교해야 한다. $(L \perp V)$
2) 시준선과 수평축은 직교해야 한다. $(S \perp H)$
3) 수평축과 연직축은 직교해야 한다. $(H \perp V)$

여기서, $L$ : 기포관축, $V$ : 연직축, $S$ : 시준선, $H$ : 수평축

### (2) 조건을 만족시키기 위한 조정

1) 수평각 측정시 필요한 조정

① 제1조정 : 평반기포관의 조정(Adjustment of plate level) : 평반 수준 기축은 연직축에 직교해야 한다.

② 제2조정 : 십자종선의 조정(Adjustment of Vertical hair) : 시준선은 수평축에 직교해야 하며, 십자종선은 수평축과 직교하는 평면 내에 있어야 한다.

③ 제3조정 : 수평축의 조정(Adjustment of Horizontal axis) : 수평축은 연직축과 직교해야 한다.

2) 연직각 측정시 필요한 조정

① 제4조정 : 십자횡선의 조정(Adjustment of Horizontal hair) : 십자횡선은 대물경의 광심과 수평축과 이루는 평면내에 있어야 한다.

② 제5조정 : 망원경 기포관의 조정(Adjustment of Telescope level) : 망원경 수준기축과 시준선은 항상 평행이어야 한다.

③ 제6조정 : 연직분도권 버니어의 조정(Adjustment of the Vertical Index Frame) : 망원경 수준기의 기포가 중앙에 있을 때에는 연직분도권의 0과 버니어(유표)의 0은 일치해야 한다.

## 04 토탈스테이션(Total Station)

디지털 데오돌라이드와 전자파 거리 측정기(EDM) 일체형으로 측량업무를 완벽하게 처리할 수 있으며, 현장에서 측정된 데이터는 실내에서 신속하고 편리하게 전환되어져서 분석, 검토가 되므로 용이하며 각과 거리를 동시에 측정할 수 있는 측량기계이다. 그리고 실내에서 컴퓨터와 병행하여 사용할 때는 레코드 모듈(record module)에 있는 데이터를 가지고 도면의 작성은 물론 물량 산출까지도 해낼 수 있는 진보된 측량기계 구조이다.

1) 복합 프로그램으로 현장에서 복잡한 측량 작업을 연속적으로 할 수 있다.
2) 자유롭게 정보를 입력할 수 있고 결과를 수치적으로 도면화 할 수 있다.
3) 다양한 메뉴와 기능키로 각종 측량 업무에 적용이 가능하다.
4) 기록된 성과는 언제든지 찾아 볼 수 있고, 원하는 측량 프로그램을 재입력 시킬 수 있다.

## 05 수평각의 측정법(Measurement of Horizontal angel)

### (1) 단측법(單測法 : Method of single measurement)

점 0에 Transit를 정확하게 세우고 상부 고정나사를 고정하고 하부운동으로 $A$점을 시준하여 하부미동나사로 정확하게 시준한 후 상부운동으로 $B$점을 시준하여 상부미동나사로 정확하게 시준한 후 초독 $\angle AOB$를 읽고 상부운동으로 $A$점을 시준하여 상부미동나사로 정확하게 시준한 종독을 비교하여 구하는 방법이다.

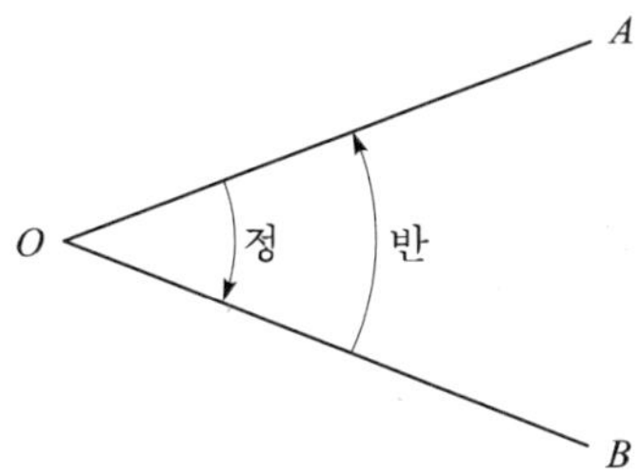


$\angle AOB = a_n - a_0$

그림 4.3 단측법

### (2) 반복법(反複法 : 배각법 ; 복측법 ; Repeating method)

점 0에 기계를 세우고 초독까지는 단측법과 동일하나 $\alpha_1$각을 가지고 하부운동으로 다시 $A$점을 시준하여 하부미동나사로 정확하게 시준한 후 상부운동으로 $B$점을 시준하여 상부미동나사로 정확하게 시준하는 방법으로 3～6회 정도 측정하여 평균한다. 더욱 정밀을 요하는 경우는 망원경을 정위(正位), 반위(反位)로 우회각, 좌회각에 의해서 4조의 관측값을 평균한다.

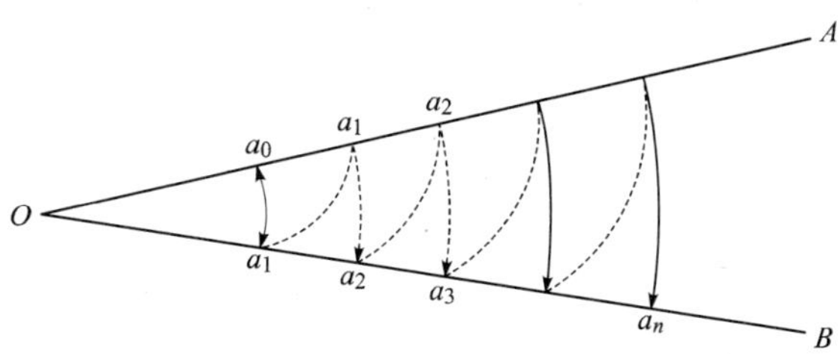


그림 4.4 반복법

$$\therefore \quad \angle AOB = d = \frac{\alpha_n - \alpha_0}{n} \tag{4.1}$$

이 방법을 사용하면

1) 각도를 읽을 때의 오차를 적게 할 수 있다.

2) 20″ 읽음의 기계라도 $n$회 반복 관측하여 $n$등분하기 때문에 관측각의 정도가 높아진다.

**예제 4.1**

그림과 같은 0점에서 같은 정도로 각을 관측하여 다음과 같은 결과를 얻었을 때 보정치의 값이 옳은 것은?
(단, $x_3-(x_1+x_2)=+45''$ )

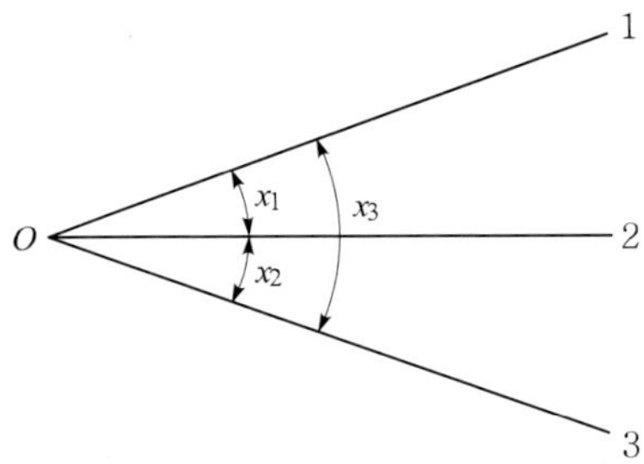


| 풀이 |

$x_3 = x_1 + x_2$

$x_3-(x_1+x_2)=45''$

$45''/3=15''$ 이므로 큰 각($x_3$)에서는 15″ 를 감해 주고 적은 각($x_1$, $x_2$)에 각각 15″ 를 더해준다.

**예제 4.2**

다음에서 수평각 $\alpha$, $\beta$ 및 $\gamma$를 같은 조건으로 측정하였을 때 $\angle AOC$의 최확값는?
(단, $\alpha=30°21'20''$, $\beta=35°15'28''$, $\gamma=65°37'00''$ 이다.)

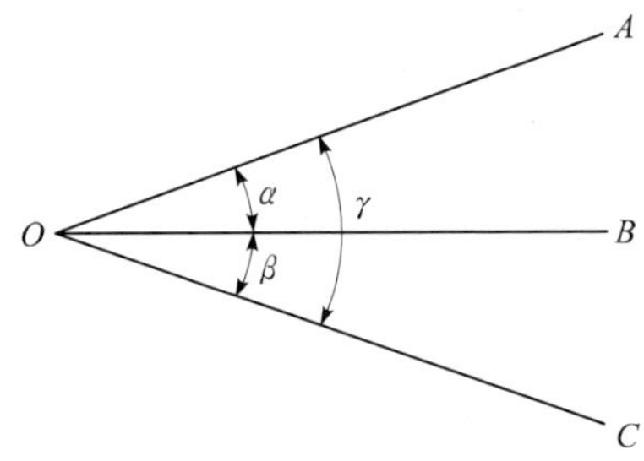


| 풀이 |

$\alpha+\beta-\gamma$

$=30°21'20''+35°15'28''-65°37'00''$

$=-12''$

조정량 $= \dfrac{12''}{3} = 4''$

$\alpha+\beta=\gamma$이어야 하므로 $\alpha+\beta-\gamma=\Delta\alpha''$를 3등분하여 많은 값($\gamma$)에서는 빼고 적은 값($\alpha$, $\beta$)에는 더하면 된다.

$\alpha = 30°21'20''+4''=30°21'24''$

$\beta = 35°15'28''+4''=35°15'32''$

$\gamma = 65°37'00''-4''=65°36'56''$

### (3) 방향관측법(方向觀測法 : Method of direction)

각 측정은 화살표 방향으로 $\angle AOB$ 값에서 상부운동으로 $\angle AOC$를 얻고 $\angle AOD$를 얻는다.

〈하나의 각오차〉

$n$회 관측한 때의 협각의 평균자승오차($M$)

$$\therefore \; M = \pm\sqrt{\frac{2}{n}(\alpha^2+\beta^2)} \qquad 4.2$$

여기서, $\alpha$ : 시준오차

$\beta$ : 읽음오차

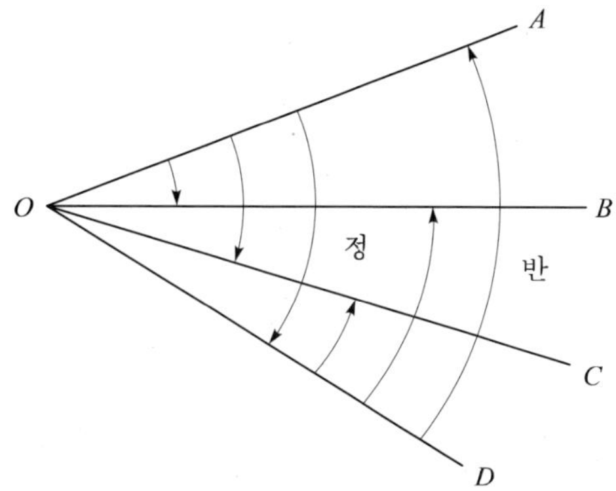


그림 4.5 방향관측법

**예제 4.3**

하나의 각을 망원경의 정위, 반위에서 1회씩 관측을 한 경우 평균 자승오차는?
(단, $\alpha=8''$, $\beta=4''$)

| 풀이 |

정, 반에서 각 1회이므로 $n=2$, $M=\pm\sqrt{\frac{2}{2}(8^2+4^2)}=\pm\sqrt{80}\fallingdotseq\pm 9''$

### (4) 각관측법(角觀測法 : Angle masurement in all Combination)

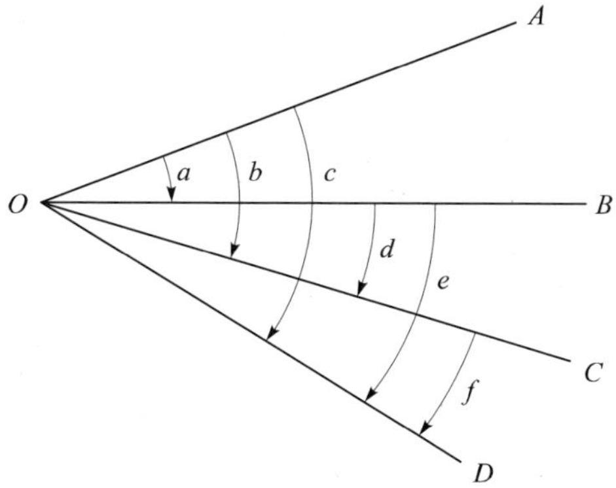


그림 4.6 각관측법

1) 가장 정밀도가 좋다.
2) 1등 삼각측량에 많이 사용한다.
3) 기하학적 조건을 만족시키면서 최소자승법에 의하여 각각의 최확값을 구하는 방법
4) 조립되는 각의 총수 = $\frac{1}{2}n(n-1)$ (4.3)
5) 구하려고 하는 각수 = $(n-1)$

여기서, $n$ : 한 점에서 관측해야 할 방향수

**예제 4.4**

그림 4.6에서 조립되는 각의 총수를 구하라.

| 풀이 |

$\therefore$ 총수 = $\frac{1}{2}\times 4\times(4-1)=6$(각)

## 06 연직각의 측정방법

1) 기계를 측점에 세운다.
2) 기계의 수평운동으로 십자종선을 대략 목표에 맞추고 수평고정나사를 잠근다.
3) 연직고정나사와 연직미동나사로 십자횡선을 정확하게 맞춰 목표를 시준하게 된다.
4) 연직 버니어로 눈금을 읽는다. 이때 올려다 본각(앙각) +, 내려다본각(부각) −의 부호를 붙인다.
5) 1일 중 수직각을 측정하는데 가장 좋은 시각은 정오 전후가 좋다.

## 07 수평각 관측에 관한 오차

### (1) 단각법에 의한 각 관측오차

$$\therefore\ m_s = \pm\sqrt{2(\alpha^2+\beta^2)} \quad (4.4)$$

### (2) 배각법에 의한 각 관측오차

$$\therefore\ m_r = \pm\sqrt{\frac{2}{n}\left(\alpha^2 + \frac{\beta^2}{n}\right)} \qquad 4.5$$

### (3) $n$배각의 관측에 있어서 한 각에 포함되는 시준오차

$$\therefore\ m_1 = \pm\sqrt{\frac{2\alpha^2}{n}} \qquad 4.6$$

### (4) 방향각법에 의하여 $n$회 관측한 평균값에 관한 오차

$$\therefore\ m = \pm\sqrt{\frac{2}{n}(\alpha^2 + \beta^2)} \qquad 4.7$$

### (5) 방향각법에서의 1방향에 생기는 오차

$$\therefore\ m = \pm\sqrt{\alpha^2 + \beta^2} \qquad 4.8$$

여기서, $\alpha$ : 시준오차 $\beta$ : 읽기오차 $n$ : 관측횟수

**예제 4.5**

방향관측법에 의해 1개의 각을 망원경의 정, 반 위치에서 1회씩 관측했다면 평균제곱오차는 얼마인가? (단, 시준오차($\alpha$) $= 10''$, 읽기오차($\beta$) $= 5''$ )

| 풀이 |

평균제곱오차($m_r$)

$$\therefore\ m_r = \pm\sqrt{\frac{2}{n}(\alpha^2+\beta^2)} = \pm\sqrt{\frac{2}{2}(10^2+5^2)} \fallingdotseq 11.2''$$

**예제 4.6**

시준오차 $\pm 5''$, 눈금읽기오차 $\pm 10''$ 로 한 경우 측정횟수 4의 배각법 관측의 오차를 구하시오.

| 풀이 |

$$\therefore\ m_r = \pm\sqrt{\frac{2}{n}\times\left(\alpha^2+\frac{\beta^2}{n}\right)} = \pm\sqrt{\frac{2}{4}\times\left(5^2+\frac{10^2}{4}\right)} = \pm 5''$$

**예제 4.7**

30초 읽기 트랜싯으로 6배각의 배각법에 의한 관측을 한 경우의 각 관측오차는? (단, 시준오차는 무시한다)

| 풀이 |

$$\therefore\ m_r = \pm\sqrt{\frac{2}{n}\times\left(\alpha^2+\frac{\beta^2}{n}\right)} = \pm\sqrt{\frac{2}{6}\times\left(0+\frac{30^2}{6}\right)} = \pm 7''$$

## 08 각 관측 오차(Error in angle observation)

### (1) 기계오차(機械誤差)

1) 기계구조상의 오차(조정불가능)

눈금반의 편심오차, 시준축오차, 수직축오차, 수평축오차, 삼축오차, 눈금오차, 시준축의 편심오차(외심오차)

2) 조정이 불안전해서 생기는 오차

### (2) 조작 부주의로 일어나는 오차

1) 기계를 세울 때 편심으로 의한 것
2) 평반이 정확하게 수평이 아니므로 인한 것
3) 삼각의 불안전과 삼각 고정나사가 풀어져서 생기는 것
4) 고정오차, 판독오차, 시준오차

### (3) 각의 측정치의 잣눈을 읽을 때 생기는 오차

현재 사용되는 디지털 장비에서는 무시하여도 되는 오차

### (4) 시준오차

1) 십자선의 중심이 시준표와 불일치하여 생기는 것
2) 시준표나 Pole이 측점의 연직선상에 없기 때문에 생기는 것

### (5) 자연현상에 의한 오차

바람, 일사, 온도변화, 일광의 굴절에 의한 오차

### (6) 착오

측각 중 나사취급 착오, 오독, 오기

## 09 기계적 오차의 제거법

### (1) 조정이 완전하지 않기 때문에 생긴 오차

#### 1) 연직축 오차

연직축이 연직하지 않기 때문에 생기는 오차는 소거 불가능. 그러나 시준할 두점의 고저차가 연직각으로 5° 이하일 때에는 큰 오차가 생기지 않는다.

#### 2) 시준축 오차

시준선이 수평축과 직각이 아니기 때문에 생기는 오차로, 이것은 망원경을 정, 반위로 관측한 값의 평균을 구하면 소거 가능

#### 3) 수평축 오차

수평축이 수평이 아니기 때문에 생기는 오차로, 망원경을 정위와 반위로 관측한 평균값을 사용하면 소거 가능

### (2) 기계의 구조상의 결점에 따른 오차

#### 1) 회전축의 편심 오차(내심 오차)

분도원의 중심 및 내외축이 일치하지 않기 때문에 생기는 오차로, $A$, $B$ 두버어니어의 평균값을 취하면 소거 가능.

#### 2) 시준선의 편심 오차(외심 오차)

시준선이 기계의 중심을 통과하지 않기 때문에 생기는 오차로, 망원경을 정, 반위로 관측한 다음 평균값을 취하면 소거 가능.

## 10 기포관의 감도($\theta''$)와 기타 오차

기포가 1눈금 움직일 때 수준기축이 경사되는 각도를 감도(感度)라 한다. 즉, 기포관의 1눈금이 곡률중심에 끼는 각도를 말하며 곡률반경으로 표시하기도 한다.

$$\therefore \ \theta'' = 206265'' \frac{l}{nD} \tag{4.9}$$

여기서, $D$ : 수준거리

$l$ : 고저차

$n$ : 눈금수

$1\ Rad = \frac{180}{\pi} = 57°17'45'' = 206265''$

### (1) 기포관이 갖추어야 할 조건

1) 같은 경사에 대하여 기포관의 움직임은 같은 것(곡률반경이 균일할 것)
2) 유리관은 오래도록 변질하지 않을 것
3) 기포의 움직임이 민감할 것(곡률반경 크기, 관내의 마찰, 액체의 점성)

**예제 4.8**

Transit의 평반수준기의 곡률반경이 10m 되는 경우 기포관의 감도를 구하라.

| 풀이 |

감도($\theta''$) $= 206265'' \times \frac{l}{nD}$

곡률반경($R$) $= \frac{nSD}{l}$ 에서 기포관의 1눈금($S$)은 2mm로 되어 있으므로

$10\,\text{m} = 0.002 \times \frac{nD}{l}, \ \frac{l}{nD} = \frac{0.002}{10}$

$\therefore \ \theta'' = 206265'' \times \frac{0.002}{10} \fallingdotseq 41''$

**예제 4.9**

길이 40m에 대해서 표척 눈금 읽기차가 2cm, 기포의 이동거리 잣눈금이 2mm일 때 기포관의 곡률반경을 구하라.

| 풀이 |

그림에서 $\frac{m}{R}=\frac{l}{D}$에서

곡률반경$(R)=\frac{mD}{l}=\frac{m\rho''}{\alpha''}=\frac{0.002\times 40}{0.02}=4(\mathrm{m})$

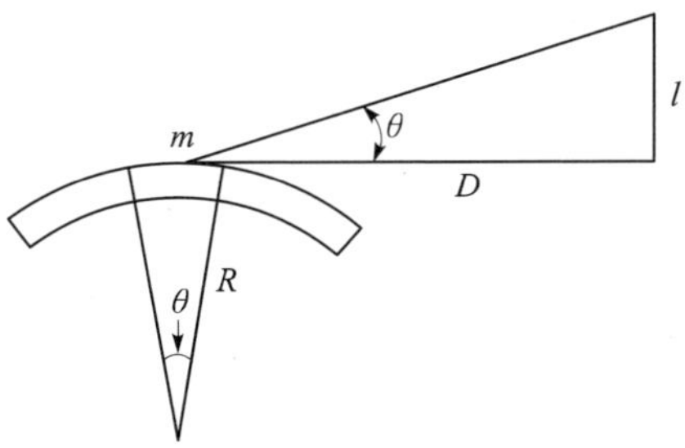


## (2) 구차(球差)와 기차(氣差)

### 1) 구차(球差)

지구의 곡률에 의한 정오차로써 시준거리가 클 때 삼각수준 측량에서 생기는 오차를 말한다.

$$\therefore \ \triangle H = +\frac{L^2}{2R} \tag{4.10}$$

여기서, $\triangle H$ : 구차의 조정량

$R$ : 지구의 곡률반경(6370km)

$L$ : 시준거리

$R=$ 6,370km로 하고 $L$의 단위를 km로 표시하면 곡률에 의한 오차 $C$는 다음과 같다.

$$\triangle H= 0.0785D^2 \tag{4.11}$$

여기서 $\triangle H$의 단위는 m이며 곡률에 의한 오차는 7.85cm/1km 임을 알 수 있다.

2) 기차(氣差)

대기층의 밀도(기압의 차)에 의한 정오차로써 시준거리가 클 때 굴절로 일어나며 삼각수준측량에서 고려하는 오차를 말한다. 기차의 영향이 가장 적은 시간은 낮 10시부터 15시 사이가 되므로 측정은 이 시간을 활용하고 다음 식에 의해 조정한다.

$$\therefore \ \Delta H = -\frac{KL^2}{2R} \tag{4.12}$$

여기서, $\Delta K$ : 기차의 조정량

$R$ : 지구의 곡률반경(6370km)

$L$ : 시준거리

$K$ : 기차의 조정계수(굴절계수) $[k = 0.12 \sim 0.14]$

3) 양차

구차와 기차의 합을 말한다.

$$\therefore \ 양차(L) = \frac{L^2}{2R}(1-K) \ \ (양차 = 구차 + 기차)$$

### (3) 구심오차

우연오차로 기계의 중심과 측정의 중심이 일치하지 않아서 생기는 오차

$$\therefore \ e = \frac{1}{2} \cdot l \cdot \Delta\alpha \cdot \frac{1}{\rho} \tag{4.13}$$

여기서, $e$ : 허용구심오차

$l$ : 평균시준오차

$\Delta\alpha$ : 허용측각오차(초) $\frac{1}{\rho} = 4.85 \times 10^{-6}$

$\rho$ : $1\ Rad = \frac{180°}{\pi} = 57°17'45'' = 206265''$

### (4) 측각오차와 측거(測距)오차

측각과 측거의 정밀도는 균형을 이루어야 하는데 한쪽이 정도가 높게 되면 얕은 쪽의 정밀도에 불과할 뿐이며 계산상 착오까지 일어난다. 가장 이상적인 조건은 측정거리오차가 생길 때 위치오차를 같게 하는 것이다.

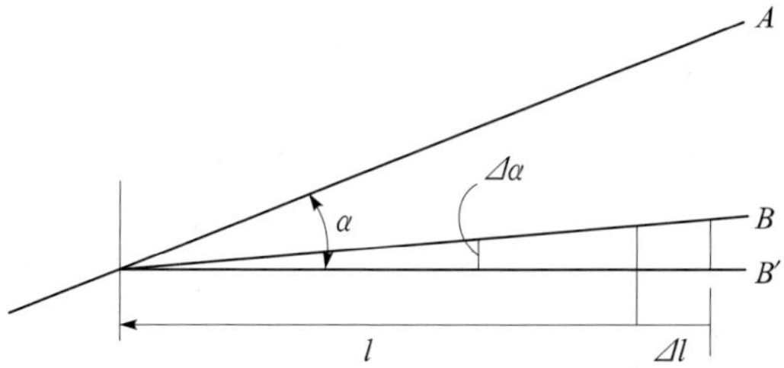


그림 4.7 측각, 측거 오차

1) 측각오차

$$e = l \cdot \Delta\alpha \cdot \frac{1}{\rho} \quad (4.14)$$

2) 각도의 정밀도

$$\left(\frac{e}{l} = \frac{l \cdot \Delta\alpha}{l \cdot \rho} = \frac{\Delta\alpha}{\rho} = \frac{\Delta\alpha}{206265''}\right)$$

여기서, $e$ : 위치오차

$\Delta\alpha$ : 각측정오차

$\rho$ : $1\ Rad = \dfrac{180°}{\pi} = 57°17'45'' = 206265''$

**표 4.1 각도의 정밀도**

| 정 도 | 측 정 | 각 도 |
|---|---|---|
| 1/1000 | 1cm | 1′ |
| 1/5000 | 1cm | 30″ |
| 1/10000 | 1mm | 20″ |

**예제 4.10**

사면에서 거리측량을 할 때 경사에 의한 오차를 1/5,000까지 허용한다면 고려하여야 할 최대각도는?

| 풀이 |

$$\therefore\ \Delta\alpha = \rho'' \cdot \frac{e}{l} = 206265'' \times \frac{1}{5000} = 41.25''$$

**예제 4.11**

트래버스 측량에서 거리측량과 각 측량의 정밀도는 균형이 잡히지 않으면 안된다. 지금 각도 측정에 30″의 오차가 생겼다면 거리측정에는 어느 정도의 정밀도로 측정해야 하는가?
거리측정 정도와 각 측정 정도를 같게 하려면

| 풀이 |

$\frac{e}{l}=\frac{\Delta\alpha''}{\rho''}$ 에서 $\frac{e}{l}=\frac{30''}{206265''}$ $\quad\therefore \frac{1}{6,876}$

**예제 4.12**

70°의 경사를 이루고 있는 30m의 사갱에 있어서 수평각을 측정하였더니 시선에 직각으로 3mm의 시준 오차가 생겼다. 이때 수평각의 오차는?

| 풀이 |

$$\therefore\ \Delta\alpha=\rho''\cdot\frac{e}{l}=206265''\times\frac{0.003}{30}=20.6''$$

**예제 4.13**

거리와 방향을 관측하여 평면 위치를 결정하였다. 이때 방향에 20″의 오차가 있었다면 거리 10km 상에 있는 평면 위치에 생기는 오차는?

| 풀이 |

$$\therefore\ e=l\cdot d\alpha''\cdot\frac{1}{\rho''}=10,000\times20''\times\frac{1}{206265''}=0.97(\mathrm{m})=97(\mathrm{cm})$$

**예제 4.14**

거리와 고도각으로부터 고저차 $H$를 구할 때 거리 $l$에 오차가 없고 고도각 $\theta$에 $\pm5''$의 오차가 있었다면 $H$에 생기는 오차의 정도는?(단, $l=500\mathrm{m}$, $\theta=30°$)

| 풀이 |

오차 전파법칙에서 $H=l\tan\theta$를 미분하면

$$\therefore\ d_H=l\frac{1}{\cos^2\alpha}\times d\alpha''\times\frac{1}{\rho''}=500\times\frac{1}{\cos^2 30°}\times(\pm5'')\times\frac{1}{206265''}$$
$$=0.016(\mathrm{m})=1.6(\mathrm{cm})$$

## 연습문제

**01** $\angle AOB = 35°26'40''$, $\angle BOC = 44°14'16''$, $\angle AOC = 79°40'26''$ 동일 정도로 측정하여 얻었다. 각각의 최확값을 구하라.

**02** 두 개의 각 $\angle AOB$ , $\angle BOC$를 측정하고 같은 조건으로 $\angle AOC$를 관측하니 다음과 같을 때 각의 최확값을 구하라.

| 각 | 측정 평균치 | 측정횟수 |
|---|---|---|
| $AOB$ | $33°36'00''$ | 1 |
| $BOC$ | $69°24'26''$ | 2 |
| $AOC$ | $103°00'20''$ | 6 |

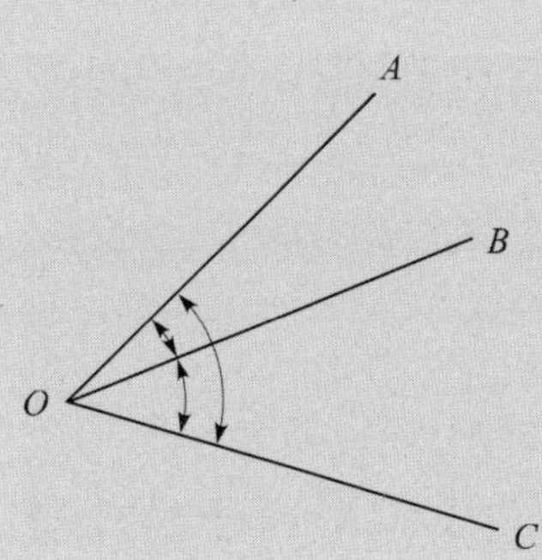


**03** 세 사람이 동일 조건을 가지고 어느 각을 관측하여 $98°22'20'' \pm 5''$, $98°22'18'' \pm 5''$, $98°22'22'' \pm 5''$ 의 결과를 얻었을 때 최확값을 구하라.

**04** 다음 관측각에 대한 최확값 및 확률오차는?

| 관측자 | 관측각 | 관측횟수 |
|---|---|---|
| $A$ | $52°18'47''$ | 3 |
| $B$ | $52°18'42''$ | 2 |
| $C$ | $52°18'36''$ | 4 |
| $D$ | $52°18'55''$ | 6 |

**05** 거리와 고도각으로부터 고저차 $H$를 $H = S\tan\alpha$로 구할 때 거리 $S$에 오차가 없고 고도각 $\alpha$에 $\pm 5''$ 의 오차가 있다하면 $H$에 생기는 오차는? (단, $S = 1{,}000\text{m}$, $\alpha = 30°$이다.)

basic surveying

Chapter 5

# 트래버스측량

## Traverse Surveying

## 01 트래버스측량(Traverse Surveying)이란

트래버스측량이란 다각측량이라고도 하며 여러 개의 측점을 연결해서 생긴 다각형의 각 변의 길이와 방위각을 순차로 측정하고 그 결과에서 각 변의 위거, 경거를 계산하고 이점들의 좌표를 결정해서 도상 기준점의 위치(평면위치, 수평위치($x$, $y$))를 정하는 측량이다. 기준점측량(control survey)의 가장 보편적인 방법 중의 하나이며 시점과 종점이 동일한 폐합트레버스의 경우 여러 형태의 폐다각형을 형성한다고 하여 다각측량(多角測量)이라 부르기도 한다.
최근에는 각과 거리측정을 위한 기계의 성능이 눈부시게 발전하여 예전 삼각측량 변장거리 이상의 측량도 가능하게 되었으며, 삼각측량에 비교하여 비용이 저렴하고 작업이 간편·신속한 측량도 가능하게 되었다.

### (1) 트래버스측량의 특징

1) 삼각점이 멀리 배치되어 있어 좁은 지역에 세부측량의 기준이 되는 점을 추가 설치할 경우에 적합하다.
2) 복잡한 시가지나 지형의 기복이 심하여 기준이 어려운 지역의 측량에 적합하다.
3) 좁고 긴 곳의 측량에 적합(도로, 수로, 철도 등)
4) 거리와 각을 관측하여 도식해법에 의하여 모든점의 위치를 결정하기 때문에 편리하다.
5) 삼각측량과 같은 높은 정도를 요하지 않는 골조측량에 사용.

### (2) 트래버스의 종류

트래버스는 도형의 모양에 따라 폐합트래버스(closed loop traverse), 결합트래버스(connecting traverse), 개방트래버스(open traverse) 등이 있다.

① **폐합 트래버스**(閉合 traverse) : 소규모 지역의 측량에 적합한 방법이며 임의의 한 점에서 출발하여 최후에 다시 시작점에 폐합시키는 트래버스. (측각조건은 성립하나 거리조건식은 성립하지 않는다)

② **결합 트래버스**(結合 traverse) : 어떤 기지점에서 출발하여 다른 기지점에 결합시키는 트래버스이며 삼각점과 삼각점을 연결하는 측량 또는 기점과 기점을 연결하는 측량으로 정도가 양호하다. 측각 및 거리조건식이 모두 성립하기 때문에 가장 정밀도가 높다

(대규모지역의 정확성을 요하는 측량에 사용).

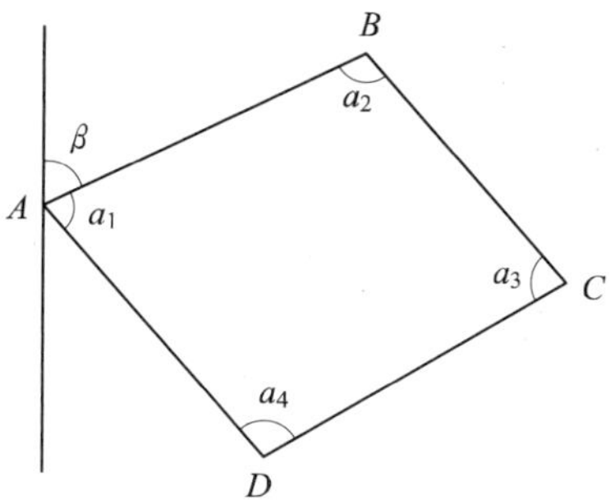


그림 5.1 폐합 트래버스

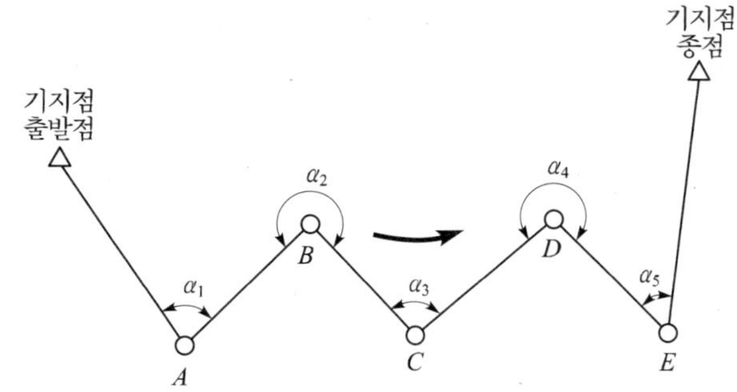


그림 5.2 결합 트래버스

③ **개방 트래버스**(開放 traverse) : 임의의 한 점에서 출발하여 아무런 관계나 조건이 없는 다른 점에서 끝나는 트래버스이며 하천이나 노선의 기준점을 정하는데 사용하고, 정밀도가 가장 낮은 트래버스로서 출발점과 시작점이 일치하지 않는 점이다(오차의 확인 및 조정이 불가능).

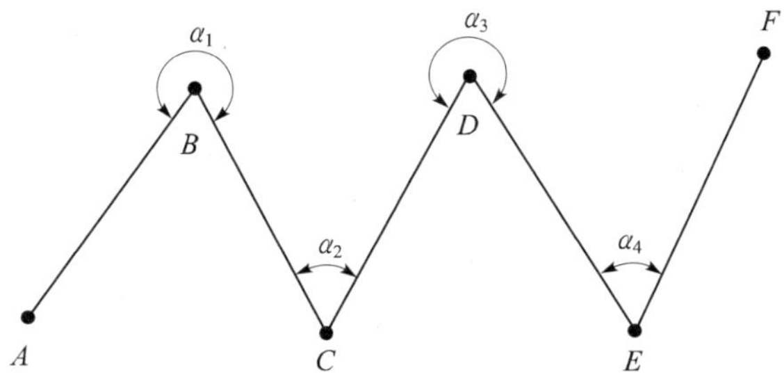


그림 5.3 개방 트래버스

## 02 트래버스의 순서

답사 → 선점 → 조표 → 관측 → 거리와 각관측 정확도의 균형→계산

### (1) 답사(踏査 : Reconnaissance)

도면상에서 시간과 경비 그리고 노력이 적게 들도록 고려하면서 지형도에서 대체적인 측량계획을 세워 현지를 시찰하고 계획에 따라 측량목적, 측량의 정도를 참작하여 트래버스선의 설정을 연구한다.

### (2) 선점(選點 : Selection of station)

계획에 따라 적당한 곳에 트래버스 측점을 선정하는 것으로 선점은 답사와 동시에 시행하는 경우가 많으며 선점의 적합여부에 따라 측량의 능률과 정도를 좌우할 만큼 영향이 크다.

### (3) 조표(造標 : Erection of signal)

측점의 지상에 말뚝이나 돌, 콘크리트 등을 매설하여 필요에 따라 영구 또는 일시적으로 설치하는 표식을 말하며, 폴을 세워서 시준하기 어려운 경우 즉, 장거리 시준을 정확하게 할 때는 추선이나 pole, 철선 등으로 세워 놓는 방법의 시표로 한다.

### (4) 관측(觀測)

각과 측점간 거리를 측정한다. 현장 상황에 따라 사용기계, 관측방법을 적절히 하여 각과 측점간의 거리를 측정한다. 야장 기입은 기계점, 관측점에 대해 기준점의 좌표, 거리, 관측각을 빠짐없이 기록한다.

### (5) 계산(計算) 및 제도(製圖)

계산결과를 통하여 오차조정 및 트래버스 위치결정을 다음과 같이 한다.

① 각조정
② 방위각 계산조정
③ 경거 위거 계산
④ 폐합차 및 폐합비 조정
⑤ 좌표계산
⑥ 도면작성

## 03 거리 및 수평각 측정법

### (1) 수평각(水平角)의 측정법

1) 교각법(交角法 : Intersection angle method) : 협각법(夾角法)

2측선의 사이 교각(交角)을 측정하는 방법으로 내측에 각을 측정하는 내각법(內角法), 외측각(外測角)을 측정하는 외각법(外角法)으로 구별하며 측각의 방향에 따라 오른편으로 측정하는 방법과 왼편으로 측정하는 방법이 있다. 내각보다는 외각이, 좌회전 보다는 우회전이 편리하다.

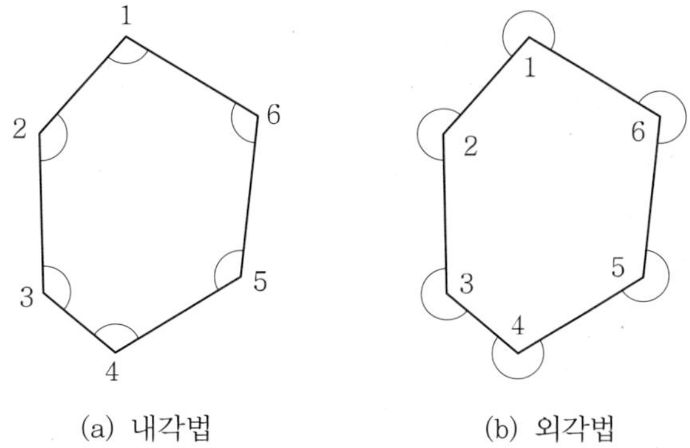


그림 5.4 교각법

① 내각법(內角法)

내각의 합 $= (n-2)180°$ **5.1**

② 외각법(外角法)

외각의 합 $= (n+2)180°$ **5.2**

③ 교각법이란 각측선이 그 전측선과 만들어지는 각도를 측정하는 방법을 말한다.

2) 편각법(偏角法 : Deflection angle method)

편각이란 각측선이 전측선의 연장선과 만들어진 각을 말하며 도로, 철도와 같은 노선측량에서 종단측정에 많이 사용한다.

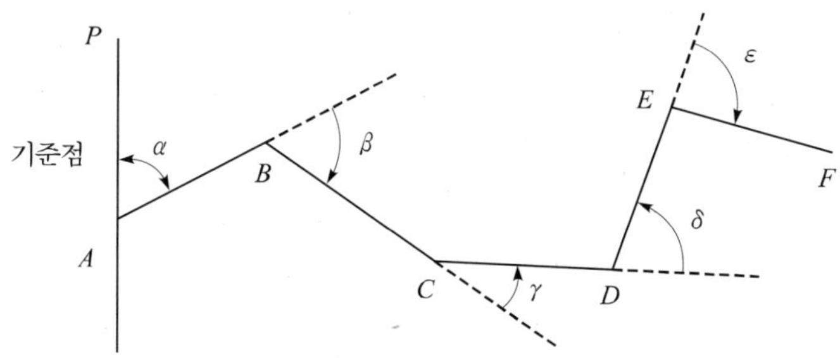


그림 5.5 편각법

① 우편각(右偏角 ; $R$ : +) : 편각이 전측선의 연장의 우측에 만들어진 각

② 좌편각(左偏角 ; $L$ : −) : 편각이 전측선의 연장의 좌측에 만들어진 각

3) 방위각법(方位角法 : Full circle method)

① 방위각(方位角 : Azimuth) : 진북선(true morth line)을 기준으로 측정한 방향각

② 방위각법(方位角法) : 방위각을 측정하는 방법

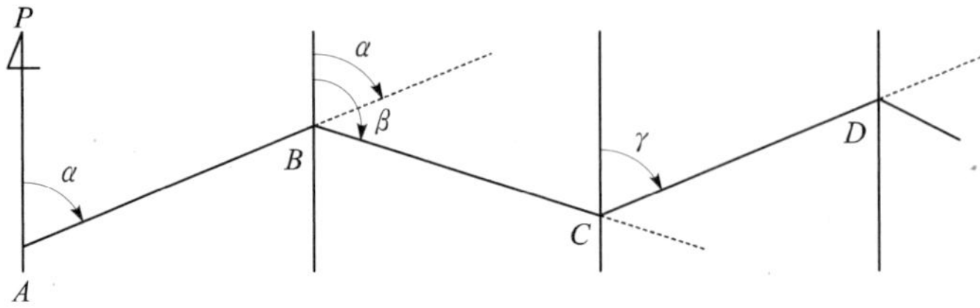


그림 5.6 전경법(반전법)

③ 역방위법(逆方位法 : Back bearing method ; 부전법(不轉法) ; Theodolite측정법) : $AB$측선의 방위각 $\alpha$를 측정하고 $\alpha$를 갖고 있는 채로 $B$점에 옮겨 정위로 $A$점을 시준한 후 회전시켜서 $C$를 시준하면 $180+\theta_1$의 각을 얻는다. 같은 방법으로 측정하면 된다.

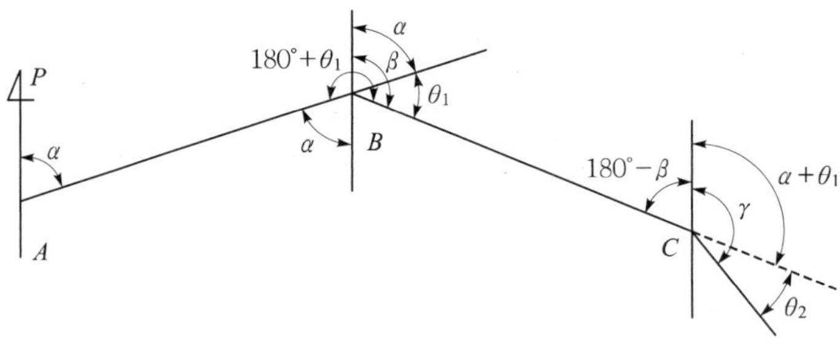


그림 5.7 부전법(역방위각법)

## 04 측각치(測角值)의 조정

### (1) 오차의 처리

1) 허용범위내에 있어야 하며 허용범위보다 클 때는 재측을 한다.

2) 허용범위내에 있을 때 합리적으로 조정해서 기하학상의 조건을 만족시킨다.

3) Traverse의 측각오차의 허용범위

- 산림지나 복잡한 경사지 : $1.5\sqrt{n}$ (분)
- 평지(보통지) : $1.0\sqrt{n} \sim 0.5\sqrt{n}$ (분)

- 시가지 및 중요한 곳 : $30\sqrt{n} \sim 20\sqrt{n}$ (초) ($n$ : Traverse변수)

4) 특별한 경우를 제외하고는 각수를 등분하여 이를 각각의 각(角)에 가감하면 된다.

### (2) 폐합(閉合) traverse의 경우

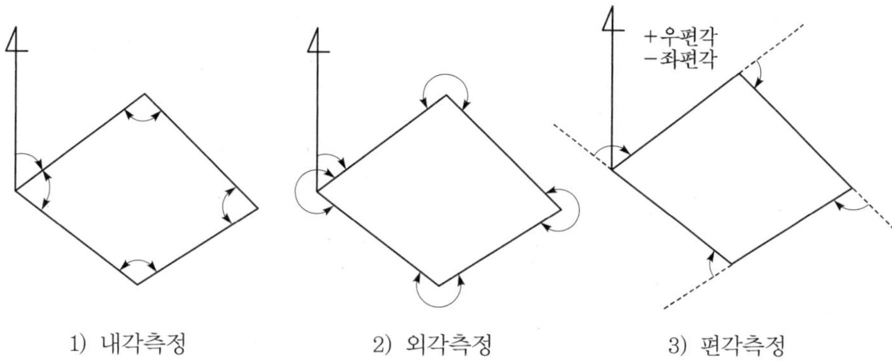


**그림 5.8 각 측정 방법**

1) 내각측정인 경우 오차($\triangle a$)

$$\therefore \ \triangle a = [a] - 180°(n-2) \tag{5.3}$$

$n$ : 변의 갯수, $[a]$ : 측정각($a_1$, $a_2$, $a_3$, ……, $a_n$)의 총합

2) 외각측정인 경우 오차($\triangle a$)

$$\therefore \triangle a = [a] - 180°(n+2) \tag{5.4}$$

3) 편각측정인 경우 오차($\triangle a$)

$$\therefore \triangle a = [a] - 360° \tag{5.5}$$

**예제 5.1**

다음 다각형에서 내각, 외각을 구하라.

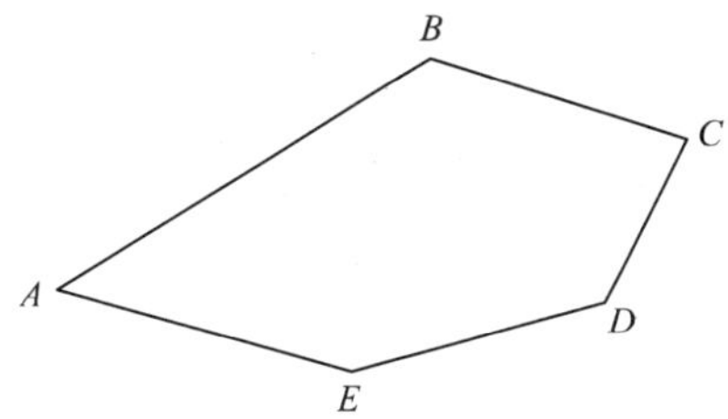


| 풀이 |

① 내각의 합

$\alpha = 180°(n-2) = 180°(5-2) = 540°$

② 외각의 합

$\alpha = 180°(n+2) = 180°(5+2) = 1260°$

### (3) 결합(結合) traverse의 경우 오차($\triangle a$)

어떤 기지점에서 출발하여 다른 기지점에 결합시키는 트래버스이며 정밀도가 가장 높은 트래버스로서 기지점은 삼각점이 주로 많이 이용된다.

① 삼각점이 외곽일 경우

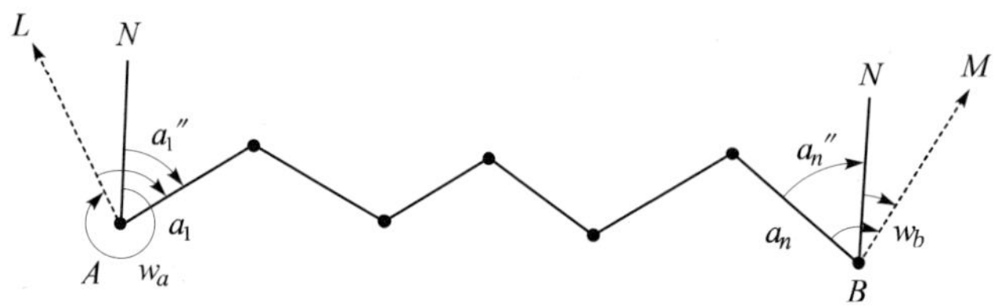


그림 5.9 결합트래버스 1

$$E_\alpha = \omega_a + [\alpha] - 180°(n+1) - \omega_b$$

② 삼각점이 왼쪽 또는 오른쪽일 경우

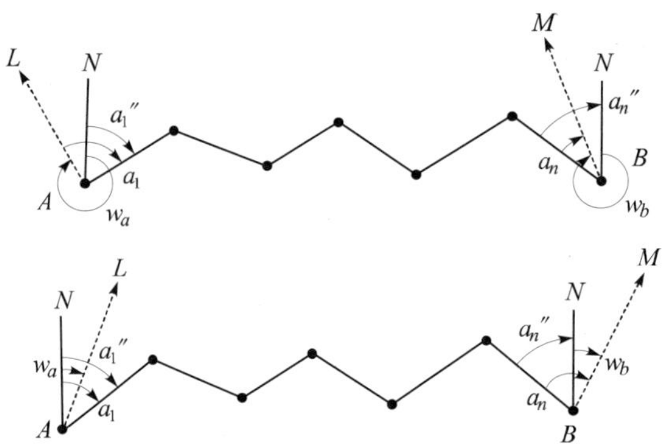


그림 5.10 결합트래버스 2

$$E_\alpha = \omega_a + [\alpha] - 180°(n-1) - \omega_b$$

③ 삼각점이 모두 안쪽일 경우

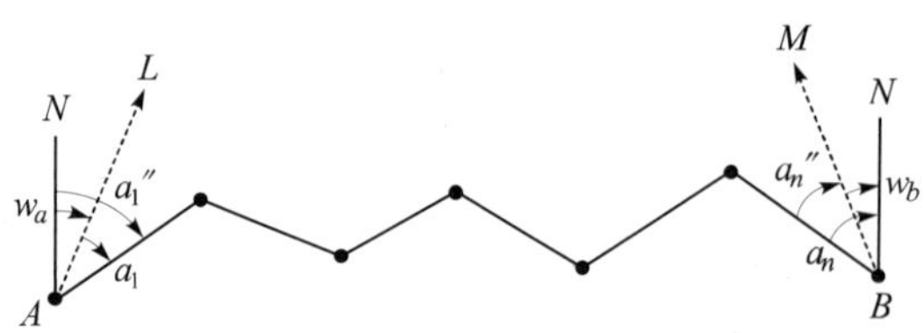


그림 5.11 결합트래버스 3

$$E_\alpha = \omega_a + [\alpha] - 180°(n-3) - \omega_b$$

## 예제 5.2

그림과 같은 결합 측량 결과에서 측각 오차는?
(단, $W_a = 293°12'35''$, $a_1 = 130°14'06''$, $a_2 = 261°01'33''$,
$a_3 = 138°03'54''$, $a_4 = 114°20'23''$, $W_b = 36°52'11''$)

| 풀이 |

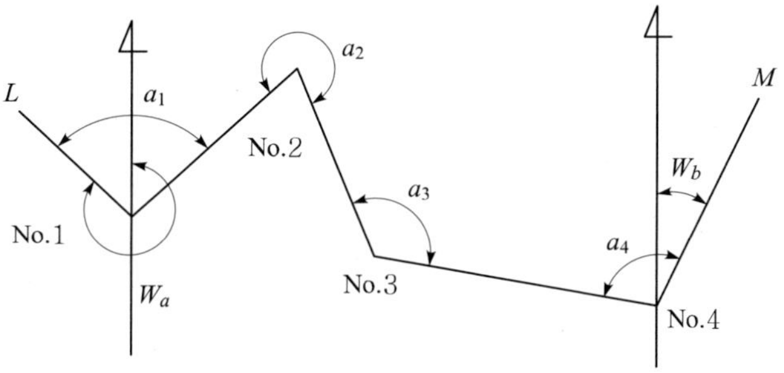


$[a] = 130°14'06'' + 261°01'33'' + 138°03'54'' + 114°20'23'' = 643°39'56''$

$\therefore\ \Delta a = (W_a - W_b) + [a] - 180°(n+1)$

$= (293°12'35'' - 36°52'11'') + 643°39'56'' - 180°(4+1)$

$= 20''$

## 예제 5.3

다음 트래버스에서 $AL$측선의 방위각 $19°48'26''$, $BM$측선의 방위각이 $310°36'43''$, 내각의 총화가 $1190°47'22''$ 일 때 측각오차는?

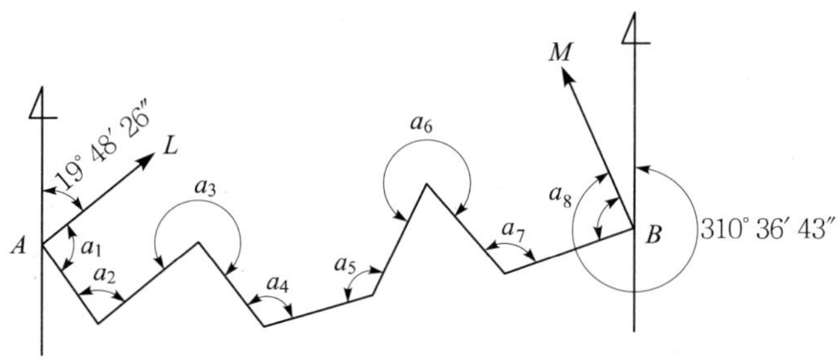


| 풀이 |

∴ 측각오차

$\Delta a = (W_a - W_b) + [a] - 180°(n-3)$

$= (19°48'26'' - 310°36'43'') + 1190°47'22'' - 180°(8-3)$

$= -55''$

**예제 5.4**

그림과 같이 삼각점 $A$, $B$를 연결하는 결합트래버스 측량을 하여 다음 결과를 얻었다. 측각오차를 구하면? (단, $W_a = 33°54'17''$, $W_b = 34°36'42$, $[a] = 900°42'35''$ 이다)

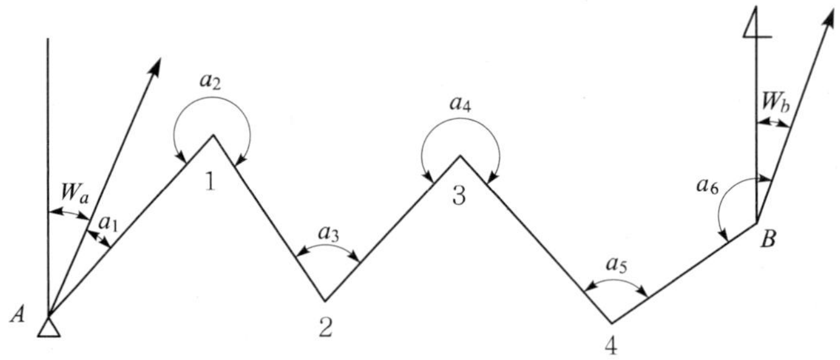


| 풀이 |

$$\begin{aligned}\Delta a &= (W_a - W_b) + [\,a\,] - 180°(n-1)\\ &= (33°54'17'' - 34°36'42'') + 900°42'35'' - 180°(6-1)\\ &= 10''\end{aligned}$$

## 05 교각(交角)에서 방위각을 구하는 계산

### (1) 진행방향에서 좌측각을 측정할 경우

$$\therefore\ \beta = \alpha + 180° - a_2 \qquad (5.6)$$

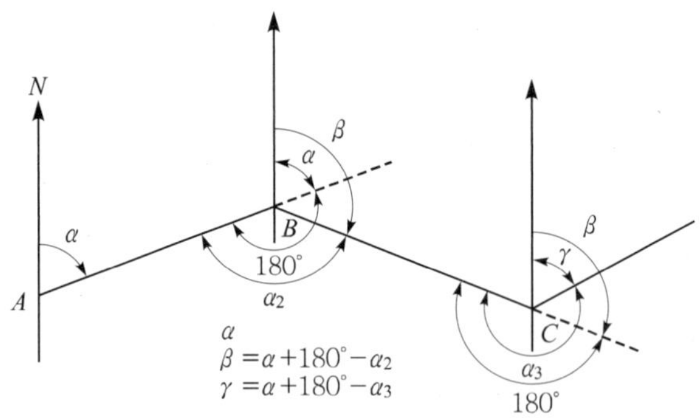


그림 5.12 교각방위각(+)

### (2) 진행방향에서 우측각을 측정할 경우

$$\therefore \quad \beta = \alpha - 180° + a_2 \qquad (5.7)$$

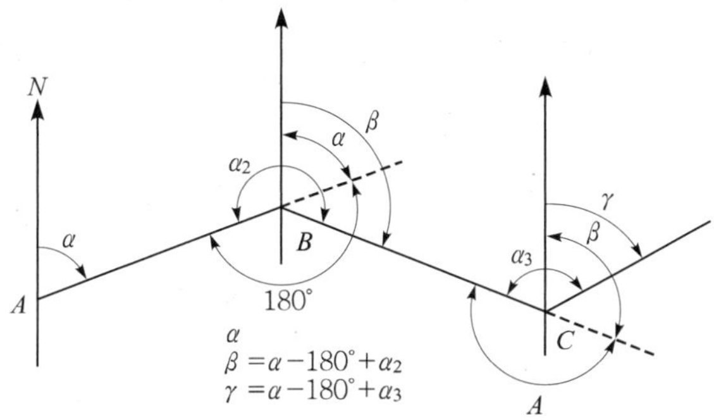


그림 5.13 교각에서 방위각(−)

### (3) 편각(偏角)에서 방위각을 구하는 방법

$$\therefore \text{ 어떤 측선의 방위각} = \text{하나앞 측선의 방위각} \pm \text{편각} \qquad (5.8)$$

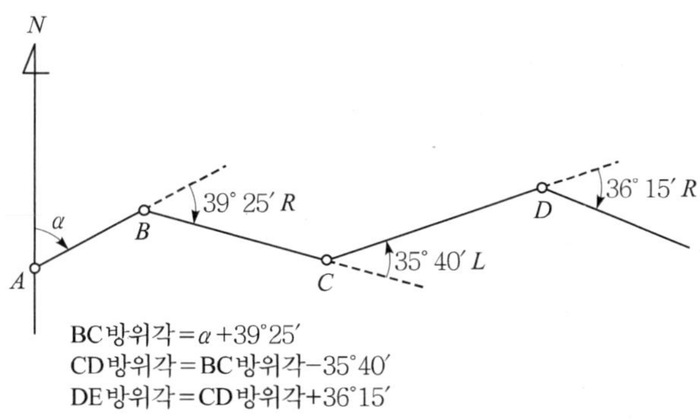


그림 5.14 편각에서 방위각

**예제 5.5**

$\triangle ABC$에서 $AB$의 방위각이 $50°30'20''$ 일 때,
방위각 $CA$는?
(단, $\angle A = 80°12'10''$, $\angle B = 67°37'10''$,
$\angle C = 32°10'40''$ 이다.)

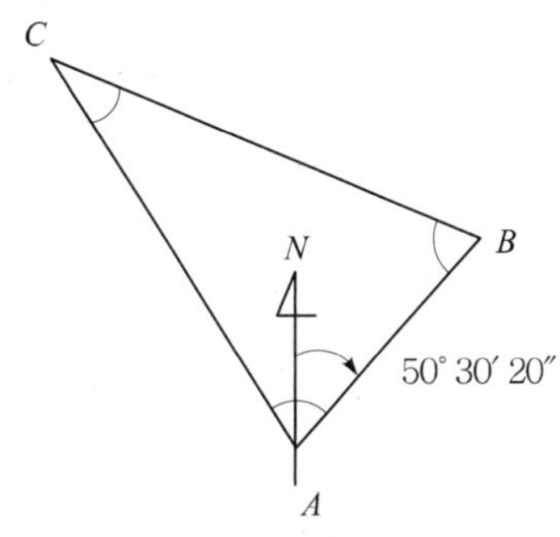

| 풀이 |

$BC$ 의 방위각 $= 50°30'20'' + 180° + 67°37'10'' = 298°7'30''$

$CA$ 의 방위각 $= 298°7'30'' + 180° + 32°10'40'' = 510°18'10'' = 150°18'10''$

**예제 5.6**

다음 그림과 같은 다각형을 교각법으로 측정하였을 때 $CD$ 측선의 방위각은?

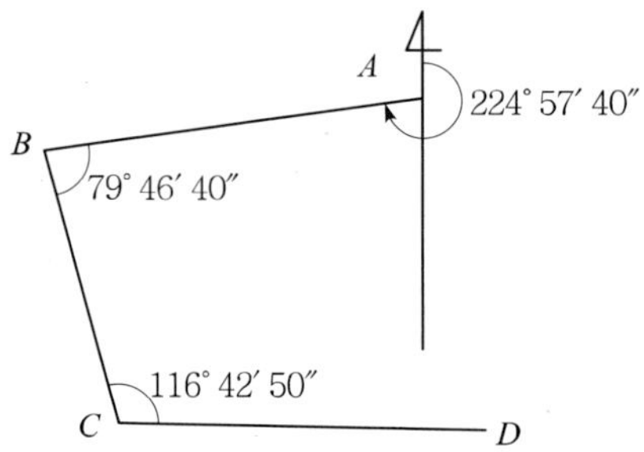


| 풀이 |

시계 반대방향으로 측정했을 때 방위각 = 하나앞 방위각 + 180° + 교각

$BC$의 방위각 $= 224°57'40'' + 180° + 79°46'40'' = 484°44'20''$

$\therefore\ 484°44'20'' - 360° = 124°44'20''$

$CD$의 방위각 $= 124°44'20'' + 180° + 116°42'50'' = 421°27'10''$

$\therefore\ 421°27'10'' - 360° = 61°27'10''$

**예제 5.7**

편각측정에 의한 아래 그림에서 측선 $ED$의 방위각은?

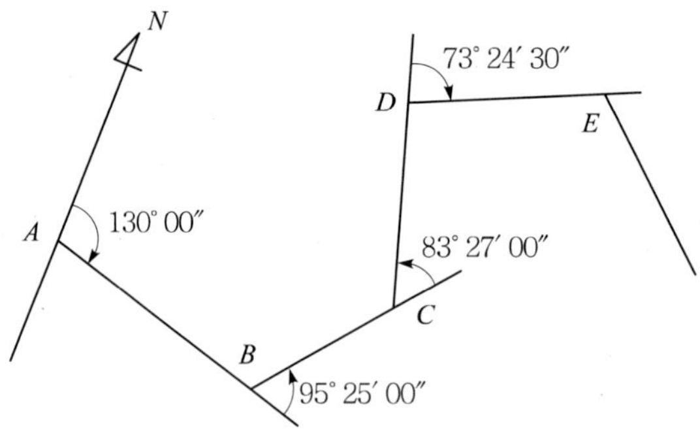


| 풀이 |

$AB$측선의 방위각 $= 130°00'$

$BC$측선의 방위각 $= 130°00' - 95°25'00'' = 34°35'00''$
$CD$측선의 방위각 $= 34°35'00'' - 83°27'00'' = -48°52'00'' = 311°08'$
$DE$측선의 방위각 $= -48°52'00'' + 73°24'30'' = 24°32'30''$
$ED$측선은 $DE$측선의 역방위각이므로 $24°32'30'' + 180° = 204°32'30''$

**예제 5.8**

두 점 $A$, $B$의 좌표가 ($x_A = 125.32\text{m}$, $y_A = 236.22\text{m}$)와 ($x_B = -231.11\text{m}$, $y_B = -120.21\text{m}$)이다. 방위각은 얼마인가?

| 풀이 |

$$\tan\theta = \frac{y_B - y_A}{x_B - x_A} = \frac{-120.21 - 236.22}{-231.11 - 125.32} = \frac{-356.43}{-356.43} = 1$$

$\therefore\ \theta = 45°$ $\quad\therefore$ 방위각 $= 180° + 45° = 225°$ (3상한 방위각이므로)

## 06 방위(方位)의 계산

남($S$)북($N$)을 기준으로 한 90°보다 작은 각을 방위라 하는데 다음과 같이 구한다.

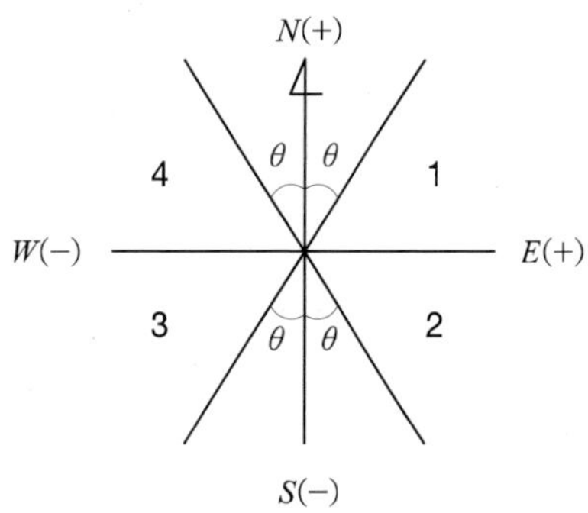

그림 5.15 방위

### (1) 방위각 0°~90°일 때(제1상한각)

$\therefore\ N$ 방위각 $E$

### (2) 방위각 90°~180°일 때(제2상한각)

$\therefore\ S$ (180° − 방위각) $E$

### (3) 방위각 180°~270°일 때(제3상한각)

$\therefore\ S$ (방위각 − 180°) $W$

### (4) 방위각 270°~360°일 때(제4상한각)

$\therefore\ N$ (360° − 방위각) $W$

### 예제 5.9

트래버스에서 $DE$의 방위각을 구하라.

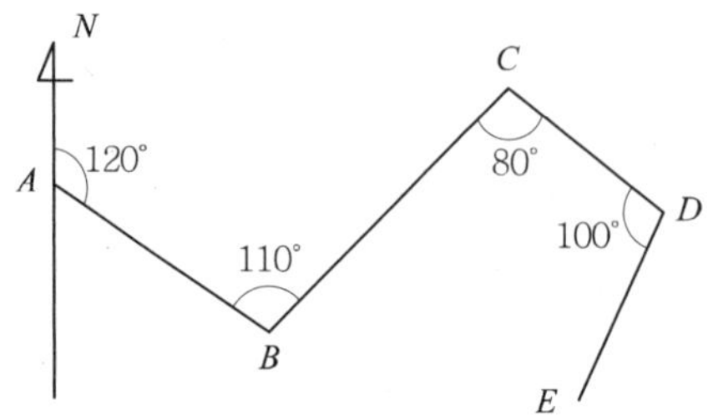


| 풀이 |

$AB$측선의 방위각 $= 120°$

$BC$측선의 방위각

$= 120° + 180° + 110° = 410° = 50°$

$CD$측선의 방위각 $= 50° + 180° - 80° = 150°$

$DE$측선의 방위각 $= 150° + 180° - 100° = 230°$

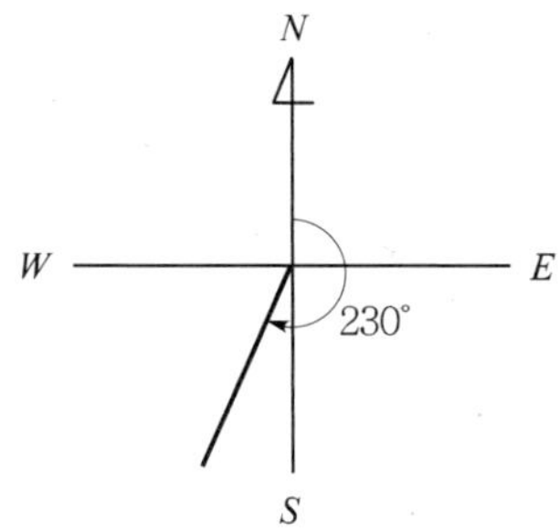


### 예제 5.10

그림과 같은 폐다각형에서 내각을 측정한 결과 다음과 같다. $CD$측선의 방위는?
(단, $\alpha_1 = 87°26'20''$, $\alpha_2 = 70°44'00''$, $\alpha_3 = 112°47'40''$, $\alpha_4 = 89°02'00''$, $AB$ 측선의 방위각 $138°15'00''$ 이다.)

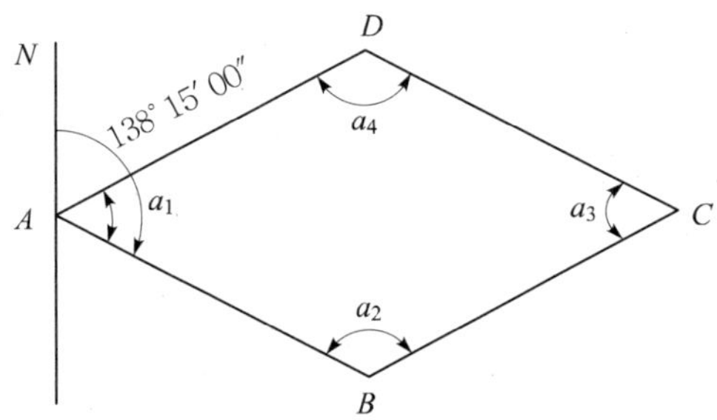


| 풀이 |

$BC$측선의 방위각 $= 138°15' + 70°44' - 180° = 28°59'$

$CD$측선의 방위각 $= 28°59' + 180° + 112°47'40'' = 321°46'40''$

$CD$측선의 방위 $= N\ 38°13'20''\ W$ (4상한각)

## 07 위거(緯距) 및 경거(經距)(Latitude and Departure)

위거는 측선에서 $NS$선의 차를 말하며 경거는 측선에서 $WE$선의 차를 말한다.

### (1) 삼각함수의 진수를 사용하는 방법

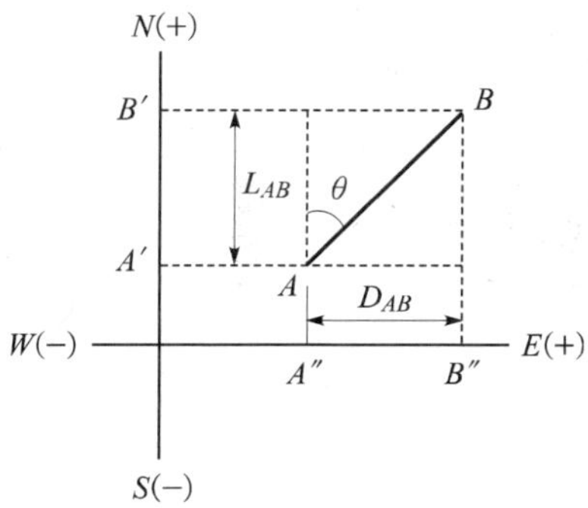


그림 5.16 위거, 경거

| 방위각 | 방 위 | $L$ | $D$ |
|---|---|---|---|
| $0° \sim 90°$ | $N\theta E$ | + | + |
| $90° \sim 180°$ | $S\theta E$ | − | + |
| $180° \sim 270°$ | $S\theta W$ | − | − |
| $270° \sim 360°$ | $N\theta W$ | + | − |

$$\therefore \text{ 위거 } (L) = A'B' = AB\cos\theta \quad (5.9)$$

$$\therefore \text{ 경거 } (D) = A''B'' = AB\sin\theta \quad (5.10)$$

$$\therefore AB = \sqrt{(L_{AB})^2 + (D_{AB})^2} \quad (5.11)$$

$$\tan\theta = \frac{D}{L} \qquad \therefore \theta = \tan^{-1}\frac{D}{L} \quad (5.12)$$

### (2) 대수를 사용하는 방법

$$\therefore \log L = los\,S + \log\cos\theta \quad (5.13)$$

$$\therefore \log D = los\,S + \log\sin\theta \quad (5.14)$$

**예제 5.11**

트래버스 측선의 방위가 $S\ 60°\ W$, 측선거리 50m 일 때, 경거 및 위거는?

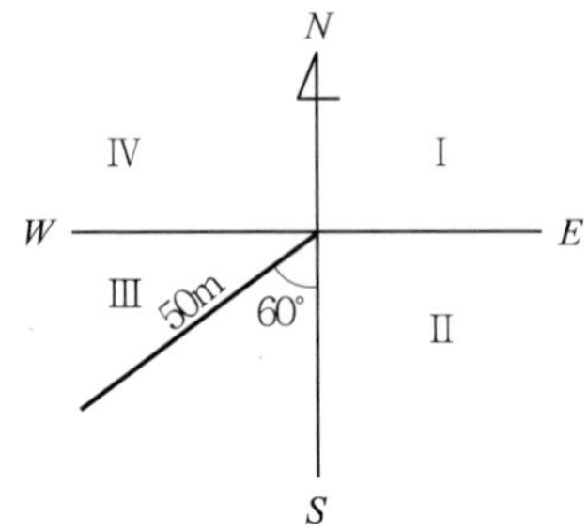


**| 풀이 |**

$\therefore$ 경거 $= 50 \times \sin 240° = -43.3(\mathrm{m})$

$\therefore$ 위거 $= 50 \times \cos 240° = -25(\mathrm{m})$

**예제 5.12**

측선거리가 100m, 방위각이 240°일 때 위거 및 경거를 계산한 값은?

**| 풀이 |**

$\therefore$ 위거 $= l \cos \alpha = 100 \times \cos 240° = -50.0(\mathrm{m})$

$\therefore$ 경거 $= l \sin \alpha = 100 \times \sin 240° = -86.6(\mathrm{m})$

**예제 5.13**

트래버스 측점 $A$의 좌표 $x$, $y$가 (200, 200)이고, $AB$ 측선의 길이가 100m 일 때, $B$점의 좌표는?
(단, $AB$측선의 방위각은 195°이다.)

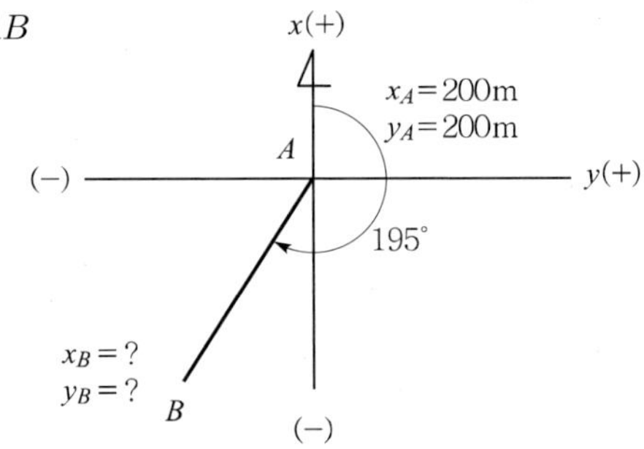


**| 풀이 |**

$\therefore\ x_B = 200 + 100\cos 195° = 103.4(\mathrm{m})$

$\therefore\ y_B = 200 + 100\sin 195° = 174.1(\mathrm{m})$

### (4) 두 점의 좌표로부터 방위각의 계산

두 점의 좌표 $A(x_1,\ y_1)$, $B(x_2,\ y_2)$

$$\tan\theta = \left(\frac{\Delta y}{\Delta x}\right) = \frac{(y_2 - y_1)}{(x_2 - x_1)}$$

$$\theta = \tan^{-1}\left(\frac{\Delta y}{\Delta x}\right) = \tan^{-1}\left(\frac{y_2 - y_1}{x_2 - x_1}\right)$$

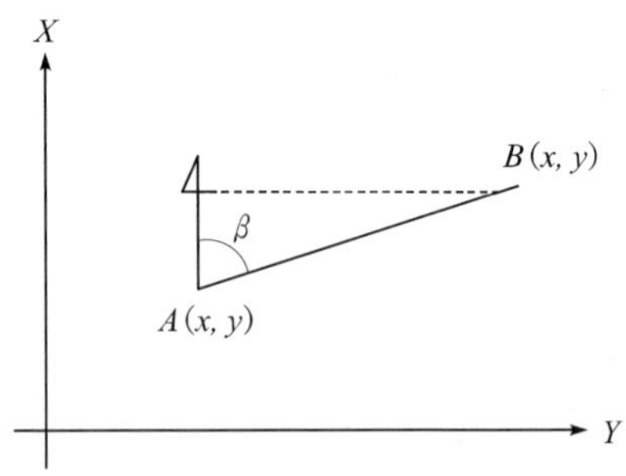


그림 5.17

## 08 폐합(閉合) Traverse의 폐합오차(閉合誤差)

각 측선의 위거의 대수화 및 경거의 대수화는 각각 0이 되어야 하는데 거리 및 각도 측정의 오차 때문에 일치하지 않는 오차를 폐합오차라 한다.

### (1) 폐합오차

1) 폐합 트래버스

$$E = \sqrt{(\triangle l)^2 + (\triangle d)^2} \quad (5.15)$$

여기서, $\triangle l$ : 위거오차

$\triangle d$ : 경거오차

$E$ : 폐합오차

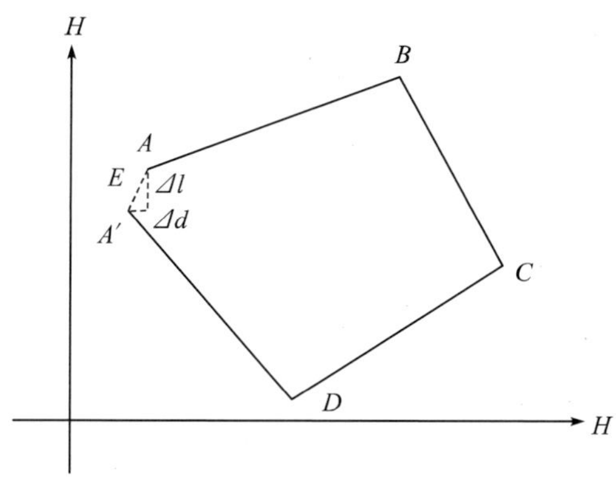


그림 5.18 폐합트래버스 오차

2) 결합 트래버스

$$E = \sqrt{(\triangle l)^2 + (\triangle d)^2} \quad (5.16)$$

$$\triangle l = X_n - (\Sigma L + X_1)$$

$$\triangle d = Y_n - (\Sigma D + Y_1)$$

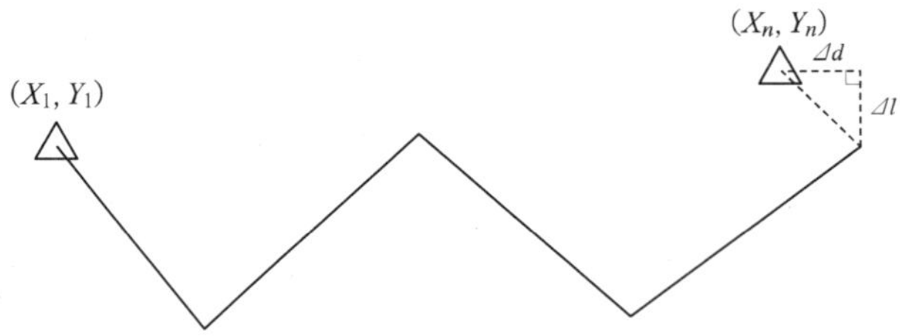


그림 5.19 결합트래버스 오차

**예제 5.14**

$A$점 및 $B$점의 좌표가 다음 표와 같고, $A$점에서 $B$점까지 결합 다각측량을 하여 계산해 본 결과 위거의 총합은 +84.30m, 경거의 총합이 +512.62m 이였다면, 이 측량의 폐합오차는?

| 측점 \ 좌표 | $X$ 좌표 | $Y$ 좌표 |
|---|---|---|
| $A$점 | 69.30m | 123.56m |
| $B$점 | 153.47m | 636.22m |

| 풀이 |

폐합오차

$$= \sqrt{(E_L)^2 + (E_D)^2} = \sqrt{(84.30 - 84.17)^2 + (512.62 - 512.66)^2}$$

$$= 0.14(\text{m}) = 14(\text{cm})$$

**예제 5.15**

$A$와 $B$점의 좌표가 $X_A = -11{,}328.58\text{m}$, $X_B = -11{,}616.10\text{m}$, $Y_A = -4{,}891.49\text{m}$, $Y_B = -5{,}240.8\text{m}$ 라면 $AB$의 수평거리 $S$와 방위각 $T$로 옳은 것은?

| 풀이 |

$$\text{거리} = \sqrt{(X_B - X_A)^2 + (Y_B - Y_A)^2}$$

$$= \sqrt{(-11{,}616.10 + 11{,}328.58)^2 + (-5{,}240.8 + 4{,}891.49)^2}$$

$$= 452.42(\text{m})$$

$$\tan\theta = \frac{Y}{X} = \frac{(Y_B - Y_A)}{(X_B - X_A)} = \frac{-349.31}{-287.52} = 1.2149$$

$$\theta = \tan^{-1}(1.2149) = 50°32'30'' \ (\text{방위})$$

$$\therefore \ \text{방위각} = 180° + 50°32'30'' = 230°32'30'' \ (3\text{상한각이므로})$$

## 09 폐합비(閉合比 : Error of Closure)

정밀도는 폐합오차($E$)와 폐다각형의 전변장($D$)과의 비를 폐비라 한다.

$$\therefore \ R = \frac{E}{D} = \frac{\sqrt{(E_L)^2 + (E_D)^2}}{D} \quad (5.17)$$

여기서, $R$ : 폐합비　　$E$ : 폐합오차

$D$ : 측선장의 총합　　$E_L$ : 위거의 폐합오차

$E_D$ : 경거의 폐합오차

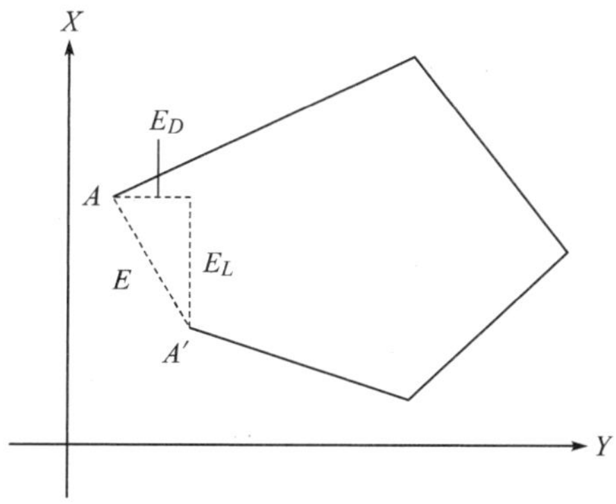


그림 5.20 폐합오차

### (1) 한측선에 오차가 있다고 생각될 때

1) $\tan\theta = \dfrac{\Sigma D}{\Sigma L}$에서 $\theta$를 구하면 $\Sigma L$과 $\Sigma D$의 $+$, $-$에서 오차의 방위를 알 수 있기 때문에 이것과 평행한 측선에 오차가 있다고 생각한다.
2) 각측선의 $L : D$를 구하고 $\Sigma L : \Sigma D$에 가까운 측선에 오차가 있다고 생각한다.

### (2) Traverse측량의 허용오차

토지의 상황, 측량의 목적에 따라 다음과 같다.

- 시가지 : $\dfrac{1}{5,000} \sim \dfrac{1}{10,000}$
- 전, 답, 대지 등의 평지 : $\dfrac{1}{1,000} \sim \dfrac{1}{2,000}$

- 산림, 임야, 호소지 : $\frac{1}{500} \sim \frac{1}{1,000}$
- 산악지 : $\frac{1}{300} \sim \frac{1}{1,000}$

**예제 5.16**

트래버스 측선 전체 길이가 1,100m 이고 위거오차가 +0.23m, 경거오차가 −0.35m 일 때 폐합비(閉合比)는 얼마인가?

| 풀이 |

$$\therefore \text{ 폐합비} = \frac{\text{폐합오차}}{\text{측선장의 총합}} = \frac{\sqrt{(E_L)^2 + (E_D)^2}}{D}$$
$$= \frac{\sqrt{0.23^2 + (-0.35)^2}}{1,100} = \frac{\sqrt{0.1754}}{1,100}$$
$$= \frac{1}{2,626.5} \fallingdotseq \frac{1}{2,600}$$

**예제 5.17**

트래버스 측량에서 다음 결과를 얻었다. 폐합 비율을 계산하고 폐합비의 제한을 1/5,000라 할 때 사용 또는 재측의 결정은? (거리의 총합 = 1,240m, 위거의 총합 = −0.12m, 경거의 총합 = +0.23m)

| 풀이 |

폐합오차 $E = \sqrt{(E_L)^2 + (E_D)^2} = \sqrt{(0.23)^2 + (-0.12)^2} = 0.259$

$E_L$ : 위거의 폐합오차, $E_D$ : 경거의 폐합오차

폐합비 $R = \frac{E}{D} = \frac{0.259}{1,240} = \frac{1}{4,788} > \frac{1}{5,000}$

∴ 재측

## 10 Traverse조정

폐합오차가 공차 안에 있으면 위거 및 경거의 대수화가 각각 0이 될 수 있는 조정경거와 조정위거를 구하는데 Compass법칙, Transit법칙이 있다.

### (1) Compass rule(컴퍼스 법칙)

각측정, 거리측정의 정밀도가 같은 경우에 오차값을 각측선에 비례해서 배분한다.

∴ 어느 측선의 위거(경거)에 대한 조정량

$$= -\text{위거(경거)의 폐합오차} \times \frac{\text{그 측선의 길이}}{\text{측선길이의 합계}} \quad (5.18)$$

### (2) Transit rule(트랜싯 법칙)

각 측량의 정밀도가 거리측량의 정밀도 보다 좋을 때나 그 반대일 경우이고 오차를 각 측선에 위거, 경거의 값에 비례하여 배분하는 방법이다.

∴ 어느 측선의 위거(경거)에 대한 조정량

$$= \pm\text{위거(경거)의 폐합오차} \times \frac{|\text{그 측선의 위거(경거)}|}{|\text{위거(경거)의 합계}|} \quad (5.19)$$

### (3) 면적의 계산(Calculation the Area)

1) 배면적(培面績)

∴ 어느 측선의 배면적 = 각 측선의 배횡거 × 그 측선의 위거 (5.20)

2) 배횡거(培橫距)

∴ 어느 측선의 배횡거 = 전측선의 조정경거 + 전측선의 배횡거
  + 그 측선의 조정경거 (5.21)

**예제 5.18**

그림에서 측선 $CD$의 횡거를 구하면?

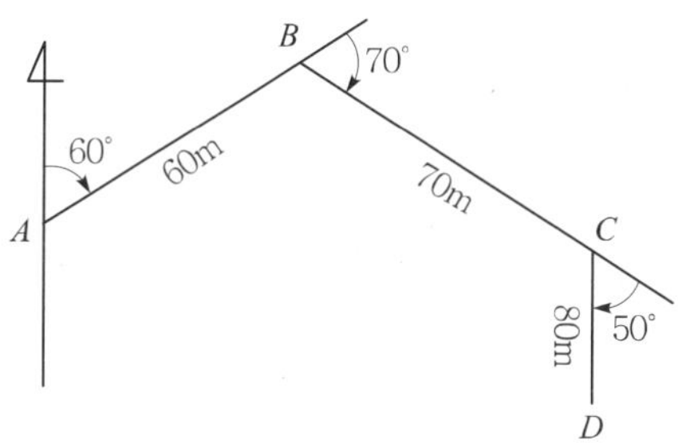


| 풀이 |

$AB$의 경거 $= 60 \times \sin 60° = 51.962(\text{m})$

$BC$의 경거 $= 70 \times \sin(60° + 70°) = 53.623(\text{m})$

$CD$의 경거 $= 80 \times \sin(60° + 70° + 50°) = 0$

$AB$의 배횡거 $= 51.962(\text{m})$

$BC$의 배횡거 = 전측선의 배횡거 + 전측선의 조정경거 + 그 측선의 조정경거

$= 51.9615 + 51.9615 + 53.6231 = 157.547(\text{m})$

$CD$의 배횡거 $= 157.5461 + 53.6231 + 0 = 211.170(\text{m})$

$CD$의 횡거 $= 211.170 \div 2 = 105.585(\text{m})$

# 11 좌표의 계산

## (1) 좌표의 계산

합위거$(X)$ = 전 측선의 합위거 + 다음 측선의 조정위거$(\triangle x)$

합경거$(Y)$ = 전 측선의 합경거 + 다음 측선의 조정경거$(\triangle y)$

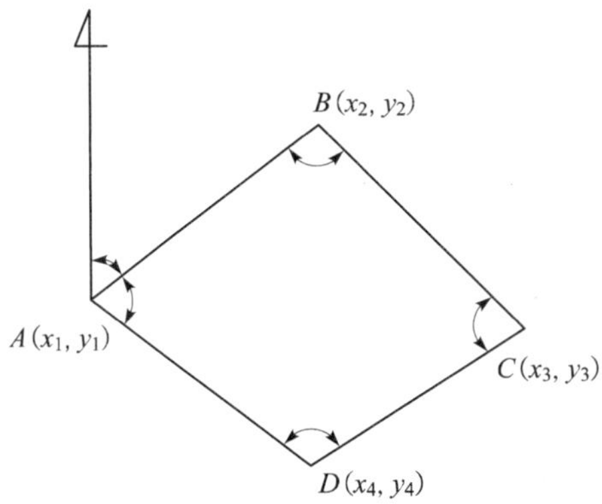


그림 5.21 좌표전개도

$B$의 합위거, 합경거$(x_2,\ y_2) = x_1 + \triangle x_1,\ y_1 + \triangle y_1$

$C$의 합위거, 합경거$(x_3,\ y_3) = x_1 + \triangle x_1 + \triangle x_2,\ y_1 + \triangle y_1 + \triangle y_2$

$D$의 합위거, 합경거$(x_4,\ y_4) = x_1 + \triangle x_1 + \triangle x_2 + \triangle x_3,\ y_1 + \triangle y_1 + \triangle y_2 + \triangle y_3$

## (2) 2점의 좌표에 의한 측선장 및 방위계산

측선장$(\ell) = \sqrt{(x_2 - x_1)^2 + (y_2 - y_1)^2}$

$$\tan\theta = \frac{\Delta y}{\Delta x} = \frac{y_2 - y_1}{x_2 - x_1}$$

방위$(\theta) = \tan^{-1}\left(\frac{\Delta y}{\Delta x}\right)$

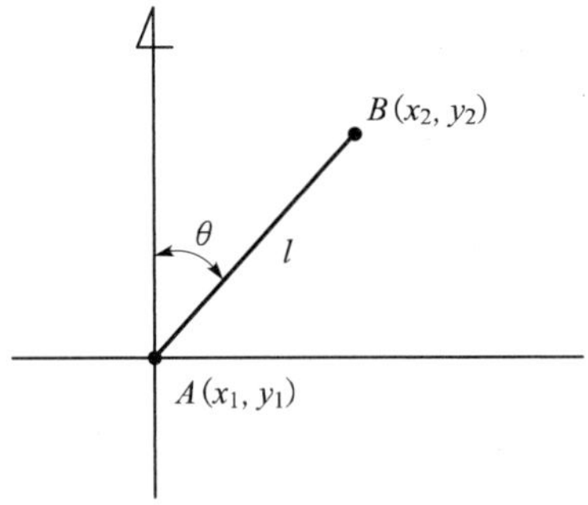


그림 5.22 방위$(\theta)$

실제 계산에서 방위각으로 바꿀 때는 위거와 경거로부터 상한을 확인해야 한다.

## 12 폐합트래버스 면적의 계산

### (1) 배횡거와 배면적 계산

면적 계산은 각 점의 조정위거와 조정경거를 이용하여 면적을 쉽게 구할 수 있다.

① 횡거(자오선거리) : 어떤 측선의 중심에서 기준 자오선에 내린 수선의 길이.
횡거의 2배, 즉 배횡거를 사용하여 계산하면,
임의의 측선의 배횡거 = 전측선의 배횡거 + 전측선의 경거 + 그 측선의 경거

② 면적

배면적 = 배횡거 × 위거, 면적 = $\frac{배면적}{2}$

| 위 거 | 경 거 | 합위거 | 합경거 | 배횡거 | 배면적 |
|---|---|---|---|---|---|
| | | 0 | 0 | | |
| 10 | 10 | 10 | 10 | 10 | 100 |
| −10 | 10 | 0 | 20 | 30 | −300 |
| −10 | −10 | −10 | 10 | 30 | −300 |
| 10 | −10 | 0 | 0 | 10 | 100 |
| 0 | 0 | | | | 400 |

면적 = $\frac{400}{2}$ = 200

## 연습문제

**01** 다음 폐합 트래버스 결과를 Compass법칙을 이용하여 조정 후 X, Y 좌표와 면적을 구하라.

| 측선 | 거 리 |
|---|---|
| 1－2 | 156.385 |
| 2－3 | 97.457 |
| 3－4 | 116.690 |
| 4－5 | 97.423 |
| 5－1 | 53.572 |

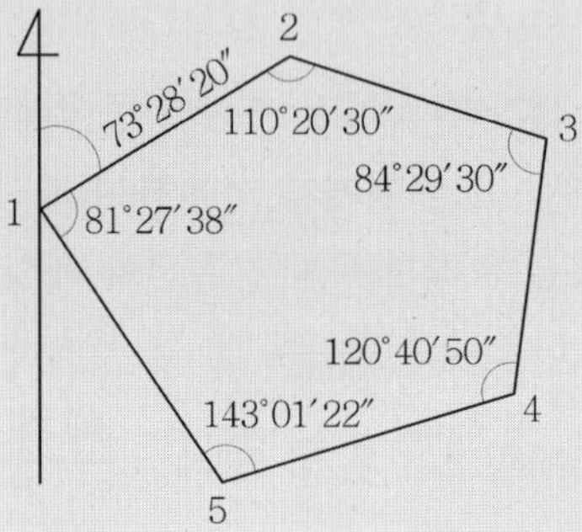


**02** 다음 다각측량 결과(합위거, 합경거)에 의하여 5각형 A, B, C, D, E의 면적을 계산하시오.

| 측선 | AB | BC | CD | DE | EA |
|---|---|---|---|---|---|
| 위거 | －40.19 | ＋74.22 | ＋35.96 | ＋28.32 | －98.31 |
| 경거 | ＋109.56 | ＋25.12 | －40.93 | －68.10 | －25.65 |

**03** 그림과 같은 결합 트래버스를 측량한 결과 아래와 같은 관측각을 얻었다. 이 관측각을 이용하여 다음 성과표를 완성하여라(계산은 소수점 아래 4자리에서 반올림하고 경위거 조정은 컴퍼스 법칙으로 한다).

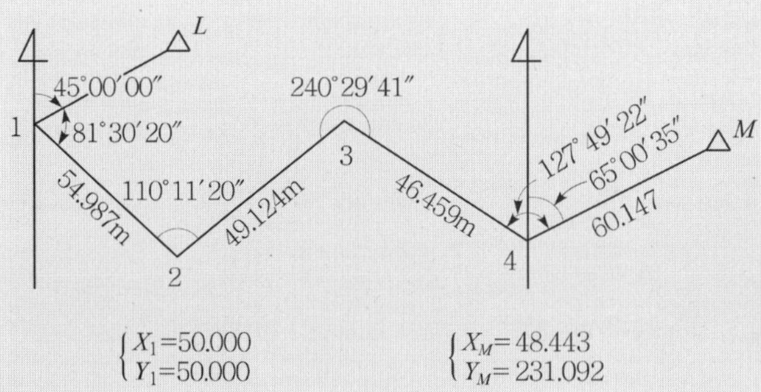

**04** 아래 그림과 같은 결합 트래버스를 관측한 결과 다음과 같은 성과를 얻었다. 이 성과를 이용하여 각 점의 좌표를 계산하시오.

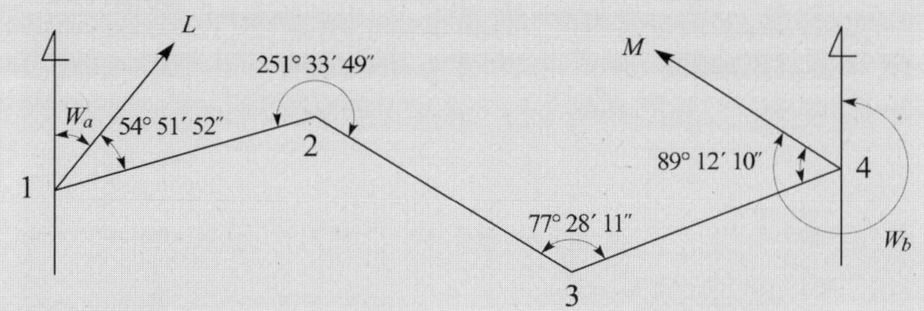


| 측점 | 좌표 | |
|---|---|---|
| | $X$ | $Y$ |
| 1 | 50.000 | 100.000 |
| 4 | 60.009 | 198.249 |

| 측선 | 거 리 |
|---|---|
| 1−2 | 43.214 |
| 2−3 | 46.972 |
| 3−4 | 44.673 |
| 계 | 134.859 |

| 각명 | 방위각 |
|---|---|
| $W_a$ | 16°41′57″ |
| $W_b$ | 309°48′19″ |

(경위거는 소수점 아래 4자리에서 반올림하고 조정은 컴퍼스 법칙으로 할 것)

**05** 다음과 같은 결합 트래버스의 각을 조정하고 성과표를 완성하시오.(단, 경위거 조정은 트랜싯 법칙에 의해 조정할 것)

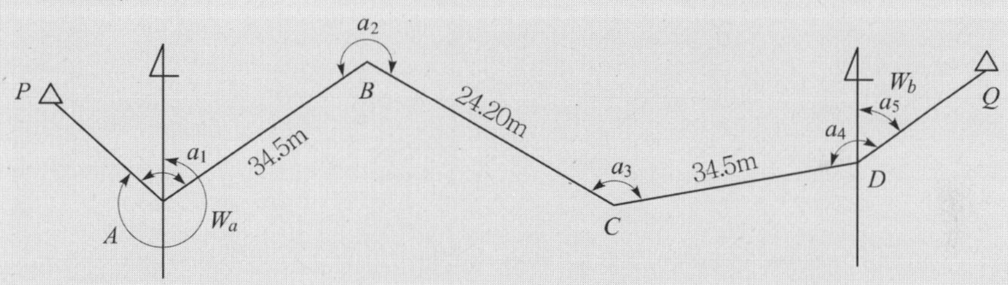


관측각 $\alpha_1$ : 139°37′50″ $\omega_a$ : 286°30′40″

$\alpha_2$ : 284°39′55″ $\omega_b$ : 39°54′35″

$\alpha_3$ : 85°14′20″ 좌표 $\begin{Bmatrix} X_A : 100.000,\ X_D : 101.000 \\ Y_A : \ 50.550,\ Y_D : 130.000 \end{Bmatrix}$

$\alpha_4$ : 143°51′42″

**06** Traverse측량에서 각 측선장이 100m일 때 Transit의 치심에 3mm의 편심을 허용한다면 관측각에 생기는 최대의 오차는 얼마인가?(단, 시준하는 목표에는 편심이 없는 것으로 한다.)

**07** 측점 $A$에 Transit을 세우고 100m 거리에 있는 $B$점에 세운 pole을 시준하였다. 이때 pole이 말뚝 중심에서 오른쪽으로 0.04m 떨어져 있다. 이때의 각도오차는 얼마인가?

**08** Traverse측량에서 측거와 측각의 정도를 같게 하고자 측거의 허용오차를 1/10,000로 할 때 측량의 허용오차를 구하라(단, $\rho = 206265''$).

**09** 어떤 다각형의 전측선의 길이가 900m일 때 폐합비를 1/5,000로 하기 위해서는 축척 1/500의 도면에서 폐합오차는 얼마까지 허용되는가?

**10** 다음에서 $A$점의 좌표($X_A = 212.32\text{m}$, $Y_A = 113.33\text{m}$), $B$점의 좌표($X_B = 313.38\text{m}$, $Y_B = 12.27\text{m}$), $AP$의 방위각 $T_{AP} = 80°$일 때, $\angle PAB = \theta$의 값은?

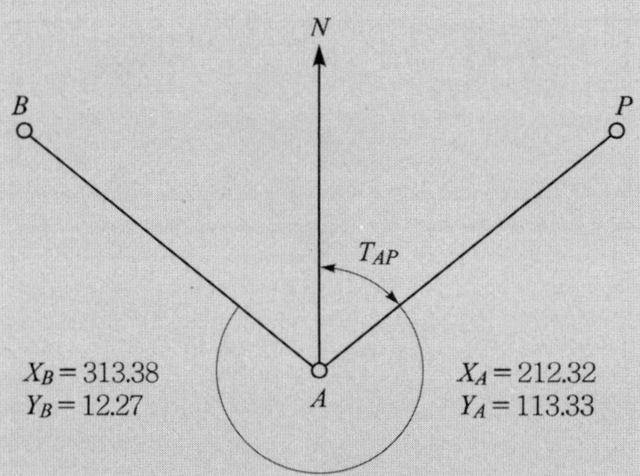

basic surveying

Chapter 6

# 삼각측량

## Triangulation Surveying

## 01 삼각측량의 개론

### (1) 삼각측량(三角測量)이란

삼각측량은 기선 거리와 삼각망을 이루는 삼각형의 내각만을 관측하여 삼각법을 응용해서 각 측점의 위치(좌표)를 계산하는 방법을 말한다. 즉, 각 지점을 맺는 다수의 삼각형을 만들고 그 가운데 삼각형 한 개의 한 변을 정밀하게 측정해서 기선(base line), 검기선(check line)으로 하고, 다른 삼각형은 협각만을 관측하여 삼각법에 의해 각 변의 길이를 차례로 계산한 후 조건식에 의해 조정하여 수평(평면)위치($X$, $Y$)를 결정하는 방법이다.

### (2) 삼각측량의 원리

삼각망을 구성한 다음 삼각형의 내각과 한 변장을 정밀하게 측정하여 다른 모든 미지변의 거리를 sine 법칙에 따라 구한다. 기선(base line)을 정확하게 관측하고 삼각형의 세 각을 관측하면, sine 법칙에 따라

$$\frac{BC}{\sin\alpha_1} = \frac{AB}{\sin\beta_1} = \frac{AC}{\sin\gamma_1}$$

로 부터

$$AC = \frac{AB}{\sin\beta_1}\sin\gamma_1$$

$$BC = \frac{AB}{\sin\beta_1}\sin\alpha_1$$

$$CD = \frac{BC}{\sin\beta_2}\sin\alpha_2$$

$$= \frac{AB}{\sin\beta_1\sin\beta_2}\sin\alpha_1\sin\alpha_2$$

$$DE = \frac{AB}{\sin\beta_1\sin\beta_2\sin\beta_3}\sin\alpha_1\sin\alpha_2\sin\alpha_3$$

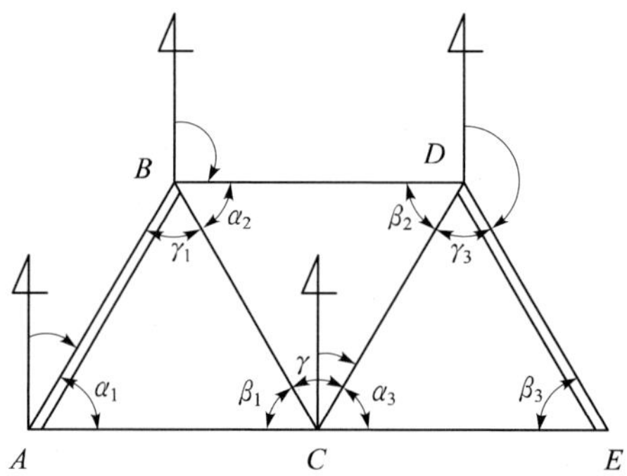

그림 6.1 변장계산도

보통 1개의 기지 삼각점에서 출발하여 다른 기지 삼각점에 연결하여 계산하므로 이 기지점의 위치와 성과에서 구한 계산치와의 결합차를 정도(精度)로 한다. 간단한 경우는 기선으

로부터 구한 변장과 검기선과의 폐합비를 정도로 하는 수가 있다.

**예제 6.1**

다음과 같은 3각망에서 $CD$의 거리는?

| 풀이 |

$$\frac{500}{\sin 60°} = \frac{\overline{BC}}{\sin 50°} = \frac{\overline{CD}}{\sin 90°}$$

$$\therefore \ \overline{CD} = \frac{\sin 90°}{\sin 60°} \times 500 = 577.350(\text{m})$$

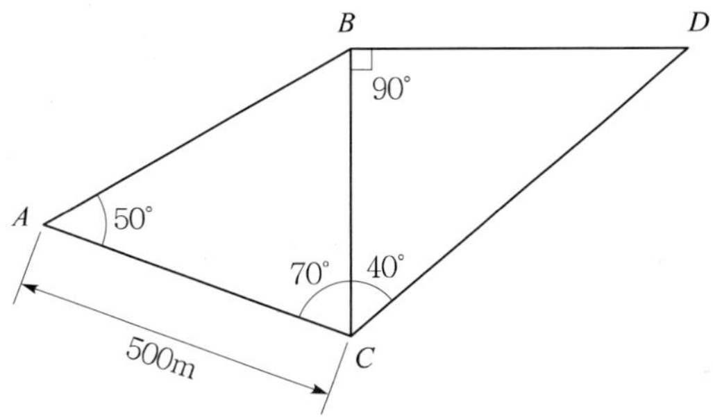


## 02 삼각형의 배열

### (1) 단열삼각형(單列三角形 : Single Row Triangles)

노선측량, 하천, 철도측량에 많이 사용하며 동일한 도달거리에 대하여 측정수가 가장 적으므로 측량은 간단하여 경제적이나 조건식의 수가 적어서 정도가 낮다.

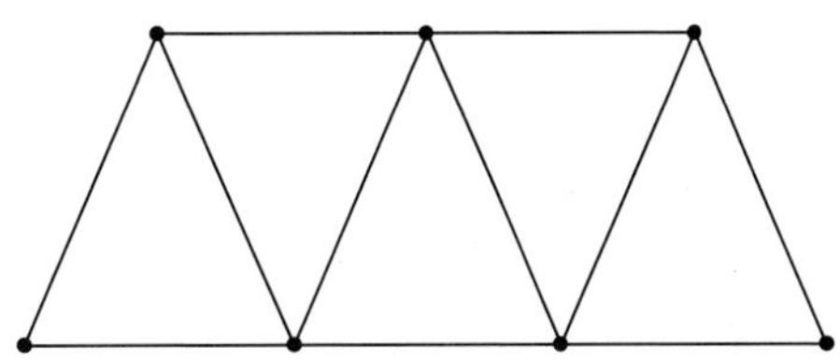

그림 6.2 단열삼각형

### (2) 육각형(六角形 : Hexagons) : 유심다각형(有心多角形)

광대한 지역의 실용적 측량에 적합하며 단열과 사변형의 중간정도이며 지형이 넓은 장소에서 유심다각형으로 배열하여 요구하는 정도를 얻는 삼각망이다.

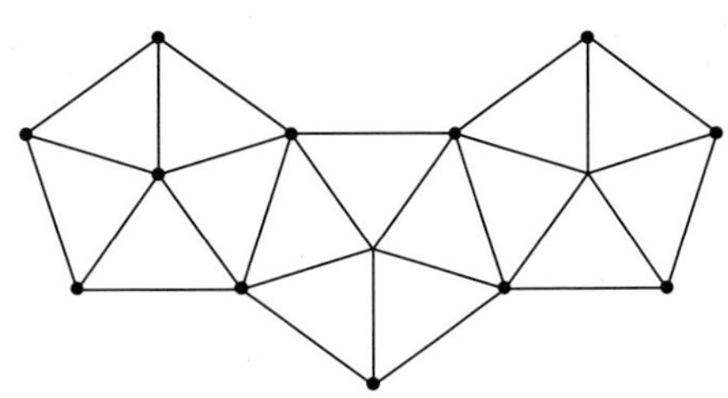

그림 6.3 유심다각형

### (3) 사변형(사변형 : Guadrilaterals)

조건식이 많아서 가장 정도가 높으므로 기선 삼각망에 쓴다. 반면 측량 시간이 많이 걸리며 조정이 복잡하고 포함 면적이 적은 결점이 있다.

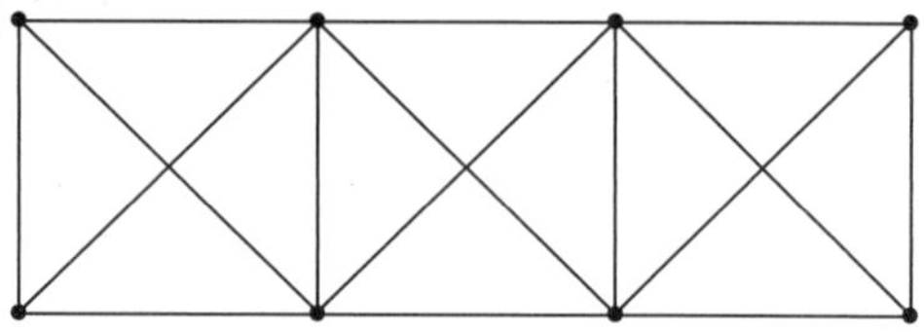

그림 6.4 사변형

## 03 삼각측량의 종류 및 순서, 등급

### (1) 종류

1) **대지삼각측량**(大地三角測量 : 측지학적삼각측량 : Geodetic Triangulation) : 지구의 곡률을 고려하는 측량을 말한다.
2) **평면삼각측량**(平面三角測量 : 局地三角測量 : Plane Triangulation) : 지구의 곡률을 고려하지 않는 측량을 말한다.

### (2) 등급

**표 6.1** 등급

| 삼각등급 | 평균변장(한국) | 기 호 |
|---|---|---|
| 1등삼각점(대삼각본점) | 30km | • |
| 2등삼각점(대삼각보점) | 10km | |
| 3등삼각점(소삼각1등점) | 5km | • |
| 4등삼각점(소삼각2등점) | 2.5km | |

### (3) 작업순서

1) 도상계획(圖上計劃)

측량지역의 지도 또는 항공사진에 의해 점의 밀도와 변장과 등고선에 의한 시준 가능 등을 고려하여 도상 삼각점을 배치한다.

2) 답사(踏査 : Reconnaissance) 및 선점(選點 : Selection of station)

도상계획한 지도 또는 사진으로 외업을 행하기 전에 기선을 만들 위치와 삼각점(三角點)을 만들 위치 등을 현지(現地)에 나가서 조사선정하고, 동시에 작업에 필요한 사항을 조사하는 것을 말한다.

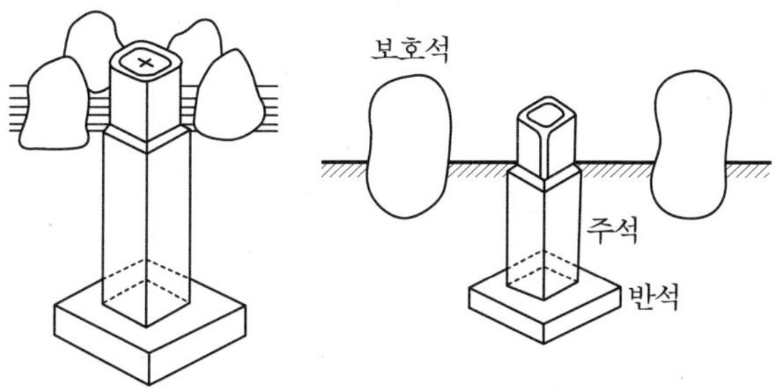


그림 6.5 측표(표석)

3) 조표(造標)

선점이 되어 삼각점을 설치할 장소가 결정되면 그림 6.6과 같이 삼각점의 위치를 표시한 측표, 즉 측점을 만들어 장래의 참고로 제공하고, 측표의 바로 위에는 다른 점에서 시준하기 위한 목표, 즉 그림 6.6과 같이 시표를 만들며, 관측에 필요한 트랜싯을 얹을 관측대(觀測臺)를 만들기도 한다.

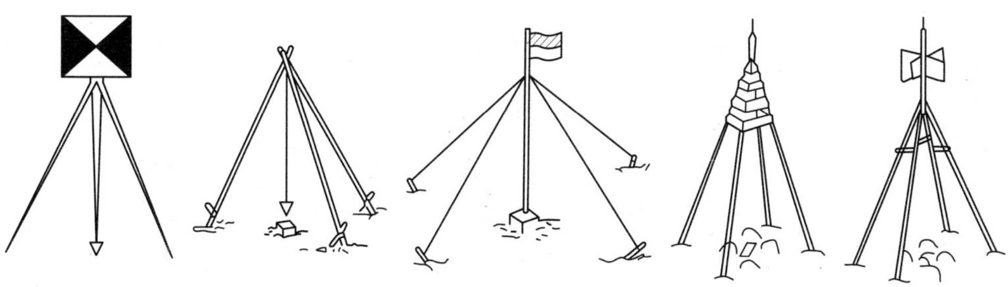

그림 6.6 시표(겨냥표)

4) 기선(基線) 및 검기선(檢基線) 측량

기지삼각점을 이용하지 않을 때 또는 독립삼각측량을 실시할 때 필요하며 기선장의 측정은 대삼각측량에는 인바 줄자(Invar tape)를 사용하고, 소삼각측량에는 강철 줄자(Steel tape)를 사용한다.

5) 각관측(角觀測)

각 삼각형의 내각을 관측하여 정현(sin)법칙을 적용하여 각 변장을 산출한다. 또 수평각과 연결 삼각점간의 표고산출을 위한 연직각으로 측정한다.

6) 계산 및 성과표(成果表) 작성

각 조건식에 의해 방향각, 거리 및 좌표를 계산하여 성과표를 작성한다.

7) 전개(展開)

측량도면상에 삼각점을 기입한다.

## 04 기선측량의 정밀도

기선의 길이가 길기 때문에 구간을 정하여 여러 구간의 거리를 측정하고 각각의 거리의 확률오차를 구한 후 전체 기선의 확률오차를 구하여 정밀도를 측정한다.

$$\gamma_0 = \sqrt{{\gamma_{01}}^2 + {\gamma_{02}}^2 + {\gamma_{03}}^2 + \cdots\cdots {\gamma_{0n}}^2} \quad 6.1$$

여기서, $\gamma_0$ : 기선 전체길이의 확률오차

$\gamma_{01}$, $\gamma_{02}$, $\gamma_{03}$ …… : 각 구간의 확률오차(추차)

$L_0$ : 각 구간의 최확값의 합

$$\therefore \text{정밀도} = \frac{\gamma_0}{L_0} \quad 6.2$$

**예제 6.2**

삼각측량에서 기선의 길이를 4구간으로 나누어 측정을 하니 다음과 같다.
$L_1 = 29.5512\text{m} \pm 0.0015\text{m}$, $L_2 = 29.8837\text{m} \pm 0.0013\text{m}$, $L_3 = 29.3363\text{m} \pm 0.0016\text{m}$, $L_4 = 29.4488\text{m} \pm 0.0016\text{m}$, 여기서 $\pm 0.0015$ …… 등은 각 측정의 확률오차라 하면 기선전체의 대한 확률오차는 얼마인가?

| 풀이 |

확률오차 $\gamma_0 = \pm\sqrt{0.0015^2 + 0.0013^2 + 0.0016^2 + 0.0016^2} = \pm 0.0030(\text{m})$

**예제 6.3**

1개의 기선을 3구간으로 나눠 측정한 결과 $l_1 = 526.466\text{m} \pm 4\text{mm}$, $l_2 = 526.434\text{m} \pm 5\text{mm}$, $l_3 = 526.856\text{m} \pm 6\text{mm}$, 전장 $l = l_1 + l_2 + l_3 = 1{,}579.756\text{m}$일 때 전장에 대한 평균제곱 오차 는 얼마인가?

| 풀이 |

$\sigma = \pm\sqrt{{\sigma_1}^2 + {\sigma_2}^2 + {\sigma_3}^2} = \pm\sqrt{4^2 + 5^2 + 6^2} = \pm\sqrt{77} \fallingdotseq \pm 8.8(\text{mm})$

$\therefore$ 조정결과에 의한 전장 $= 1{,}579.756\text{m} \pm 8.8(\text{mm})$

## 05 편심관측과 계산

삼각점에 기계를 세우기가 곤란할 때 또는 측정이 곤란할 때에는 가까운 근처에서 측정하여 조정한다.

### (1) 편심관측(偏心觀測)

기계의 중심을 $B$, 표석의 중심을 $C$, 측표의 중심을 $P$라 하고, 기계 설치점이 편심되어 있으므로 관측각 $T$를 편심되지 않은 삼각점 $C$에서의 진각 $T'$로 환산하기 위해서는 $B$, $C$, $M$, $N$을 동일한 평면으로 생각하면

$$T' + x_1 = T + x_2$$

$$T' = T + x_2 - x_1$$

$$S1' \fallingdotseq S1,\ S2' \fallingdotseq S2$$

[편심거리($e$)에 비해 $S_1$, $S_2$가 멀기 때문]

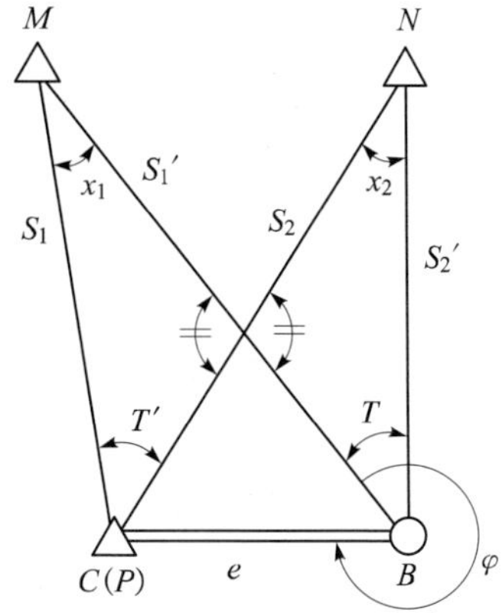


그림 6.7 편심관측 계산

$\triangle CBM$에서 sine 법칙을 적용하면

$$\sin x_1 = \frac{e}{S_1}\sin(360^\circ - \varphi)$$

$\triangle CBN$에서

$$\sin x_2 = \frac{e}{S_2}\sin(360^\circ - \varphi + \text{T})$$

일반적으로 편심거리 $e$가 $S_1$, $S_2$에 비해 매우 작으며 $x_1$, $x_2$각은 미소하고, 따라서 $\sin x \fallingdotseq x$Radian이다. $x$Radian을 초로 바꾸어 나타내면

$$x_1'' = \frac{e}{S_1}\sin(360^\circ - \varphi)\cdot\rho'' \quad (6.3)$$

$$x_2'' = \frac{e}{S_2}\sin(360^\circ - \varphi + \mathrm{T})\cdot\rho'' \quad (6.4)$$

**예제 6.4**

그림과 같이 삼각점의 중심 $A$에서 $P$, $Q$의 방향이 보이지 않아 $B$점에서 $\gamma$, $\alpha$, $\phi$를 측정하고 $S_1 = 1{,}885.6\text{m}$, $S_2 = 2{,}235.4\text{m}$일 때 $\beta$의 값을 구하시오.
(단, $\gamma = 50°12'25''$, $\phi = 310°15'30''$, $e = 1.26\text{m}$ 이며, 각은 초단위까지 계산할 것.)

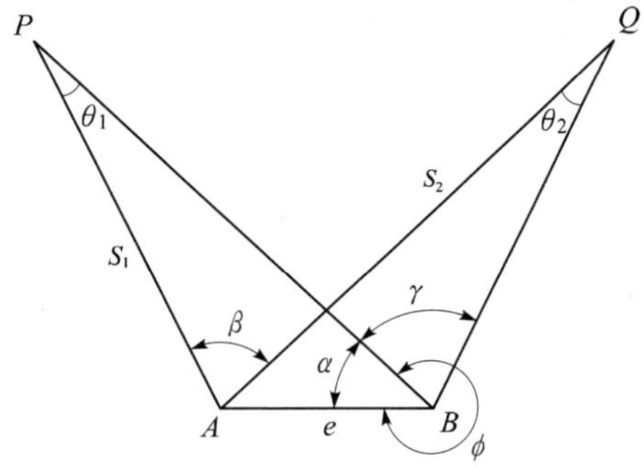


| 풀이 |

$\triangle ABP$에서 $\dfrac{e}{\sin\theta_1} = \dfrac{S_1}{\sin(360° - \phi)}$ ............ ①

$\triangle ABQ$에서 $\dfrac{e}{\sin\theta_2} = \dfrac{S_2}{\sin(360° - \phi + \gamma)}$ ............ ②

$\beta = \gamma + \theta_2 - \theta_1$ ............ ③

①, ②식에서 sin법칙을 이용하여 $\theta_1$, $\theta_2$를 계산하면

$$\theta_1 = \frac{e}{S_1}\sin(360° - \phi)\times\rho''$$

$$= \frac{1.26}{1{,}885.6}\sin(360° - 310°15'30'')\times 206265'' \fallingdotseq 105'' = 1'45''$$

$$\theta_2 = \frac{e}{S_2}\sin(360° - \phi + \gamma)\times\rho''$$

$$= \frac{1.26}{2{,}235.4}\sin(360° - 310°15'30'' + 50°12'25'')\times 206265'' \fallingdotseq 115'' = 1'55''$$

$\therefore\ \beta = 50°12'25'' + 1'55'' - 1'45'' = 50°12'35''$

## 06 수평각(水平角)의 조정

### 1. 기하학적 조건

1) 측점조건(Station Condition) : 측점방정식

① $\Sigma\alpha = \alpha_1 + \alpha_2 + \alpha_3 + \cdots\cdots + \alpha_n$

② 한 둘레에 있는 모든 각의 합은 360°이다.

2) 도형조건(Figure condition) : 각방정식

① 각다각형(삼각형포함)의 내각의 합은 $(n-2)180°$이다.

② 삼각망중의 임의의 한변의 길이는 계산해 가는 순서와는 관계없이 같은 값이라야 한다.(변 방정식)

3) 도형조건 방법

① 엄밀법 : 다각방정식과 변방정식을 동시에 만족시키는 방법을 말한다.

② 근사법 : 다각방정식을 만족시키고 그 결과로 변방정식을 만족시키는 법을 말하며 많이 사용한다.

### (2) 4변형의 조정(최소치 : 10° 이상)

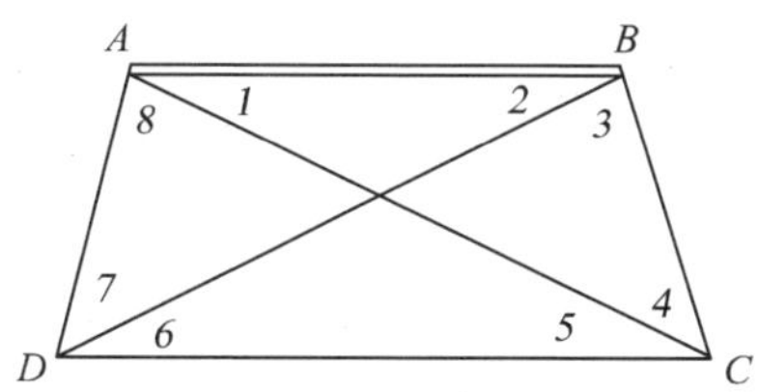


그림 6.8 4변형삼각망

1) 4변형의 평균계산

① 각조건

$1+2+3+4+5+6+7+8=360°$　　$1+2=5+6$, $3+4=7+8$

② 변조건

$$CD = AD\frac{\sin 8}{\sin 5} = AB\frac{\sin 8 \sin 2}{\sin 5 \sin 7} \qquad CD = AB\frac{\sin 1 \sin 3}{\sin 4 \sin 6}$$

$$\therefore\ (\log\sin 1 + \log\sin 3 + \log\sin 5 + \log\sin 7)$$
$$-(\log\sin 2 + \log\sin 4 + \log\sin 6 + \log\sin 8) = 0 \quad (6.5)$$

2) 실제조정계산의 순서

① $(1+2+3+4+5+6+7+8-360°) = W_1$을 구해 $\frac{W_1}{8}$식 분배한다(조정A).

② 조정 $A$에서 $(1+2)-(5+6) = W_2$을 구해 $\frac{W_2}{4}$등분하여 $1+2$와 $5+6$ 중에서 작은 각에서 보정량을 더하고 큰 각에서는 감하면 $1+2=5+6$가 된다. 또 같은 방법으로 $3+4=7+8$의 조건식도 만족시킨다(조정 $B$).

③ 조정 $\log\sin$의 값을 기록한다.

④ 각대수에 대한 $1''$의 표차를 대수표에서 구해 기록한다.

⑤ 변방정식의 각각의 $\log\sin$의 합계를 각 항별로 구하여 2차 $W$를 구한다.

⑥ $1''$에 대한 표차의 합계 $\Sigma\alpha$를 구한다.

⑦ 조건식의 $\log\sin$의 합계차를 $1''$에 대한 초의 값에 대수합으로 나눈 $\frac{W}{\Sigma\alpha}$는 조정량이 된다.

⑧ 보정량을 각각에 더하면 $\log\sin$의 합계는 작아지고 빼면 $\log\sin$의 합계는 커진다.

**예제 6.5**

오른편 사변형 $A$, $B$, $C$, $D$를 관측한 결과 아래표와 같은 측정값을 얻었다. 이 관측각을 각방정식, 변방정식에 의하여 0.1초 단위까지 조정하시오.

| 각명 | 측정값 |
|---|---|
| 1 | 18-44-46 |
| 2 | 65-32-20 |
| 3 | 77-57-30 |
| 4 | 17-45-20 |

| 5 | 16-13-37 |
|---|---|
| 6 | 68-03-25 |
| 7 | 76-21-33 |
| 8 | 19-21-21 |
| 합계 | 359-59-52 |

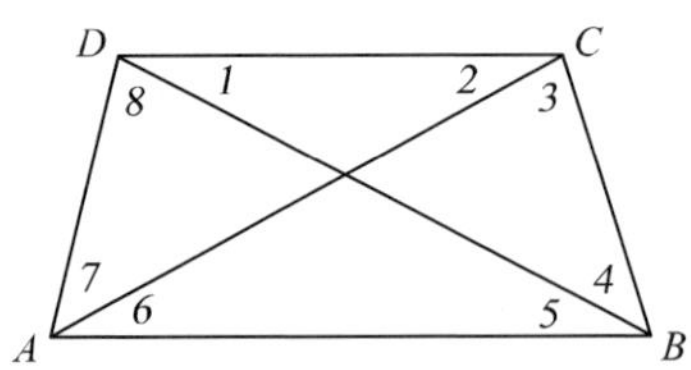

| 풀이 |

| 각명 | 관측각 | 제1조정 $V_1=\frac{W_1}{8}$ | 제2조정 $V_2=\frac{W_2}{4}$ | 제2조정 $V_2=\frac{W_3}{4}$ | 계 |
|---|---|---|---|---|---|
| 1 | 18-44-46 | +1″ | -1″ | | 0″ |
| 2 | 65-32-20 | +1″ | -1″ | | 0″ |
| 3 | 77-57-30 | +1″ | | +1″ | +2″ |
| 4 | 17-45-20 | +1″ | | +1″ | +2″ |
| 5 | 16-13-37 | +1″ | +1″ | | +2″ |
| 6 | 68-03-25 | +1″ | +1″ | | +2″ |
| 7 | 76-21-33 | +1″ | | -1″ | +2″ |
| 8 | 19-21-21 | +1″ | | -1″ | 0″ |
| 계 | 359-59-52 | 8″ | | | +8″ |

| 각명 | 각조건 조정각 | $\log\sin\alpha+10$ | 표차 | 제3조정량 $V_3$ | 변조건 조정각 |
|---|---|---|---|---|---|
| 1 | 18-44-46 | 9.5070124 | 62.04 | -2.9″ | 18-44-43.1 |
| 2 | 65-32-20 | 9.9591571 | 9.58 | +2.9″ | 65-32-22.9 |
| 3 | 77-57-32 | 9.9903380 | 4.49 | -2.9″ | 77-57-29.1 |
| 4 | 17-45-22 | 9.4842513 | 65.75 | +2.9″ | 17-45-24.9 |
| 5 | 16-13-39 | 9.4463072 | 72.32 | -2.9″ | 16-13-36.1 |
| 6 | 68-03-27 | 9.9673417 | 8.48 | +2.9″ | 68-03-29.9 |
| 7 | 76-21-33 | 9.9875738 | 5.11 | -2.9″ | 76-21-30.1 |
| 8 | 19-21-21 | 9.5203970 | 59.94 | +2.9″ | 19-21-23.9 |
| 계 | 360-00-00 | | 287.71 | | 360-00-00 |

1. 제1조정
   1) 내각의 합이 360°가 되도록 조정
      $(1+2+3+4+5+6+7+8)-360°=W_1$
      $359°59'52''-360°=-8''$
   2) 제1조정량
      $V_1=\frac{8''}{8}=1''$
      모든 각에 1″씩 더해준다.

2. 제2조정 : 맞 꼭지각을 가진 삼각형의 내각조정
   1) $1+2=5+6$에서 $(1+2)-(5+6)=W_2$
      $(18°44'46''+65°32'20'')-(16°13'37''+68°03'25'')=4''$

제2조정량 $V_2 = \frac{4''}{4} = 1''$

(큰각에서는 빼주고 작은각에서는 더해준다.)

2) $3+4=7+8$ 에서 $(3+4)-(7+8)=W_3$

$(77°57'30'' + 17°45'20'') - (76°21'33'' + 19°21'21'') = -4''$

제2조정량 $V_2 = \frac{W_3}{4} = \frac{4''}{4} = 1''$

3. 제3조정 $W_3 = \frac{\log\sin\alpha\text{의 대수합의차}}{\sum\text{표차}}$

$\triangle ABC$, $\triangle BCD$, $\triangle CDA$, $\triangle DAB$ 에서 sin법칙으로 다음의 변조건 방정식을 성립시킨다.

$$\frac{\sin 1 \cdot \sin 3 \cdot \sin 5 \cdot \sin 7}{\sin 2 \cdot \sin 4 \cdot \sin 6 \cdot \sin 8} = 1$$

양변에 대수를 취하면

$\log\sin 1 + \log\sin 3 + \log\sin 5 + \log\sin 7 -$

$\{\log\sin 2 + \log\sin 4 + \log\sin 6 + \log\sin 8\} = W_4$

$\therefore (9.5070124 + 9.9903380 + 9.4463072 + 9.9875738)$

$-(9.9591571 + 9.4842513 + 9.9673417 + 9.5203970) = +843\times10^{-7}$

$38.9312314 - 38.9311471 = +843\times10^{-7}$

$V_3 = \frac{843}{287.71} = 2.9''$ 이 조정량을 큰각(홀수각)에서 빼주고 작은각(짝수각)에 더해준다.

4. 표차의 계산 : $\log\sin\alpha + 10$에 대한 1표차의 값

계산예 $(10 + \log\sin 18°44'46.8'') - (\log\sin 18°44'45.8'' + 10) = 62.04$

**표차를 계산하는 방법**

① 1″ 표차

- 대수를 소수점 5째 자리까지 구할 경우

  $\log\sin 45°45'45'$

  $\log\sin 45°45'46'' - \log\sin 45°45'45'' = 2.05\times10^{-6}$

  ∴ 표차 = 0.205

- 대수를 소수점 7째 자리까지 구할 경우(일반적인 기준)

  $\log\sin 45°45'46'' - \log\sin 45°45'45'' = 2.05\times10^{-6}$

  ∴ 표차 = 20.5

② 1″ 표차의 약식계산 $= \frac{1}{\tan\theta}\times 21.055 = \frac{1}{\tan 45°45'45'}\times 21.055 = 20.5$

### (3) 단열삼각망의 조정

기선에서 계산을 시작해서 검기선까지, 변계산에서 검기선 길이가 같은 경우 모든 삼각망의 각에 오차가 없다고 본다(오차는 허용한계일 때 조정한다).

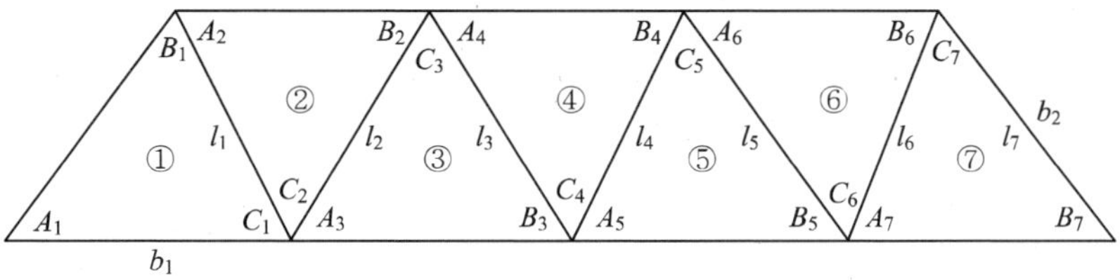


그림 6.9 단열삼각망의 변장계산도

1) 각조건에 대한 조정

① 내각의 합은 180°이다. 오차를 3등분하여 조정한다.

② 비중률을 생각하여 배분한다.

2) 변조건에 대한 조정

$$l_1 = \frac{b_1 \sin A_1}{\sin B_1}, \quad l_2 = \frac{l_1 \sin A_2}{\sin B_2} = \frac{b_1 \sin A_1 \sin A_2}{\sin B_1 \sin B_2},$$

$$l_3 = \frac{l_2 \sin A_3}{\sin B_3} = \frac{b_1 \sin A_1 \sin A_2 \sin A_3}{\sin B_1 \sin B_2 \sin B_3}$$

$$\therefore \; b_2 = \frac{b_1 \sin A_1 \sin A_2 \sin A_3 \cdots\cdots \sin A_n}{\sin B_1 \sin B_2 \sin B_3 \cdots\cdots \sin B_n} \qquad 6.6$$

$$\log b_2 = \log b_1 + \sum \log \sin A - \sum \log \sin B$$

$$\therefore \; \log b_1 - \log b_2 + \sum \log \sin A - \sum \log \sin B = 0 \qquad 6.7$$

**예제 6.6**

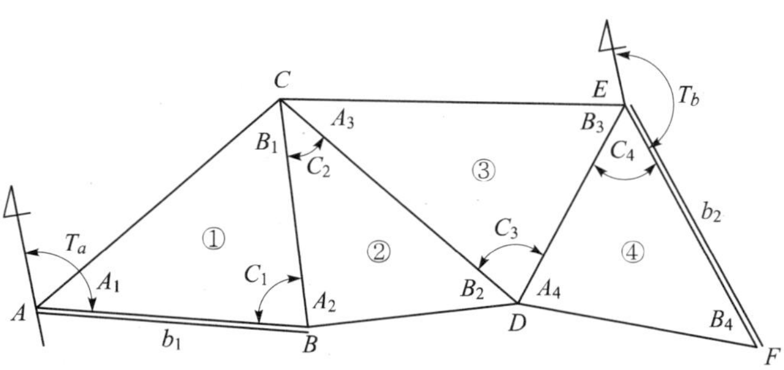

그림과 같은 삼각망을 관측한 결과 아래와 같은 관측각을 얻었다. 이 관측각을 각 조건, 방향각조건, 변조건식에 의하여 각조정을 하시오.
(단, $T_a = 123°45'18''$ , $T_b = 174°31'16''$ , $b_1 = 517.131$ , $b_2 = 386.185$ 이며, 표차는 소수점 아래 3자리에서 반올림하고, 각은 0.1초 단위까지 계산할 것.)

| 삼각명 | 각명 | 관측각 | 삼각명 | 각명 | 관측각 | 삼각명 | 각명 | 관측각 | 삼각명 | 각명 | 관측각 |
|---|---|---|---|---|---|---|---|---|---|---|---|
| ① | $A_1$ | 52°25′34″ | ② | $A_2$ | 81°36′52″ | ③ | $A_3$ | 42°29′17″ | ④ | $A_4$ | 65°14′28″ |
| | $B_1$ | 67°43′24″ | | $B_2$ | 68°12′43″ | | $B_3$ | 60°48′36″ | | $B_4$ | 59°08′48″ |
| | $C_1$ | 59°51′14″ | | $C_2$ | 30°10′10″ | | $C_3$ | 76°41′58″ | | $C_4$ | 55°36′41″ |
| | 계 | 180°00′12″ | | 계 | 179°59′45″ | | 계 | 179°59′51″ | | 계 | 179°59′57″ |

| 풀이 |

| 삼각명 | 각명 | 관측각 | 각조건 | | 방향각 조건 | | | | 변 조 건 | | | |
|---|---|---|---|---|---|---|---|---|---|---|---|---|
| | | | 조정량 | 조정각 | $V_2$ | $V_3$ | 조정량 | 조정각 | $\log \sin A$<br>$\log \sin B$ | 표차 | 조정량 | 조정각 |
| ① | $A_1$ | 52−25−34 | −4″ | 52−25−30 | | +2″ | −2″ | 52−25−32 | 9.8990331 | 16.20 | −1.1″ | 25−25−30.9 |
| | $B_1$ | 67−43−24 | −4″ | 67−43−20 | | +2″ | −2″ | 47−43−22 | 9.9663110 | 8.63 | +1.1″ | 67−43−23.1 |
| | $C_1$ | 59−51−14 | −4″ | 59−51−10 | −4″ | | −4″ | 59−51−06 | | | | 59−51−06 |
| | 계 | 180−0−12 | | 180° | | | | | | | | 180° |
| ② | $A_2$ | 81−36−52 | +5″ | 81−36−57 | | −2″ | −2″ | 81−36−55 | 9.9953329 | 3.10 | −1.1″ | 81−36−53.9 |
| | $B_2$ | 68−12−43 | +5″ | 68−12−48 | | −2″ | −2″ | 68−12−46 | 9.9678140 | 8.42 | +1.1″ | 68−12−47.1 |
| | $C_2$ | 30−10−10 | +5″ | 30−10−15 | +4″ | | +4″ | 30−10−19 | | | | 30−10−19 |
| | 계 | 179−59−45 | +15″ | 180° | | | | 180−00−00 | | | | 180° |
| ③ | $A_3$ | 42−29−17 | +3″ | 42−29−20 | | −2″ | +2″ | 42−29−22 | 9.8295960 | 22.99 | −1.1″ | 42−29−20.9 |
| | $B_3$ | 60−48−36 | +3″ | 60−48−39 | | −2″ | +2″ | 60−48−41 | 9.9410237 | 11.76 | +1.1″ | 60−48−42.1 |
| | $C_3$ | 76−41−58 | +3″ | 76−42−01 | −4″ | | −4″ | 76−41−57 | | | | 76−41−57 |
| | 계 | 179−59−51 | | 180° | | | | | | | | 180° |
| ④ | $A_4$ | 65−14−28 | +1″ | 65−14−29 | | −2″ | −2″ | 65−14−27 | 9.9581223 | 9.71 | −1.1″ | 65−14−25.9 |
| | $B_4$ | 59−08−48 | +1″ | 59−08−49 | | −2″ | −2″ | 59−08−47 | 9.9337304 | 12.58 | +1.1″ | 59−08−48.1 |
| | $C_4$ | 55−36−41 | +1″ | 55−36−42 | +4″ | | +4″ | 55−36−46 | | | | 55−36−46 |
| | 계 | 179−59−57 | +3″ | 180° | | | | 180−00−00 | | 93.39 | | 180° |

1. 제1조정 : 각 삼각형의 내각의 합이 180°가 되도록 조정
   1) 삼각형 ① $(A_1 + B_1 + C_1) - 180 = W_1$

   $$\text{조정량 } V_1 = \frac{W_1}{3} = \frac{12''}{3} = 4'' \text{ (단, 조정량은 오차량과 부호가 반대)}$$

   2) 삼각형 ②, ③, ④는 1)과 같은 방법

2. 제2조정(방향각에 대한 조정)
   측점 $A$에서 $AB$의 방위각 $T_a$로부터 계산한 측선 $EF$의 방위각 $T_b'$가 $T_b$와 같지 않을 경우의 조정

$BC$의 방위각

$T_1 = T_a + 180° + C_1 = 123°45'18'' + 180 + 59°51'10'' = 3°36'28''$

$CD$의 방위각

$T_2 = T_1 + 180° - C_2 = 3°36'28'' + 180 - 30°10'15'' = 153°26'13''$

$DE$의 방위각

$T_3 = T_2 + 180° + C_3 = 153°26'13'' + 180 + 76°42'01'' = 50°8'14''$

$EF$의 방위각

$T_3{}' = T_3 + 180° - C_4 = 50°8'14'' + 180 - 55°36'42'' = 174°31'32''$

1) $\therefore\ T_b{}' - T_b = 174°31'32'' - 174°31'16'' = 16''$

조정량$= V_2 = \dfrac{16''}{4} = 4''$ (단, 조정량은 오차량과 부호가 반대)

2) 조정량 $V_3$는 각삼각형의 내각의 합이 180°가 되어야 하므로 나머지 두각에 $V_2$의 1/2씩 부호가 반대로 되도록 조정

$V_3 = \dfrac{V_2}{2}$ (부호는 $V_2$의 반대)

3. 제3조정

$W = (\log b_1 + \sum \log\sin A) - (\log b_2 + \sum \log\sin B)$

$= (2.7136006 + 39.6820843) - (2.5867594 + 39.8088791)$

$= 104 \times 10^{-7}$

조정량 $V_4 = \dfrac{W}{\sum 표차} = \dfrac{104}{93.39} \fallingdotseq 1.1''$

## (4) 유심다각형망의 조정

1) 각조건에 대한 보정

① 삼각형의 내각의 합은 180°가 되어야 한다.

② 중심각에 모이는 각의 합이 360°가 되도록 조정한다.

③ 중심각에 조정량의 $\dfrac{1}{2}$을 나머지각에 다시 조정한다.

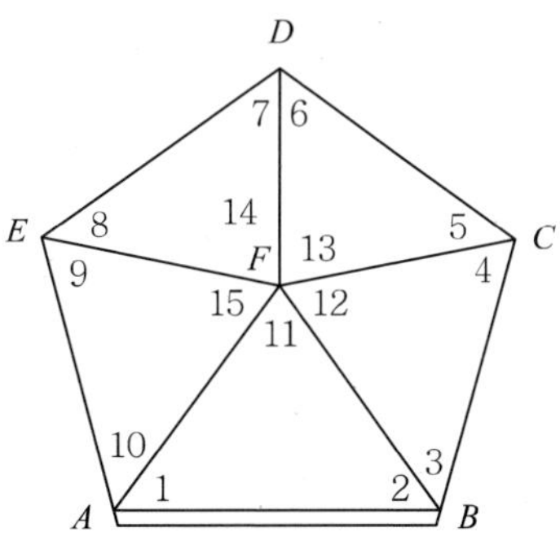


그림 6.10 유심다각망

2) 변조건에 대한 보정

$\triangle ABF$에서 $\frac{\sin 2}{AF} = \frac{\sin 1}{BF}$, $\triangle BCF$에서 $\frac{\sin 4}{BF} = \frac{\sin 3}{CF}$,

$\triangle CDF$에서 $\frac{\sin 6}{CF} = \frac{\sin 5}{DF}$, $\triangle DEF$에서 $\frac{\sin 8}{DF} = \frac{\sin 7}{EF}$

$\triangle AEF$에서 $\frac{\sin 10}{EF} = \frac{\sin 9}{AF}$

위의 등식의 양변을 서로 곱하고 분모를 약하면

$$\sin 2\,,\ \sin 4\,,\ \sin 6\,,\ \sin 8\,,\ \sin 10 = \sin 1\,,\ \sin 3\,,\ \sin 5\,,\ \sin 7\,,\ \sin 9$$

$$\frac{\sin 1\ \sin 3\ \sin 5\ \sin 7\ \sin 9}{\sin 2\ \sin 4\ \sin 6\ \sin 8\ \sin 10} = 1$$

대수로 표시하면

$$\therefore\ (\log\sin 1 + \log\sin 3 + \log\sin 5 + \log\sin 7 + \log\sin 9)$$
$$+ (\log\sin 2 + \log\sin 4 + \log\sin 6 + \log\sin 8 + \log\sin 10) = 0 \qquad 6.8$$

**예제 6.7**

다음 그림과 같은 유심다각망을 조정하시오.
(단, 표차 계산은 소수점 아래 2자리에서 반올림하고 각도 계산은 0.1초 단위까지 계산할 것).

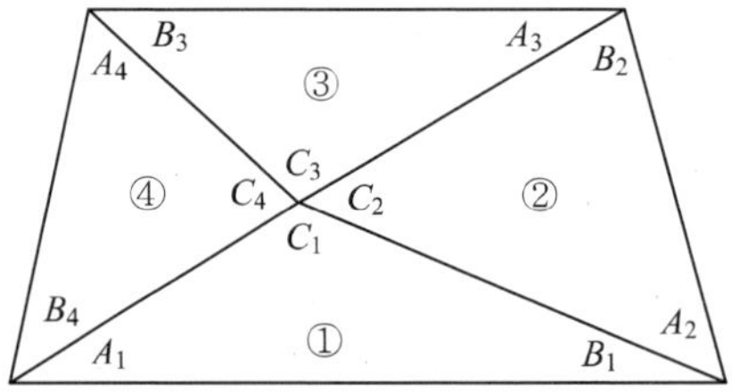


| 삼각명 | 각명 | 관측각 | 삼각명 | 각명 | 관측각 | 삼각명 | 각명 | 관측각 | 삼각명 | 각명 | 관측각 |
|---|---|---|---|---|---|---|---|---|---|---|---|
| ① | $A_1$ | 48°46′34″ | ② | $A_2$ | 40°13′12″ | ③ | $A_3$ | 50°50′38″ | ④ | $A_4$ | 35°27′28″ |
| | $B_1$ | 29°13′01″ | | $B_2$ | 40°43′49″ | | $B_3$ | 48°34′30″ | | $B_4$ | 66°10′46″ |
| | $C_1$ | 102°00′19″ | | $C_2$ | 99°03′02″ | | $C_3$ | 80°35′01″ | | $C_4$ | 78°21′49″ |
| | 계 | 179°59′54″ | | 계 | 180°00′03″ | | 계 | 180°00′09″ | | 계 | 180°00′03″ |

| 풀이 |

1. 제1조정 : 각 삼각형의 내각의 합이 180°가 되도록 조정

2. 제2조정

1) 유심점 주의의 각이 360°가 되도록 조정

즉, $(C_1+C_2+C_3+C_4)-360° = \pm W$일 때

$$V_2 = \pm\frac{W}{4}\text{로 조정}$$

계산, $(102°00'21'' + 99°03'01'' + 80°34'58'' + 78°21'48'') - 360° = 8''$

$$V_2 = -\frac{W}{4} = -\frac{8''}{4} = 2''$$

2) 다시 삼각형의 내각의 합이 180°가 되어야 하므로

$$V_3 = \frac{V_2}{2}(\text{부호는 반대부호}) = \frac{2}{2} = 1''$$

3. 제3조정 : 변조건 조정

$$\frac{\sin A_1 \cdot \sin A_2 \cdot \sin A_3 \cdot \sin A_4}{\sin B_1 \cdot \sin B_2 \cdot \sin B_3 \cdot \sin B_4} = 1$$

에서 $W_3 = (\Sigma\log\sin A) - (\Sigma\log\sin B) = -89\times10^{-7}$

변조건 조정량 $N_4 = \dfrac{W}{\Sigma\text{표차}} = \dfrac{89}{180} \fallingdotseq 0.5''$

| 삼각명 | 각명 | 관측각 | 조 정 량 | | | | 각조건 조정각 | $\log\sin A+10$ $\log\sin B+10$ | 표차 | 조정량 $V_4$ | 변조건 조정각 |
|---|---|---|---|---|---|---|---|---|---|---|---|
| | | | $V_1$ | $V_2$ | $V_3$ | | | | | | |
| ① | $A_1$ | 48°46′34″ | +2″ | | +1″ | 3″ | 48°46′37″ | 9.8763043 | 18.4 | +0.5″ | 48°46′37.5″ |
| | $B_1$ | 29°13′01″ | +2″ | | +1″ | 3″ | 29°13′04″ | 9.6885359 | 37.6 | −0.5″ | 29°13′03.5″ |
| | $C_1$ | 102°00′19″ | +2″ | −2″ | | 0″ | 102°00′19″ | | | | 102°00′19″ |
| | 계 | 179°59′54″ | | | | | 180° | | | | 180° |
| ② | $A_1$ | 40°13′12″ | −1″ | | +1″ | 0″ | 40°13′12″ | 9.8100471 | 24.9 | +0.5″ | 40°13′12.5″ |
| | $B_1$ | 40°43′49″ | −1″ | | +1″ | 0″ | 40°43′49″ | 9.8145789 | 24.5 | −0.5″ | 40°43′48.5″ |
| | $C_1$ | 99°03′02″ | −1″ | −2″ | | −3″ | 99°02′59″ | | | | 99°02′59″ |
| | 계 | 180°00′03″ | | | | | 180° | | | | 180° |
| ③ | $A_1$ | 50°50′38″ | −3″ | | +1″ | −2″ | 50°50′36″ | 9.8895383 | 17.1 | +0.5″ | 50°50′36.5″ |
| | $B_1$ | 48°34′30″ | −3″ | | +1″ | −2″ | 48°34′28″ | 9.8749547 | 18.6 | −0.5″ | 48°34′27.5″ |
| | $C_1$ | 80°35′01″ | −3″ | −2″ | | −5″ | 80°34′56″ | | | | 80°34′56″ |
| | 계 | 180°00′09″ | | | | | 180° | | | | 180° |
| ④ | $A_1$ | 35°27′28″ | −1″ | | +1″ | 0″ | 35°27′28″ | 9.7635050 | 29.6 | +0.5″ | 35°27′28.5″ |
| | $B_1$ | 66°10′46″ | −1″ | | +1″ | 0″ | 66°10′46″ | 9.9613332 | 9.3 | −0.5″ | 66°10′45.5″ |
| | $C_1$ | 78°21′49″ | −1″ | −2″ | | −3″ | 78°21′46″ | | | | 78°21′46″ |
| | 계 | 180°00′03″ | | | | | 180° | | 180° | | 180° |

# 07 삼각측량 성과표

## (1) 성과표

대지측량에 있어서 대한민국 전역에 대한 삼각측량에서 산지 또는 기선을 관측하기 곤란한 경우, 과거 실측 계산에 의한 삼각 및 고저 측량 성과표를 이용하여 단시일 내에 경비를 절감시켜 측량할 수 있도록 작성된 것을 성과표라 한다.

## (2) 삼각측량 성과표의 이용 방법

1) 점의 등급, 경위도, 직각좌표, 표고, 진북방향 등을 알 수 있다.
2) 기설점간의 방위와 거리를 계산하여 이것을 기선 및 검기선으로 하고 신설삼각망을 구성하여 삼각망의 수평각 관측으로 각변의 방위 및 변장을 산출할 수 있다.
3) 직각좌표를 구한다.
4) 진북방향각을 각변의 방향각에 가감하므로 방위각을 산출할 수 있으며 경위도 좌표도 산출할 수 있다.
5) 기지점의 표고를 기준으로 하여 고저차에 의한 간접 수준측량으로 극차 전삼각점의 표고를 산출할 수 있다.

## (3) 삼각 및 수준 측량 성과표 내용

### 1) 삼각점의 등급 번호 및 명칭

등급은 번호로 표시 되어 있고 삼각점에는 명칭 관자 번호로 되어 있다.

### 2) 측참 및 시준점

측참은 다른 삼각점을 측정하기 위하여 기계를 세운 삼각점이며, 측참에서 시준된 점을 시준점이라 한다.

### 3) 방향각

평면 직각 좌표계의 원점을 통과하는 자오선에 평행한 방향을 기준으로 하여, 시계방향으로 측정하는 각을 말한다.

### 4) 진북 방향각

삼각점의 $X$좌표의 정축의 방향선과 그 점을 지나는 자오선이 이루는 각을 말한다. 원점을 중심으로 동에 있는 삼각점은 −, 서에 있는 삼각점은 +으로 한다.

### 5) 수평거리의 로그

회전 타원체면상의 호의 길이의 로그로 거리를 표시한다. 평면상의 거리로 고치기 위해서는 축척계수를 고려해야 하고 단위는 m로 한다.

### 6) 평면 직각 좌표

$X$축은 남북 거리, $Y$축은 동서 거리이다.

### 7) 위도, 경도

위도, 경도는 측지학적 경위도이며 $\phi$, $\lambda$로 표시한다.

### 8) 삼각점의 표고

$H$로 표시하며 인천만의 평균 해수면으로부터의 높이이다. 삼각점의 높이는 직접 고저 측량으로 기본 수준점을 관측하고, 그 밖의 삼각점 표고는 수직각과 정점 거리를 관측하여 간접적 고저 측량에 의하여 정한다.

## 08 삼각점 성과표를 이용한 좌표의 계산

원좌표계에 대한 좌표 $(X_A, Y_A)$, $(X_B, Y_B)$인 두 삼각점 $A$, $B$를 $A$점을 원점으로 한 신좌표계에 대한 좌표 $A(0,0)$, $B(x_B,\ y_B)$로 환산한다.

$A$, $B$ 두 삼각점의 원좌표차의 대수 $\log(X_B - X_A)$, $\log(Y_B - Y_A)$ 즉, 구면거리의 대수에 축척계수의 대수 log(s/S)를 빼서 평면거리로 환산하고, 신원점의 $x$축을 자오선방향으로 일치시키기 위해 $A$점의 진북방향각 $\alpha$만큼 축변환에 따른 좌표변환을 행한다.

$$x = X\cos\alpha + Y\sin\alpha$$
$$y = -X\sin\alpha + Y\cos\alpha$$

여기서, $X$ : 구면거리를 평면거리로 고친 값, $(X_B - X_A)\cdot$ s/S

$Y$ : 구면거리를 평면거리로 고친 값, $(Y_B - Y_A) \cdot s/S$

$\alpha$ : A점의 진북방향각

$x$, $y$ : B점의 신좌표

**예제 6.8**

다음 그림에서 $A$점의 좌표($X_A = 212.32\text{m}$, $Y_A = 113.33\text{m}$), $B$점의 좌표 ($X_B = 313.38\text{m}$, $Y_B = 12.27\text{m}$)이고, $AP$의 방위각 $T_{AP} = 80°$, 이때 $\angle BAP = \theta$는?

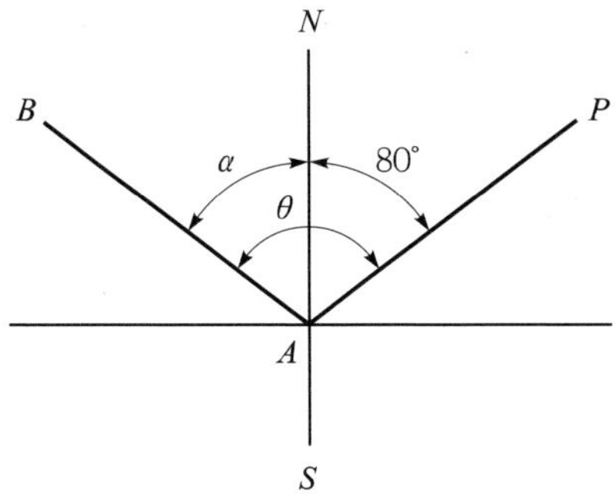


| 풀이 |

$AB$의 방위

$$\alpha = \tan^{-1}\frac{Y_B - Y_A}{X_B - X_A} = \tan^{-1}\frac{12.27 - 113.33}{313.38 - 212.32} = \tan^{-1}\frac{-101.06}{101.06} = \tan^{-1}(-1) = -45°$$

방위각($AB = 360° - 45' = 315''$)

$\therefore\ \angle PAB = \theta = 45° + 80° = 125°$

**예제 6.9**

오른편 삼각보조점 측량값을 보고 물음에 답하시오.

1) 측선 $AB$의 거리를 계산하시오.

2) 측선 $AB$의 방위각을 계산하시오.

3) $\angle APB$는 얼마인가?

4) $P$점의 $X$, $Y$ 좌표를 구하시오.

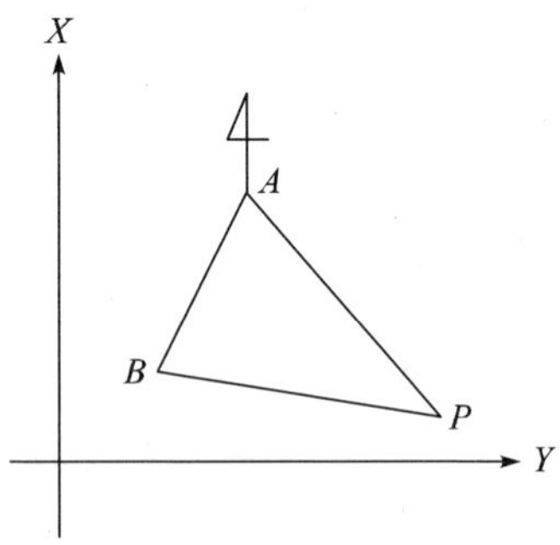


* 기지점 좌표

$A$점 좌표 : $X = 226{,}236.30$, $Y = 110{,}931.51$

$B$점 좌표 : $X = 226{,}019.67$, $Y = 110{,}723.98$

$AP$의 방위각 : $147°46'40''$

$BP$의 방위각 : $102°05'26''$

| 풀이 |

1) 측선 $AB$의 거리

$\therefore\ \overline{AB} = \sqrt{(X_B - X_A)^2 + (Y_B - Y_A)^2}$

$= \sqrt{(226{,}019.67 - 226{,}236.30)^2 + (110{,}723.98 - 110{,}931.51)^2}$

$= 299.995(\mathrm{m})$

2) 측선 $AB$의 방위각

$\tan\theta = \dfrac{Y_B - Y_A}{X_B - X_A} = \dfrac{110{,}723.98 - 110{,}931.51}{226{,}019.67 - 226{,}236.30}$

$\theta = \tan^{-1}\dfrac{-207.53}{-216.63} = 43°46'15.44''$ (3상한의 각이므로)

$\therefore\ 180° + 43°46'15.44'' = 223°46'15.44''$

3) $\angle APB$

① $PB$의 방위각 $= BP$의 역방위각

$= 102°05'26'' + 180 = 282°05'26''$

② $PA$의 방위각 $= AP$의 역방위각

$= 147°46'40'' + 180° = 327°46'40''$

③ $\angle APB = PA$방위각 $- PB$방위각

$= 327°46'40'' - 282°05'26'' = 45°41'14''$

4) $P$점의 $X, Y$좌표

① $\angle BAP = AB$방위각 $- AP$방위각

$= 223°46'15.44'' - 147°46'40'' = 75°59'35.44''$

② $\therefore\ \angle ABP = 180 - (\angle BAP + \angle APB)$

$= 180 - (75°59'35.44'' + 45°41'14'') = 58°19'10.56''$

③ 측선의 거리 $\dfrac{BP}{\sin A} = \dfrac{AP}{\sin B} = \dfrac{AB}{\sin P}$에서

$BP = \dfrac{\sin A}{\sin P}AB = \dfrac{\sin 75°59'35.44''}{\sin 45°41'14''} \times 299.995 = 406.793(\mathrm{m})$

$AP = \dfrac{\sin B}{\sin P} \times AB = \dfrac{\sin 58°19'10.56''}{\sin 45°41'14''} \times 299.995 = 356.785(\mathrm{m})$

④ $P$점의 $X$좌표

$= A$점의 $X$좌표 $+ AP \times \cos\theta_{AP}$

$= 226{,}236.300 + (356.785 \times \cos 147°46'40'')$

$= 225{,}934.465(m)$

⑤ $P$점의 $Y$좌표

$= A$점의 $Y$좌표 $+ AP \times \sin\theta_{AP}$

$= 110{,}931.510 + 356.785(\sin 147°46'40'')$

$= 111{,}121.749(\mathrm{m})$

# 09 삼변 측량

삼각측량에서 수평각을 관측하는 대신에 삼변의 길이를 측정하여 삼각점의 위치를 구하는 측량으로 근래에 와서 전파나 광파를 이용한 거리 측정기가 발달하여 높은 정밀도의 삼변측량이 많이 이용되고 있다.

### (1) 변장 측정 방법

1) 대 삼각망의 기선장을 과거와 같이 기선 삼각망에 의한 기선 확대를 하지 않고 직접 관측한다.
2) 각과 변장을 적당히 관측하여 삼각망을 만든다.
3) 변장만으로 삼각망을 만든다.

### (2) 삼변측량의 원리

삼변측량은 cosine 제 2 법칙, 반각공식, 면적조건을 이용하여 변길이로부터 각을 구하여 이 각과 변길이에 의해 수평위치를 구한다.

1) cosine 제 2법칙

$$\cos A = \frac{b^2+c^2-a^2}{2bc}, \ \cos B = \frac{a^2+c^2-b^2}{2ac},$$

$$\cos C = \frac{a^2+b^2-c^2}{2ab}$$

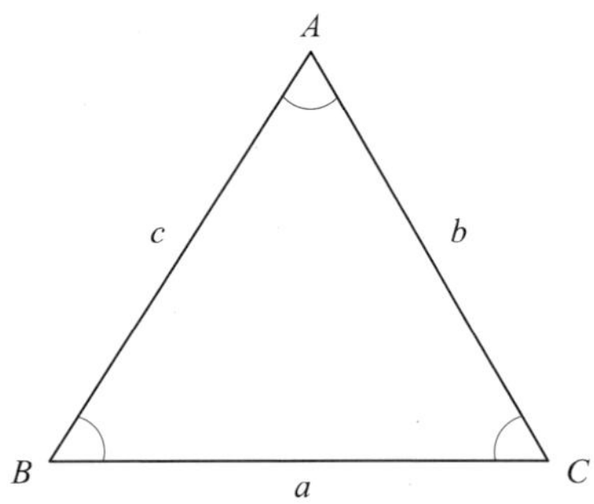


그림 6.11 정현 법칙도

2) 반각공식

$$\sin\frac{A}{2} = \sqrt{\frac{(S-b)(S-c)}{bc}},$$

$$\cos\frac{A}{2} = \sqrt{\frac{S(S-a)}{bc}}, \ \tan\frac{A}{2} = \sqrt{\frac{(S-b)(S-c)}{S(S-a)}}$$

단, $S = \frac{1}{2}(a+b+c)$

3) 면적조건

$$A = \sqrt{S(S-a)(S-b)(S-c)}, \ S = \frac{(a+b+c)}{2}$$

## 연습문제

**01** 그림과 같이 $\angle AOB$를 측정하였는데 장애물 때문에 $\angle AOB'$를 측정했다. 이때의 편심거리 $BB' = 60\text{cm}$이고 $OB$거리가 $180\text{m}$였다면 편심 보정각은 얼마인가?

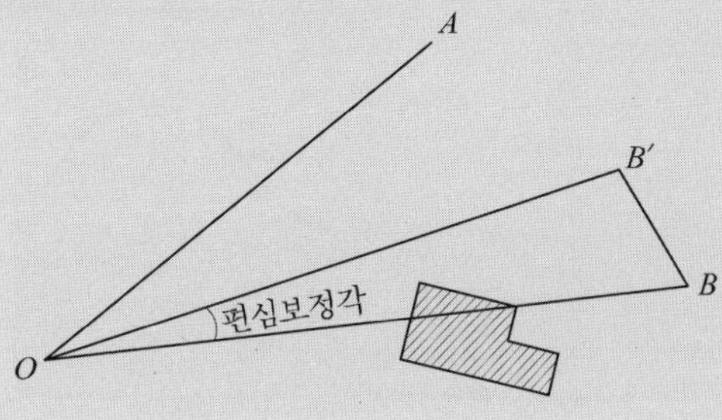


**02** 기지점 $A$, $B$로부터 미지점 $C$의 좌표를 구하시오. $A$, $B$점의 좌표 $\overline{AC}$, $\overline{BC}$의 거리 및 방향각은 다음과 같다. (단, 계산은 소수점 아래 3자리에서 반올림 할 것.)

$X_a = 1206.74\text{m}$ $X_b = 1130.84\text{m}$ $Y_a = 1308.41\text{m}$ $Y_b = 1216.33\text{m}$

$AC = 313.84\text{m}$ $BC = 310.95\text{m}$ $Q_{ac} = 308°07'30''$ $Q_{bc} = 330°08'26''$

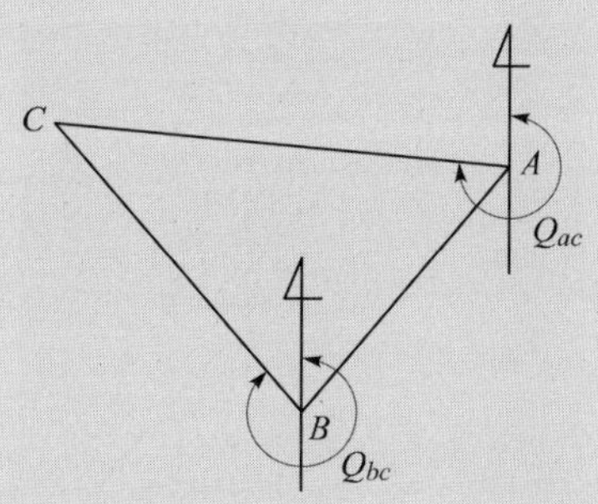


**03** 다음 그림과 같이 $A$점에서 장애물 때문에 $\angle PAQ$를 측정할 수 없어 $A'$에 트랜싯을 세워 편심관측을 하여 $\angle PA'Q = 64°25'27''$를 측정했다면 $\angle PAQ$는 얼마인가?
(단, $S_1 = 2\text{km}$, $e = 50\text{cm}$, $\phi = 300°30'$, $\theta_2 = 20''$)

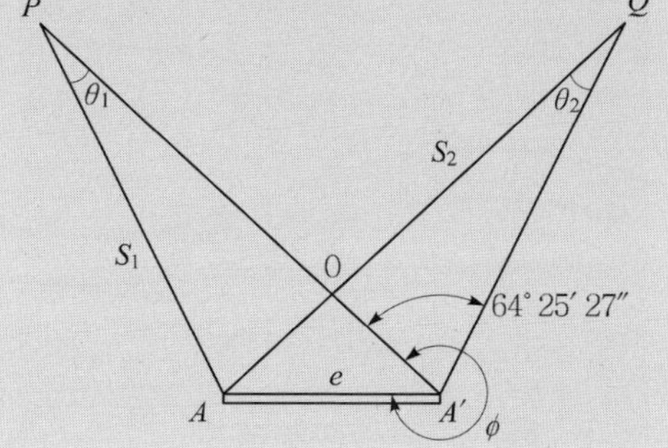

**04** 삼각점 $C$에 기계가 세워지지 않아서 $B$에 기계를 설치하여 $T' = 31°15'40''$를 얻었다. 이때 $T$의 값은?(단, $e = 2.5\text{m}$, $\phi = 295°20'$, $S_1 = 1.5\text{km}$, $S_2 = 2.0\text{km}$이다.)

**05** 기선 $D = 20\text{m}$, 수평각 $\alpha = 80°$, $\beta = 70°$, 연직각 $V = 40°$를 측정하였다. 높이 $H$는?(단, $A$, $B$, $C$점은 동일 평면이다.)

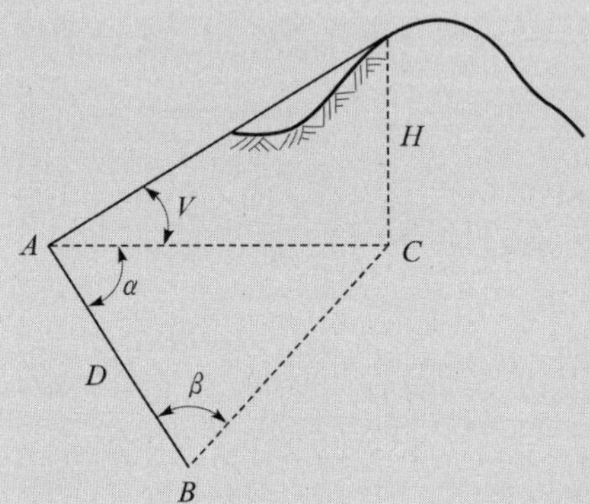


**06** 그림에서 $\alpha_1 = 62°8'$, $\alpha_2 = 56°27'$, $\nu_1 = 20°46'$, $B = 95.00\text{m}$로서 점 $C$로부터 $P$까지의 높이 $H$는?

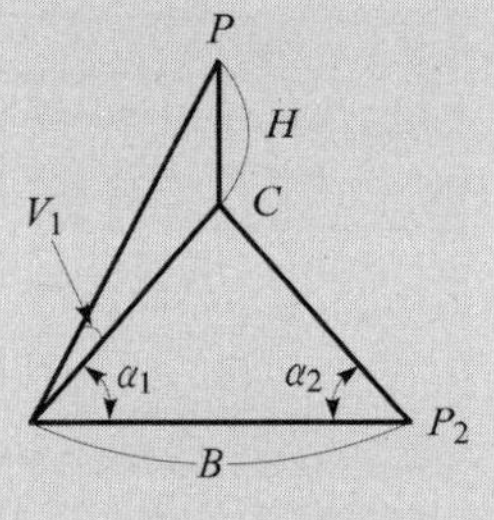


**07** 장애물로 인하여 접근하기 어려운 2점 $P$, $Q$를 간접거리 측량한 결과 그림과 같다. $\overline{AB}$의 거리가 216.96m일 경우 $PQ$의 거리는?

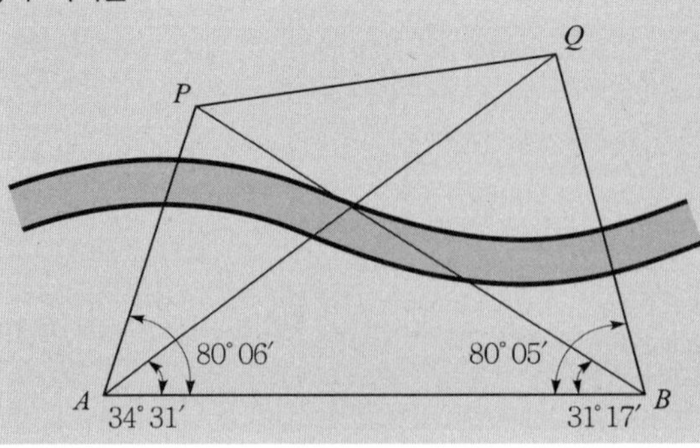

**08** 삼각점 $A$에 기계를 설치하여 삼각점 $B$가 시준되지 않으므로 점 $P$를 관측하여 $T' = 48°34'26''$을 얻었다. 보정각 $T$를 구한 값은?
(단, $\phi = 278°18'$, $e = 6\text{m}$, $S = 2\text{km}$이다)

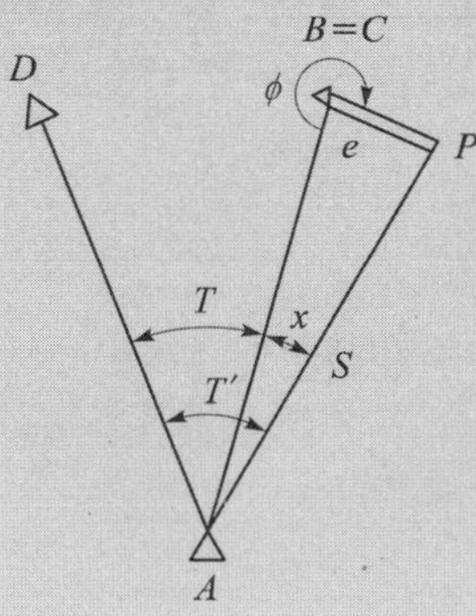


**09** 오른편 그림과 같은 삼각망을 관측하여 아래와 같은 측정값을 얻었다. 각 방정식, 변방정식에 의하여 각을 조정하시오. (0.1초 단위까지 계산)

* 기지여건

$OA$측선의 방향각 : 44°40′09″

$OA$측선의 거리 : 736.3579m

$OD$측선의 거리 : 758.0396m

$\angle AOD$의 교각 : 141°16′40″

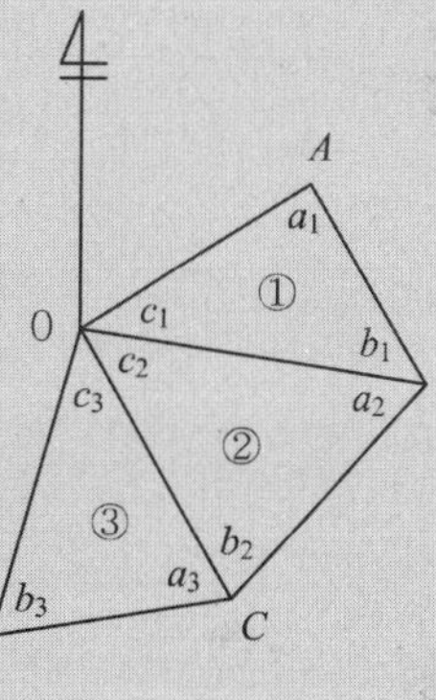


**10** 단열삼각망을 관측한 결과 다음과 같은 성과표를 얻었다. 이 성과표를 이용하여 각조정 및 변조정을 구하시오.(단, 표차는 반올림하여 소수점 아래 2자리까지, 각은 0.1초 단위까지 계산할 것)

$b_1 = 112.312$, $b_2 = 71.800$

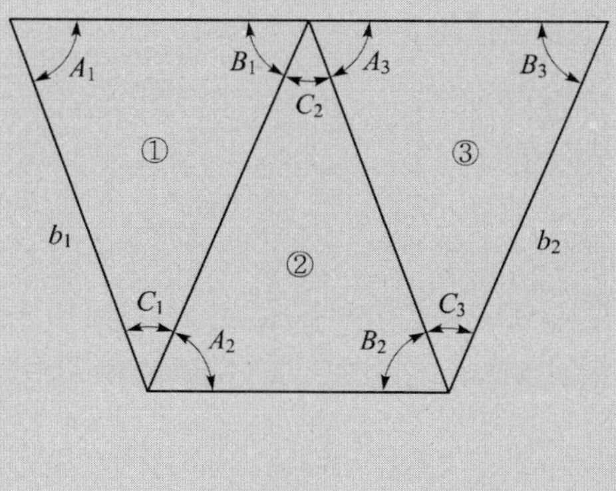

| 삼각형 | 각명 | 관측각 | 삼각형 | 각명 | 관측각 | 삼각형 | 각명 | 관측각 |
|---|---|---|---|---|---|---|---|---|
| ① | $A_1$ | 49°20′48″ | ② | $A_2$ | 64°30′49″ | ③ | $A_3$ | 56°34′26″ |
| | $B_1$ | 71°40′20″ | | $B_2$ | 73°20′52″ | | $B_3$ | 79°26′40″ |
| | $C_1$ | 58°58′40″ | | $C_2$ | 42°08′38″ | | $C_3$ | 43°58′45″ |
| | 계 | 179°59′48″ | | 계 | 180°00′18″ | | 계 | 179°59′51″ |

**11** 그림과 같은 단열삼각망의 각을 측정하고 변조정까지 하였다. 이때 $\overline{1-2}$변을 기선으로 하여 각변을 구하고 측점의 좌표를 구하시오. (단, $\overline{1-2}$ = 231.4260m이며, 계산은 소수점 5자리에서 반올림할 것)

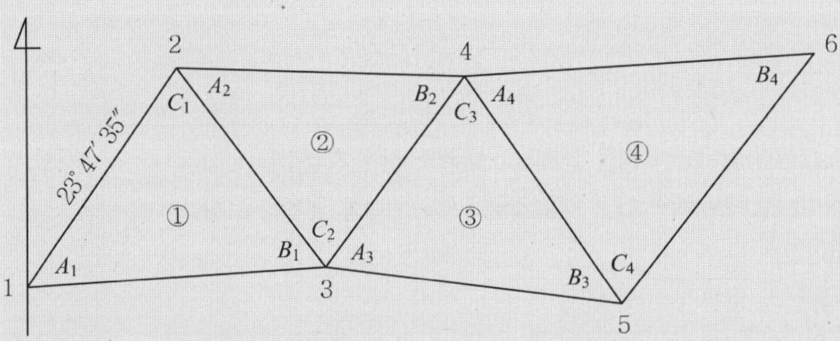


| 각명 | 변조정각 | 각명 | 변조정각 | 각명 | 변조정각 | 각명 | 변조정각 |
|---|---|---|---|---|---|---|---|
| $A_1$ | 54°56′15″ | $A_2$ | 42°38′26″ | $A_3$ | 62°43′42″ | $A_4$ | 40°19′05″ |
| $B_1$ | 71°28′31″ | $B_2$ | 69°17′46″ | $B_3$ | 39°09′05″ | $B_4$ | 75°27′41″ |
| $C_1$ | 53°35′14″ | $C_2$ | 68°03′48″ | $C_3$ | 78°07′13″ | $C_4$ | 64°13′14″ |

**12** 아래 측량값을 보고 $X$, $Y$좌표를 계산하시오.

| 측 점 | 측 선 | 거 리 |
|---|---|---|
| $A$ | $AB$ | 125.633 |
| $B$ | $BC$ | 136.265 |
| $C$ | $CD$ | 166.385 |
| $D$ | | |

$X_A$=1,000, $Y_A$=5,000

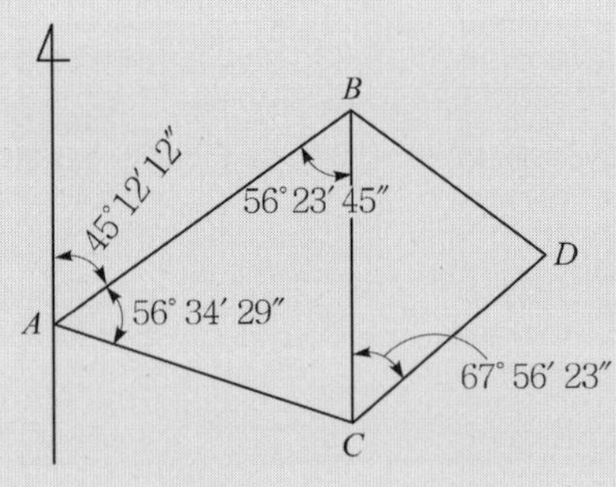

**13** 아래 그림에서 삼각점 $A$로부터 $C$점의 위치를 구하기 위해 그림과 같은 보조점 $B$와 $C$를 설치하여 다음과 같은 성과를 얻었을 때, $AC$의 거리, $AC$의 방위각, $C$점의 좌표를 구하시오.

$S_1 = 135.661\text{m}$, $S_2 = 88.590\text{m}$

$(1) = 65°45'17''$, $(2) = 52°23'36''$,

$(3) = 69°06'16''$, $(4) = 73°36'29''$,

$(5) = 153°20'15''$, $T = 56°20'16''$,

$X_A = 5398.52\text{m}$, $Y_A = -3673.15\text{m}$

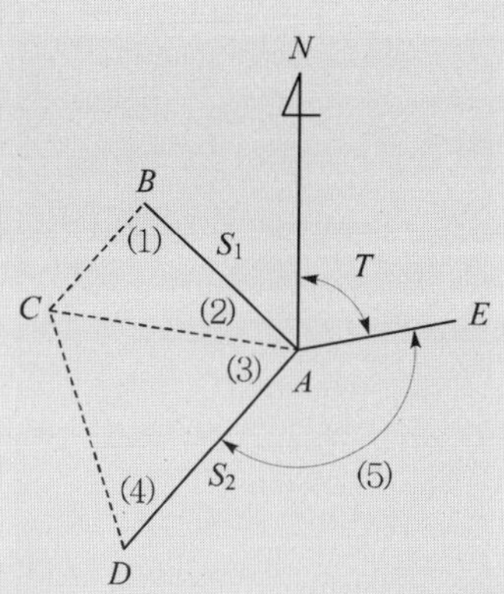


(1) $AC$의 거리(소수점 아래 4자리에서 반올림할 것)

(2) $AC$의 방위각($\alpha$)

(3) $C$점의 좌표(소수점아래 4자리에서 반올림할 것)

basic surveying

Chapter 7

# 수준측량

Leveling

수준측량이라 함은 지구상 여러 점들의 고저차(高低差)를 관측하는 것을 말하며 고저측량(高低測量)이라고도 하는데 표고는 등포텐셜면을 기준으로 하고 있어 장거리 수준측량에는 중력, 지구곡률, 대기굴절 등을 보정하여 사용한다.

## 01 수준측량의 용어

### (1) 수평면(水平面 : Level Surface) : 수준면(水準面)

어떠한 면 위에 어느 점에서든지 수선을 내릴 때 그 방향이 지구의 중력(重力)방향을 향하는 면으로 정지된 해수면에서 볼 수 있다.

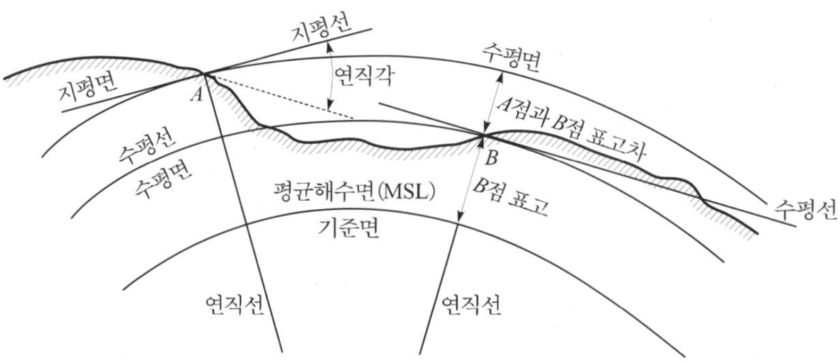


그림 7.1 수준측량 기준

### (2) 수평선(水平線 : Level Line) : 수준선(水準線)

지구의 중심을 포함한 평면과 수평면이 교차하는 선을 말하며 모든 점에서 중력방향에 직각이 되는 선을 말한다.

### (3) 지평면(地平面 : Horizontal plane)

어떤 한 점에서 수평면의 접하는 평면을 말한다.

### (4) 지평선(地平線 : Horizontal line)

어떤 한 점에서 수평선과 접하는 직선으로 보통시준 할 수 있는 거리에서 수평선과 일치한다.

### (5) Geoid

지구의 표면을 대표적으로 나타낸 면을 말한다(총론 : 지오이드 참조).

### (6) 기준면(基準面 : Datum level ; Datum Surface)

평균해수면(mean sea level)을 사용한다. 1911 ~ 1916년(평균 3년 값) 청진(2.636), 원산(1.931), 목포(2.155), 진남포(6.140), 인천(남구 용현동 253번지 26.6871m)인하대 내 값을 표준으로 하며 제주도 및 그밖에 섬에서는 따로 이를 정한다.

### (7) 수준원점(水準原點 : Original Bench Mark)

수준기점 중에서 기준이 되는 표시(인천점 26.6871m)를 말한다.

### (8) 수준점(水準點 : Bench Mark) : BM

기준면으로부터 정확하게 높이를 측정해서 표시해둔 점으로 수준기점 중에서 기준이 되는 인천 인하대 내 수준원점으로부터 어느 지역에 일정한 간격으로 표고를 측정해서 표석을 설치하여 놓은 기준점을 말하여 필요한 때는 인천에서부터 고저차를 측정하는 것이 아니라 가까운 BM점에서부터 표고를 측정할 수 있도록 한 점이다.

국도 $\left\{\begin{array}{l}\text{1등도로 4km마다 (732점)} \\ \text{2등도로 2km마다 (2,832점)}\end{array}\right\}$ 설치한다.

그림 7.2 수준점

### (9) 표고(標高 : 眞高 : Elevation)

기준면에서부터 지표상의 어떤 한 점까지 연직거리를 말한다.

## 02 수준측량의 분류

### (1) 방법에 의한 분류

#### 1) 직접 수준측량(直接水準測量 : Direct leveling)

Level과 Staff에 의하여 직접 고저차를 측정하는 방법(교호수준측량포함)을 말한다.

#### 2) 간접 수준측량(間接水準測量 : Indirect leveling)

① 삼각 수준측량(三角水準測量 : Trigonometrical leveling) : 두 점간의 수직각과 수평거리 및 두 점간의 수직각과 사거리를 측정해서 삼각법에 의하여 고저차를 구하는 측량을 말한다.

② 시거(視距) 수준측량(Stadia leveling) : 등고선 측량에서 많이 이용하며 협거와 연직각을 측정하여 두 점간의 고저차를 결정하는 방법이다.

③ 평판 엘리데이드에 의한 방법 : 엘리데이드 시준판의 분획차를 이용하여 고저차를 구하는 방법

④ 기압(氣壓) 수준측량(Barometric leveling) : 어떤 지점의 대기압이라 함은 그 상층에 있는 대기중의 중량이므로 지표에서의 고저에 의하여 그 값이 달라진다.
이것을 이용하여 대기압을 측정하여 고저차를 구하는 것이 기압 수준측량이다.

⑤ 중력에 의한 방법

⑥ 공중사진 수준측량(空中寫眞水準測量 : Aerial photographic leveling)

#### 3) 교호 수준측량(交互水準測量 : Reciprocal leveling)

하천, 계곡으로 인하여 기계를 세울 수 없을 때 양쪽점에서 측정하여 평균값을 직접 구하는 방법이다.

#### 4) 약 수준측량(略水準測量 : Approximate leveling)

간단한 레벨로써 정밀을 요하지 않는 점간의 고저차를 구하는 방법으로 약 수준측량 이라고도 한다.

### (2) 목적에 의한 분류

#### 1) 고저 수준측량(고차수준측량 ; Differential leveling)

두 점간의 높이의 차를 결정하는 측량을 말한다.

2) 단면(斷面) 수준측량(Section leveling)

① 종단(縱斷) 수준측량(Profile leveling) : 노선의 종단면측량

② 횡단(橫斷) 수준측량(Cross leveling) : 노선의 횡단면측량

3) 면(面) 수준측량(Areal leveling)

토지의 고저를 측정하는 것을 말한다.

## 03 Level의 구조일반

### (1) Level의 크기

1) 외부초점형 : 망원경의 길이

2) 내부초점형 : 대물경의 초점거리(8inch, 12inch)

### (2) 망원경(Telescope)

1) 대물렌즈(objective lens)

① 시준할 목표물의 상을 십자면에 오게 하는 역할

② 2중 렌즈사용(프린트렌즈, 크라운렌즈)구면수차와 색수차 제거

③ 망원경의 배율은 대물렌즈와 접안렌즈의 초점거리의 비

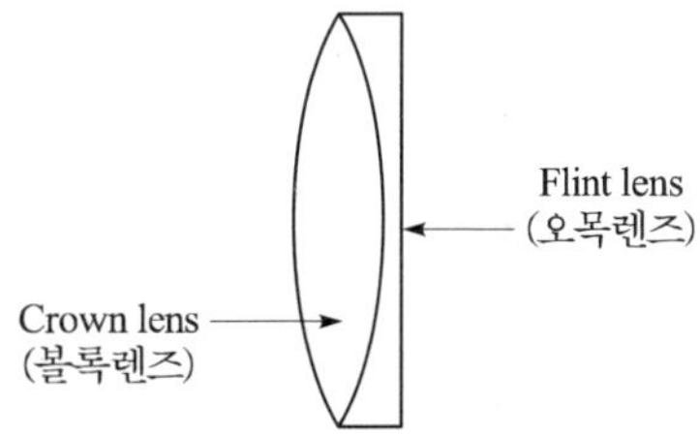


그림 7.3 대물렌즈 구조

2) 접안렌즈(Eye lens)

십자선 위에 있는 물체의 상을 정립으로 확대하여 관측자의 눈에 선명하게 보이게 하는 역할

3) 확대율(배율 ; 광대율)

대물렌즈의 초점거리와 접안렌즈의 초점거리($f$)의 비($F/f$). 확대율 20~30배가 많다.

### (3) 기포관(level tube)

1) 기포관의 구조

알코올과 에테르 같은 점성이 적은 액체를 넣어서 기포를 남기고 양단을 밀폐한 것

2) 완전한 기포관이 구비해야 할 조건

① 유리관의 질은 다년 경과해도 내부 액체에 의하여 변치 않을 것

② 동일한 경사에 대해서는 기포의 이동이 동일할 것(곡률반경의 균일)

③ 기포의 이동이 민감할 것(곡률반경의 크기와 관내의 마찰 및 액체의 점성)

3) 기포관의 감도에 제일 큰 영향을 주는 것 : 관내면에 곡률

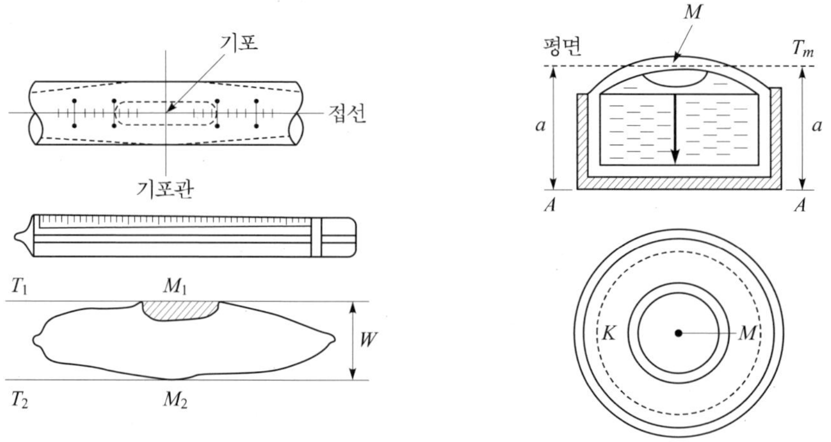


그림 7.4 기포관 구조

4) 감도($\theta$)의 계산(Sensibility)

그림 7.5에서 거리 $D$에 있는 함척의 눈금을 읽어 그 차를 구하였을 때 기포관의 한 눈금(2mm)에 대한 중심각($\theta$)을 감도라 한다.

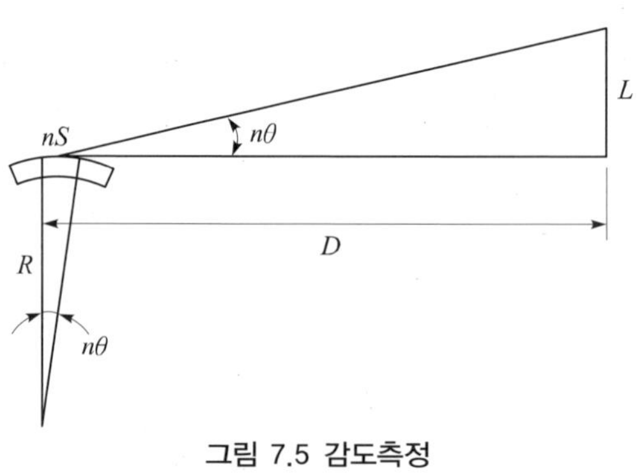


그림 7.5 감도측정

$$L = Dn\theta''Rad,\ \ 180° = \pi\, Rad$$

$$\theta'' = \frac{L}{nD}\, Rad$$

$$1Rad = \frac{180}{\pi} = 57°17'45'' = 206,265''$$

$$1'' = \frac{1}{206,265''}\, Rad,\ \ \frac{\theta'' \times 1}{206,265''} = \frac{L}{nD}$$

$$\therefore\ \theta'' = 206,265''\frac{L}{nD} \qquad (7.1)$$

여기서, $R$ : 기포관의 곡률반경

$\theta''$ : 1눈금(2mm)에 낀 중심각(감도)

$D$ : 기계에서 표척까지 거리

$n$ : 기포가 움직인 눈금개수

$S$ : 기포관 1눈금의 간격

$L$ : 표척의 눈금차

$$R : nS = D : L \qquad \therefore\ R = \frac{nSD}{L} \qquad (7.2)$$

**예제 7.1**

1눈금 2mm, 거리 100m, 협장 0.05m 이동눈금개수 5일 때 감도는?

| 풀이 |

$L = 0.05\text{m},\ n = 5,\ D = 100\text{m}$ 이므로

$$\therefore\ \theta'' = 206,265'' \times \frac{0.05}{5 \times 100} \fallingdotseq 21''$$

**예제 7.2**

지반이 견고한 점에 level을 세우고 level의 중심에서 수평으로 50m 떨어진 점에 표척을 세워 시준하니 기포가 중앙에 있을 때에는 1.654m 기포의 눈금이 4개 움직였을 때에는 1.693m 였다.

1) 기포관의 감도($\theta''$)를 구하여라(경사의 중심각).

2) 기포관의 곡률반지름($R$)을 구하라.

| 풀이 |

$L = 1.693 - 1.654 = 0.039\text{m},\ n = 4,\ D = 50\text{m}$ 이므로

1) $\therefore\ \theta'' = 206,265'' \times \dfrac{0.039}{4 \times 50} = 40''$

2) $\therefore\ R = \dfrac{nSD}{L} = \dfrac{4 \times 0.002 \times 50}{0.039} = 10.3(\text{m})$

### (4) 십자선(十字線 : Cross hairs)

1) 거미줄
2) 유리판
3) 백금선
4) 명주실(Silk)

### (5) 정준장치

현재 우리나라에서 사용되는 기계는 거의 3개의 정준나사로 되어 있으며 정준을 하는 방법은 서로 인접하는 두 개의 나사를 연결한 선에 평행으로 1개의 반기포관을 놓으면 기포는 조준나사의 왼손 엄지손가락을 기준하여 기포이동을 우측으로 가도록 하려면 밀우(안쪽으로 조정나사를 돌린다)하고 기포이동을 좌측으로 가도록 하려면 당길좌(외측으로 조정나사를 돌린다)를 하여 기포가 중앙에 있도록 한 후 나머지 한개의 정준나사는 이에 90°로 놓여있는 다른 기포관을 보면서 왼손 엄지손가락 법칙으로 기포를 중앙에 유도시킨다. 수평방향으로 회전했을 때 기포이동이 없으면 이상이 없으나 기포이동이 생기면 정준나사로 앞에서 실시하는 조정방법으로 기포가 중앙에 올 때까지 반복 실시하면 된다.

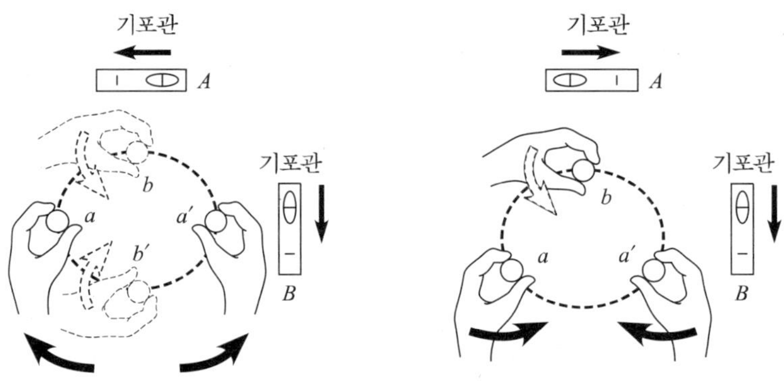


그림 7.6 정준장치조작

## 04 Level 측량의 장비

### (1) 자동레벨(Auto level ; Compensator level)

망원경 속에 장치된 프리즘이 자동적으로 시준선을 수평으로 되게 만들어진 것으로 능률도 좋고, 좋은 정밀도를 얻는다. 단, 현장에서 조정하기 곤란하다. 망원경 속에 4개의 실로

프리즘을 매달아 외부의 상은 대물렌즈를 통하여 Compensator를 경유해서 접안경에 비치도록 되어 있다. 따라서 프리즘은 원형기포관의 기포를 중앙에 있게 하면 1/2초 정도의 단시간에 자동적으로 자연히 정지하고 수평한 시준선을 얻게 한다.

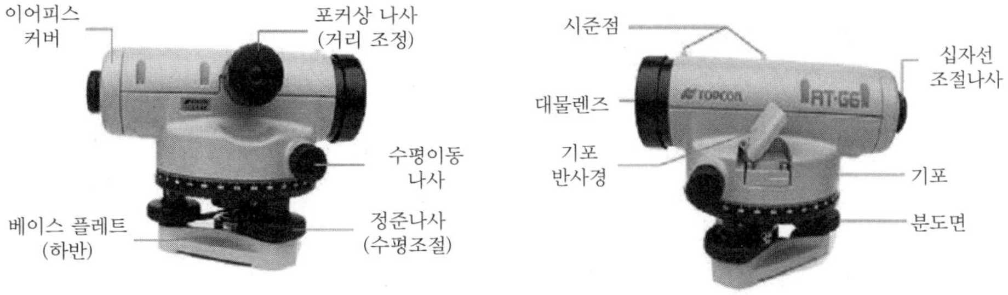


그림 7.7 자동 level

### (2) 정밀레벨(1등레벨 ; first order level)

일반적으로 시공현장에서 사용되는 자동레벨의 관측은 mm단위의 목측으로 이루어지는데 이러한 불확실성에 대한 정확도를 높일 수 있는 장비를 정밀레벨이라 하며 국가 1등 수준점 측량에 사용되는 정밀한 기계이다.

### (3) 레이저레벨(laser level)

일정한 표고가 필요한 경우(현장에서 일정한 높이의 콘크리트 타설과 철근조립 시 필요한 높이 표시 등)에 한 번에 많은 지점의 높이를 표현할 수 있어 경제적으로 사용이 가능한 기계이다.

### (4) 디지털 레벨(digital level)

기계가 바코드를 인식할 수 있도록 한 광학적 기계로서 측량시 작동을 하면 바코드가 표시된 표척을 시준하여 관측하면 디지털화면에 표고가 표시되는 기계이다(정밀도 12mm/km).

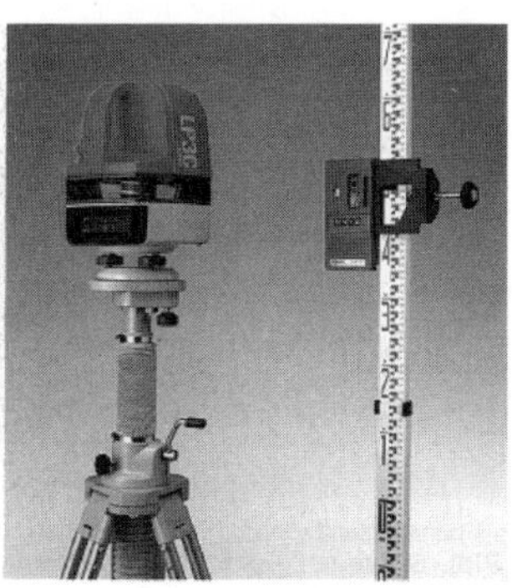

그림 7.8 레이저 레벨

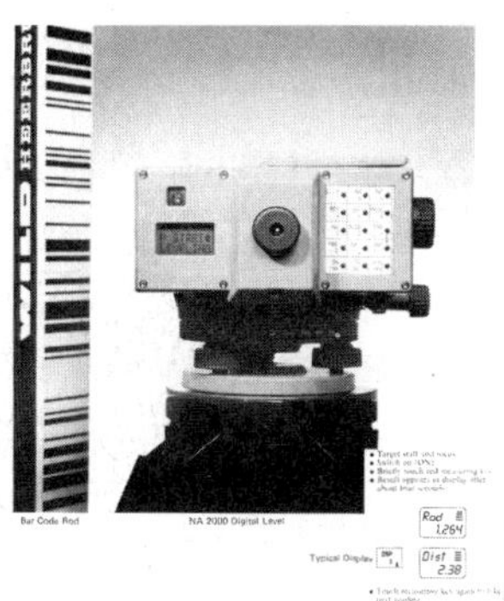

그림 7.9 디지털레벨과 바코드표척

## 05 표척(leveling rod, Staff) : 함척

Level측량이나 Stadia측량을 할 때 망원경의 시준선 높이를 읽을 때 사용되는 기구로 다음과 같은 종류가 있다.

### (1) 자독식 수준척(Self Reading Rod)

기계수가 수준척을 직접 읽고 길이가 2~5m이며 잣눈은 0.5cm 및 1.0cm가 있는 일반적인 표척이다.

### (2) 표적식 수준척(Target Rod)

유표(Vernier)가 붙은 홍백으로 칠한 표척이며, 표척수가 읽게 된다.

그림 7.10 자독식 수준척

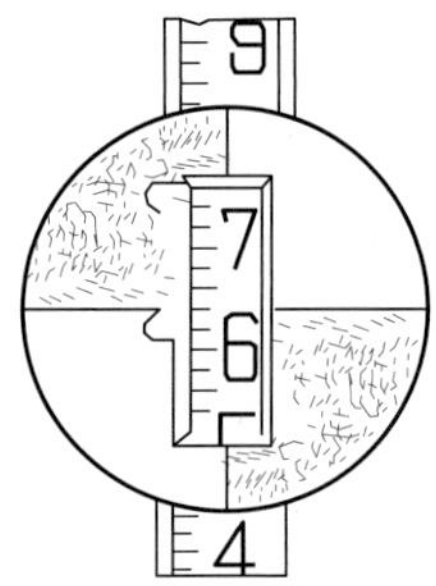

그림 7.11 표적식 수준척

### (3) 인바아 수준척(Invar Rod)

팽창계수가 작은 Invar를 사용한 표척으로 1, 2등 수준측량에 사용한다.

### (4) 표척(함척 ; Staff) 사용시 주의할 점

1) 수직으로 세운다.
2) 앞뒤에 조용히 움직여서 제일 작은 값을 읽는다.
3) 밑바닥에 흙이 묻지 않게 한다.
4) 이음매에 주의한다.
5) 연약지반에서는 침하에 주의한다(표척대 ; foot plate사용).

## 06 Level의 조정조건

### (1) level의 조정조건

1) 기포관축을 시준선에 평행하게 할 것($L // C$)

2) 기포관축을 연직축에 수직하게 할 것($L \perp V$)

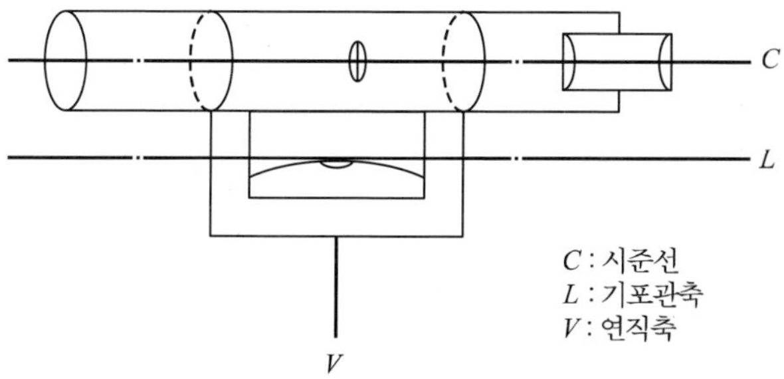


그림 7.12 레벨의 기본 구조

### (2) 자동 level(Auto level)의 조정

1) 제1조정 : 기포관축과 시준선을 나란하게 한다.

〈검사〉 Dumpy level 제3조정(항정법)으로 검사한다.

〈조정〉 항정법에 의해 조정한다.

2) 제2조정 : 기포관축을 $Y$형의 밑을 잇는 직선으로 평행하게 한다.

[제1단계]

〈검사〉 ① 망원경과 정준나사를 관계위치에 둔다.

② 정준나사로 기포상을 일치시켜 30∼50m 떨어진 표척을 판독한다.

③ 정준나사를 $A$를 화살표 방향으로 1회전하면 $A$점은 약간 내려가서 표척의 판독이 바뀐다.

④ 정준나사 $B$를 화살표의 방향으로 1회전하면 $B$측이 약간 올라가서 기포관을 시준선의 주위에 약간 회전한 것이 된다.

⑤ 표척의 판독값이 최초의 판독값과 같게 되는 기포상이 일치하면 기포관축과 시준선과 동일평면 내에 있다.

〈조정〉 기포상이 일치하지 않을 때에는 $D$의 횡방향 조정나사를 조정한다.

[제2단계]

〈검사〉 망원경을 지지하고 있는 받침 속에서 회전할 수 없으므로 이상 유무를 확인한다.

〈조정〉 ① 이상이 있을 때 항정법에 의해 조정한다.

② 십자선을 움직이지 않고 기포를 일치시키면 된다.

## 07 Level 측량의 용어

### (1) 후시(後視 : 正視 : Back Sight ; B.S)

표고를 이미 알고 있는 지점에 세운 수준척의 읽음값을 말한다.

### (2) 전시(前視 : Fore Sight ; F.S)

표고를 구하려고 하는 지점에 세운 수준척의 읽음값을 말한다.

### (3) 기계고(器械高 : Instrument Height ; I.H)

어떠한 지반에 기계를 세운 수준척에 수평시준선과 접하는 높이를 말한다.

$$기계고 = 표고 + 후시 \quad (7.3)$$

### (4) 이점(移點 : 이기점 : 換點 : Turning Point ; T.P)

전시와 후시를 같이 취하는 점을 말한다.

### (5) 중간점(中間點 : Intermediate Point ; I.P)

어떠한 지반에 표고만을 알기 위해 수준척을 세운 점(전시만 취한 점)을 말한다.

### (6) 지반고(地盤高 : Ground Height ; G.H)

어떠한 지반에 평균해수면에서부터 높이, 또는 기준면으로부터 높이를 말한다.

$$\therefore 지반고(GH) = 기계고(IH) - 전시(FS) \quad (7.4)$$

## 08 Level 측량방법

### (1) 직접측량

Level과 표척(staff)을 사용하여 직접 고저차를 측정하는 것을 말한다.

$$\Delta h = a - b$$

$$H_B = H_A + a - b$$

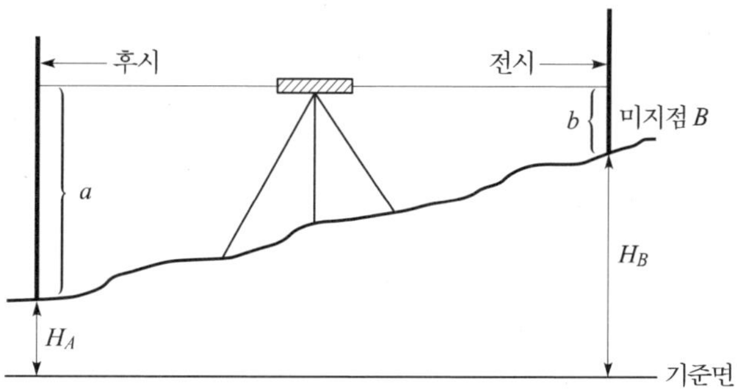


그림 7.13 직접수준측량

### (2) 수준측량의 원리

$$\therefore \; H_B = H_A + \sum BS - \sum FS \qquad (7.5)$$

① 기계고 = 기지점지반고(G. H) + 후시(B. S)

② 미지점 지반고 = 기계고(I. H) − 전시(F. S)

③ 고저차 = 후시(a) − 전시(b)

$$\triangle H = (a_1 - b_1) + (a_2 - b_2) + (a_3 - b_3) + (a_4 - b_4)$$

$$= (a_1 + a_2 + a_3 + a_4) - (b_1 + b_2 + b_3 + b_4)$$

$$\therefore \; \text{고저차} = \sum B.S - \sum F.S \qquad (7.6)$$

즉, 차가 ⊕이면 전시 방향이 높다는 의미, ⊖이면 반대

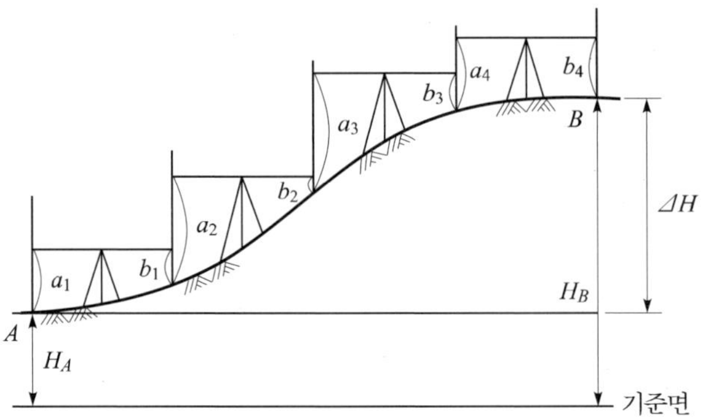


그림 7.14 직접수준측량

### (3) 전시와 후시의 거리를 같게 취함(등시준거리)으로써 제거되는 오차

1) 시준축 오차(레벨 조정의 불완전으로 인한 오차)
2) 지구의 곡률로 인한 오차(구차) 및 빛의 굴절로 인한 오차(기차)
3) 조준나사 작동에 의한 오차

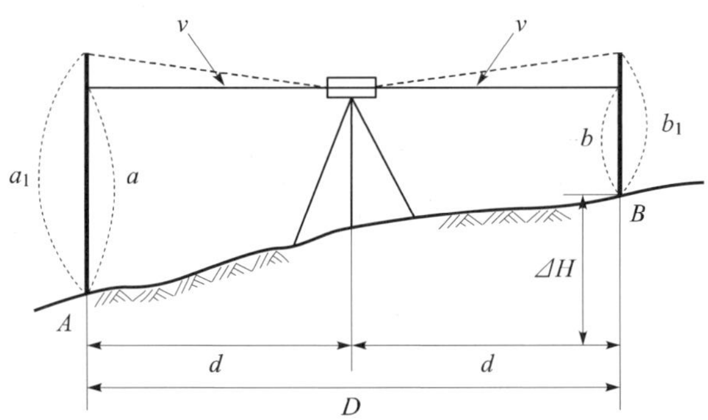


그림 7.15 등거리 관측하는 이유

$$\triangle H = (a-b) = (a_1 - d\tan v) - (b_1 - d\tan v) = a_1 - b_1$$

즉, 등거리 관측하면 $a_1$, $b_1$을 관측하여도 기계 오차 및 기차, 구차가 소거된다.

### (4) 시준거리(視準距離 : 보통 level의 경우)

1) 최단거리 : 2~3m 정도
2) 최대시준거리 : 100~180m 정도
3) 보통시준거리 : 40~60m 정도(높은 정확도 : 40m, 보통정확도 : 50~60m)
4) 근사측량인 경우 : 100~120m 정도

### (5) 수준측량시 명심할 점

1) 기계기구는 미리 검사 조정한다.
2) 땅은 견고하고 일광이 직접 쬐지 않는 곳이 좋다.
3) 기포가 중앙에 있어야 한다.
4) 표척은 수직으로 세워야 하며 이음매의 눈금은 잘 연결되도록 한다.
5) 전시와 후시의 거리는 되도록 같게 하며(시준선 오차조정) 기계축은 대개 연직으로 운반한다.
6) 야장기입에 있어서는 착오를 일으키지 않도록 주의한다.
7) 수준측량은 왕복 2회 관측하여 교차가 허용오차 이내에 있도록 하며, 왕복노선은 서로 다른 경로가 좋다(왕복의 관측자를 바꾸는 것도 좋다).

**예제 7.3**

다음 그림에서 담장 $PQ$가 있어 $P$점에서 표척을 반대로 세워 다음과 같이 읽었을 때, $A$점의 표고가 36.785m 라면 $B$점의 표고는?

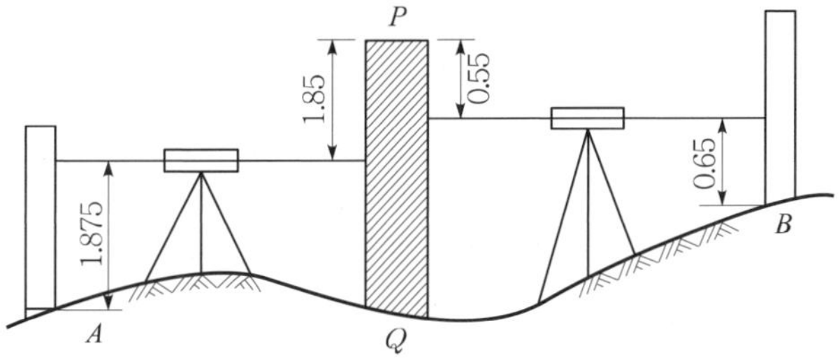


| 풀이 |

$h_B = 36.785 + 1.875 + 1.850 - 0.550 - 0.650 = 39.31(\text{m})$

**예제 7.4**

측점이 갱도의 천장에 설치되어 있는 갱도 수준측량에서 아래 그림과 같은 결과를 얻었다. $A$점의 지반고가 15.32m 일 때 $C$점의 지반고는?

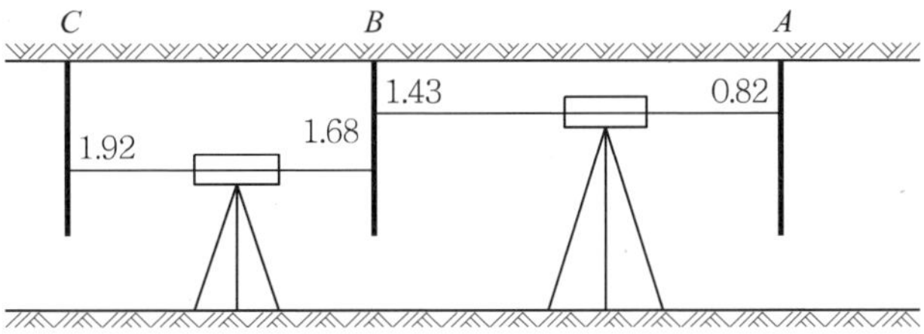


| 풀이 |

$H_C = 15.32 - 0.82 + 1.43 - 1.68 + 1.92 = 16.17(\text{m})$

**예제 7.5**

연직방향에서 20cm 기울어진 5m **staff**의 3m 눈금을 **level**로 시준했을 때의 실제의 높이는 얼마인가? 그리고 오차량도 구하라.

| 풀이 |

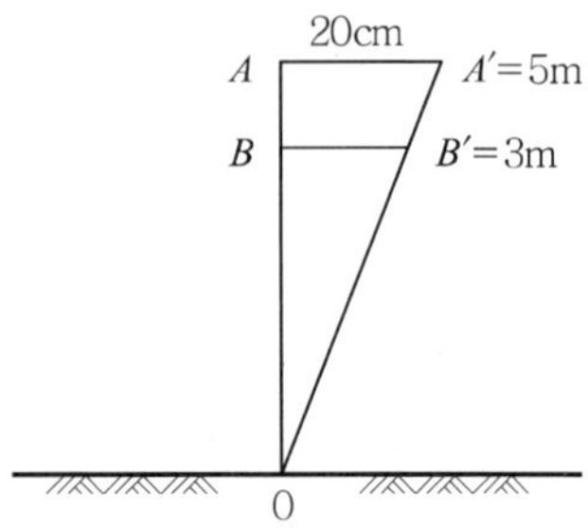


$OA : AA' = OB : BB'$

$\therefore\ BB' = \dfrac{AA' \times OB}{OA} = \dfrac{20 \times 3}{5} = 12(\text{cm})$

$\therefore\ OB = \sqrt{3^2 - 0.12^2} \fallingdotseq 2.9976(\text{m})$

오차량 $= 3 - 2.9976 = 0.0024(\text{m})$

$\therefore\ OA = \sqrt{5^2 - 0.2^2} \fallingdotseq 4.9960(\text{m})$

오차량 $= 5 - 4.9960 = 0.0049(\text{m})$

## 09 야장기입법(Level book Keepping)

### (1) 고차식(2단식 ; Two Column System) 기입법

2점의 높이를 구하는 것이 목적으로 도중에 있는 측점의 지반고(地盤高)를 구할 필요가 없을 때 사용한다.

| station | BS | FS | GH | remark |
|---|---|---|---|---|

$$\therefore\ \text{고저차} = \Sigma BS - \Sigma FS \tag{7.7}$$

### (2) 기고식기입법(Instrumental Height System)

고차식보다 정연하고, 또 승강식보다 기입사항이 적으며 따라서 속도가 빠르고 중간점이 많은 level 측량에 적당하다. 현장에서 가장 많이 사용하는 방법으로서 종, 횡단측량에 편리하게 이용되지만 중간시에 대한 완전검산이 어렵다.

| station | distance | BS | FS | | IH | GH | remark |
|---|---|---|---|---|---|---|---|
| | | | TP | IP | | | |

### (3) 승강(昇降)식 기입법(Rise amd fall System)

계산란에 있어서 승(昇 : Rise) 및 강(降 : fall)의 두 난을 만들어 B.S와 F.S관계가 +이면 승란에 −이면 강란에 기장한다.

승+ : 후시 > 전시, 강− : 후시 < 전시

완전검산은 가능하지만 계산이 복잡하고 중간시가 많을 때는 불편하고 시간 및 비용이 많이 소요되는 단점이 있다.

| station | distance | BS | FS | | (+)Rise 승 | (−)fall 강 | GH | remark |
|---|---|---|---|---|---|---|---|---|
| | | | TP | IP | | | | |

**예제 7.6**

어느 지역의 종단측량을 한 결과 약도와 같은 실측값을 얻었을 때 기고식야장법, 승강식야장법으로 작성하라.

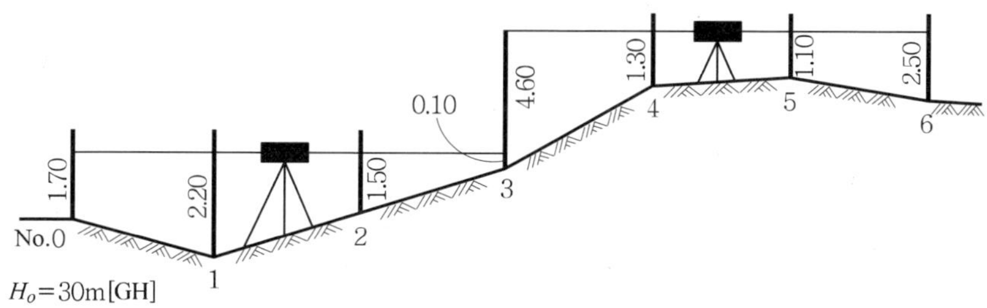


| 풀이 |

(1) 기고식야장법(그림 참조)

| *SP | 거리 | BS | FS | | IH | GH | remark |
|---|---|---|---|---|---|---|---|
| | | | TP | IP | | | |
| No.0 | 0 | 1.70 | | | 31.70 | 30.00 | No.0 표고 |
| 1 | 20 | | | 2.20 | | 29.50 | 30m |
| 2 | 20 | | | 1.50 | | 30.20 | 검산 |
| 3 | 20 | 4.60 | 0.10 | | 36.20 | 31.60 | 6.30−2.60=3.70(m) |
| 4 | 20 | | | 1.30 | | 34.90 | 33.70−30=3.70(m) |
| 5 | 20 | | | 1.10 | | 35.10 | O.K |
| 6 | 20 | | 2.50 | | | 33.70 | |
| 계 | 120m | 6.30 | 2.60 | | | | |

(2) 승강식야장법(그림 참조)

| SP | BS | FS | | (+) Rise | (−) Fall | GH | remark |
|---|---|---|---|---|---|---|---|
| | | TP | IP | | | | |
| No.0 | 1.70 | | | | | 30.00 | No.0 표고 |
| 1 | | | 2.20 | | 0.50 | 29.50 | 30m |
| 2 | | | 1.50 | 0.20 | | 30.20 | $\Sigma BS=6.30$ |
| 3 | 4.60 | 0.10 | | 1.60 | | 31.60 | $-)\Sigma FS=2.60$ |
| 4 | | | 1.30 | 3.30 | | 34.90 | 3.70(m) |
| 5 | | | 1.10 | 3.50 | | 35.10 | |
| 6 | | 2.50 | | 2.10 | | 33.70 | |
| 계 | 6.30 | 2.60 | | | | | |

## 10 교호 수준측량(交互水準測量 : Reciprocal leveling)

큰 계곡이나 하천을 수준측량할 때 기계를 두 점 중앙에 세울 수가 없다. 그러므로 $FS$, $BS$의 시준거리가 멀어 정확한 값을 얻을 수 없다. 따라서 양쪽에서 측정한 평균치가 두 점에 고저차가 된다.

$l_1 = l_2$ 라 하면

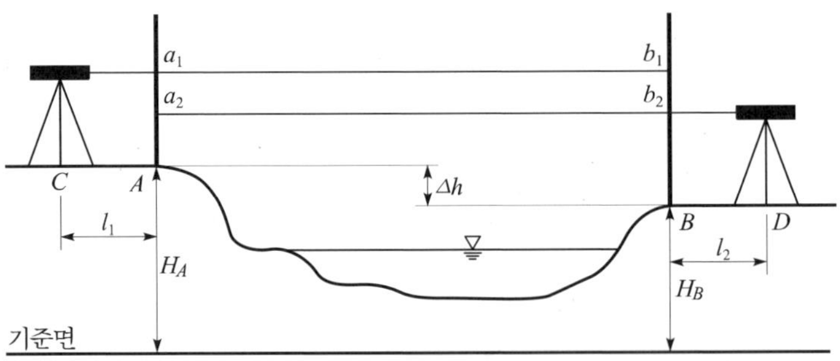


그림 7.16 교호수준측량

① 위의 그림에 있어서 레벨과 표척을 위치 $C-A$, $D-B$를 대상으로 하여 설치한다.

② 점 $C$에 기계를 세워서 점 $A$ 및 점 $B$의 표척의 눈금 $a_1$, $b_1$를 읽는다.

③ 기계를 점 $D$에 옮겨 점 $A$ 및 점 $B$의 표척의 눈금 $a_2$, $b_2$를 읽는다.

④ 점 $C$, 점 $D$에 관측한 값을 평균화하여 표고차 $\Delta h$를 구한다.

$$\therefore\ \Delta h = \frac{1}{2}[(a_1 - b_1) + (a_2 - b_2)] \quad (7.8)$$

교호 수준측량은 전·후시의 거리를 같게 함으로서 기계적 오차, 기차 등을 없앨 수 있고, 함척의 눈금오차를 없앨 수 있다($l_1 = l_2$).

**예제 7.7**

교호 수준측량 결과 $a_1 = 1.428\text{m}$, $b_1 = 2.701\text{m}$ 이고 $a_2 = 1.512\text{m}$, $b_2 = 2.831\text{m}$ 였다. $B$점의 표고를 구하라.

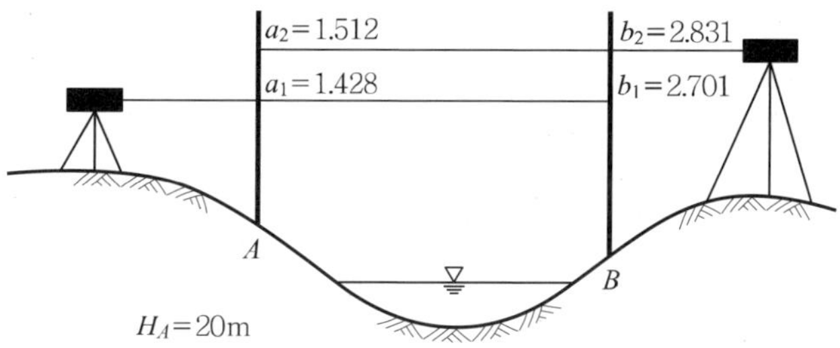


| 풀이 |

$$H = \frac{1}{2}\{(a_1 - b_1) + (a_2 - b_2)\}) = \frac{1}{2}\{(1.428 - 2.701) + (1.512 - 2.831)\}$$

$$= \frac{1}{2}\{(-1.273) + (-1.319)\} = -1.296(\text{m})$$

$$\therefore\ H_B = 20 - 1.296 = 18.704(\text{m})$$

**예제 7.8**

그림과 같이 $A$점에서 $D$점에 이르는 도중 폭 약 200m 의 하천이 있어서 $P$ 및 $Q$에 level을 설치하고 교호측량을 하였다. $A$점으로부터 $D$점까지의 각 측점에서 전후 표척의 독치차는 각각 다음과 같았다. $D$점의 표고를 구하여라. (단, $A$점의 표고는 2.545m 로 한다)

$A \rightarrow B = -0.512\text{m}$

level $P$에서 $B \rightarrow C = -0.229\text{m}$

level $Q$에서 $C \rightarrow B = +0.267\text{m}$

$C \rightarrow D = +0.636\text{m}$

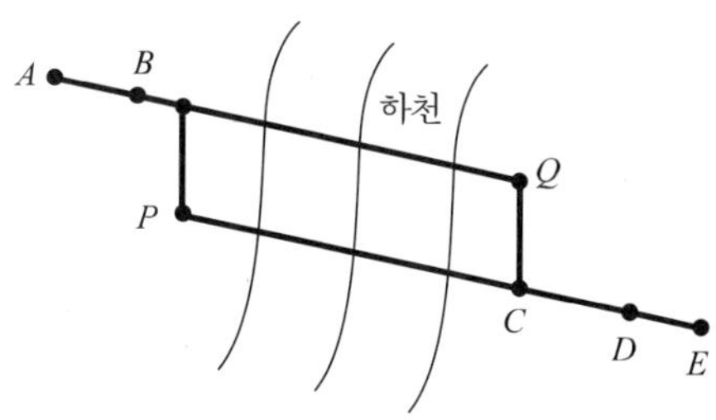


| 풀이 |

$BC$ 간의 교호수준측량을 하였으므로 고저차는

$$\therefore \ h = \frac{1}{2}(-0.229 - 0.267) = -0.248(\mathrm{m})$$

$D$점의 표고($H_D$)의 계산

$$\therefore \ H_D = 2.545 - 0.512 - 0.248 + 0.636 = 2.421(\mathrm{m})$$

## 11 종단 수준측량 및 횡단 수준측량

### (1) 종단 수준측량(Profile leveling)

철도, 도로 등의 노선에 따라 일정한 간격(20m 또는 10ft)마다 혹은 경사가 변하는 지점의 높이를 측정하는 것으로 어떠한 노선에 따라 중심선을 연직으로 절단한 토지의 종단 면도를 만드는 것이 목적이다.

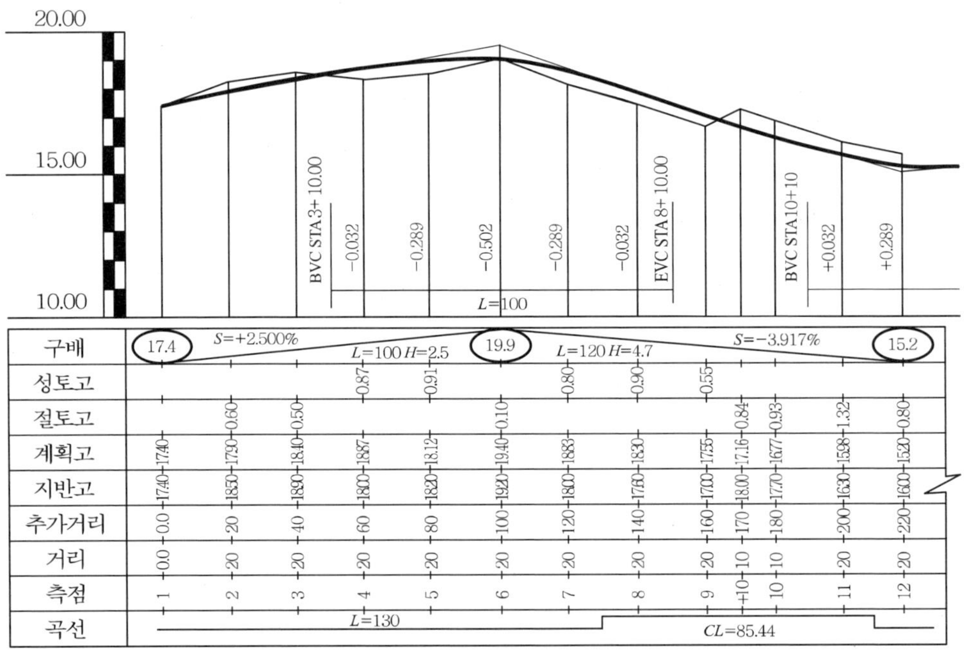


그림 7.17 종단면도

### (2) 횡단 수준측량(Cross Sectioning)

종단 수준측량의 중심말뚝 및 Plus pin의 점에서 지형이 변화하는 점까지 거리와 고저차를 중심선(종단점)에 대하여 직각방향으로 측정하여 횡단면도를 만들어 토지형태를 알기 위한 목적으로 하는 측량을 말한다.

| 측 점 | 왼 쪽 | 중심선 | 오른쪽 | 비 고 |
|---|---|---|---|---|
| | $\frac{\text{높이}}{\text{거리}} \leftarrow$ | | $\rightarrow \frac{\text{높이}}{\text{거리}}$ | |

**예제 7.9**

다음 그림과 같은 횡단면을 갖은 지형에 양단면 평균토량을 계산하라(단, 두 점간의 거리는 20m 임).

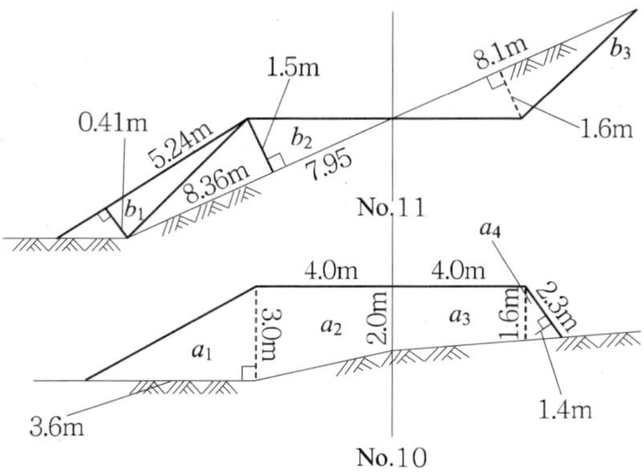


| 풀이 |

1) No.10점의 단면적계산

$a_1 = \frac{1}{2}(3.6 \times 3) = 5.4(\text{m}^2)$ $\quad$ $a_2 = \frac{1}{2}(3.0 + 2.0) \times 4 = 10(\text{m}^2)$

$a_3 = \frac{1}{2}(2.0 + 1.6) \times 4 = 7.2(\text{m}^2)$ $\quad$ $a_4 = \frac{1}{2}(2.3 \times 1.4) = 1.61(\text{m}^2)$

$A_1 = a_1 + a_2 + a_3 + a_4 = 24.21(\text{m}^2)$

2) No.11점의 단면적계산

$b_1 = \frac{1}{2}(5.24 \times 0.41) = 1.07(\text{m}^2)$ $\quad$ $b_2 = \frac{1}{2}(8.36 \times 1.50) = 6.27(\text{m}^2)$

$b_3 = \frac{1}{2}(7.95 \times 1.50) = 5.96$ $\quad$ $b_4 = \frac{1}{2}(8.1 \times 1.60) = 6.48(\text{m}^2)$

$A_2 = b_1 + b_2 + b_3 - b_4 = 6.82(\text{m}^2)$

3) No.10에서 No.11점까지의 토량($Q$)

$$\therefore\ Q = \frac{A_1 + A_2}{2} \times 20 = \frac{24.21 + 6.82}{2} \times 20 = 310.30(\text{m}^3)$$

## 12 간접수준측량(間接水準測量)

### (1) 삼각고저측량(Trigonometerical leveling)

1) 수평거리를 측정할 수 있을 때

$$H = L\tan\alpha + I - h \quad (7.9)$$

$$H_P = H_A + L\tan\alpha + I + \frac{1-K}{2R}L^2 \quad (7.10)$$

여기서, $\frac{1-K}{2R}L^2$ : 양차 $L$ : 시준거리

$I$ : 기계고 $HA$ : 지반고

2) 엘리데이드에 의한 수준측량

$$H_B = H_A + I + H - h \quad (7.11)$$

$$H = \frac{n}{100}D$$

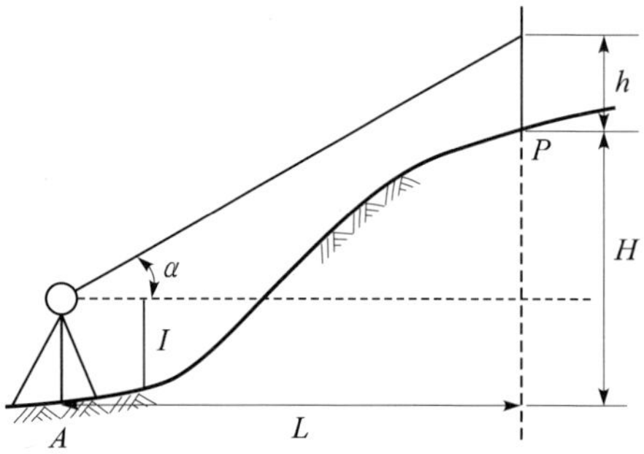


그림 7.18 간접수준측량(1)

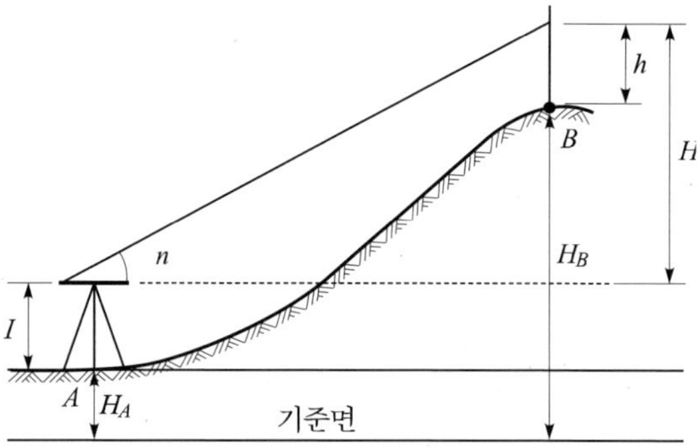


그림 7.19 간접수준측량(2)

3) 기압수준측량

어떤 지점의 대기압이라 함은 그 상층에 있는 대기 중의 중량이므로 지표에서의 고저에 의하여 그 값이 달라진다.

이것을 이용하여 대기압을 측정하여 고저차를 구하는 것이 기압 수준측량이다.

4) 시준선상의 임의점 $B$ 까지만 수평거리를 측정할 수 있을 때

① $AB$ 간의 수평일 때

$\frac{H}{y} = \tan\beta$, $H = y\tan\beta$ ……………… ①

$H = (L+y)\tan\alpha$ ……………………………… ②

① + ②

$(L+y)\tan\alpha = y\tan\beta$

$L\tan\alpha + y\tan\alpha = y\tan\beta$

$L\tan\alpha = y(\tan\beta - \tan\alpha)$

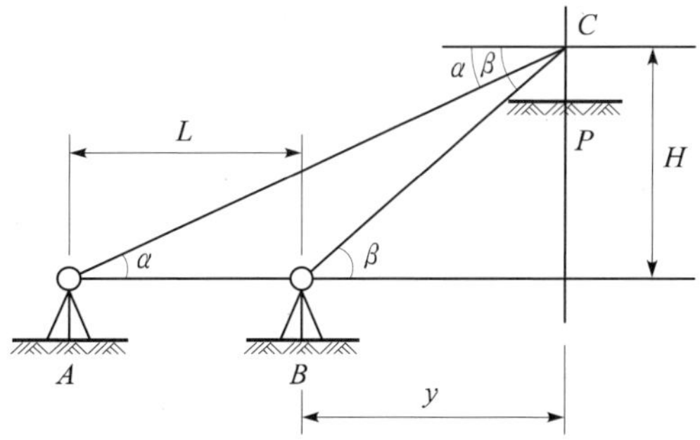


그림 7.20 간접수준측량(3)

$$\therefore\ y = \frac{L\tan\alpha}{\tan\beta - \tan\alpha} \qquad (7.12)$$

$y$를 ①식에 대입하면

$$\therefore\ H = y\tan\beta = \frac{L\tan\alpha}{\tan\beta - \tan\alpha}\tan\beta \qquad (7.13)$$

sin 정리에서 $\frac{L}{\sin(\beta-\alpha)} = \frac{BC}{\sin\alpha}$ $\quad\therefore\ BC = \frac{L\sin\alpha}{\sin(\beta-\alpha)}$

$$\therefore\ H = BC\sin\beta = \frac{L\sin\alpha}{\sin(\beta-\alpha)}\sin\beta \qquad (7.14)$$

**예제 7.10**

높이($x_1$)를 구하기 위해 그림과 같은 값을 얻었다. $C$점의 높이를 구하라(4째 자리에서 반올림하시오).

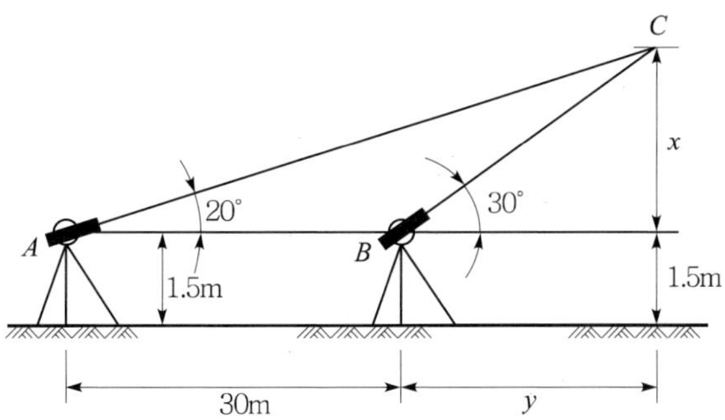


| 풀이 |

$x = (30+y)\tan 20°$ ……………………………………… ①

$x = y\tan 30°$ ……………………………………………… ②

①＝②이므로

$(30+y)\tan 20° = y\tan 30°$

$30\tan 20° + y\tan 20° = y\tan 30°$

$30\tan 20° = y(\tan 30° - \tan 20°)$

$\therefore\ y = \dfrac{30\tan 20°}{\tan 30° - \tan 20°} = 51.172(\text{m})$

$\therefore\ x = y\tan 30° = 51.172\tan 30° = 29.544(\text{m})$

$C$점의 높이 $H = 1.5 + 29.544 = 31.044(\text{m})$

## 13 수준측량의 오차(誤差)

### (1) 정오차

1) 기계 조정 불완전오차
2) 지반 연약으로 인한 오차
3) 표척 눈금 부정오차
4) 광선 굴절에 의한 오차
5) 지구 곡률에 의한 오차
6) 표척을 연직으로 안 세울 경우 오차

### (2) 부정오차

1) 시차로 인한 오차
2) 일광직사로 인한 오차
3) 기포 이동에 의한 오차
4) 진동, 지진에 의한 오차

### (3) 착오

1) 정확한 눈금을 읽지 않을 때 생기는 오차
2) 계산 잘못에 의한 오차

### (4) 수준측량의 허용오차

$$E = C\sqrt{N}\ ,\ N = \frac{L}{2S} \qquad \therefore\ E = C\sqrt{\frac{L}{2S}} = K\sqrt{L} \tag{7.15}$$

여기서, $E$ : 오차

$C$ : 기계를 한번 세우고 1회 측정할 때 생기는 오차

$N$ : 기계를 세운 횟수

$S$ : 일정한 시준거리

$L$ : 시준 노선의 전거리

$K$ : 1km에 대한 수준측량의 오차계수$\left(\frac{C}{2S}\right)$

**예제 7.11**

4km에 대하여 왕복차의 제한이 ±3mm로 정할 때 9km의 왕복관측에 허용하는 왕복차를 계산하라.

| 풀이 |

관측오차는 거리의 제곱근에 비례하므로

$k\sqrt{4} = \pm 3\text{mm}$ $\therefore\ k = \frac{\pm 3}{2} = \pm 1.5(\text{mm})$

$\therefore$ 9km의 왕복관측오차 $= \pm 1.5\sqrt{9} = \pm 4.5(\text{mm})$

### (5) 우리나라의 수준측량 허용오차

#### 1) 1등 수준측량의 허용오차

2km 왕복측정 $\pm 1.5\sqrt{L} = \pm 3(\text{mm})$

왕복했을 때 $L$은 편도거리(km)

예 왕복 25km이면 허용오차는

$E = \pm K\sqrt{L} = \pm 1.5\sqrt{L} = \pm 1.5\sqrt{25} = \pm 7.5(\text{mm})$

#### 2) 2등 수준측량의 오차

2km 왕복측정 ±15mm

#### 3) 하천수준측량의 허용오차(4km 거리 기준)

**표 7.1 허용오차**

| | 한 국 | 일 본 |
|---|---|---|
| 감조부 | 10mm | 12mm |
| 무조부 | 15mm | 15mm |
| 급유부 | 20mm | 20mm |

**예제 7.12**

$A$, $B$, $C$, $D$ 네 사람이 거리 $20\text{km}$, $16\text{km}$, $12\text{km}$, $8\text{km}$의 구간을 수준측량을 하여 왕복관측의 폐합 차가 $20\text{mm}$, $18\text{mm}$, $15\text{mm}$ $13\text{mm}$의 결과를 얻었다면, 4명 중 가장 정확한 결과를 얻은 사람은?

| 풀이 |

왕복관측 결과 조건이므로 1km당 오차를 구하면

$E = K\sqrt{L}$ , $K = \dfrac{E}{\sqrt{L}}$ 에서

$$\frac{20}{\sqrt{20}} : \frac{18}{\sqrt{16}} : \frac{15}{\sqrt{12}} : \frac{13}{\sqrt{8}} = 4.472 : 4.500 : 4.33013 : 4.596$$

∴ 1km당 오차가 가장 적은 $C$가 가장 적합하다.

**예제 7.13**

수준측량에서 5km를 왕복측정하여 제한오차가 15mm라 하면 2km 왕복에 대한 제한오차는 얼마인가?

| 풀이 |

$E = K\sqrt{L}$ 에서 $K = \dfrac{E}{\sqrt{L}} = \dfrac{15}{\sqrt{5}} = 6.708(\text{mm})$

∴ 2km에 대한 오차 $= 6.708\sqrt{2} = 9.49(\text{mm})$

## 14 오차(誤差)의 조정(調整)

수준측량의 결과가 허용오차의 범위내에 있으면 오차조정(adjustment of elevations)을 하여 측정값으로 사용한다.

### (1) 최확값 측정에 의한 조정

비중이 다른 측정값을 각 최확값에 비중값들을 곱하여 이 값들의 합계를 비중의 합계로 나눈 평균치를 말한다.

$$\therefore\ P_1 : P_2 : P_3 : P_4 = \frac{1}{l_1} : \frac{1}{l_2} : \frac{1}{l_3} : \frac{1}{l_4} \qquad (7.16)$$

(7.19)관계식에서 최확값은

$$\therefore\ H_0 = \frac{P_1 l_1 + P_2 l_2 + P_3 l_3 + P_4 l_4}{P_1 + P_2 + P_3 + P_4} \qquad 7.17$$

여기서, $H_0$ : 수준측량에 의한 최확값

$l_1,\ l_2,\ l_3,\ l_4$ : 관측거리

$P_1,\ P_2,\ P_3,\ P_4$ : 각 관측치의 비중

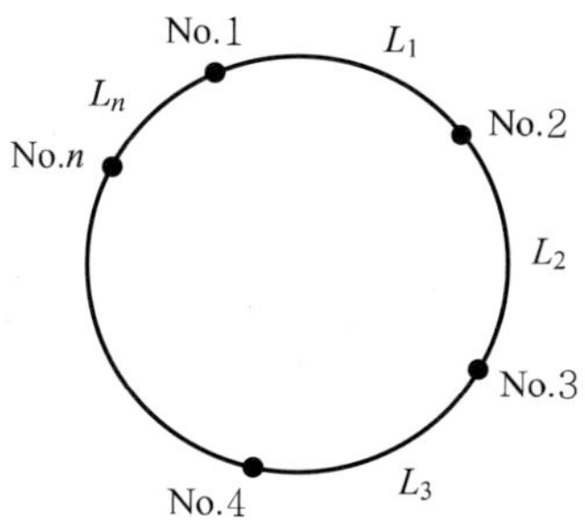


그림 7.21 폐합오차

$$e_1 = -\frac{L_1}{\sum L}\Delta h$$

$$e_2 = -\frac{L_1 + L_2}{\sum L}\Delta h$$

$$e_3 = -\frac{L_1 + L_2 + L_3}{\sum L}\Delta h \qquad 7.18$$

$$e_n = -\frac{L_1 + L_2 + L_3 + \cdots + L_n}{\sum L}\Delta h$$

여기서, $e$ : 각측점에 보정치

$\Delta h$ : 폐합오차

$\sum L$ : 총거리($L_1 + L_2 + L_3 + \cdots\cdots + L_n$)

1점에서 출발하여 그점에 폐합(閉合)하는 경우의 조정 출발점에서 각 측점까지의 거리에 비례하여 오차를 배분한다.

**예제 7.14**

두 개의 수준점 $A$점과 $B$점에서 $C$점의 높이를 구하기 위하여 직접수준측량을 하여 얻은 결과를 이용하여 $C$점의 수정된 높이를 구하라.

| 풀이 |

$A$점에서의 높이 121.375m, $B$점에서의 높이 121.373m

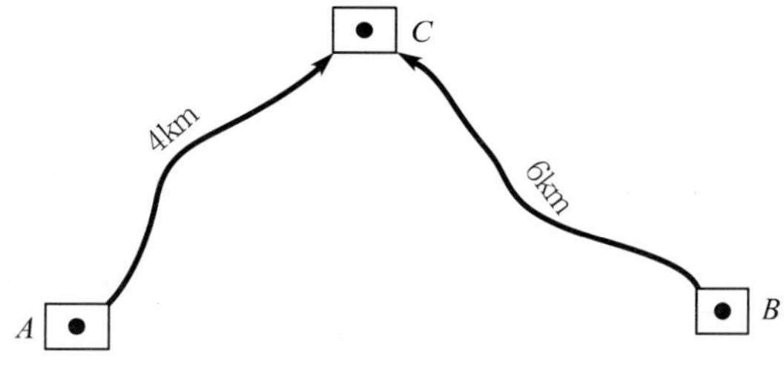

관측치의 비중은 거리에 역비례하므로 $\frac{1}{4}:\frac{1}{6}=3:2$

$C$점의 수정높이 $H_c=121.37+\frac{0.005\times3+0.003\times2}{3+2}=121.3742(\mathrm{m})$

**예제 7.15**

두 사람이 $A$, $B$ 2점간의 고저차를 정밀하게 결정코자 각기 다른 level과 staff을 가지고 수회씩 왕복관측을 한 값으로부터 다음과 같은 결과를 얻었는데 2점간 고저차의 최확값을 구하라.

갑의 결과 : 38.994 ± 0.008m, 을의 결과 : 39.003 ± 0.004m

| 풀이 |

관측값의 비중은 표준오차의 제곱근에 반비례하므로

$$P_1:P_2=\frac{1}{(0.008)^2}:\frac{1}{(0.004)^2}=\frac{1}{2^2}:\frac{1}{1^2}=1:4$$

최확값($H_0$)

$$\therefore\ H_0=38.0+\frac{1\times0.994+4\times1.003}{1+4}=38.0+1.0012=39.0012(\mathrm{m})$$

**예제 7.16**

그림과 같은 수준환에 있어서 수준측량 후 다음 표와 같은 결과를 얻었다. $D$점의 바른 표고를 구하라.(단, $A$점의 표고는 20m 이다)

| 측 점 | 측점간의 거리(km) | 측정표고(m) |
|---|---|---|
| A | | 20.00 |
| | 3 | |
| B | | 12.401 |
| | 2 | |
| C | | 11.275 |
| | 1 | |
| D | | 9.780 |
| | 2.5 | |
| A | | 20.044 |

| 풀이 |

$\sum S=3+2+1+2.5=8.5(\mathrm{km})$

$A$점에서 $B$점까지의 거리 $S_D=3+2+1=6(\mathrm{km})$

폐합오차($E$)$=20.044-20.000=0.044(\mathrm{m})$

$D$점 측정치의 보정량($e_D$)

$$\therefore\ e_D=\frac{S_D}{\sum S}E=-\frac{6}{8.5}\times0.044=-0.031(\mathrm{m})$$

따라서 $D$점의 표고($H_D$)

$\therefore\ H_D=9.780-0.031=9.749(\mathrm{m})$

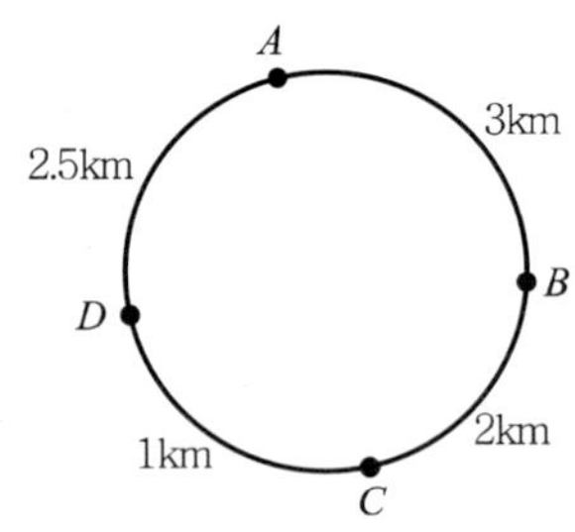

## 연습문제

**01** 다음 수준측량에서 $AB$간의 고저차는?

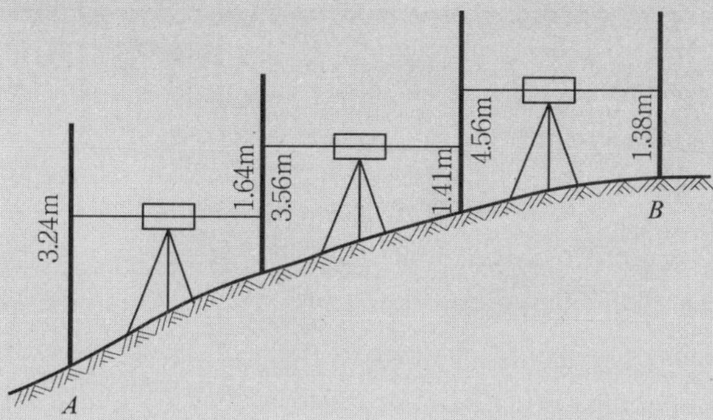


**02** 측점이 갱도의 천장에 설치되어 있는 갱내 수준측량에서 아래 그림과 같은 관측결과를 얻었다. $A$점의 지반고가 15.32m 일 때 $C$점의 지반고는?

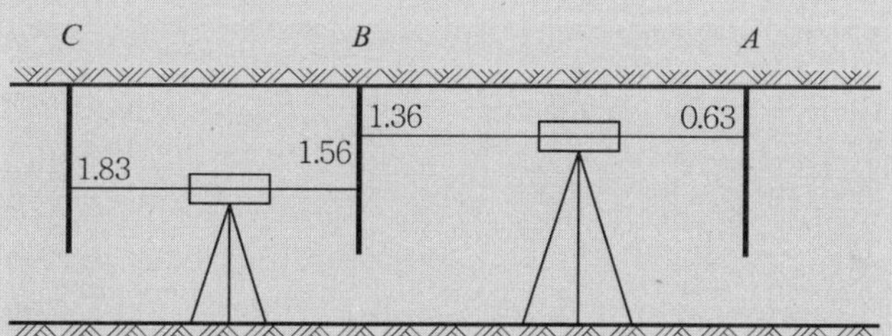


**03** 다음 그림과 같이 수준측량을 실시한 결과 $a$의 표척눈금이 3.560m, $a$의 표고 $H_a = 100.00\text{m}$ 이고, $b$의 표고 $H_b = 101.110\text{m}$ 이었다. $b$점의 표척 눈금은? (단, 단위는 m이다.)

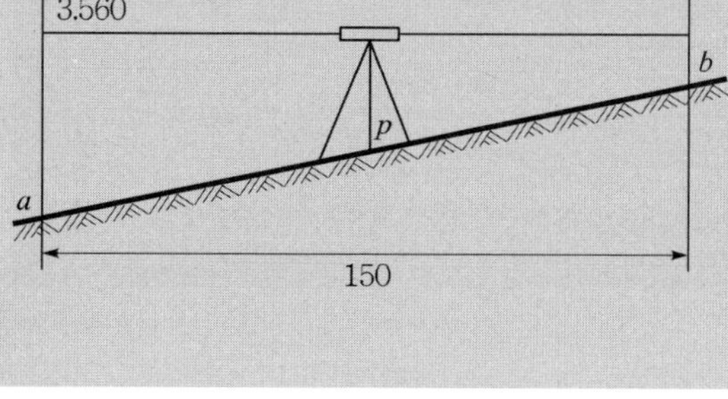

**04** 다음 스케치를 보고 기고식 야장정리로 성과도를 작성하라.

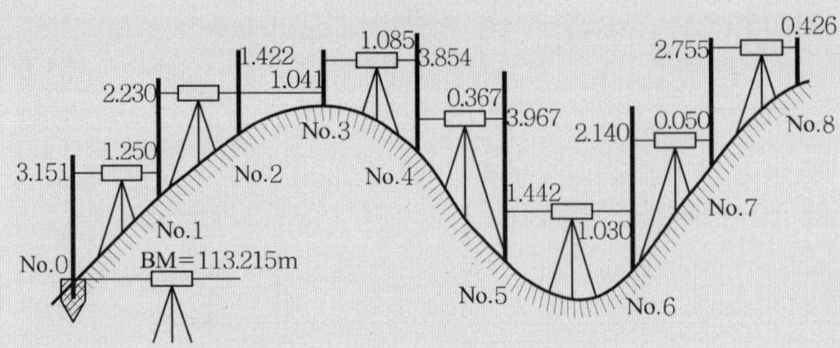


**05** $AB$점간의 비고를 구하기 위하여 다음 그림과 같은 ①, ②, ③의 수준노선을 직접 수준측량한 결과 다음 표와 같은 관측치를 얻었다. 이 결과에서 최확값과 고저차는 얼마인가?

| 노선 | 관측치(m) | 노선의 길이(mm) |
|---|---|---|
| ① | 62.254 | 2 |
| ② | 62.252 | 1.5 |
| ③ | 62.256 | 2 |

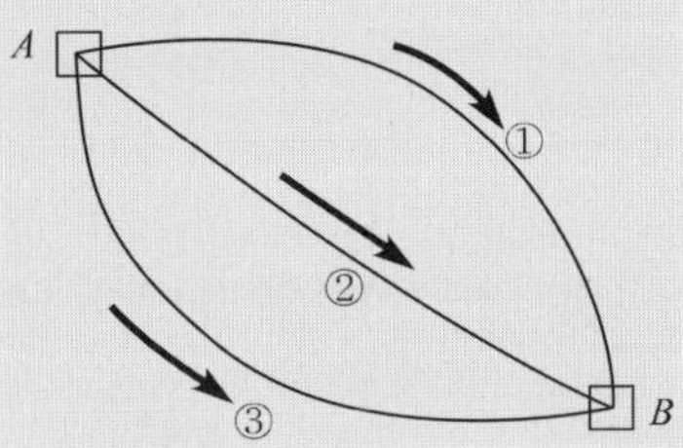


**06** $A$, $B$, $C$, $D$ 점에서 $P$점의 높이를 직접 수준측량에 의해 구했을 때 $P$점의 최확값을 구하라.

$A \to P = 44.242\text{m}$

$B \to P = 44.239\text{m}$

$C \to P = 44.234\text{m}$

$D \to P = 44.237\text{m}$

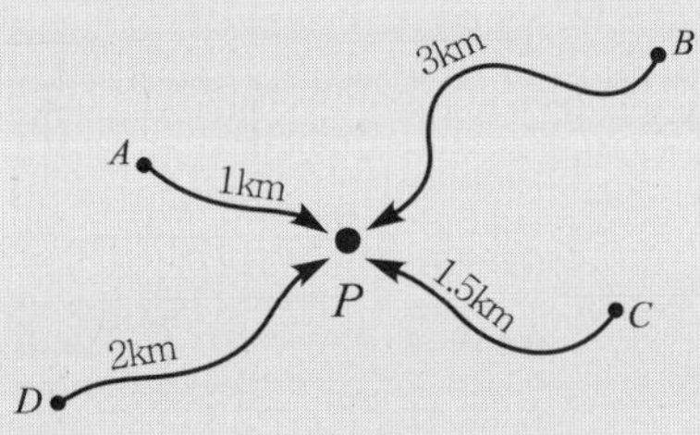


**07** 그림에서 $B$, $C$ 간의 고저차의 평균자승오차(중등오차)를 $0.2\text{mm}$ 위치까지 구하라.

| 노선번호 | 고저차(m) | 고저차의 평균자승오차(mm) |
|---|---|---|
| ① | 22.573 | $2\sqrt{4.0}$ |
| ② | 23.794 | $2\sqrt{3.6}$ |

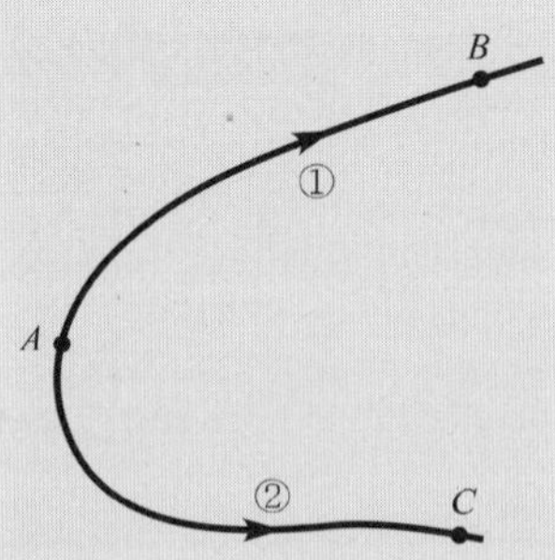

basic surveying

Chapter 8

# GPS측량

## Global Positioning System

## 01 개 요

GPS(Global Positioning System)는 인공위성을 이용한 세계 위치 결정체계로 정확한 위치를 알고 있는 위성에서 발사한 전파를 수신하여 관측점까지 소요시간을 관측함으로써 관측점의 위치를 구하는 체계이다.

예전의 삼각측량, 삼변측량, 트래버스측량은 관측 시준거리의 한계로 인하여 넓거나 먼 거리의 측량에는 시야확보를 위하여 높은 산꼭대기를 이용 하는 등의 불편함이 있었으나 최근에는 3차원 위성측량방법이 개발되어 정밀하고 신속하게 그리고 편리하게 절대위치 또는 상대위치를 결정할 수 있게 되였으며 측지분야 외에 여러 분야에서 널리 응용 사용되고 있는 위치결정체계이다.

### (1) 위성측량의 역사

구 소련의 스프트니크(Sputnik)위성이 1957년 10월 발사되어 위성의 궤도가 정밀하게 계산되었으며 이것으로부터 지구 표면에 위치한 모든 목표물에 대한 위치결정을 가능하게 됨을 계기로 미국의 NNSS(Navy Navigation Satellite System) 위성개발 동기가 되었으며 수신장치의 크기와 복잡한 계산과정 등 단점을 보완하기 위하여 GPS 위성이 개발되었다.

#### 1) NNSS(Navy Navigation Satellite System)

위성은 1958년에 발사되었고 1960년 1961년에 실험용 위성이 각각 발사되어 1964년 본격적으로 미 해군에서 군사목적에만 사용되어 왔으나 1967년 민간목적으로 사용이 가능하게 되었으며 “트랜싯 위성” 또는 “도플러 위성”이라고도 한다.

① 6개의 위성으로 구성되어 있으며 위성고도는 1,075km, 적도면 경사각이 90°인 원형극 궤도운동을 하게 되어 있음.
② 위성이 지구를 1바퀴 회전하는 주기는 107분이며 위성이 한번 회전 할 때마다 지구는 경도 27°씩 회전하므로 하루에 4번은 비슷한 지점을 통과 하게 된다.
③ 도플러 위성이며 상대측위법을 이용할 경우 약 25~30회의 통과 자료를 이용하면 약 20~30cm의 정밀도를 얻을 수 있으나 많은 관측기간이 필요하다.
④ 제한된 통과시간으로 사용자가 필요할 때마다 사용할 수 없고 정밀도가 낮다는 단점이 있다.

2) GPS 위성

① NNSS의 단점을 보완하기 위하여 개발된 위성체계이며 1973년 미 국무부에 의하여 개발된 위성체계로서 LA 미 공군부대에 위치한 합동 계획본부(JPO ; Joint Program Office)에 의하여 계획 및 통제가 되고 있다.

② GPS 위성체계는 1993년 12월 8일 총 24개 위성(Block Ⅰ, Ⅱ, ⅡA)을 초기 운용이 시작되었으나 Block ⅡR 및 Block ⅡF의 5종류 위성으로 구성 되었다.

③ GPS는 군사적 목적에 의하여 일방향성 위성으로 설계 되었다.(신호는 위성에서만 송신되어지며 제어국 외에는 송신되지 않는다.) 따라서 위성과 지상 수신기간의 정확한 거리계산을 위하여 송수신 장치에 정밀한 시계를 장착하여야 한다.

④ GPS 위성의 고도는 약 20,183km이며 회전주기는 약 12시간으로 원형 궤도를 높은 궤도로 돌고 있으므로 중력이상이 궤도에 미치는 영향이 적어 정밀한 궤도 계산이 가능하다.

⑤ 위성체계는 18개의 운용위성, 3개의 예비 운용위성, 3개의 순수 예비 위성 등 총 24개의 위성체계이며, 위성의 배치는 60° 간격으로 6개의 궤도면에 궤도마다 4개의 위성이 배치되어 있으며 24시간 4대 이상의 위성을 관측하기 위한 것이다.

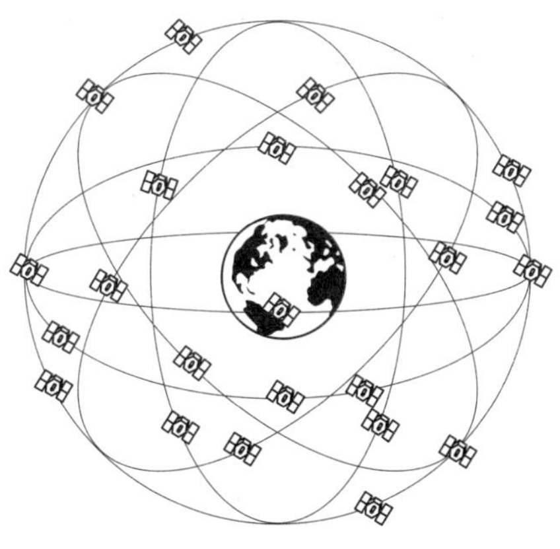

그림 8.1 GPS 위성

3) GPS위성의 역사

① 1978. 2 : Block Ⅰ위성발사 시작

② 1983. 9 : GPS 민간무료사용 선언(미 의회)

③ 1989. 2 : Block Ⅱ위성발사

④ 1990. 3 : SA 가동시작(미 국무부)

⑤ 1994. 10 : 향후 10년간 GPS서비스 무료제공 협정

⑥ 1995. 4 : 정상가동 (24개 GPS 위성체계 정상운행)

⑦ 1996. 3 : 10년 내 SA 영구해제 선언(클링턴 대통령)

⑧ 2000. 5 : SA 해제

## (2) GPS 구성

**우주부문 (Space Segment)**

- 연속적 다중위치 결정체계(24개의 위성으로 구성)
- GPS는 55° 궤도 경사각, 위도 60°의 6개 궤도(각 4개의 위성)
- 고도 20,183km 고도와 11시간 58분 주기로 운행
- 3차원 후방 교회법으로 위치 결정
- Block I, Block II, Block IIR, Block IIF

※ LA공군기지에 설치된 합동프로그램사무소(J.P.O)의 책임 하에 있다. 미 국방성에 의해서 개발통제

**제어부문 (Control Segment)**

- 궤도와 시각 결정을 위한 위성의 추적
- 전리층 및 대류층의 주기적 모형화
- 위성시간의 동일화
- 위성으로의 자료전송

※ 주제어국 : 콜로라도스프링즈의 팔콘공군기지
추적국 : Kwajalein, Diego Garcia, Aseension,Hawaii, Colorado

**사용자부문 (User Segment)**

- 위성에서 보내진 전파를 수신하여 원하는 위치 및 거리의 관측
- 측량에서 사용되는 수신기는 L1과 L2 주파수를 수신할 수 있는 고주파형 수신기가 사용되며 근대에는 Galileo 위성 신호까지 수신할 수 있는 다주파형 수신기가 사용되고 있다.

## (3) Galileo 위성 시스템

Galileo는 유럽우주국과 기타 나라가 계획하고 수행중인 위성 시스템으로서 GPS나 GLONASS와 달리 민간인 전용 GNSS(Global Navigation Satellite System) 프로젝트이며 30기의 위성으로 운용될 예정이다.

### 1) GNSS 프로젝트

GNSS 프로젝트는 2단계로 구분되는데 GNSS-1에서는 GPS 및 GLONASS와 연계된 지역위성의 운용, GNSS-2에서는 GPS 및 GLONASS와 동등한 독자적인 위성 운용 단계로 나뉘어진다.

**표 8.1** GNSS 프로젝트

| 구 분 | 위성의 명칭 | 운용 목적 | 운용 지역 |
|---|---|---|---|
| GNSS-1 | WAAS, EGNOS, MSAS | 기존의 GPS, GLONASS와 연계하여 광역 DGPS 기능 서비스로 측위 정확도를 매우 높임(1~3m) | WASS(아메리카대륙)<br>EGNOS(유럽대륙)<br>MSAS(아시아 대륙) |
| GNSS-2 | Galileo | GPS 및 GLONASS와 동등한 독자적인 민간 위성 항법 시스템 [유럽우주국(ESA 및 타국가 공동개발] | 전세계 |

2) Galileo 위성

① 특징 : 3주파의 운송파(반송파) 사용 예정이며 GPS나 GLONASS보다 높은 단독 측위정확도(수평 위치 4m, 수직위치 8m 이하)와 운송파(반송파) 측위 Ambiguity로 순간 결정 가능

② 위성궤도

- 위성의 높이 : 지상으로부터 23,616km
- 공전 주기 : 14시간 21분 6초
- 위성 수 : 30개의 중궤도 위성
- 궤도면 : 3개의 궤도에 10개씩 배치
- 궤도면 각도 : 56°
- 시간 측정 : UTC

③ 제공 서비스

- 무료 신호 사용 서비스 : OSA(개방서비스)
- 유료 신호 사용 서비스 : CAS(통제서비스)
  - CAS 1 : 상업적 서비스
  - CAS 2 : CAS 2-SAS : 고 정밀 서비스
  - CAS 2-GAS : 비 민간용 대정부 서비스(암호신호)

# 02 측위법의 기본 원리

## (1) GPS 측위 원리

GPS를 이용한 측위 방법에는 코드신호 측정방식과 운송파(반송파) 신호 측정 방식이 있으며 코드신호에 의한 방법은 위성과 수신기간의 전파 도달 시간차를 이용하여 위성과 수신기사이의 거리를 구하며, 운송파 신호에 의한 방법은 위성으로부터 수신기에 도달되는 전파의 위상을 측정하는 간섭법을 이용하여 거리를 구하는 방법을 말한다.

### 1) 코드신호 측정 방식

위성에서 발사한 코드와 수신기에서 미리 복사된 코드를 비교하여, 두 코드가 완전히 일치할 때까지 걸리는 시간을 관측하여 여기에 전파속도를 곱하여 거리를 구하는데 시간에 오차가 포함되어 있으므로 의사거리(Pseudo range)라 하며 관측방정식 4개가 성립된다.

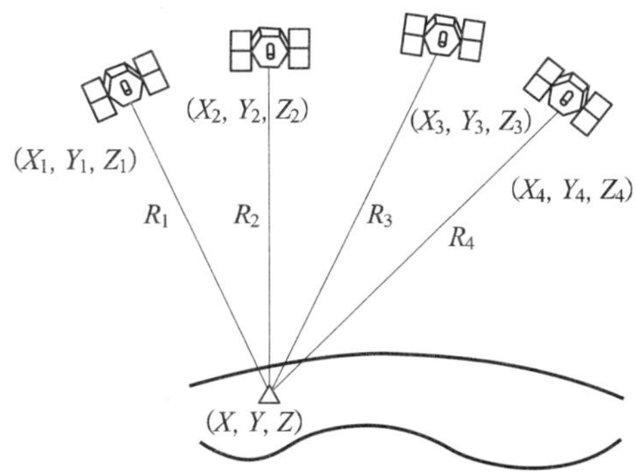


그림 8.2 의사거리를 이용한 위치해석 방법

$$\left.\begin{aligned} R_1 &= \left\{(X_1-X)^2+(Y_1-Y)^2+(Z_1-Z)^2\right\}^{1/2}+C\times dt \\ R_2 &= \left\{(X_2-X)^2+(Y_2-Y)^2+(Z_2-Z)^2\right\}^{1/2}+C\times dt \\ R_3 &= \left\{(X_3-X)^2+(Y_3-Y)^2+(Z_3-Z)^2\right\}^{1/2}+C\times dt \\ R_4 &= \left\{(X_4-X)^2+(Y_4-Y)^2+(Z_4-Z)^2\right\}^{1/2}+C\times dt \end{aligned}\right] X, Y, Z \tag{8.1}$$

여기서, $R$ : 위성(S)과 수신기(R)간의 거리

$XR$, $YR$, $ZR$ : 수신기의 좌표값

$XS$, $YS$, $ZS$ : 위성의 좌표값

$C$ : 전파속도

$dt$ : 위성과 수신기간의 시각동기오차

[특징 및 용도]

- 미지수가 4개($X$, $Y$, $Z$, $dt$)이므로 최소 동시에 4개 이상의 위성신호를 수신해야 한다.
- 단독 측위(1점 측위, 절대 측위)에 사용되며 2대 이상의 GPS를 사용하는 상대측위 중 코

드 신호만을 해석하여 측정하는 DGPS (Differential GPS) 측위시 사용되며 위성시계 오차, 궤도오차, 전리층과 대류권의 전파지연 등으로 인한 유사한 거리라 하여 m 단위의 오차 범위의 관측 시 사용한다.

### 2) 운송파 신호 측정 방식

코드신호를 운송하는 운송파는 정현파로서 L1파의 경우 약 19cm, L2파의 경우 약 24cm의 파장으로 위성과 수신기간의 파장 개수를 측정하고 파장수에 파장을 곱하여 거리를 계산할 수 있는데 이와 같이 위상차에 의해 간섭법으로서 매우 높은 정확도의 거리를 측정할 수 있다.

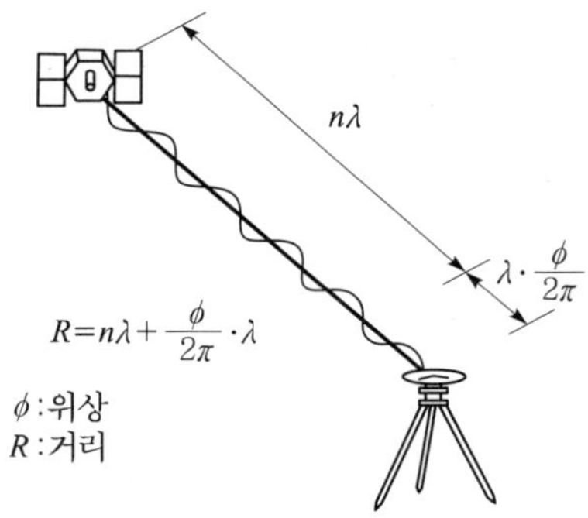


**그림 8.3 운송파에 의한 위성과 수신기간 거리측정**

$$R = (N + \frac{\Phi}{2\pi}) \cdot \lambda + C\,(dT + dt) \quad (8.2)$$

여기서, $R$ : 위성과 수신기간의 거리 $N$ : 위성과 수신기간의 반송파의 개수

$\Phi$ : 위상각 $\pi$ : 반송파의 파장

$dT+dt$ : 위성과 수신기의 시계오차

[특징 및 용도]

- 운송파 신호 측정 방식은 일명 간섭 측위라 하며 전파의 위상차를 관측하는 방식인데 수신기에 마지막으로 수신되는 파장의 위상을 정확히 알 수 없으므로 이를 모호정수(Ambiguity) 또는 정수치 편기(bias)라고 한다.
- 일반적으로 수신기 1대만으로는 정확한 Ambiguity를 결정할 수 없으며 최소 2대 이상의 수신기로부터 정확한 위상차를 관측한다.
- 위상차를 정확히 계산하기 위한 방법으로 1중차, 2중차, 3중차의 단계를 거치며 후처리용 정밀 기준점 측량 및 RTK(Real-time Kinematic)법과 같은 실시간 이동측량에 사용된다.

## (2) GPS 신호체계

GPS 신호는 C/A코드, P코드 및 항법 메시지 등의 측위 계산용 신호가 각기 다른 주파수를 가진 L1 및 L2파의 2개 전파에 실려 지상으로 방송이 되며 L1, L2파는 코드 신호 및 항법 메시지를 운반한다고 하여 운송파(carrier wave)라 한다.

**표 8.2** GPS 신호

| 반송파 신호 | 코드 신호 | 용 도 |
|---|---|---|
| L1파 = 1,575.42MHz (1MHz = 1,000,000Hz) | C/A 코드 : 위성궤도정보를 PRN 코드로 암호화한코드 | 민간용 |
| | P 코드 : 위성궤도정보를 PRN 코드로 암호화한 코드(10.23MHz) | 군사용 |
| | 항법 메시지 : 시각정보, 궤도정보 및 타위성의 궤도 정보 | 민간용 |
| L2파 = 1,227.60MHz | P코드(10.23MHz) | 군사용 |
| | 항법 메시지 | 민간용 |

1) 운송파(Carrier wave)

운송파는 코드를 운반해 주는 역할을 하며 위성의 위치 계산을 위한 궤도 요소를 포함하고 있다.

① L1 : 1,575.42MHz(154×10.23MHz), C/A code와 P code 변조 가능

② L2 : 1,227.60MHz(120×10.23MHz), P code만 변조 가능

② Keplerian 요소(궤도의 6요소)

- 타원궤도를 돌고있는 위성을 위치와 속도 성분으로 나타낼 수 있는 불변량
- 궤도 장반경, 이심율, 궤도경사각, 승교점의 적경, 근지점 인수(引數), 근점이각(離角)

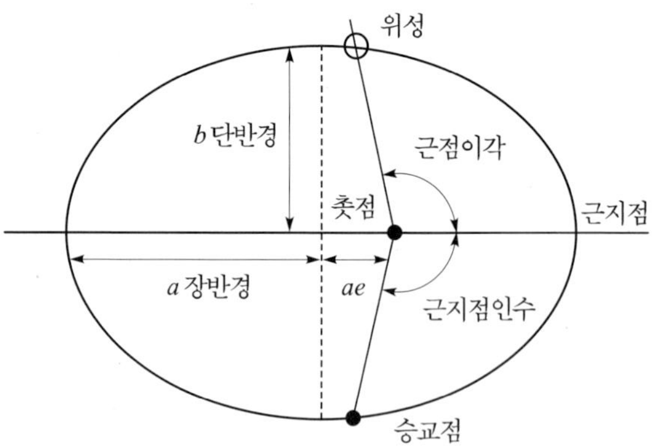


그림 8.4 위성궤도 요소

③ 2개의 주파수로 방송되는 이유는 위성궤도와 지표면 사이의 전리층의 영향을 보정하기 위함

2) 코드(Code)

① P 코드(Precise or Private, 군사적 코드)

- 반복주기는 267일이나 7일인 PRN code(Pseudo Random Noise code)로 제공되고 있다.
- 주파수 10.23MHz, 파장 30m
- AS mode로 동작하기 위해 Y-code로 암호화되어 PPS 사용자에게 제공
- L1과 L2파에 의해 운반되며 위성의 위치, 상태 등의 정보가 실려 있다.
- PPS(Precise Positioning Service : 정밀측위서비스) – 군사용

② C/A 코드(Clear Access or Coarse Acquisition)

- 1ms (milli-second)인 PPN code
- 주파수 1.023MHz, 파장 300m
- 위성신호가 어느 위성에서 송신되는지 쉽게 알 수 있다.
- L1 파에 의해 운반되어 사용자에게 제공
- SPS(Standard Positioning Service : 표준측위서비스) – 민간용

3) 항법메시지(Navigation Message)

① 측위 계산에 필요한 정보

- 위성 탑재 원자 시계 및 전리층 보정을 위한 Parameter값
- 위성 궤도 정보
- 타위성의 항법 메시지 등을 포함

② 위성궤도 정보에는 평균 근접각, 이심율, 궤도 장반경, 승교점 적경, 궤도 경사각, 근지점인수 등 기본적인 량 및 보정항(項)이 포함되며 GPS위성의 궤도, 시간, 기타 System Parameter들을 포함하는 Data bit로 구성

### (4) 궤도정보(Ephemeris)

궤도정보는 GPS 측위 정확도를 좌우하는 중요한 사항으로서 크게 나누어 방송력과 정밀력으로 구분되며 높은 정확도를 요하는 후처리방식의 정지측량(측지측량)에서 정밀궤도력을 사용한다.

1) 방송력(Broadcast ephemeris)

① GPS위성이 타 정보와 마찬가지로 지상으로 송신하는 궤도정보이다.

② 사전에 계산되어 위성에 입력한 예보궤도로서 실제 운행궤도에 비해 정확도가 떨어진다.

③ 향후의 궤도에 대한 예측치가 들어 있으며 형식은 매 30초마다 기록되고 16개의 Keplerian element로 구성되어 있다.

④ 위성 전파를 수신하지 않고도 획득 가능하며 수신하는 순간부터도 사용이 가능하므로 측위 결과를 신속히 알 수 있다.

2) 정밀력(Precise ephemeris) : 정밀 궤도 정보

① 실제 위성의 궤적으로서 지상 추적국에서 위성전파를 수신하여 계산된 궤도 정보이다.

② 방송력에 비해 정확도가 높으며 위성 관측 후 정보를 취득하므로 주로 후처리 방식의 정밀 기준점 측량에 적용된다.

## 03 GPS 위치 결정방법 및 정확도

GPS의 관측방법에는 크게 1점 측위(Point Positioning) 혹은 절대관측과 간섭계 측위(상대관측)로 나누어지며 상대관측은 정치 측량(static surveying)과 이동 측량(kinematic surveying) 등이 있다.

**표 8.3 현장관측법 비교**

| 현장관측방법 | 정밀도 | 관측소요시간 | 특 징 | 비 고 |
|---|---|---|---|---|
| 정적 관측법<br>(static) | 1/100,000~<br>1/5,000,000 | 1시간정도 | 속도가 늦으나<br>가장 정밀 | 측지, 기준점측량 |
| 신속정적관측법<br>(rapid static) | 1/100,000~<br>1/1,000,000 | 5~15분 | 급속/정밀 측량시<br>효율적 | 기준점측량,<br>노선측량(c,p) |
| 동적 관측법<br>(kinematic) | 1/100,000~<br>1/750,000 | 1초~2분정도 | 신호단절시 재<br>초기화 필요 | 지형측량,<br>노선측량 |
| 실시간동적관측법<br>(realtime kinematic) | 1/100,000~<br>1/1,000,000 | 순간관측<br>(0.5초~3초) | 통신주파수사용<br>신호단절시<br>재초기화 필요 | 이동하면서<br>고정밀도관측이<br>가능 |

1) 절대관측 방법(1점 측위 ; 단독측위)

절대관측방법이란 4개 이상의 위성으로부터 수신신호 가운데 C/A code를 이용해 실시간 처리로 수신기의 위치 결정 하는 방법이다. 지구 또는 공간 상에 있는 사용자의 위치를 관측하는 방법으로 위성신호수신 즉시 수신기의 위치계산이 가능하며 GPS의 가장 일반적이고 기초적인 응용단계로서 위치 정확도가 낮으며 재해, 등산, 레저, 군사작전(산악, 사막), 열차, 선박, 자동차, 항공기 등의 항법 및 미사일의 유도 등에 이용된다.

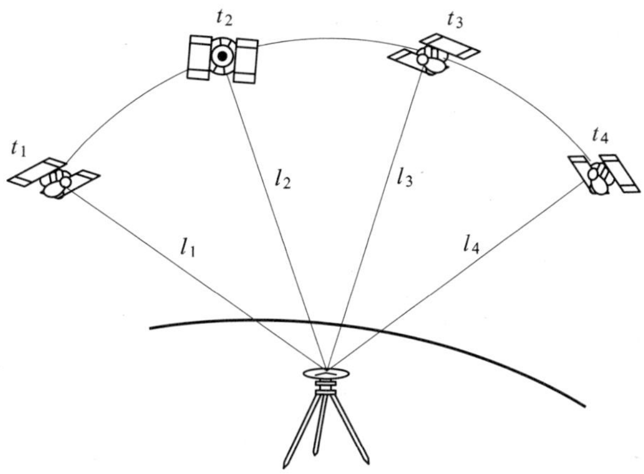


그림 8.5 절대관측방법

2) 상대관측 방법(간섭계 측위)

기지점과 미지점에 세운 2대 이상의 수신기로 동일한 위성의 신호를 동시에 관측하여 2점간에 도달하는 전파의 시간적 지연을 측정하고 2점간의 거리를 정확히 측정하여 3차원 위치를 결정하는 방법으로 정지 측량과 이동 측량 등이 있다.

① **정지 측량**(Static surveying) : 2개 이상의 수신기를 각 측점에 고정하고 양 측점에서 동시에 4대 이상의 위성으로부터 신호를 30분 이상 수신완료 후 컴퓨터로 각 수신위치 및 거리계산하는 후처리 방식으로 계산된 상대 정확도가 ±(5mm+1ppm) 정도로 높으므로 측지 측량에 이용되며 향후 VLBI의 보완 또는 대체 가능할 것으로 보인다.

② **이동 측량**(Kinematic surveying) : 기지점에 1대의 수신기를 기지점에 고정시키고 다른 수신기를 이동국으로 하여 이동국을 순차로 이동하면서 각 측점에 놓고 4대 이상의 위성으로부터 신호를 수초~수분정도 수신하는 방식으로서 정밀도가 낮은 기준점 측량, 지형측량, 경계측량, 이동차량 위치결정, 공사측량 등에 응용되며 정밀도는 2cm~1ppm 정도이다.

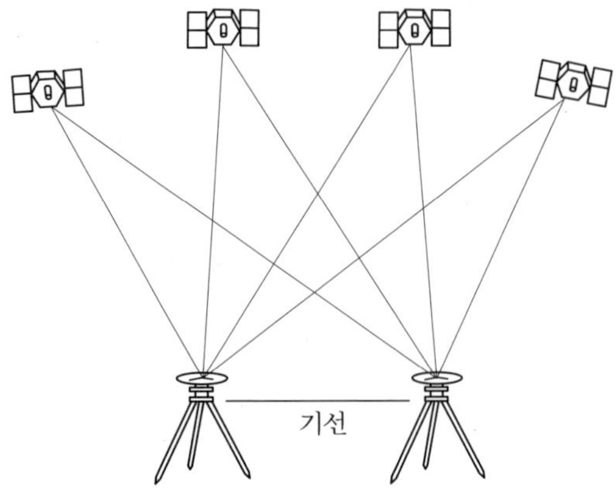


그림 8.6 키네마틱 관측방법

3) 실시간 이동측량 RTK(Real-Time Kinematic)

① 측량 방법

- DGPS법과 거의 동일한 방법으로서 기지국의 보정자료를 라디오모뎀으로 이동국에 전송하여 현장에서 실시간으로 측량 결과를 획득하는 방법이다.
- DGPS는 위성 신호중 C/A 코드를 처리하는 방식이나 RTK는 위성 신호중 L1 또는 L2파의 운송파를 처리하여 보다 정확한 위치(1~2cm)를 획득하는 운송파 처리 방식이다.

② 응용분야

- 일반 측량 분야 : 1~3cm 내외의 정확도를 요하는 측량으로서 일반 공사 측량, 횡단 측량 및 토공량 산출, 현황 측량에 사용된다.
- 해상 측량 분야 : 준설선·항타선 등의 선박 유도, 정밀 수심 측량, 해상구조물 설치측량 등에 사용이 편리하다.

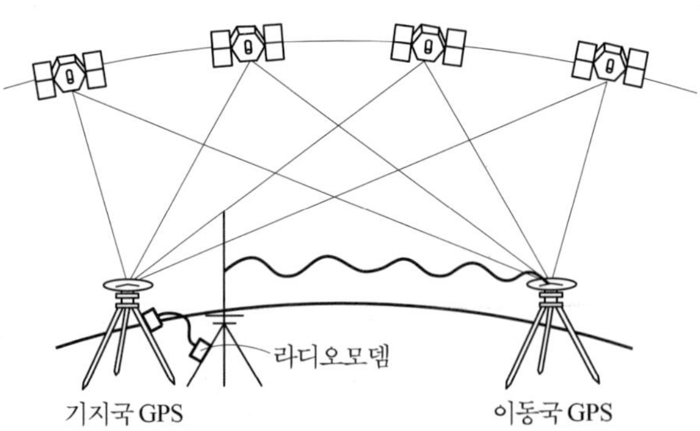


그림 8.7 실시간 이동측량(RTK 측량)

- **토공 장비의 제어** : 불도저나 그레이더 등의 토공 장비에 GPS를 부착하여 별도의 측량없이 토공 작업을 수행한다.
- **GIS 구축** : 정밀을 요하는 지하시설물 측량 분야의 GIS 구축 시 수치 지도와 연계 하여 수치 지도상에 각종 시설물의 레이어에 대한 위치 정보의 파악및 입력, 지도 갱신.
- **GPS-VAN에 부착** : 지상 사진 측량을 위한 GPS-VAN의 위치 측정에 사용됨

### 4) DGPS(Differential GPS) : 측량방법

DGPS(Differential GPS)는 상대 측위 방식의 GPS 측량기법으로서 이미 알고 있는 기지점 좌표를 이용하여 오차를 최대한 줄여서 이용하기 위한 위치결정 방식으로, 기지점에서 기지국용 GPS수신기를 설치하며 위성을 관측하여 각 위성의 의사거리 보정값을 구한 뒤 이를 이용하여 이동국용 GPS수신기의 위치 결정오차를 보정함으로써 정확도를 개선하는 GPS 측위기법 중의 하나이다.

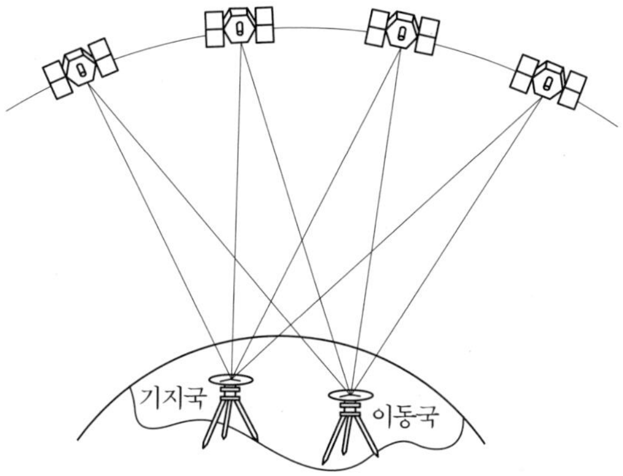


**그림 8.8 키네마틱 관측방법**

① DGPS의 원리

- **기지국 GPS**(Reference station) : 기지점에 설치하는 GPS로서 인공위성에 의해 측정된 위치 데이터와 기지점의 위치데이터와의 차이값을 계산 후에, 위치보정데이터를 생성하여 이동국 GPS로 송신하는 기능을 수행한다.
- **이동국 GPS**(Mobile station) : 인공위성에 의해 측정된 위치데이터에 기지국으로부터 송신된 위치보정 데이터를 합성하여 현지점의 정확한 위치를 표시한다.

② DGPS의 특징

- DGPS는 기존 광학 장비보다 시통과 거리의 제한이 매우 적다.
- 기상조건 및 야간관측에 영향을 받지 않는다.

- 1인 측량이 가능하다.
- 야장이 필요 없으며 컴퓨터에 의한 자동처리가 가능하다.

## 04 GPS측량의 오차

### (1) 개요

GPS의 측위오차는 구조적 요인에 의한 거리오차, 위성의 배치에 따른 오차, SA, Cycle Slip 등이 있다.

### (2) 구조적 요인에 의한 거리오차

거리오차는 위성과 수신기간의 측정된 거리오차를 의미하며 원인은 다음과 같다.

#### 1) 위성시계오차

① 위성에 장착된 매우 정밀한 원자시계의 미세한 오차(1ms의 간격 = 약 30km의 의사거리 오차)

② 위성시계오차로 잘못된 시간에 신호를 보냄으로써 발생되는 오차

#### 2) 위성궤도오차

① 위성의 항행메시지에 의한 예상궤도와 실제궤도의 불일치에 의한 오차

② 위성의 예상위치를 사용하는 실시간 위치결정(Real-Time Positioning)에의한 영향오차

#### 3) 전리층과 대류권에 의한 전파지연 오차

전리층과 대류권을 통과하면서 발생하는 위성신호의 전파속도 지연과 경로의 굴절오차로 고주파수신기의 사용과 DGPS 측위방법을 사용하여 보정이 가능하다.

① **전리층** : 지표면에서 70km 주위에서 시작하여 전기적으로 충전된 입자들이 포함된 약 1,000km 두께의 두꺼운 층

② **대류권** : 지표상 약 10km까지 이르는 것으로 지구의 기후 형태에 의한 층

#### 4) 수신기에서 발생하는 오차

다중 경로 오차는 GPS위성으로부터 직접 수신된 전파 이외에 부가적으로 주위의 지형, 지물에 의한 반사된(Reflected)전파로 인해 발생하는 오차로 실제거리보다 길게 측정되는 오차이다.

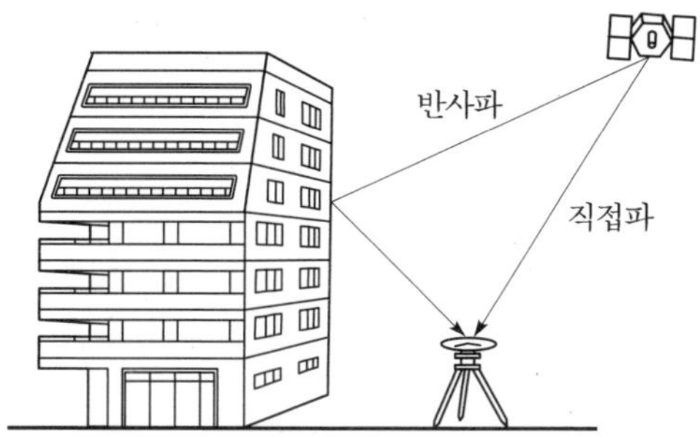


그림 8.9 Multipath

### (3) 위성의 배치 상황에 따른 오차

측량방법 중의 하나인 후방교회법은 기준점의 배치가 정확도에 영향을 주는 것과 같이 GPS의 오차는 수신기와 위성들 간의 기하학적 배치 관측되는 위성의 수에 따라 영향을 받는데 이 경우 측위 정확도의 영향을 표시하는 계수를 DOP(정밀도저하율)라 한다.

#### 1) DOP의 종류(Dilution of Precision)

① GDOP(Geometric Dilution of Precision) : 기하학적 정밀도 저하율
② PDOP(Position Dilution of Precision) : 위치 정밀도 저하율(3차원 위치)
③ HDOP(Horizontal Dilution of Precision) : 수평 정밀도 저하율(수평위치)
④ VDOP(Vertical Dilution of Precision) : 수직 정밀도 저하율(높이)
⑤ TDOP(Time Dilution of Precision) : 시간 정밀도 저하율

#### 2) DOP의 특징

① 수치가 작을수록 정확하다.
② 지표에서 가장 좋은 배치 상태일 때의 수치를 1로 한다.
③ 5까지는 실용상 지장이 없으나, 6 이상인 경우는 좋지 않은 상태이다.
④ 수신기를 가운데 두고 4개 위성이 정사면체를 이룰 때 GDOP, PDOP 등의 수치가 최소가 된다.

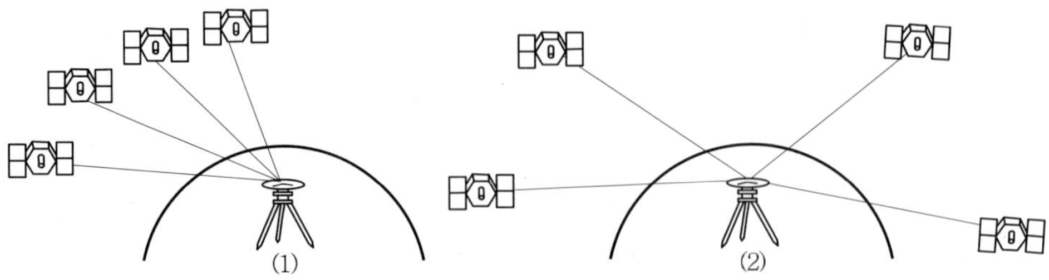


(1) DOP값 높다(저 정밀도) (2) DOP값 낮다(고 정밀도)

**그림 8.10**

여기서, $x$, $y$, $z$는 측점의 3차원 좌표이고 $c$는 진공 중에서의 빛의 속도, $\sigma x$, $\sigma y$, $\sigma z$는 각각 $x$, $y$, $z$의 표준편차, $\sigma_t$는 수신기의 시계오차에 대한 표준편차, $\sigma_0$는 거리에 대한 기준표준편차이다.

$$\text{기하학적 } DOP(GDOP) = \frac{\sqrt{(\sigma_x^2 + \sigma_y^2 + \sigma_z^2 + \sigma_t^2)}}{\sigma_0}$$

$$\text{위치 } DOP(PDOP) = \frac{\sqrt{(\sigma_x^2 + \sigma_y^2 + \sigma_z^2)}}{\sigma_0}$$

$$\text{평면위치 } DOP(HDOP) = \frac{\sqrt{(\sigma_x^2 + \sigma_y^2)}}{\sigma_0}$$

$$\text{수직위치 } DOP(VDOP) = \frac{\sqrt{\sigma_z^2}}{\sigma_0}$$

$$\text{시간 } DOP(TDOP) = \frac{\sqrt{\sigma_t^2}}{\sigma_0}$$

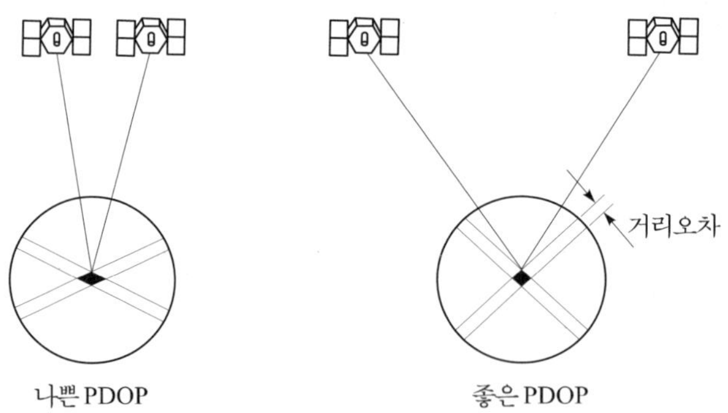


검은색부분의 면적 – PDOP

**그림 8.11 PDOP**

### (4) Cycle slip(주파수 단절)

사이클 슬립은 GPS 운송파 위상 추적 회로(Phase lock loop : PLL)에서 운송파 위상치의 값이 여러 가지 요인으로 인해 순간적으로 단절되어 발생하는 오차이다. 이러한 사이클 슬립은 운송파 위상 데이터를 사용하는 정밀 위치측정 분야에서는 매우 큰 영향을 미칠 수 있으므로 주의하여야 한다.

#### 1) 사이클 슬립의 원인

GPS 안테나 주위의 지형, 지물에 의한 신호 단절, 높은 신호 잡음, 낮은 신호 강도(Signal strength), 낮은 위성의 고도각 등의 원인이 되며, 사이클 슬립은 이동측량에서 많이 발생하므로 주의가 필요하다.

#### 2) 사이클 슬립 처리

수신회로의 특성에 의해 파장의 정수배만큼 점프하는 특성이 있으므로 데이터 전처리 단계에서 사이클 슬립을 발견하여 편집이 가능하며 기선해석 소프트웨어에서 자동처리하여 사용하기도 한다.

#### 3) 시통성(Visibility)

건축물, 나무, 계곡 등으로 위성의 전파경로 시계 확보가 되지 않는 경우(Bad visibility) 위성의 시계 확보와 관련된 문제를 시통성(Visibility)이라 한다.

#### 4) 오차소거 및 정확도 향상방법

위성시계오차는 어느 정도 예측이 가능하므로 주제어 국에서 전파지연 량들을 예측하여 코드정보와 함께 방송하므로 수신기는 측위 계산 시 이를 이용한다. 그리고 상대적 관측으로 정오차 소거가 가능하며, GPS와 Total Station 등을 결합 사용과 전리층에 의한 전파지연을 제거하기 위해 L1과 L2 2주파를 조합 사용하는 방법이 이용된다.

# 05 상시관측소 및 GPS의 표고

## (1) GPS 상시관측소

GPS 기준망(Reference Network)은 현재 전 국토에 96개소의 상시기준점과 위성기준점 망을 구축하여 항법, 측지측량, 지형 공간 정보체계(Geo-Spatial Information System : GSIS) 등 여러 가지 목적으로 이용되고 있다. 전 국토에 걸쳐 일정한 밀도로 GPS 위성기준점과 상시관측소를 설치하여 전국 어디서나 시간, 거리, 장소, 기상 등의 제한 없이 실시간으로 정확히 위치 정보를 제공하고 있다.

그림 8.12 GPS 상시관측소

## (2) GPS의 표고

정 표고는 평균해수면에 가장 근사한 중력 등포텐셜면으로 정의되는 지오이드를 기준으로 하여 측정되며 GPS에 의하여 측정되는 타원체고는 지오이드에 대하여 수학적으로 가장 근사한 가상면의 지심타원체(GRS 80)를 기준으로 측정된다. 그러므로 수준 측량에 있어 GPS를 활용하기 위해서는 정확한 지오이드고가 산정되어야 한다.

삼각점의 좌표는 지역적인 준거타원체나 범지구타원체에 준거하여 삼각, 삼변 및 트래버스 측량으로 결정하고 수준점의 좌표인 표고는 지오이드와 일치한다고 가정한 평균해수면에 준거하여 Spirit Levelling에 의한 역표고, 정표고 및 정규표고를 결정하지만 GPS에 의해 측정되는 타원체고는 지오이드에 대하여 수학적으로 가장 근사한 가상적인 면인 지심 타원체를 기준으로 관측하며 GPS 측량으로부터 결정된 좌표들은 기존의 평면직각좌표로 변환하기 위하여 파라메터들을 사용하지만, 표고는 등포텐셜면의 지오이드에 준거하고 있지 않으므로 일반적으로 표고값이 일치하지 않는다. 따라서 GPS에 의한 표고의 결정은 지오이드가 결정되지 않은 지역에서는 적용할 수 없으므로 GPS Levelling을 사용하기 위해서는 정밀한 지오이드고가 결정되어야 한다.

여기서, 높이에 관하여 중요한 사항 하나을 설명하고자 한다. GPS에 의하여 얻어진 측지학적 높이는 타원체로부터의 높이이다. 이 높이는 그림 8.13에서와 같이 지오이드로부터의 높이, 즉 정표고(正標高 ; orthometric height)와 일치하지 않는다. 따라서 이들 측지학적 높이를 평균 해면위의 높이, 즉 표고로 환산하기 위해서는 지오이드고(타원체와 지오이드와의 연직거리)를 알아야 한다.

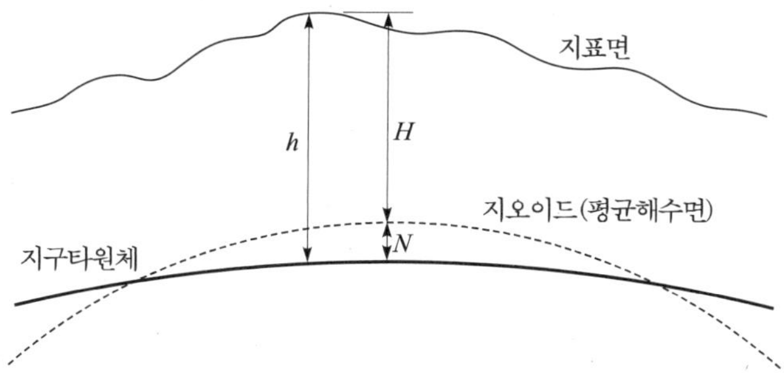


**그림 8.13 측지학적 높이와 지오이드 고**

$$H = h - N$$

여기서, $H$ : 평균 해면(즉, 타원체) 위의 높이
$h$ : GPS에 의해 측정된 측지학적 높이
$N$ : 지오이드 고

## 06 GPS 기준좌표계

### (1) 개요

GPS에 의해 측정되는 좌표는 WGS 84좌표계에 의한 지심좌표계로서 현재 우리가 사용하고 있는 Bessel 타원체에 준거한 경위도 좌표계와는 지역에 따라 약 750m 정도의 차이가 발생한다. 따라서 GPS 측량 성과의 활용을 위해서는 WGS 84 좌표계를 우리나라 측지계로 변환해 주어야 한다.

### (2) WGS84와 ITRF

WGS84(World Geodetic Reference System of 1984)는 1987년 미 국무부 DMA(Defense Mapping Agency)에 의하여 고안된 지구 기준 좌표계로서 지구의 질량의 중심이 원점인 지구중심좌표계이다. 원점은 지구의 질량 중심이며 국제시보국(BH)에서 정의한 극운동에 대한 관용형상축(CTP : Conventional Terrestrial Pole)에 평행축을 $Z$-축으로, BIH에서 정의한 기준자오면과 평행한 기준자오면 CTP 적도면과의 교차하는 축을 $X$-축으로, $Y$-

축은 적도면에서 $X$-축으로부터 직각 방향의 축이다.

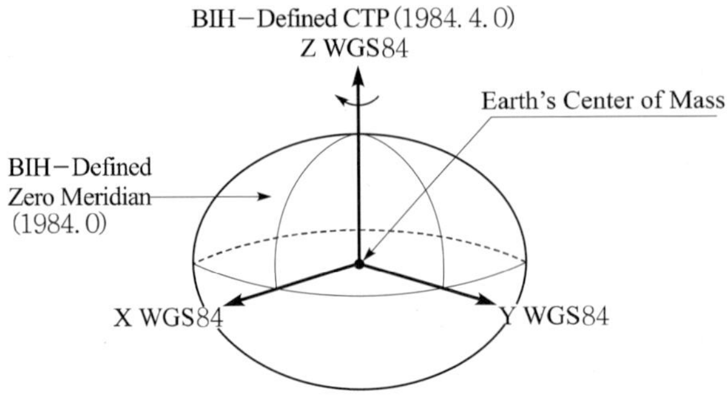


그림 8.14 WGS 84 좌표계

1) WGS84

세계적으로 통일된 좌표계를 사용할 수 있도록 미국방성에서 1950년부터 개발된 세계좌표계이다.

① WGS60 : 위성자료, 표면중력자료 및 천문 측량 자료를 종합하여 WGS60이라는 지심좌표를 채택하였다.

② WGS66 : WGS60 이후로 확장된 삼각망, 삼변망, 도플러 및 광학 위성 자료를 적용하여 개선된 WGS66을 발표(1996년)하였다.

③ WGS72 : WGS66 좌표에 고정밀 트래버스와 천문측량 자료를 추가하여 발표하였다.

④ WGS84

- 현재 사용하고 있는 좌표계이다.
- $Z$축은 1984년 국제시보국에서 채택한 지구 자전축과 평행하다.
- $X$축은 BIH에서 정의한 본초자오선과 평행한 평면이 지구 적도면과 교차하는 선이다.
- Y축은 X축과 Z축이 이루는 평면에 동쪽으로 수직인 방향으로 정의된다.

2) ITRF

국제지구회전 관측기관(IERS : International Earth Rotation Service)에서 구축한 세계측지계이다.

세계각국의 VLBI(Very Long Baseline Interferometry)와 SLR(Satellite Laser Ranging) 및 GPS 상시 관측망 등의 관측자료를 종합해서 해석한 결과에 의해 좌표계가 설정되어 좌표체계는 WGS84와 거의 흡사하며 WGS84와의 차이는 수 cm로서 지각변동, 조석 변위와 같은 지구의 순간변화까지도 고려하여 결정되고 수정 보안되므로 WGS84보다 더 정확한 기준계로서 각국에서 사용되고 있으며 1999년 이후 ITRF 97을 사용해 왔으며 현재에는 ITRF 2000을 사용하고 있다.

### (3) 좌표 변환 처리 단계

지구상 위치를 표현하는 데는 주로 경도, 위도, 타원체고의 타원체 좌표를 사용하지만 좌표계 변환을 표현 시에는 3차원 직각 좌표계를 사용하는 것이 편리하다. 따라서 GPS 측위 결과는 통상 여러 단계의 좌표변환을 컴퓨터에 의해 처리된다.

## 07 GPS의 필요성 및 효과

### (1) GPS의 필요성 및 효과

#### 1) 필요성

① 전국토의 Data Base화
② 과학적인 정밀 측지망 구성
③ 전자, 관성, 도플러 위치 결정체계 활용
④ GPS의 관측 정밀도 분석과 위성체계의 구성
⑤ 높은 정확도와 장거리 측량이 가능
⑥ 관측점간의 시통에 관계없이 전천후 관측이 용이
⑦ 측량시간과 비용 절감 효과

#### 2) 효과

① 정밀한 기준점의 관리 및 증설, 항해·항공의 안전성 향상
② 국지적인 측지망의 오차 점검, 군사력 선진화
③ 세계적인 측지망의 결합
④ 과학적인 측지망 구성을 위해 운영 위성의 확대, 관측 장비의 가격하락 및 소형화
⑤ 3차 및 4차 기준점 역할, 측량기술발전
⑥ 고정밀의 수평위치와 높이를 동시 결정, 국제원자시 유지관리
⑦ 범죄예방

3) 일반측량과 GPS측량의 비교

표 8.4

| 일반 측량 | GPS 측량 |
|---|---|
| 1차원 또는 2차원 측지<br>(평면측량과 수준측량이 별도) | 3차원 측지 |
| 정확도 1/100,000 | 정확도 1/1,000,000 |
| 기상조건에 좌우됨 | 기상조건에 무관<br>(천둥번개는 영향을 미침) |
| 상호 관측기선이 가시구역내 위치<br>(약 3km 이내) | 기상구역이 필요 없고, 위성을 추적할 수 있는 공간 필요(약 50km) |
| 관측시간의 제약 | 18개 위성, 24시간 관측 가능 |
| 좌표계가 통일되지 않음 | 좌표계가 통일 |
| 다수인원 필요 | 수신기 1대 당 1인 필요 |
| | 장비설치용이 |
| | 고속 관측자료 처리 |
| | 수직적 결과 산출<br>(지도제작과 조정용이) |

## 08 GPS의 활용

### (1) 에어본 GPS(Airborne GPS)

항공기에 GPS수신장치를 탑재하여 실시간으로 위치자료를 손쉽게 제공하는 에어 GPS가 사용되고 있으며 에어본 GPS는 이용측면에서 측량(Surveying) 및 지도제작(Mapping) 부분과 운송(Transportation)부분으로 구분된다.

1) 측량 및 지도제작 부분

측량 및 지도제작 부분에서 에어본 GPS는 주로 센서의 항법자료와 위치자료를 제공한다.

① **항공사진측량** : 항공사진측량기에 GPS수신기를 장착하여 사진의 촬영과 동시에 사진의 노출위치(사진의 외부표정 요소)를 직접 구하는 기법으로 항공 삼각측량에 필요한 지상기준점의 수를 줄일 수 있어 지형도 제작에 소요되는 시간과 경비를 절감할 수 있다.

② **레이저 단면측량**

- 레이저 단면 측량은 항공기에 레이저 펄스, GPS수신기 및 관성측량 장치를 동시에 탑재한다.
- 평면위치결정은 DGPS기법에 의하며 수직거리는 관성측량장치로 결정한다.
- GPS에 의해 수직으로 0.5~1m, 수평으로 수m의 정확도만 확보되면 수치지도의 직접 제작이 가능하다.

③ **중력 및 중력경사측량** : GPS측량은 중력 및 중력경사측량에 요구되는 위치정확도를 만족시킬 수 있으며 중력 자료의 에토베스 보정(상대속도에 의한 중력의 영향보정)시 필요한 센서의 속도 자료를 제공한다.

④ **레이저 수심측량** : 레이다 영상을 이용한 3차원 위치결정에도 이용

2) 운송부문

GPS는 항공기가 항행 중 고립될 때 특히 유용하며 기타 농약살포, 씨뿌리기 등에서의 항공기 유도에 항법자료를 제공한다.

① 항공기 항법 및 이착륙 유도
② 삼림지의 농약 살포, 씨뿌리기 등

## (2) CNS(Car Navigation System)

GPS측량이 국내에 도입된 이후로 측지분야를 비롯하여 다방면에 응용되고 있다. 이중 효과적으로 적용되고 있는 차량주행체계(CNS)란 선박, 항공기등 항법장치에 쓰이던 GPS수신기를 차량에 장착하여 GPS위치, 시간정보를 받아 진행차량의 현 위치결정, 진행방향, 목적지검색, 차량의 최적경로 및 각 종편의 정보를 제공해 편안한 운전환경을 제공하는 시스템이다.

**표 8.5** CNS의 시스템

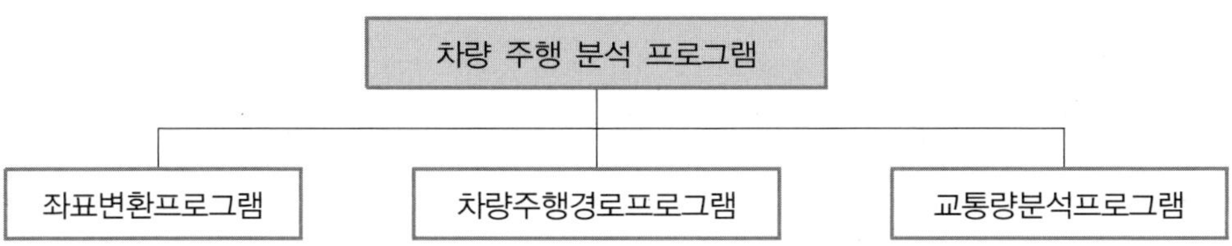

### (3) ITS(Intelligent Transport System)

교통체계의 효율성과 안전성을 제고하기 위하여 기존의 교통체계에 GPS, 전자, 컴퓨터, 정보, 통신, 제어 등의 지능형 기술을 접목시킨 교통체계로 교통 관리, 정보제공, 대중교통, 화물차량의 운영과 차량의 제작에 이르기까지 교통 전 분야에 걸친 신기술을 응용한 총체적인 교통체계의 혁신사업으로 21세기 정보화 사업에 부합하는 신속, 안전, 쾌적한 교통체계를 구현하게 된다.

### (4) GPS-VAN

최근 도로시설물계획과 유지, 관리 및 보수를 위한 항구적인 도로정보의 자료기반(DB)화로 효율적인 3차원 자동 도로정보 관리체계의 필요성으로 GIS 데이터 획득을 위하여 개발되었으며 주행차량에 GPS수신기, 관성항법체계, CCD사진기 및 각종 탐측장치를 탑재하여 주행하면서 도로와 관련된 각종시설물의 현황과 속성정보를 자동으로 취득하는 이동식 도로 도면화 체계이다.

#### 1) GPS-VAN의 장치구성과 원리

GPS-VAN은 GPS수신기, 수치사진기, 관성항법장치, 휠 탐측기, 고도차계 등으로 구성된다.

① **GPS수신기** : 차량의 위치결정을 위해 차량에 GPS 이동국용 수신기를 설치하고 DGPS를 활용하기 위해 지상의 GPS 기준국이 필요하다.

② **두 대의 수치사진기** : 이를 통해 입체영상을 취득하고, 컴퓨터 상에서 수치사진측량의 영상정합 기법을 적용하여 실시간으로 대상물의 3차원 위치정보(도로의 기하정보), 속성정보를 획득한다.

③ **관성항법장치, 고도차계, 휠탐측기** : 위성신호의 차단지역을 극복하고 방향각을 결정한다.

#### 2) GPS-VAN System의 특징 및 이용

① GPS-VAN의 특징

- 광파 또는 GPS를 이용한 현황 측량에 비하여 작업시간이 단축되고 작업인원이 1명으로도 가능하다.
- GPS 수신기와 영상장비를 탑재한 이동차량이 주행하므로 현장 내 관측점을 임의로 선정할 수 있다.
- 취득 자료가 즉시 컴퓨터로 처리되므로 자료의 유지관리가 편리하다.

- 이동차량의 주행 중에 안테나의 수평이 자동으로 유지되므로 요철이 심한 지반에서도 높은 정확도의 자료를 얻을 수 있다.

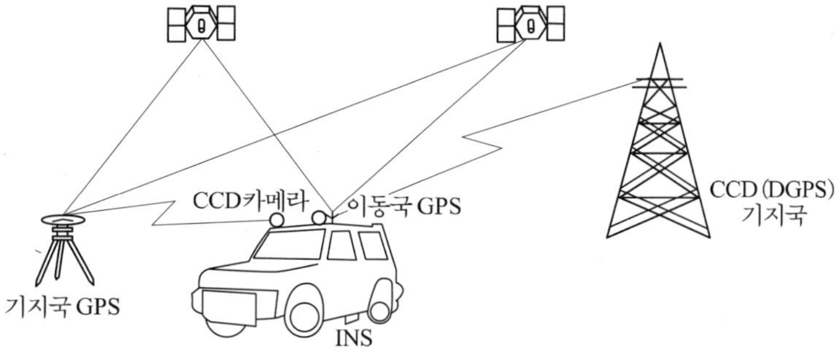


그림 8.15 GPS-VAN의 구성

② GPS-VAN의 이용

- 도로정보체계 구축
- 시설물 유지관리
- 공사측량 등 각종측량
- 자동지도제작 및 GIS 자료 취득
- 지능형 교통운송체계(ITS) 구현

### (5) VRS(Virtual Reference Station, 가상기준점)

VRS(Virtual Reference Station)방식은 가상 기준점 방식의 실시간 GPS 측량법으로서, 기지국 GPS를 설치하지 않고 이동국 GPS만을 이용하여 VRS 서비스 센터에서 제공하는 위치보정 데이터를 휴대전화로 수신함으로써 RTK 또는 DGPS의 단점이 보완할 수 있는 측량방법이다.

#### 1) VRS 방식의 원리

VRS 서비스센터에서 상시관측소의 GPS 관측데이터를 24시간 수신하고 가상 기준점에 설치한 이동국 수신기의 GPS관측 데이터의 수신과 동시에 상시관측소와 가상기준점의 관측데이터를 사용하여 정적간섭 측위방식으로 순간 처리한 가상 기준점의 위치보정데이터를 생성하고 이를 휴대전화 또는 무선 인터넷모뎀으로 이동국 GPS 사용자에게 송신하는 방법으로서 이동국 간의 거리 제한의 문제점 해결과 초기화 시간을 줄일 수 있고 GPS 측량시 발생되는 구조적 요인에 의한 거리오차와 위성배치에 따른 오차를 줄일 수 있는 효율적인 측위 방식이다.

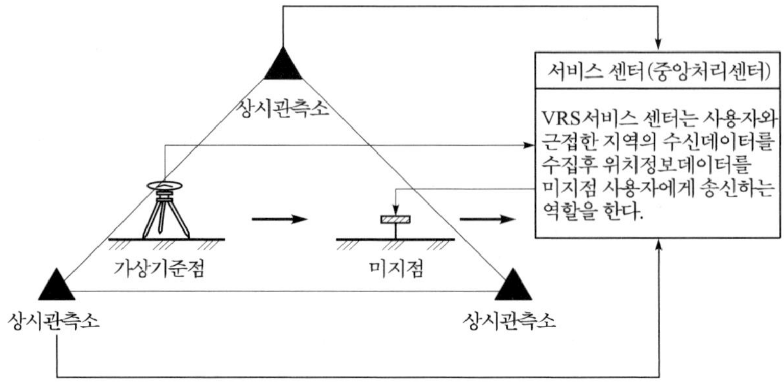


**그림 8.16 VRS 운영체계도**

2) VRS 측위의 장단점

① VRS측위의 장점

㉠ 예전의 RTK 또는 DGPS 측위시의 제반 문제점을 해결할 수 있다.

- 기지국 GPS가 필요없음(경제적임)
- 위치보정데이터 송수신을 위한 부선 모뎀 장치가 필요 없음
- 휴대전화의 사용으로 통신거리에 제약이 없음
- 실시간 측량을 위한 장비의 초기화가 필요 없음

㉡ 다양한 종류의 GPS 측위 서비스를 제공할 수 있다.

- **정밀 측위** : cm 단위의 RTK-VRS 서비스
- **일반 측위** : Sbu meter 단위의 DGPS-VRS 서비스
- **스태틱 측위** : 후처리 방식의 정지 측량 VRS 서비스

㉢ 스태틱 VRS인 경우 기지점에서 GPS 수신기를 설치할 필요 없이 상시관측소간의 기선을 세션관측시 그대로 이용하므로 적은 GPS 장비로 많은 량의 관측이 가능해진다.

② VRS측위의 단점

㉠ GPS 상시 관측망에 근거한 VRS망 외부지역에서는 측위 불가능하다.

㉡ 휴대전화 가청 범위로 측위 제한된다.

㉢ 상시 관측소 설치, VRS 서비스 센터 구축, 휴대전화 기지국 망의 확충 및 통화 품질 등 전체적인 VRS 시스템 구축에 비용 소요된다.

### (6) LBS(Location Based Service : 위치기반서비스)

LBS(Location Based Service : 위치기반서비스)는 이동 통신망을 기반으로 사람이나 사물의 위치를 정확히 파악하고 이를 활용하는 응용 시스템 및 서비스를 통칭하는 것으로서 비상 구조 지원, 개인 위치 정보 서비스, ITS 관련 서비스 등의 기능이 수행되는 바, 수치지도 기반에서의 위치정보 획득 및 추적이 가능한 위치기반 서비스이다.

### (7) 기상예보시스템

GPS 신호의 지연현상을 이용하여 대류권의 수분, 수량에 따른 기상예측에 사용된다.

### (8) 우주분야에 활용

### (9) 군사분야에 활용

## 연습문제

01 다음 문장은 GPS측량에 의한 높이값과 수준측량에 의한 높이값과의 관계를 설명한 내용이다. 아래의 (　) 안의 빈 칸을 채우시오.

> GPS측량에 의해 결정되는 좌표는 지구의 중심을 원점으로 하는 3차원 직교좌표이므로 이 좌표의 높이값은 (　)에 해당되며, 레벨에 의해 직접수준측량으로 구해진 높이값은 (　)가 된다.
> 이 (　)는 (　)로부터 측정되는 높이값이므로 GPS측량과 수준측량을 동일 관측점에서 실시하게 되면 그 지점의 (　)를 알 수 있게 된다.

02 GPS 신호에서 C/A코드는 1.023Mbps로 이루어져 있다. GPS 신호의 전파속도를 300,000km/sec로 가정했을 때 코드 1비트 사이의 간격은 얼마인가?

03 GPS 위성으로부터 전송되는 $L_1$ 신호의 주파수는 1,575.42 MHz 이다. 광속 c= 299,792,458m/sec 일 때 $L_1$ 신호 100,000 파장의 거리는 얼마인가?

04 위성의 기하학적 분포상태는 의사거리에 의한 단독측위의 선형화된 관측방정식을 구성하고 정규방정식의 역행렬을 활용하면 판단할 수 있다. 관측점 $x$, $y$, $z$ 및 수신기 시계 $t$에 대한 Cofactor 행렬(Q)의 대각선요소가 각각 $q_{xx}=0.5$, $q_{yy}=2.2$, $q_{zz}=2.5$, $q_{tt}=1.3$일 때 관측점에서의 GDOP는?

basic surveying

Chapter 9

# 지형측량

Topographic Surveying

# 01 지형측량(Topographic Surveying)

## (1) 지형측량(地形測量)

지표상의 각점의 위치와 고저차(高低差)를 측정하여 지형도를 만들기 위한 측량으로서 자연적, 인위적 물체(도로, 하천, 수로, 철도, 건축물 등)와 지표면의 기복상태(산정(山頂), 구릉(丘陵), 경지(耕地), 계곡, 평야)의 수평, 수직의 위치관계를 결정하여 그 결과를 일정한 스케일과 도식으로 도시한 지도를 지형도(Topographic map)라 하며 지형도를 작성하기 위한 측량을 지형측량이라 한다.

## (2) 지형도(地形圖 : topographical map)

### 1) 지형도 제작

지형도 제작을 위한 측량은 과거에는 일반측량에 의하여 제작되었지만, 근래 사진측량이 발달함에 따라 국토기본도 및 대규모 지형측량에는 항공사진 측량이 이용되고, 최근에는 수치지형모형에 의한 지형도 제작이 연구되어 실용화되고 있다.

우리나라는 국토교통부산하 국토지리정보원에서 국가기본도 제작 업무를 주관하고 있으며 1 : 50,000, 1 : 25,000, 1 : 5,000 등의 국가기본도와 1 : 25,000, 1 : 5,000, 1 : 1,000 수치지도를 제작 공급하고 있다.

수치지도(數値地圖)는 지도에 표시된 모든 지형, 지물의 평면위치는 물론 표고위치를 컴퓨터가 인식할 수 있는 데이터로 변환하여 저장하고 필요시 컴퓨터에 의하여 변형, 제작이 가능하고 쉽게 화상으로 표시하거나 종이 등으로 출력할 수 있는 이점이 있으므로 일반 국가 기본도(종이지도)와 달리 축척개념 없이 자유롭고 편리한 사용이 가능하게 되었다.

### 2) 지형도 작성 작업상의 축척

① 대축척 : $\frac{1}{1,000}$ 이상

② 중축척 : $\frac{1}{1,000} \sim \frac{1}{10,000}$

③ 소축척 : $\frac{1}{10,000}$ 이하

### 3) 지형도의 제작

① **일반도**(general map) : 자연, 인문, 사회 사항을 정확하고 상세하게 표현한 지도이며, 1/5,000 및 1/50,000 국토기본도, 1/25,000 토지이용도, 1/250,000 지세도, 1/1,000,000 대한민국 전도 등이 대표적 일반도

② **주제도**(thematic map) : 어느 특정한 주제를 강조하여 표현한 지도로서 일반도를 기초로 한다. 토지 이용도, 지질도, 토양도, 산림도, 관광도, 교통도, 도시계획도, 국토개발계획도 등이 있다.

③ **특수도**(specific map) : 특수한 목적에 사용되는 지도로서, 항공도, 해도, 대권항법도, 천기도, 사진지도, 입체 모형지도, 지적도 등이 있다.

※ 위 종류는 지도표현 방법에 의한 분류이며, 제작방법에 따라 실측도, 편집도, 집성도로 구분된다.

**예제 10.1**

축척 1/600 지형도를 기초로 하여 축척 1/3,000의 지형도를 편찬하고자 한다. 1/3,000도의 1도면은 1/600도를 몇 매 포함된다고 생각하는가?

| 풀이 |

도면의 동일변장상 $\frac{1}{600} \div \frac{1}{3,000} = 5$(매)

$\therefore$ $\frac{1}{3,000}$ 도의 1도면은 $\frac{1}{600}$ 도를 면적상 $5 \times 5 = 25$매 포함된다.

## 02 지형의 표시법

지형의 표시방법은 18세기 말부터 연구되었으며 80여종이 있다고 전해져오나, 현재 널리 사용하고 있는 대표적인 지형표시방법은 지형도에 의한 표시방법, 입체도형에 의한 표시방법, 투시도에 의한 표시방법, 수치표고모델(DEM ; Digital Elevation Model) 및 수치지형모델(DTM ; Digital Terrain Model)에 의한 방법으로 구분할 수 있다.

## (1) 지형도에 의한 표시방법

### 1) 자연도법

① **음영법**(陰影法 : shading ; 明暗法) : 어느 일정한 방향으로 평행광선을 비칠 때 생기는 그림자를 직상(直上)에서 본 상태로 기복(起伏)의 모양을 표시하는 방법으로 고저차가 크고 경사가 급한 곳이면 한번 보아 지모(地貌)를 파악할 수 있다(1/200,000 지도에서 사용한다).

산의 지모를 나타내는 데는 좋으나 숫자적으로 토지의 높이를 표시 할 수 없기 때문에 공사 기타의 계획에는 부적당하다.

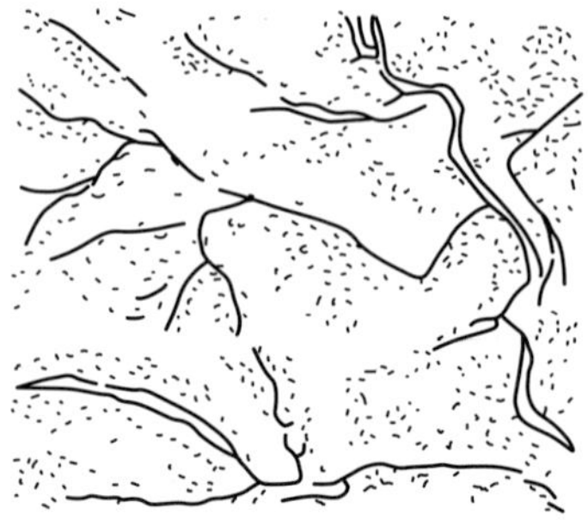

**그림 10.1 음영법(명암법)**

② **영선법**(影線法 : 과장선법 ; 우모법 ; 핫치법) : 우모와 같이 짧고 거의 평행한 선의 간격, 굵기, 길이, 방향 등에 의하여 지형의 모양을 표시하는 방법이며 기복을 알기 쉬우나 제도가 복잡하다. (1/500,000 지도에서 사용한다).

작도 방법을 급경사에 굵고 짧게 그리고 완경사에서는 길고 가늘게 그린다.

**그림 10.2 영선법(우모법)**

영선법도 산악의 지모를 나타내는 데는 좋으나 숫자적으로 토지의 높이를 표시할 수 없기 때문에 공사 및 기타 계획에는 부적당하다.

### 2) 부호도법

① **점고선법**(點高線法 : Spot) : 하천, 항만, 해양측량 등에서 심천(深淺)측량을 한 측점에 숫자를 기입하여 고저를 표시하는 방법으로(소수점의 위치가 심천을 측정한 점이다).

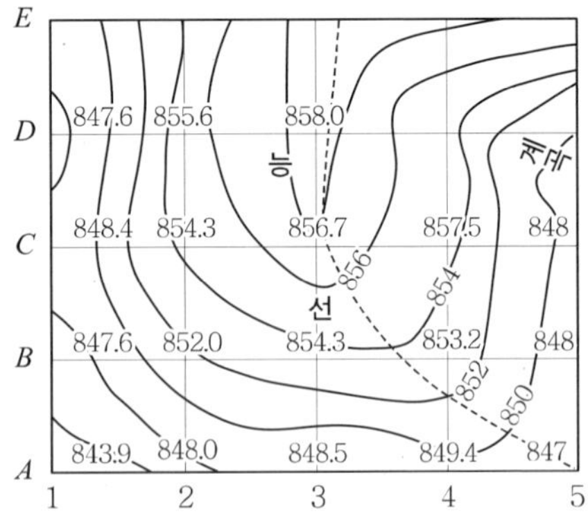


**그림 10.3 점고선법**

② **채색법**(彩色法 : Layer System ; 段彩法 : 色調法) : 색조를 이용하여 고저를 표시하는 방법으로 지형도는 높을수록 진하게 흑색으로 칠하고 해양은 청색으로 깊을수록 진하게 칠한다. 대개는 등고선과 함께 사용하며, 지리관계와 지도에 사용한다.

③ **등고선법**(Contour line) : 일정한 높이의 수평면으로 지형을 절단했을 때의 잘린 면의 곡선을 이용하여 지형을 표시한다. 따라서, 등고선 위의 모든 점의 표고는 같고, 숫자적으로 알 수 있으며, 또 임의의 방향 경사도를 쉽게 파악할 수 있고 제도하기도 편리하므로 토목공사측량으로 가장 많이 사용되고 있다.

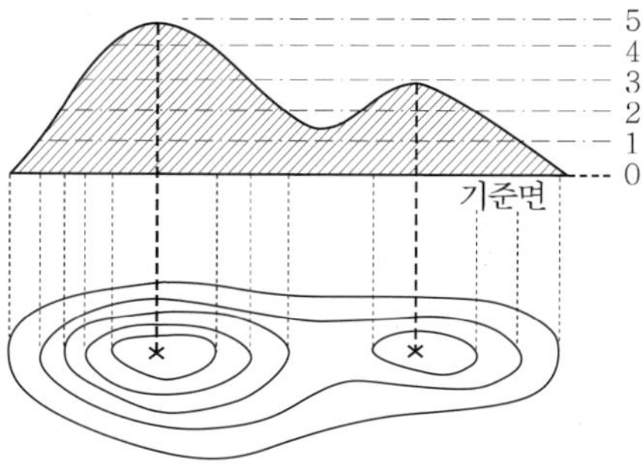


그림 10.4 등고선법

### (2) 입체모형에 의한 방법

실제 지형을 축소하여 제작하는 모형으로 제작하는 모형으로 전체지형을 개략적으로 판단하는데는 가장 좋은 방법이다. 제작비가 비싸고 계측이 어렵다.

### (3) 투시도에 의한 방법

투시도법에 의해 지형을 묘사하는 것으로 안내도 및 경관분석에 이용되지만 계측이 어렵다.

### (4) 수치표고모델(DEM ; Digital Elevation Model)

항공사진이나 위성영상을 이용하여 지형을 표현한 수치모형이다.

### (5) 수치지형모델(DTM ; Digital Terrain Model)

지형의 기복을 3차원 좌표 형태로 구축하여 GIS, 입지분석, 환경평가, 경관분석, 토목분야 등에 활용된다.

# 03 등고선(Contour Line)

## 1. 등고선의 종류

### 1) 주곡선(主曲線)

등고선을 일정한 간격으로 그렸을 때 선을 말한다.

### 2) 계곡선(計曲線)

등고선 다섯줄마다 등고선을 읽기 쉽게 하기 위하여 굵은 선으로 그렸을 때 선을 말한다.

### 3) 간곡선(間曲線)

지형의 상세한 부분까지 충분히 표시할 수 없을 경우 주곡선 사이에 둔 선을 말한다.

### 4) 보조곡선(補助曲線), 조곡선

지형의 상세도가 간곡선으로 충분하지 않을 때 주곡선과 간곡선 사이에 둔 선을 말한다.

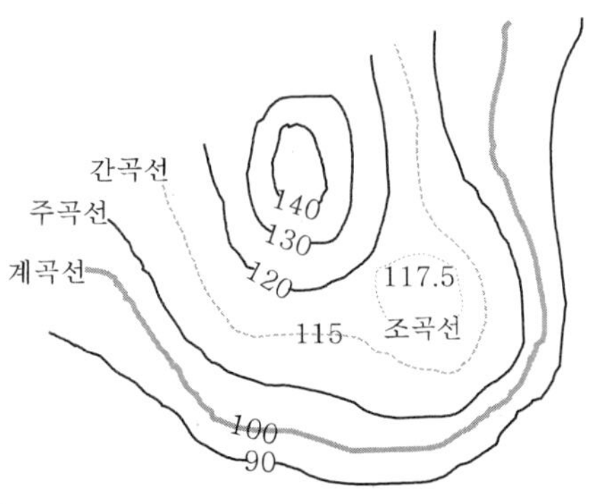


그림 10.5 1:25000 지도의 등고선

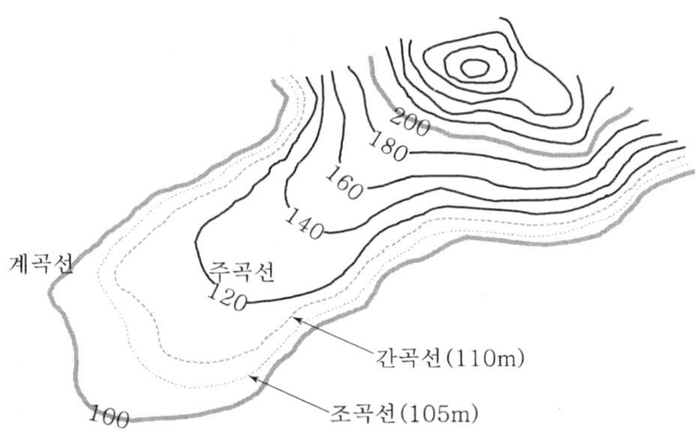


그림 10.6 1:50000 지도의 등고선

## (2) 등고선의 간격

### 1) 주곡선(主曲線)의 등고선 간격

① 측량의 목적 및 지형의 넓이에 따라 상세하게 간격이 정해진다.

② 외업 및 내업에 필요한 시간과 비용을 생각한다.

③ 지형의 상황에 따라 표시한다.

④ 면적의 축척면적의 축척을 정한다.

⑤ 필요한 정도가 되도록 해야 한다.

| 표시법 | 축척 / 종류 | 1/50,000 | 1/25,000 | 1/10,000 | 1/5,000 | 1/1,000 | 1/500 |
|---|---|---|---|---|---|---|---|
| 2호실선 | 계곡선 | 100 | 50 | 25 | 25 | 5 | 5 |
| 세실선 | 주곡선 | 20 | 10 | 5 | 5 | 1 | 1 |
| 세파선 | 간곡선 | 10 | 5 | 2.5 | 2.5 | 0.5 | 0.5 |
| 세점선 | 보조곡선 | 5 | 2.5 | 1.25 | 1.25 | 0.25 | 0.25 |

그외 m단위로 된 지형도에서는 평면의 축척이 1/m일 때 m/2,000로 하는 것을 표준으로 한다(주곡선 간격).

### (3) 등고선의 성질

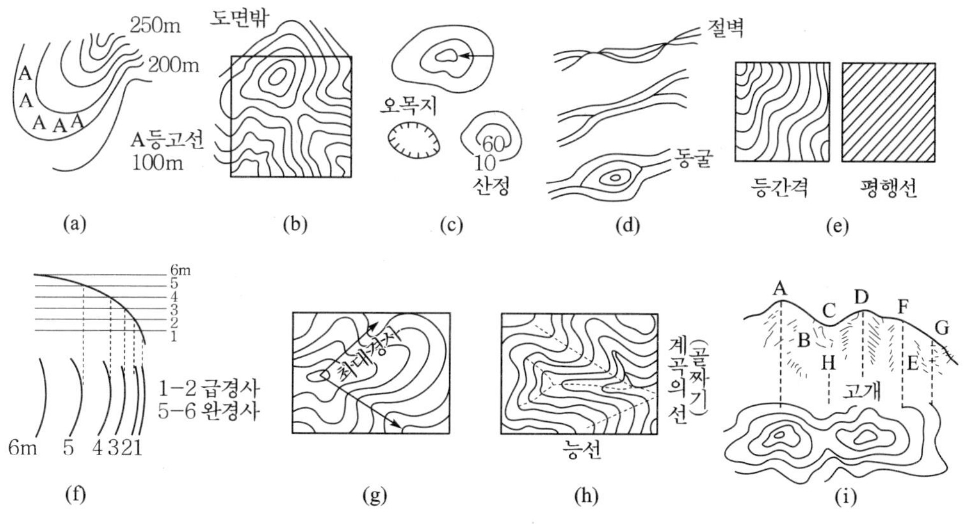


그림 10.7 등고선의 성질

1) 동일 등고선상에 있는 모든 점은 같은 높이이다. (a)
2) 등고선은 도면상 혹은 외에서 폐합하며 도중에 손실되지 않는다. (b)
3) 지도상에서 폐합되는 부분은 산정(山頂) 또는 분지(凹地)이다(구별이 곤란하면 화살표로 낮은 쪽으로 표시한다). (c)
4) 등고선은 절벽이나 동굴 이외에는 서로 만나지 않는다. (d)
5) 등고선은 급경사지에서는 간격이 좁고 완경사지에서는 넓다. (e)
6) 등고선은 등경사지에서 등간격이며, 등경사 평면인 지형에서는 등간격의 평행선으로 된다. (f)

7) 등고선간의 최단거리의 방향은 기지 표면의 최대 경사의 방향을 가리키므로 최대 경사의 방향은 등고선에 수직한 방향이다. (g)

8) 등고선이 곡선을 통과할 때는 한쪽에 연(沿)하여 거슬러 올라가서 곡선을 직각방향으로 횡단한 다음 곡선(谷線) 다른 쪽에 연하여 내려간다. (h)

9) 한쌍의 등고선이 서로 마주서 있고 다른 한쌍의 등고선이 바깥쪽으로 향하여 내려갈 때는 그곳은 고개를 나타낸다. (i)

10) 등고선의 응용범위

① 등고선을 그린 도상에 단면을 잡고, 그 단면도를 작성한다.
② 등고선이 그려진 도상에 등경사선을 구한다.
③ 등고선을 기본으로 하여 토공량을 산정한다.
④ 등고선을 기본으로 하여 저수지의 용량을 구한다.
⑤ 등고선을 기본으로 하여 댐 위치를 잡는다.
⑥ 등고선을 기본으로 하여 예상노선 및 철도선을 예측한다.

### (4) 지성선(地性線 : topographical line)

1) 능선 [稜線 : 광의(廣義) 분수선(分水線)]

정상을 향하여 가장 높은 점을 연결한 선으로 빗물이 이것을 경계로 흐르게 되므로 분수선이라고도 한다.

2) 곡선 [谷線 : 합수선(含水線)]

가장 낮은 점을 연결한 선으로 계곡선 이라고도 한다.

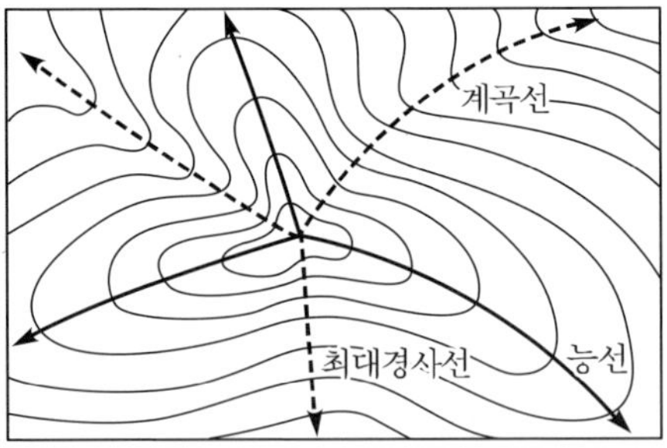


그림 10.8 지성선

3) 경사변환선

동일 방향의 경사면에서 경사의 크기가 다른 두면의 교선을 경사 변환선이라 한다.

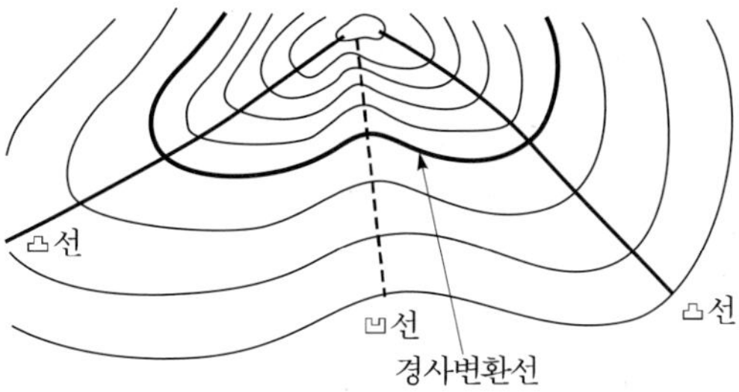


그림 10.9 경사변환선

4) 최대 경사선

지표의 임의의 한 점에 있어서 그 경사가 최대로 되는 방향을 표시한 선을 말하며 등고선에 직각으로 교차한다. 이는 물이 흐르는 방향으로 유하선 이라고도 한다.

## 04 지형측량의 작업순서

계획 → 답사 → 골격측량(삼각, 다각측량) → 세부측량 → 내업

### (1) 계획

1/50,000지형도를 사용하여 400~500m 방안내에 보조 삼각점 1점의 밀도로 삼각망 구성 계획으로 목적에 따라 측량 방침의 결정 및 구역과 지형에 의한 작업 방법의 결정, 계절, 축척에 한계를 결정하므로 도상에 나타나지 않는 오차 범위 내에서의 측량법에 정해진다. 삼각망도 도상계획망을 계획한다.

### (2) 답사

계획한 사항을 확인하고 지형관계에 따른 측량계획을 확인한다. 즉, 현장에 따라 선점, 조표를 하여야 한다.

측량면적에 따라 삼각점을 설치할 때 기준삼각점을 이용하여 어떠한 방법으로 기준삼각점을 내려 실시할 것인가 하는 문제와 삼각점과 삼각점간의 거리가 멀면 보조삼각점을 잡고 삼각점과 삼각점간의 트래버스(다각점)점을 선점, 조표까지 시행하며 트래버스점과 트래버스점 사이 거리가 멀면 보조 트래버스점을 설정한다.

### (3) 골격측량

답사에 의해 결정된 삼각형 및 트래버스점을 이용하여 삼각 및 삼변측량, 트래버스측량을 실시한다. 성과 계산을 하여 도면상에 전개한 후 각점의 표고를 기입하는데 허용범위 내에 있을 때만 가능하다.

### (4) 세부측량

전개된 기준점을 이용하여 예전에는 평판이나 또는 평판과 시거(stadia)측량을 병용해서 평면위치 및 등고선을 작도할 수 있는 측량을 실시하여 왔으나, 근래에는 측량기기 및 기술의 발전으로 토탈스테이션 또는 레이저 스캐너와 RTK 측위방식을 보완한 VRS 측위 등 신속하고 정밀한 등고선 측량 및 지물측량방법이 개발되어 사용되고 있다.

### (5) 내업

삼각측량 및 트래버스측량에서는 계산을 하여 허용범위에 있으면 도면상에 전개하고 세부측량에 의한 결과로 등고선을 작도하고 기재 사항을 정확하게 기재 표시하여 지형도를 완성한다.

## 05 등고선의 삽입법(插入法)

등고선을 삽입할 때 직접 삽입에 의한 경우나 시거(stadia)측량에 의한 간접 삽입방법이 있다. 일반적으로 토량산정을 위한 점고법 경우를 제외하고는 시거(stadia)측량에 의해 지형 변화점을 구점으로 하여 수평거리는 축척에 의해 도면상에 표시하고 고저차는 구점을 소수점으로 한 숫자로 기입한다.

### (1) 계산에 의한 방법

직접 또는 간접법에 의해 구해진 구점과 기점을 기준으로 하여 비례식으로 요구되는 등고선의 표고($x$)를 구하는 방법을 말한다

$$D : H = x : h$$

$$\therefore\ x = \frac{D}{H}h \tag{10.1}$$

여기서, $H$ : $AB$간의 표고 　　　　$h$ : 등고선 표고의 높이

$D$ : $AB$간 수평거리 　　　　$x$ : 구하는 등고선까지 거리

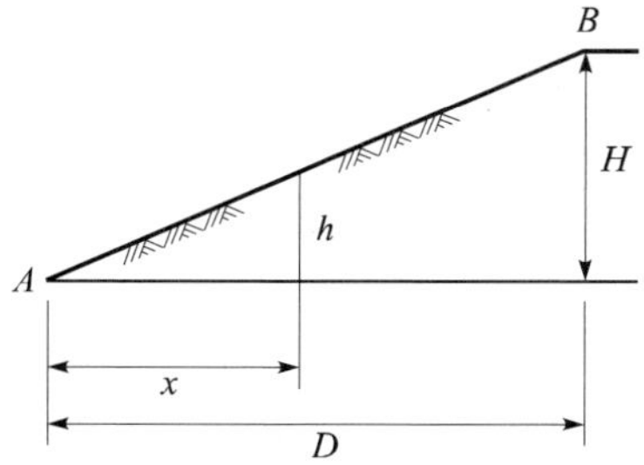


**그림 10.10 등고선 간격 측면도**

**예제 10.2**

1/50,000지형도에서 면적을 구하니 $50\text{cm}^2$이였다. 실제면적을 계산하라.

| 풀이 |

$50 \times 50{,}000^2 = 1.25 \times 10^{11}(\text{cm}^2) = 12.5(\text{km}^2)$

**예제 10.3**

1/25,000지형도상에서 어느 산정으로부터 산밑까지의 수평거리가 5.6cm 일 때 산정표고가 335.7m , 산밑의 표고가 102.50m 인 사면의 경사는?

| 풀이 |

① 실 수평거리 $D$는?

$\therefore\ D = 5.6 \times 25{,}000 = 140{,}000(\text{cm}) = 1{,}400(\text{m})\quad \therefore\ h = 335.75 - 102.50 = 233.25(\text{m})$

② 경사 : $i = \dfrac{h}{D} = \dfrac{233.25}{1{,}400} \fallingdotseq \dfrac{1}{6.0}$

**예제 10.4**

1 : 50,000지형도에서 4% 경사의 노선을 선정하려면 등고선 사이에 취해야 할 도상거리는?

| 풀이 |

① 등고선 간격 $h$는 1/50,000지도에서 주곡선 간격은 20m 이다.

$\therefore$ 경사 $i = \dfrac{h}{D},\ D = \dfrac{h}{i} = \dfrac{20}{0.04} = 500(\text{m})$

② 실 수평거리 500m 가 축척 1/50,000에서 나타나는 도상거리는?

$500{,}000 \div 50{,}000 = 10(\text{mm})$

### (2) 목측(目測)에 의한 방법

등고선의 간격을 지형변화에 따라 등고선을 삽입하는데 눈짐작으로 작성하는 것을 말하며 숙련정도에 따라 정도가 좌우된다.

일반적으로 기점에서 지형변화점의 구점을 구한 다음 눈짐작으로 등고선 간격을 정하여 현장에서 지형을 확인하면서 작성한다. 정도는 떨어지지만 숙련된 기술자는 현장에서 많이 사용하고 있다.

## 06 지형도(地形圖)의 이용

지형도에 의해 지형변화 상태를 표시하는 데는 지형도 및 독도 능력이 대단히 중요하며 축척에 따라 토목공사 자료에 널리 이용된다.

### (1) 종단면도 및 횡단면도 만들기

그림 10.11과 같이 기준점이 되는 종단점을 정하여 종단면도를 만들고 종단면도에 의해 횡단면도를 작성하여 토량산정에 의해 절토, 성토량을 구하여 공사에 필요한 자료를 근사적으로 얻을 수 있다.

### (2) 노선의 도면상 선정

노선(도로, 철도, 수로 등)을 선정할 때 등고선에 따른 예비노선을 정하여(대부분 3개 노선) 답사결과 가장 경제적이며 요구조건에 만족하는 노선선정이 가능하다.

### (3) 터널의 도상 선정

입구와 출구를 구하고 지형도상에 표시하여 평면위치를 선정할 수 있다.

### (4) 용지 경계의 측정

공사 용지의 범위(절토, 성토)에 따른 토공량에 따른 공사비 책정 및 설계를 할 경우 정확한 용지 경계측정을 할 때 사용한다.

### (5) 토공량(土工量)

횡단면도에 의한 토적계산 및 지형도상에서 토공량을 계산할 수 있다.

### (6) 유역면적의 결정

저수지의 계획 및 설계시 담수량결정[집수면적(集水面積)과 우량(雨量)으로 결정] 및 Dam의 높이를 산정할 수 있다.

### (7) 배수면적 및 저수량(貯水量)

저수지의 집수량 산정시 도면상 등고선의 면적을 측정하여 등고선에 둘러싸인 면적으로 체적을 구하여 정수량을 구할 수 있다.

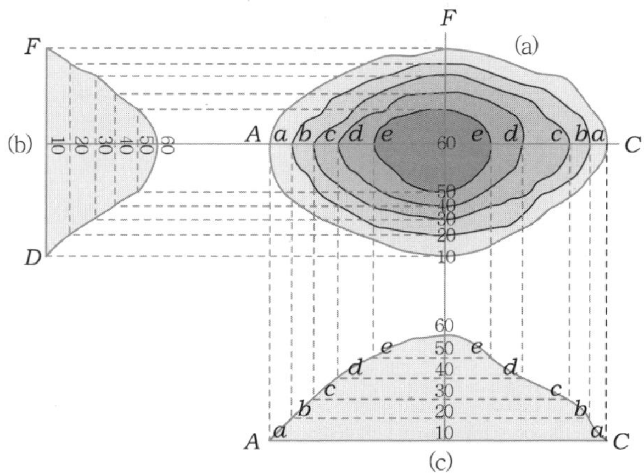


그림 10.11 등고선도로 부터의 단면도작성

## 07 지형도(地形圖)

### (1) 도식(圖式)

기호 및 약속 표기로 지형사항을 나타낸다.

### (2) 색채(色彩)

지형의 지물, 기호 이외의 색채는 실제의 색으로 희미하게 칠하고 1/25,000, 1/50,000지형도 : 6색도를 쓰고 있다.

### (3) 국토 기본도중 축척도의 경위거 차

| 축 척 | 1/5,000 | 1/10,000 | 1/25,000 | 1/50,000 |
|---|---|---|---|---|
| 위도차 | 1′30″ | 3′ | 7′30″ | 15′ |
| 경도차 | 1′30″ | 3′ | 7′30″ | 15′ |

## (4) 지형도의 주기 및 도식 규정

### 표 10.1 도표 제2주기 규정표(심볼요약본) 1:5000

SYMBOL NO.1

| 코드번호 | 명칭 | 심볼 | 색 | 코드번호 | 명칭 | 심볼 | 색 |
|---|---|---|---|---|---|---|---|
| 2255 | 나루(사람) | | 먹 | 4217 | 읍사무소 | | 먹 |
| 2256 | 나루(차량) | | 먹 | 4218 | 동사무소 | | 먹 |
| 2261 | 해수욕장 | | 적 | 4219 | 면사무소 | | 먹 |
| 2262 | 수영장 | | 청 | 4221 | 법원 | | 먹 |
| 2263 | 낚시터 | | 청 | 4222 | 검찰청 | | 먹 |
| 2321 | 갯벌 | | 먹 | 4223 | 경찰서 | | 먹 |
| 2322 | 모래 | | 적 | 4224 | 파출소,지서 | | 먹 |
| 2323 | 습지 | | 청 | 4225 | 교도소,구치소 | | 먹 |
| 2324 | 염전 | | 청 | 4226 | 소년원 | | 먹 |
| 2325 | 묘포 | | 청 | 4231 | 소방서 | | 먹 |
| 2326 | 유수방향 | | 청 | 4232 | 보건소 | | 먹 |
| 2327 | 양어장 | | 청 | 4233 | 세무서 | | 먹 |
| 3363 | 휴게소 | | 먹 | 4234 | 세관 | | 먹 |
| 3364 | 주차장 | | 먹 | 4235 | 우체국 | | 먹 |
| 3365 | 주유소 | | 먹 | 4236 | 기상대,측후소 | | 먹 |
| 3431 | 고속국도 | | 먹 | 4237 | 전화국 | | 먹 |
| 3432 | 일반국도 | | 먹 | 4238 | 병무청 | | 먹 |
| 3433 | 지방도 | | 먹 | 4241 | 기타 관공서 | | 먹 |
| 3434 | 특별시도 | | 먹 | 4242 | 농촌 지도소 | | 먹 |
| 3435 | 시도 | | 먹 | 4243 | 영림서 | | 먹 |
| 3436 | 군도 | | 먹 | 4251 | 한국전력공사 | | 적 |
| 4211 | 특별시청 | | 먹 | 4252 | 한국통신 | | 먹 |
| 4212 | 광역시청 | | 먹 | 4253 | 한국수자원공사 | | 청 |
| 4213 | 도청 | | 먹 | 4254 | 한국도로공사 | | 먹 |
| 4214 | 시청 | | 먹 | 4255 | 한국토지개발공사 | | 적 |
| 4215 | 군청 | | 먹 | 4256 | 대한주택공사 | | 먹 |
| 4216 | 구청 | | 먹 | 4257 | 한국가스공사 | | 먹 |

SYMBOL NO.2

| 코드번호 | 명칭 | 심볼 | 색 | 코드번호 | 명칭 | 심볼 | 색 |
|---|---|---|---|---|---|---|---|
| 4258 | 농어촌진흥공사 | | 녹 | 4417 | 기숙사 | | 먹 |
| 4311 | 공장 | | 먹 | 4421 | 교회 | | 먹 |
| 4312 | 발전소 | | 적 | 4422 | 성당 | | 먹 |
| 4313 | 변전소 | | 적 | 4423 | 절 | | 먹 |
| 4321 | 시장 | | 먹 | 4425 | 박물관 | | 먹 |
| 4322 | 백화점 | | 먹 | 4426 | 미술관 | | 먹 |
| 4323 | 관광음식점 | | 먹 | 4427 | 공회당 | | 먹 |
| 4331 | 양수장 | | 청 | 4431 | TV 방송국 | | 먹 |
| 4332 | 배수장 | | 청 | 4432 | 라디오방송국 | | 먹 |
| 4333 | 양,배수장 | | 청 | 4433 | 신문사 | | 먹 |
| 4334 | 취수장 | | 청 | 4434 | 잡지사 | | 먹 |
| 4335 | 축사 | | 먹 | 4435 | CATV방송국 | | 먹 |
| 4336 | 종축장 | | 먹 | 4511 | 호텔 | | 먹 |
| 4337 | 도축장 | | 먹 | 4512 | 여관 | | 먹 |
| 4338 | 정미소 | | 먹 | 4513 | 콘도미니엄 | | 먹 |
| 4339 | 정수장 | | 청 | 4514 | 목욕탕 | | 적 |
| 4341 | 하수종말처리장 | | 녹 | 4522 | 고속버스터미널 | | 먹 |
| 4342 | 공단폐수처리장 | | 녹 | 4523 | 시외버스터미널 | | 먹 |
| 4343 | 축산폐수처리장 | | 녹 | 4524 | 창고 | | 먹 |
| 4344 | 농공단지오폐수처리 | | 녹 | 4525 | 공항 | | 먹 |
| 4345 | 간이오수처리장 | | 녹 | 4526 | 자동차정비수리소 | | 청 |
| 4346 | 분뇨처리장 | | 녹 | 4527 | 세차장 | | 청 |
| 4411 | 학교 | | 먹 | 4528 | 주유소 | | 적 |
| 4413 | 도서관 | | 먹 | 4531 | 은행 | | 먹 |
| 4414 | 체육관 | | 먹 | 4532 | 협동조합 | | 먹 |
| 4415 | 실내수영장 | | 청 | 4533 | 기타금융기관 | | 먹 |
| 4416 | 학원 | | 먹 | 4534 | 보험회사 | | 먹 |

SYMBOL NO.3

| 코드번호 | 명칭 | 심볼 | 색 | 코드번호 | 명칭 | 심볼 | 색 |
|---|---|---|---|---|---|---|---|
| 4611 | 일반병원 | | 먹 | 5234 | 대나무숲 | | 녹 |
| 4612 | 결핵병원 | | 먹 | 5311 | 묘지 | | 먹 |
| 4613 | 나병원 | | 먹 | 5312 | 공동묘지 | | 먹 |
| 4614 | 정신병원 | | 먹 | 5313 | 능묘 | | 먹 |
| 4615 | 약국 | | 녹 | 5314 | 명승고적 | | 먹 |
| 4622 | 아동상담소 | | 먹 | 5315 | 성 | | 먹 |
| 4623 | 자립지원시설 | | 먹 | 5316 | 유적지 | | 먹 |
| 4624 | 탁아시설 | | 먹 | 5321 | 골프장 | | 적 |
| 4625 | 영아시설 | | 먹 | 5331 | 채석장 | | 먹 |
| 4626 | 아동일시보호시설 | | 먹 | 5332 | 토취장 | | 먹 |
| 4627 | 아동직업보도시설 | | 먹 | 5333 | 골재채취장 | | 먹 |
| 4631 | 양로시설 | | 먹 | 5334 | 광산 | | 먹 |
| 4632 | 장애인재활시설 | | 먹 | 5335 | 온천 | | 청 |
| 4633 | 모자보호시설 | | 먹 | 6211 | 기념비 | | 적 |
| 4634 | 미혼모시설 | | 먹 | 6213 | 동상 | | 적 |
| 4635 | 노인복지시설 | | 먹 | 6221 | 소방탑 | | 청 |
| 4636 | 부녀복지관 | | 먹 | 6222 | 저수탑 | | 청 |
| 4637 | 사회복지관 | | 먹 | 6223 | 취수탑 | | 청 |
| 5211 | 논 | | 청 | 6224 | 전파탑 | | 적 |
| 5212 | 밭 | | 녹 | 6233 | 등대(유간수) | | 먹 |
| 5213 | 과수원 | | 녹 | 6234 | 등대(무간수) | | 먹 |
| 5214 | 목초지 | | 녹 | 6311 | 우물 | | 청 |
| 5215 | 황무지 | | 녹 | 6312 | 관정 | | 청 |
| 5216 | 조림지 | | 녹 | 6313 | 분수 | | 청 |
| 5231 | 활엽수 | | 녹 | 6331 | 수위관측소 | | 청 |
| 5232 | 침엽수 | | 녹 | 6332 | 유량관측소 | | 청 |
| 5233 | 혼합림 | | 녹 | 6333 | 우량관측소 | | 청 |

SYMBOL NO.4

| 코드번호 | 명칭 | 심볼 | 색 | 코드번호 | 명칭 | 심볼 | 색 |
|---|---|---|---|---|---|---|---|
| 6334 | 수질관측소 | | 청 | | | | |
| 6351 | 독립활엽수 | | 녹 | | | | |
| 6352 | 독립침엽수 | | 녹 | | | | |
| 6353 | 굴뚝 | | 먹 | | | | |
| 6354 | 헬기장 | | 적 | | | | |
| 6357 | 양식장 | | 청 | | | | |
| 7217 | 표고점 | | 먹 | | | | |
| 7311 | 삼각점 | | 적 | | | | |
| 7312 | 수준점 | | 청 | | | | |
| 7321 | 평면기준점 | | 적 | | | | |
| 7322 | 표고기준점 | | 청 | | | | |
| 7323 | 사진기준점 | | 적 | | | | |
| 7131 | 등고수치 | | | | | | |
| 7132 | 표고점수치 | | | | | | |
| 7133 | 삼각점수치 | | | | | | |
| 7134 | 수준점수치 | | | | | | |

**표 10.2** 지형도 도식 규정의 예(1:5000)

| 구분 | 번호 | 명칭 | 기호(단위 mm) | 비고 |
|---|---|---|---|---|
| 도로 | 1 | 실폭도로 | 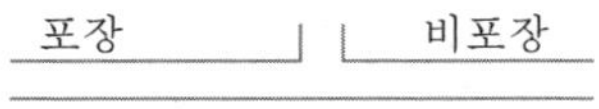 | -포장 비포장<br>구분 없음<br>-선굵기 0.1mm |
| | 2 | 소형차로 | 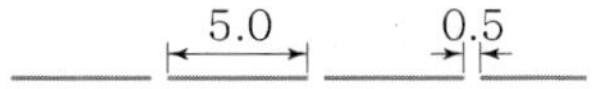 | -선굵기 0.3mm |
| | 3 | 소로 | 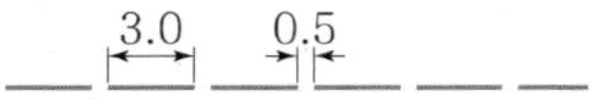 | -선굵기 0.2mm |
| | 4 | 건설 중인 도로 | 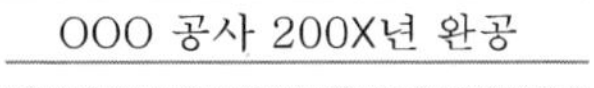 | -선굵기 0.1mm |
| | 5 | 보도가 있는 도로 | 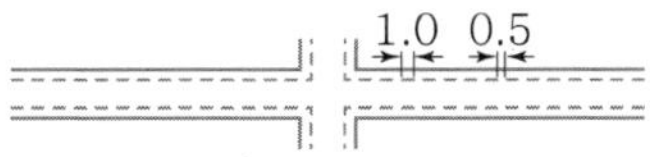 | -선굵기 0.1mm |
| | 6 | 도로분리대 | 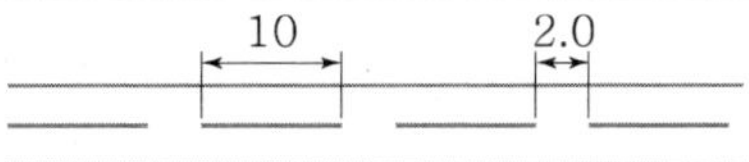 | -선굵기 0.2mm |
| | 7 | 도로터널 | 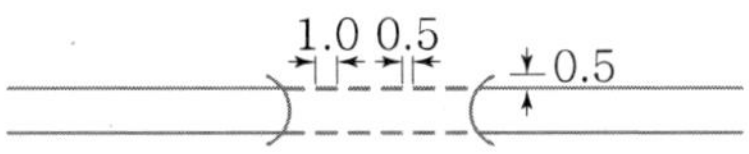 | -선굵기 0.3mm |
| | 8 | 교량 | 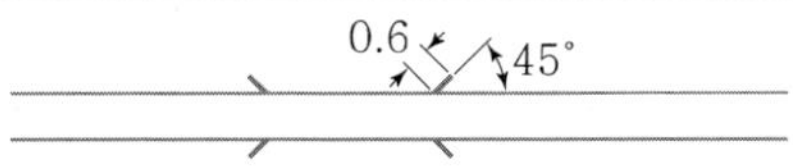 | -선굵기 0.3mm<br>-선굵기 0.1mm |
| | 9 | 도보교 | 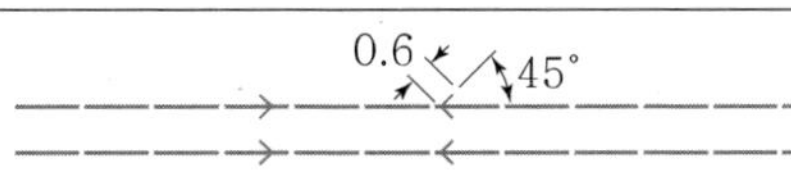 | -선굵기 0.3mm<br>-선굵기 0.1mm |
| | 10 | 도로의 교차부 | 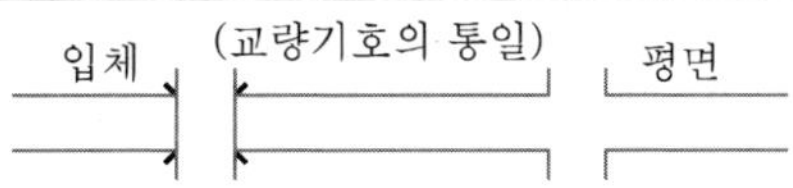 | -선굵기 0.3mm<br>-선굵기 0.1mm |
| | 11 | 도로의 고가부 | 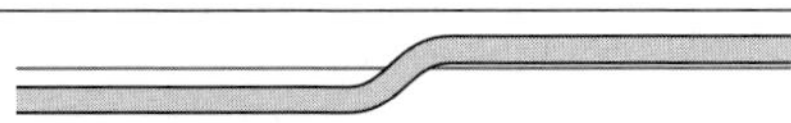 | -선굵기 0.3mm |
| | 12 | 육교 | 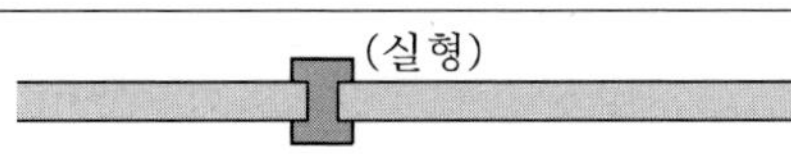 | -선굵기 0.1mm |
| | 13 | 계단 | 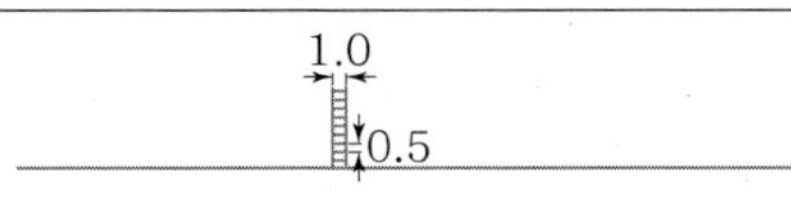 | -선굵기 0.1mm |
| | 14 | 도로의 성토 및 절토 | 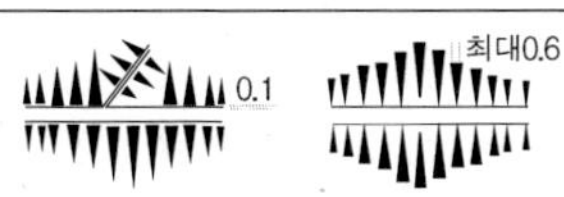 | |
| | 15 | 도로번호 | 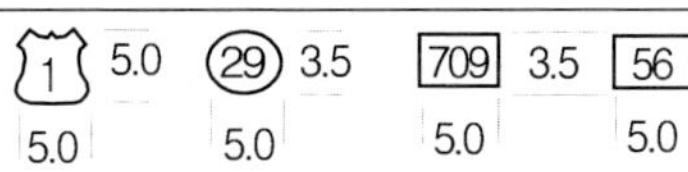 | -선굵기 0.2mm |

**표 10.2 계속**

| 구분 | 번호 | | 기호(단위 mm) | 비고 |
|---|---|---|---|---|
| 철도 | 16 | 철도 | 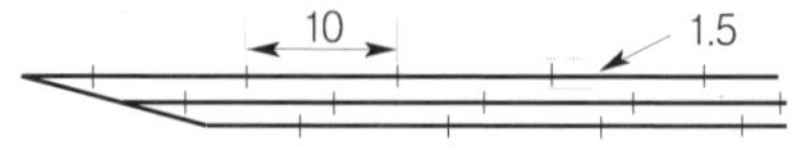 | -선굵기 0.3mm<br>-선굵기 0.1mm |
| | 17 | 철도의 교차부 | 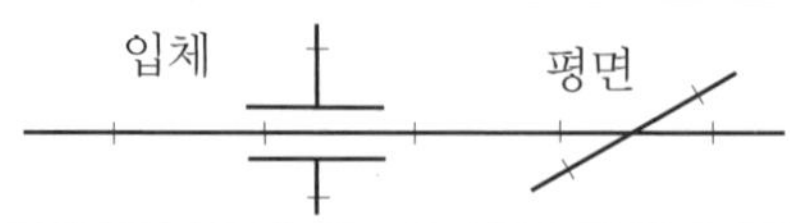 | |
| | 18 | 철도교 |  | -선굵기 0.3mm |
| | 19 | 특수철도 |  | -선굵기 0.2mm<br>-선굵기 0.1mm |
| | 20 | 케이블카 | 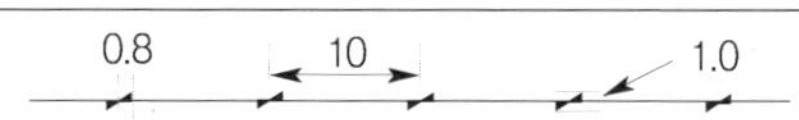 | -선굵기 0.1mm |
| | 21 | 건설중인 철도 | 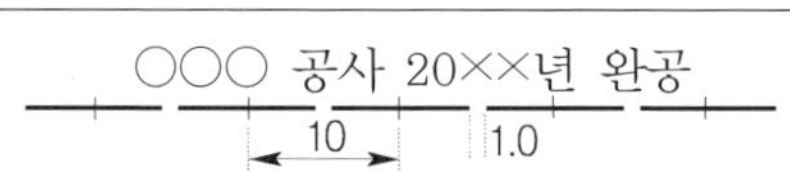 | -선굵기 0.3mm<br>-선굵기 0.1mm |
| | 22 | 플렛트홈과 구내육교 | 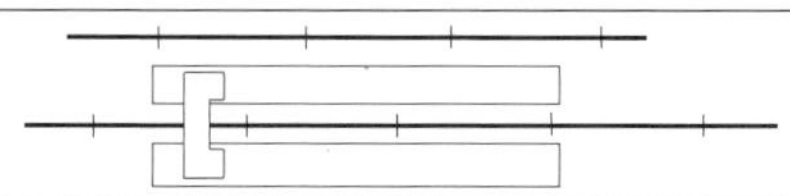 | -선굵기 0.1mm |
| | 23 | 철도터널 | 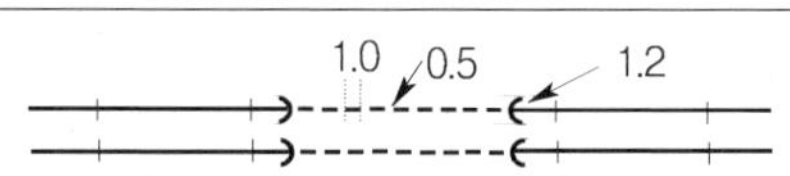 | -선굵기 0.3mm |
| | 24 | 철도의 성토 및 절토부 | 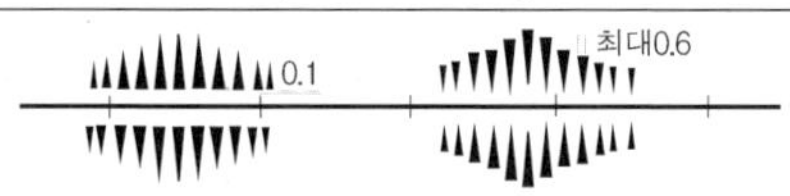 | |
| 경계 | 25 | 도·특별시·광역시계 | 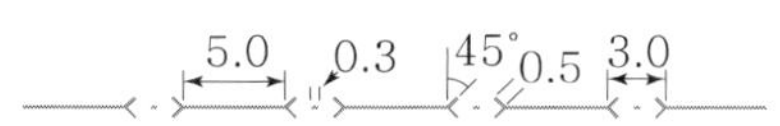 | -선굵기 0.1mm<br>-선굵기 0.3mm<br>-0.3mm 점 |
| | 26 | 군구계 |  | -선굵기 0.3mm<br>-0.3mm 점 |
| | 27 | 읍면·동계 | 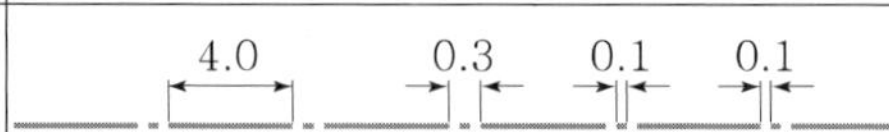 | -선굵기 0.3mm<br>-0.3mm 점 |
| 건물 | 28 | 건물 |  | R 239<br>G 239<br>B 239 |
| | 29 | 밀집건물 | 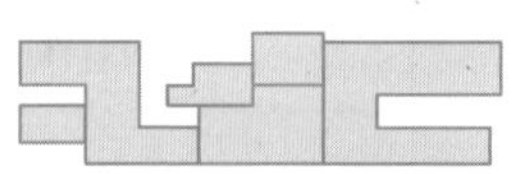 | R 239<br>G 239<br>B 239 |
| | 30 | 무벽사(無壁舍) | 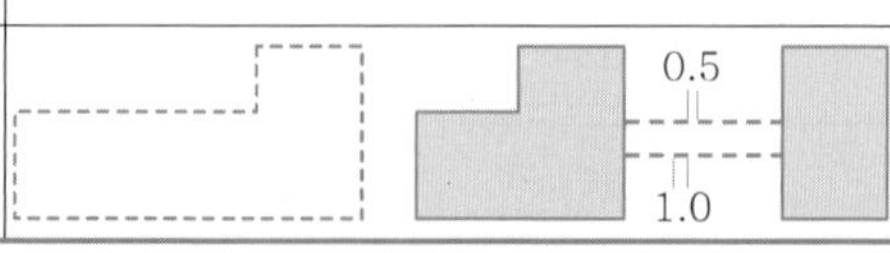 | -선굵기 0.1mm |

## 연습문제

01 다음 경사 중 가장 급한 선은 어느 것인가?

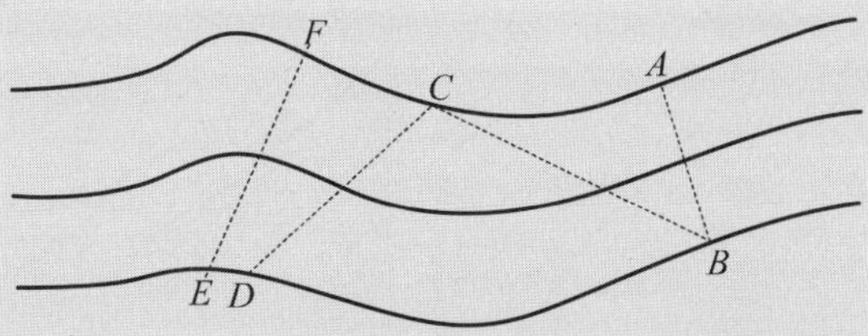


02 1/50,000 국토기본도에서 500m의 산정과 300m의 산정사이에는 주곡선이 몇 본 들어가는가?

03 1/50,000지형도상에서 두 점간의 7.56cm이다. 축척이 다른 지도의 같은 두 점간의 거리는 47.81cm이다. 이 지도의 축척은?

04 1/50,000지도에서 계곡선의 간격은?

05 그림과 같이 표고가 각각 112m, 142m인 $A$, $B$ 두 점이 있다. 두 점 사이에 130m의 등고선을 삽입코자 한다. 이 등고선의 위치는 $A$점으로부터 $\overline{AB}$ 선상 몇 m에 위치하는가? (단, $AB$의 직선거리는 200m이고 $AB$구간은 등경사이다.)

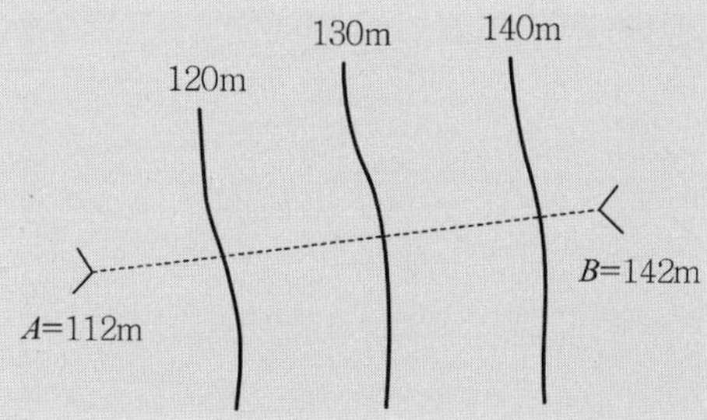


06 등경사 $AB$에서 $A$점의 표고가 225m, $B$점의 표고가 125m, $AB$의 수평거리가 200m이다. 축척 1/10,000의 평판측량을 하여 등고선간격 10m인 등고선을 도상에서 삽입하려 한다. 200m의 등고선의 위치는 $A$점으로부터 도상에서 몇 mm가 되는가?

**07** 그림에서 표고가 600m, 625m이고 $AB$간의 거리가 50m일 때 620m 등고선의 수평거리는?

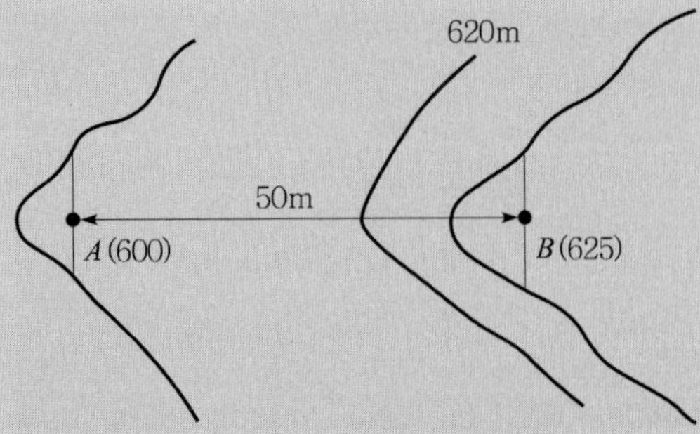


**08** 축척 1/5,000 지형도를 기초로 하여 축척 1/25,000의 지형도로 하고자 한다. 1/25,000도의 한 도면에는 1/5,000도가 얼마나 포함되는가?

basic surveying

Chapter 10

# 면적 및 체적의 측정

측량에서 취급하는 토지의 면적에는 그 토지의 경계선을 기준면상에 투영했을 때 선내의 면적을 말한다. 즉, 토지면적이라는 것은 그 표면의 면적을 가리키는 것이 아니고 수평면(水面平)에 투영(投影)하여 얻은 면적을 말하며 사면(斜面)의 넓이가 아니다. 면적측정은 경계선(境界線)의 위치, 방향 및 길이를 정하는 외업과 야장 또는 도면(圖面)에서 면적을 계산하는 내업으로 구분한다.

## 01 면적계산법(Calculation of area of land)

### (1) 직접법(直接法)

#### 1) 기계법(器械法)

경계선에 따라 각측량, 거리측량을 하여 계산하는 것으로써 넓은 면적을 구하는데 적합하고 정밀하다.

#### 2) 평판법(平板法)

줄자나 그 밖의 기구로 면적을 구하는데 필요한 수치를 측정하여 기하학의 정리를 사용하는 방법으로 작은 구역의 측량에 적합하다.

### (2) 간접측정법(間接測定法 : 圖上測定法)

#### 1) 도해측정법(圖解測定法)

평판으로 평면도를 작도하고 적당한 삼각형으로 구분하여 면적을 구하는 방법으로 신속하나 오차가 크다.

#### 2) 기계적측정법(器械的測定法)

도상에서 Planimeter를 써서 평면도로부터 직접면적이 구해지며 불규칙한 경계선에 둘러싸인 지역측정에 편리하다.

최근에는 측량기기 및 컴퓨터의 발전으로 CAD(Computer-aided design)를 이용하여 신속, 정확, 그리고 편리하게 이용이 가능하게 되었다.

### (3) 일반적인 면적 계산법

1) 현장법(現場法)

2) 도상법(圖上法)

① 도상거리법

- 삼사법(三斜法)
- 삼변법(三邊法)
- 지거법(支距法)
- 이변법(二邊法)
- 병용법(倂用法)

② Planimeter법

③ Computer를 이용하는 법

3) 좌표법

정밀도는 가장 높고 계산노력은 많다.

### (4) 현장법(現場法)

1) 삼각형이 집합된 면적

2) 경계선의 굴절이 심한 경우

3) 경계선이 곡선일 경우

4) 우각부(隅角部)의 면적

### (5) 도상거리법(圖上距離法)

1) 삼사법(三斜法 : diagonal and perpendicular method)

삼각형의 저변(底邊) 및 높이를 각각 $b$ 및 $h$라고 하고, 그 면적을 $A$라고 하면 다음식이 성립된다. 일반적으로 넓은 면적을 많은 삼각형으로 분할(分割)하고, 그 저변과 높이를 측정하여 그 구역의 면적을 계산할 때 사용한다.

$$\therefore\ A = \frac{1}{2} bh \tag{11.1}$$

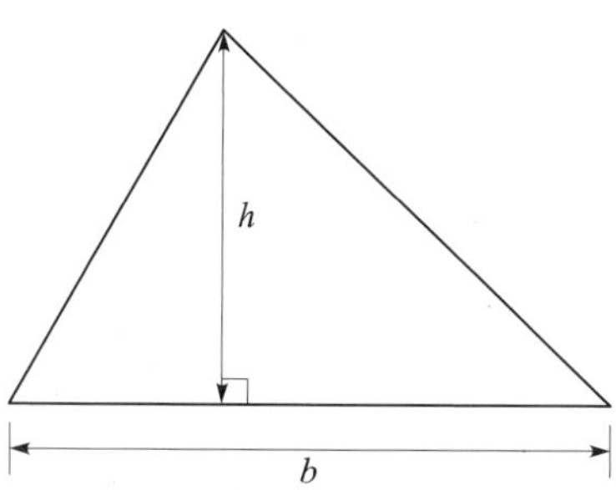


그림 11.1 삼사법

**예제 11.1**

축척이 1/600인 도면상에서 그림과 같은 값을 얻었을 때, 삼각형의 면적은?

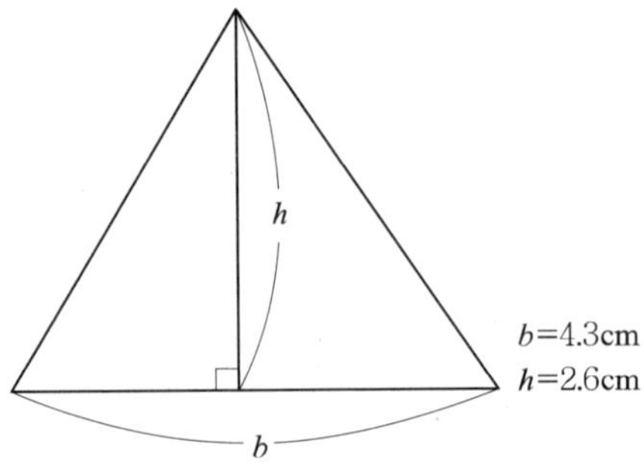


| 풀이 |

$$\therefore \ A = \frac{1}{2} b \cdot h (m)^2$$

$$= \frac{1}{2} \times 0.043 \times 0.026 \times (600)^2$$

$$= 201.24(\mathrm{m}^2)$$

여기서, $m$ : 축척 분모수

**예제 11.2**

삼각형의 토지의 밑변과 높이를 20m의 천 줄자로 측정하여 삼사법으로 면적을 구한 결과 47.15$\mathrm{m}^2$였다. 그 후 줄자가 20m에서 10cm 신장된 것을 알게 되었다. 측정한 삼각형의 정확한 면적은?

| 풀이 |

$$\frac{\Delta h}{h} = \frac{\Delta b}{b} = \frac{0.1}{20} = \frac{1}{200}, \quad \frac{\Delta A}{A} = \frac{\Delta h}{h} + \frac{\Delta b}{b} = \frac{1}{200} + \frac{1}{200} = \frac{1}{100}$$

$\frac{1}{100}$만큼 면적이 작게 계산되었다.

$$\therefore \ \text{실제면적} \ A_0 = A\left(1 + \frac{\Delta A}{A}\right) = 47.15\left(1 + \frac{1}{100}\right) = 47.62(\mathrm{m}^2)$$

**예제 11.3**

20m에 대하여 4cm 늘어난 줄자로 삼각형의 토지면적을 삼사법으로 구한 값이 48$\mathrm{m}^2$였다면 적합한 면적은?

| 풀이 |

$$\therefore \ \text{실제면적} \ A_0 = A(1 \pm \delta)^2 = A\left(1 \pm \frac{\Delta l}{l}\right)^2 = 48\left(1 + \frac{0.04}{20}\right)^2 = 48.19(\mathrm{m}^2)$$

※ 줄자가 늘어나면 +, 줄자가 줄어들면 −로 계산한다.

### 2) 2변과 사이각($\alpha$)을 알 때 삼각형 면적

삼각형면적을 $A$, 변 $\overline{AB}$ 의 길이를 $c$, 변 $\overline{AC}$ 의 길이를 $b$라 하고 그 사이각을 $\alpha$라 하면 다음과 같이 구해진다.

$$\therefore\ A = \frac{1}{2}\, bc\sin\alpha \qquad (11.2)$$

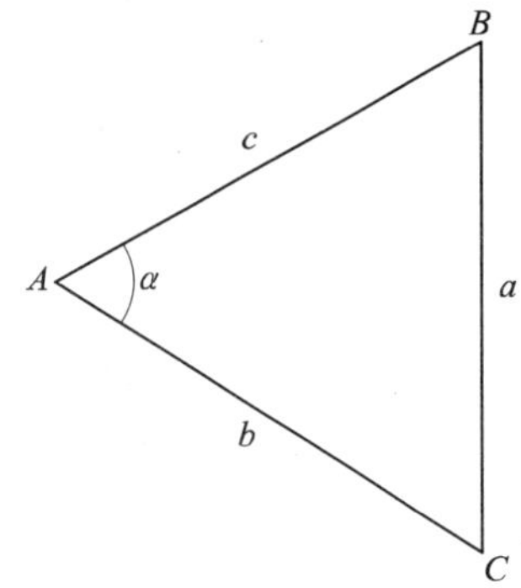


그림 11.2 2변과 협각을 알 때

**예제 11.4**

두 변의 길이가 각각 39.4m, 35.2m 이고 두 변의 사이각이 100°18′ 일 때 삼각형의 면적은? 1m 당 토량은?

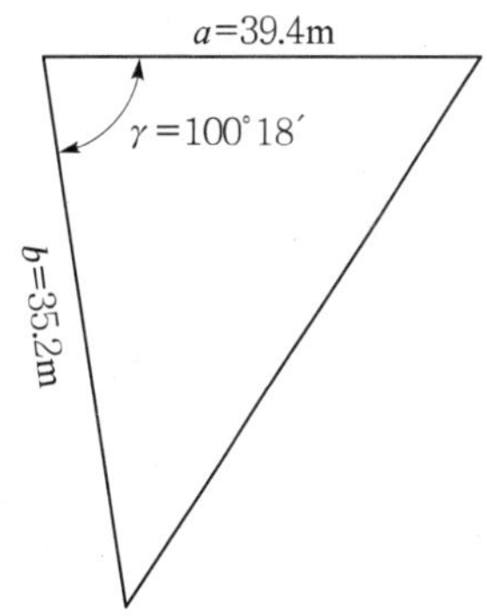


| 풀이 |

$$\therefore\ A = \frac{1}{2}ab\sin\gamma$$

$$= \frac{1}{2}\times 39.4\times 35.2\times \sin 100°18'$$

$$= 682.3(\mathrm{m}^2)$$

$$\therefore\ V = 682.3\times 1 = 682.3(\mathrm{m}^3)$$

### 3) 3변법(三邊法 : triangle division method)

① Herron의 공식 : 삼각형의 삼변 $a$, $b$, $c$를 알고 있으면 다음 식에서 면적 $A$를 계산할 수 있다.

$$S = \frac{1}{2}(a+b+c)$$

$$\therefore\ A = \sqrt{S(S-a)(S-b)(S-c)} \qquad (11.3)$$

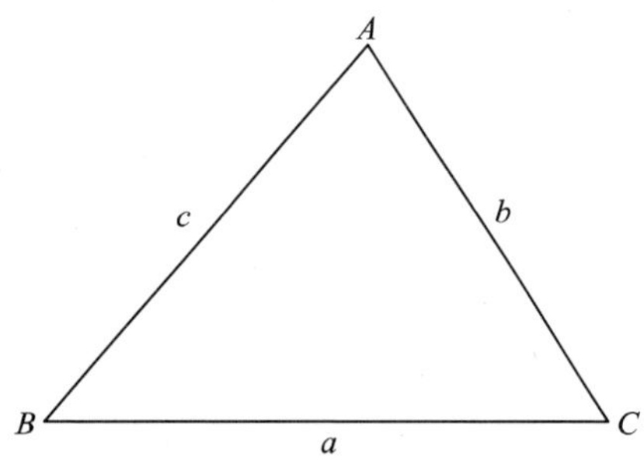


그림 11.3 Herron도

**예제 11.5**

어느 토지의 3변의 길이가 40.54m, 68.75m, 92.43m인 삼각형의 토지면적은?

| 풀이 |

$A = \sqrt{S(S-a)(S-b)(S-c)}$

단, $S = \frac{1}{2}(a+b+c) = \frac{1}{2}(40.54+68.75+92.43) = 100.86(\text{m})$

$\therefore\ A = \sqrt{100.86(100.86-40.54)(100.86-68.75)(100.86-92.43)}$

$= 1{,}283.3(\text{m}^2)$

**예제 11.6**

축척 1/300의 도상에서 3변의 길이가 각각 28.6cm, 40.3cm, 31.3cm일 때 면적은?

| 풀이 |

$S' = \frac{a'+b'+c'}{2} = \frac{28.6+40.3+31.3}{2} = 50.1(\text{m})$

$\therefore\ A = m^2\sqrt{S'(S'-a')(S'-b')(S'-c')}$

$= (300)^2\sqrt{50.1(50.1-28.6)\times(50.1-40.3)\times(50.1-31.3)}$

$= 40{,}093{,}370(\text{cm}^2) = 4{,}009.337(\text{m}^2)$

② 구형단면의 면적오차($dA$)

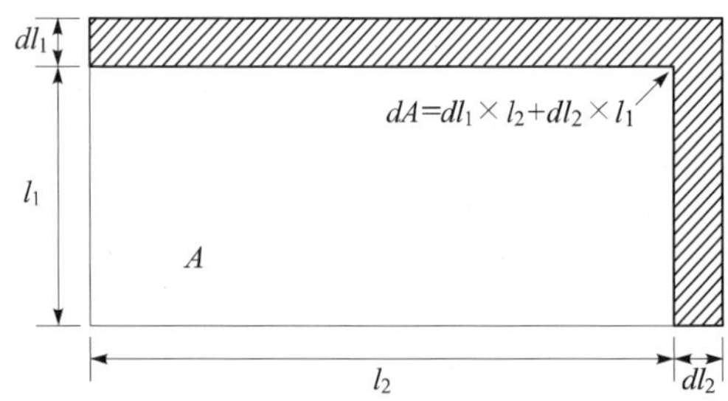


그림 11.4 구형단면도

거리 $l_1$, $l_2$를 측정하여 $l_1$, $l_2$에 각각 $dl_1$, $dl_2$의 오차가 생겼다고 하면 $dl_1$에 대한 면적오차를 $dAl_1$, $dl_2$의 오차에 대한 면적오차 $dAl_2$라 하면

$$\frac{dl_1}{l_1} = \frac{\triangle Al_1}{A},\quad \frac{dl_2}{l_2} = \frac{\triangle Al_2}{A}$$

$dl_1 \times dl_2$가 미소하므로 $dA = dAl_1 + dAl_2$가 된다.

$$\frac{dA}{A} = \frac{dAl_1}{A} + \frac{dAl_2}{A} = \frac{dl_2}{l_2} + \frac{dl_1}{l_1}$$

또 거리측정은 같은 정도로 측정되었으므로

$$\frac{dl_1}{l_1} = \frac{dl_2}{l_2} = K\ ,\ \frac{dA}{A} = 2K$$

$$\therefore\ dA = 2K \cdot A = \left(\frac{dl_1}{l_1} + \frac{dl_2}{l_2}\right) \times A \qquad 11.4$$

4) 사다리꼴 공식에 의한 방법(台形法 : trapezoidal rule method)

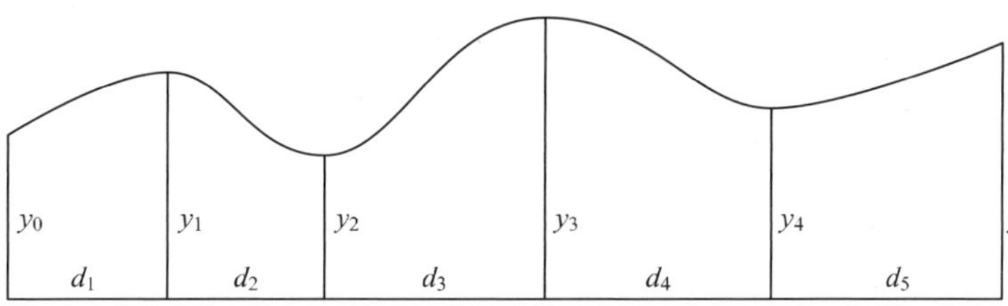

그림 11.5 대형법도

절선(折線)에서 경계선(境界線)에 내린 지거를 $y_0$, $y_1$, $y_2$, ⋯, $y_n$로 하고 그 간격을 $d_1$, $d_2$, $d_3$, ⋯, $d_n$로 하면 전면적 $A$는 인접 양지거에 끼인 경계의 부분이 직선으로 간주할 수 있을 때에는 이것을 사다리꼴로 취급하여 계산한다.

$$\therefore\ A = \frac{1}{2}\{(y_0 + y_1)d_1 + (y_1 + y_2)d_2 + (y_2 + y_3)d_3 + (y_3 + y_4)d_4 + (y_4 + y_5)d_5\} \qquad 11.5$$

5) 지거법(支距法 : offset method)

하천, 도로(道路) 그 외의 곡선부의 어떤 경계선에서 둘러쌓인 면적을 측정하는 것은 그 곡선의 안쪽 또는 바깥쪽에 측선을 설정해서 등간격의 지거를 내려 그어서 계산한다.

$$A_1 = (\text{台形}\ ABDE) + (\text{포물선}\ BCD)$$

$$= \left(2d \times \frac{y_0 + y_2}{2}\right) + \frac{2}{3}\left(y_1 - \frac{y_0 + y_2}{2}\right)2d$$

$$= y_0 d + y_2 d + \frac{4y_1 d}{3} - \left(\frac{4y_0 d}{6} + \frac{4y_2 d}{6}\right)$$

$$= d\left(y_0 + y_2 + \frac{4y_1}{3} - \frac{2y_0}{3} - \frac{2y_2}{3}\right)$$

$$= d\left(\frac{3y_0}{3} + \frac{3y_2}{3} + \frac{4y_1}{3} - \frac{2y_0}{3} - \frac{2y_2}{3}\right)$$

$$= \frac{d}{3}(3y_0 + 3y_2 + 4y_1 - 2y_0 - 2y_2)$$

$$= \frac{d}{3}(y_0 + 4y_1 + y_2) \quad (11.6)$$

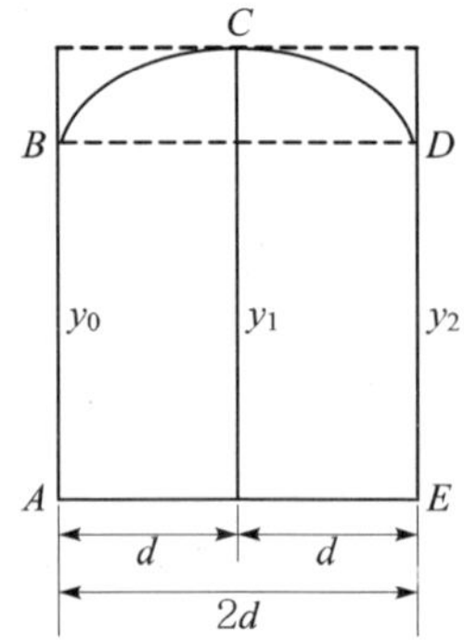

그림 11.6 지거법도

① 여러 단면으로 나눠쓸 때(simpson's 제1법칙)

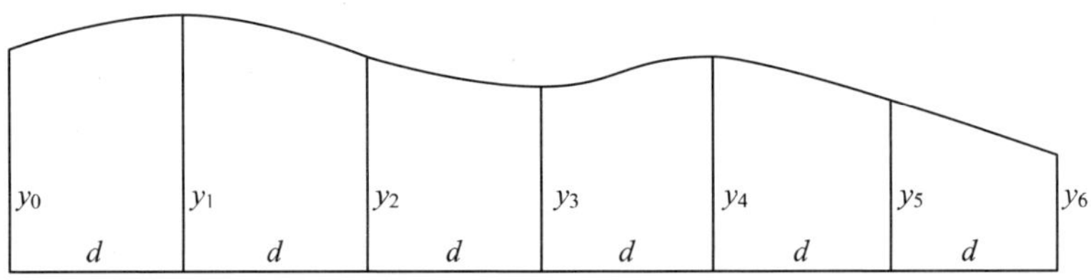

그림 11.7 Simpson's 1법칙

완만한 곡선인 경우 지거를 등간격으로 하고 두 개의 사다리꼴 사이의 경계선을 2차 포물선으로 가정하여 2개의 사다리꼴을 한 조로 해서 면적을 구하는 방법이다. 그림 11.7에서 면적을 구하면 다음과 같다.

$$\therefore\ A = \frac{d}{3}\{y_0 + y_6 + 4(y_1 + y_3 + y_5) + 2(y_2 + y_4)\}$$

$$A_1 = \frac{d}{3}(y_0 + 4y_1 + y_2)$$

$$A_2 = \frac{d}{3}(y_2 + 4y_3 + y_4)$$

$$A_3 = \frac{d}{3}(y_4 + 4y_5 + y_6)$$

$$\vdots \qquad \vdots \qquad \vdots$$

$$A_n = \frac{d}{3}(y_{n-2} + 4y_{n-1} + y_n)$$

$$\therefore\ A = \frac{d}{3}\{y_0 + y_n + 4 \times \Sigma(y_{홀수}) + 2 \times \Sigma(y_{짝수})\} \quad (11.7)$$

**예제 11.7**

다음 그림의 면적을 simpson 제1법칙에 의하여 구하여라.

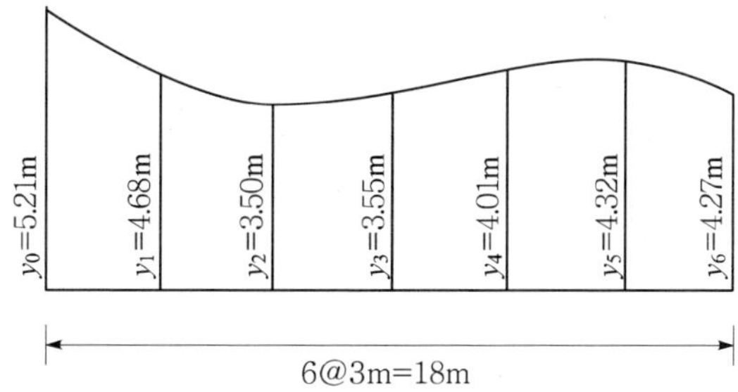


| 풀이 |

$$\therefore\ A = \frac{d}{3}\{y_0 + y_6 + 4(y_1 + y_3 + y_5) + 2(y_2 + y_4)\}$$

$$= \frac{3}{3}\{5.21 + 4.27 + 4(4.68 + 3.55 + 4.32) + 2(3.5 + 4.01)\}$$

$$= 74.7(\mathrm{m}^2)$$

**예제 11.8**

지거를 5m 의 같은 간격으로 각 지거를 $y_0 = 2.8\mathrm{m}$, $y_1 = 9.4\mathrm{m}$, $y_2 = 11.6\mathrm{m}$, $y_3 = 13.8\mathrm{m}$, $y_4 = 6.4\mathrm{m}$ 로 하였을 때, 심프슨의 제1법칙 공식에 의한 면적은?

| 풀이 |

simpson의 제1법칙

$$\therefore\ A = \frac{d}{3}\{y_0 + y_n + 2(y_2 + y_4 + \cdots\cdots) + 4(y_1 + y_3 \cdots\cdots)\}$$

$$= \frac{5}{3}\{2.8 + 6.4 + 2(11.6) + 4(9.4 + 13.8)\} = 208.7(\mathrm{m}^2)$$

② Simpson의 제2법칙(Simpson's secend rule) : 지거간격을 등간격으로 하고, 사다리꼴 3개씩을 한조로 묶어 그 부분의 경계선을 3차 포물선으로 가정하여 면적을 구하는 방법이다.

심프슨의 제2법칙$\left(\frac{3}{8}\text{ 법 칙}\right)$은 3구간을 1조로 하고 $\widehat{BCD}$ 의 경계선을 3차의 포물선으로 생각해서 계산하면 다음과 같이 된다.

$$A = (\text{台形 } ABCDE) + (\text{포물선 } BCD)$$

$$= \left(2d \times \frac{y_0 + y_3}{2}\right) + \frac{3}{4}\left(\frac{y_1 + y_2}{2} - \frac{y_0 + y_3}{2}\right)3d$$

$$= \frac{3}{8}d(y_0 + 3y_1 + 3y_2 + y_3)$$

$$A_2 = \frac{3}{8}d(y_3 + 3y_4 + 3y_5 + y_6)$$

$$A_3 = \frac{3}{8}d(y_6 + 3y_7 + 3y_8 + y_9)$$

$$\vdots$$

$$A_n = \frac{3}{8}d(y_{n-3} + 3y_{n-2} + 3y_{n-1} + y_n)$$

$$\therefore\ A = \frac{3}{8}d\{y_0 + y_n + 2\Sigma(y_{3\text{의 배수}}) + 3\Sigma(y_{3\text{의 배수 아닌 나머지}})\}$$

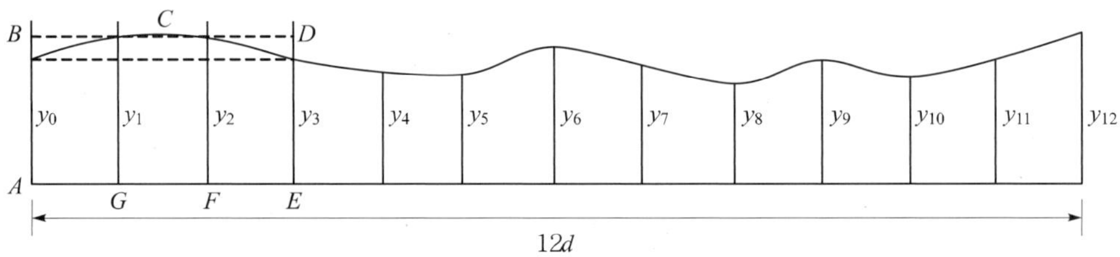


그림 11.8 simpson 제2법칙도

즉, 그림에서

$$\therefore\ A = \frac{3}{8}d\{y_0 + y_{12} + 3(y_1 + y_2 + y_4 + y_5 + y_7 + y_8 + y_{10} + y_{11}) + 2(y_3 + y_6 + y_9)\} \quad (11.8)$$

### 예제 11.9

Simpson 제2법칙을 이용하여 다음 그림의 면적을 구한 값은?

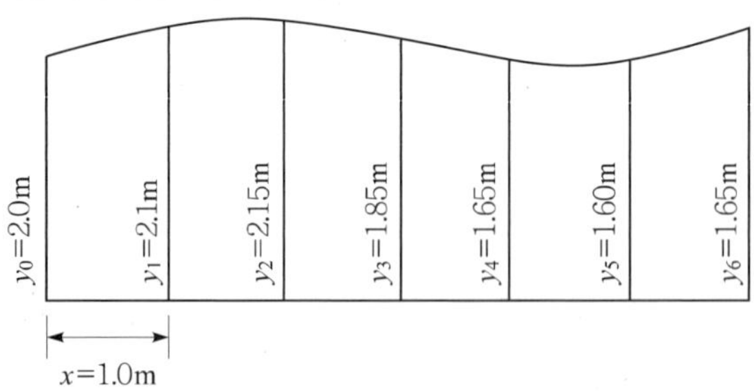

| 풀이 |

Simpson 제2법칙

$$\therefore\ A = \frac{3}{8}d\{y_0 + y_6 + 3(y_1 + y_2 + y_4 + y_5) + 2(y_3)\}$$

$$= \frac{3}{8} \times 1\{2 + 1.65 + 3(2.10 + 2.15 + 1.65 + 1.6) + 2 \times 1.85\}$$

$$= 11.193(\mathrm{m}^2) \fallingdotseq 11.20(\mathrm{m}^2)$$

③ **간이계산법** : 각 측점 사이의 거리 및 방위각은 알 수 없으나 그 점들의 좌표를 알고 있을 때, 그 점들로 구성된 면적을 측정하는 방법으로 각 측점의 좌표의 값$(x, y)$을 전후 측점의 좌표값 $x$ 또는 $y$의 곱한 대수합의 1/2이므로 기계적으로 되어 편리하게 계산할 수 있다. 간이계산법의 흐름도는 각 측점의 $x$좌표를 윗줄에 $y$좌표는 아래줄에 순서대로 쓰고, 각 측정의 $x$와 그 전후의 $y$값을 곱하여 합계를 구하면 배면적이 구해진다.

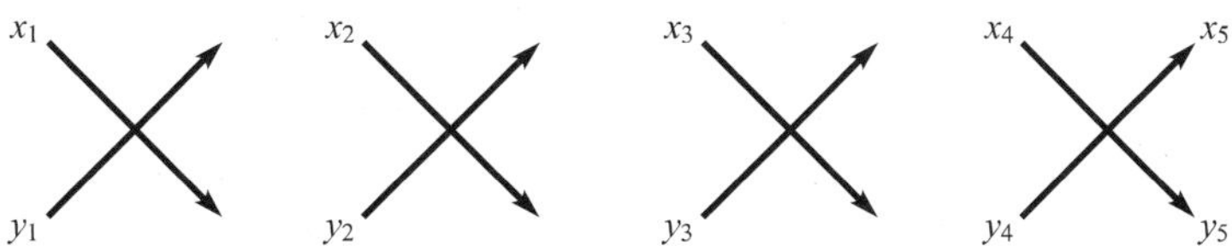


**그림 11.9 간이계산법도**

그림에서 배면적은

$$2A = (x_1y_2 + x_2y_3 + x_3y_4 + x_4y_5) - (y_1x_2 + y_2x_3 + y_3x_4 + y_4x_5)$$

면적$(A)$은

$$\therefore\ A = \frac{1}{2}(\text{배면적}) \qquad (11.9)$$

**예제 11.10**

다음 그림과 같은 지형의 면적은?

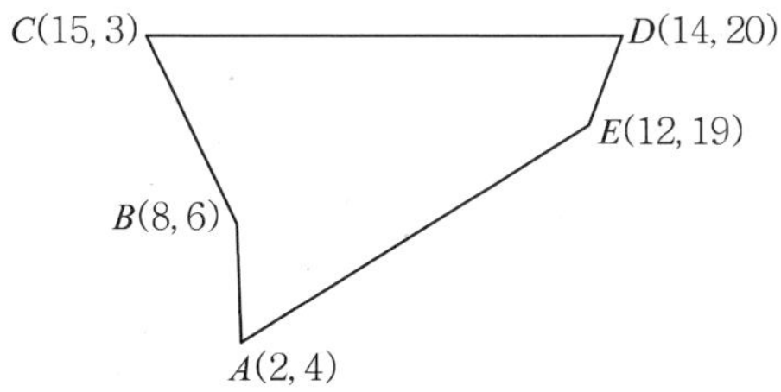

| 풀이 |

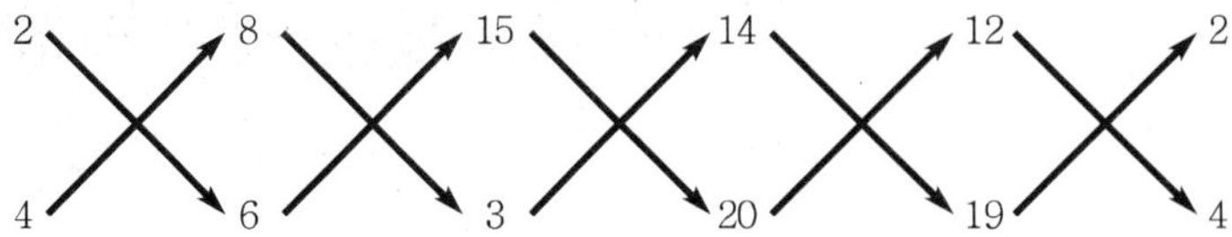


$$\text{배면적} = [2\times6+8\times3+15\times20+14\times19+12\times4]$$
$$-[4\times8+6\times15+3\times14+20\times12+19\times2]$$
$$=650-442=208(\text{m}^2)$$

$$\therefore \text{면적} = \frac{208}{2} = 104(\text{m}^2)$$

**예제 11.11**

다음 그림과 같이 도로의 횡단면도에서 토공량을 구하기 위한 절토단면은? (단, 그림의 숫자는 0을 원점으로 하는 좌표치($x$, $y$)를 m 단위로 나타낸 것이다.)

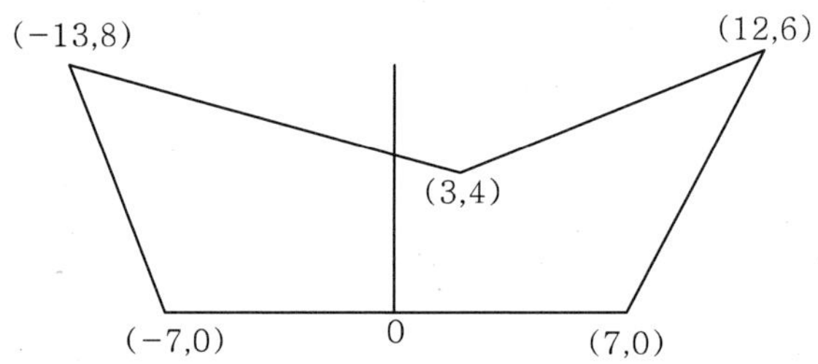


| 풀이 |

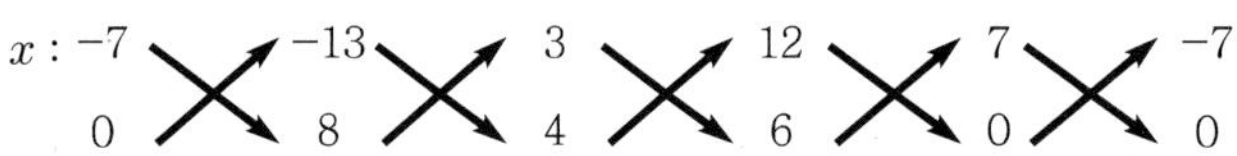


$-56-52+18=-90$

$24+48+42=114$ $\qquad \therefore \text{면적} = \dfrac{114-(-90)}{2} = 102(\text{m}^2)$

6) 방안법(方眼法 : Square method)

1칸의 면적을 계산하여 개수에 의해 구하는데 경계선의 모양은 삼각형, 사다리꼴로 생각해서 계산하는 방법을 말한다.

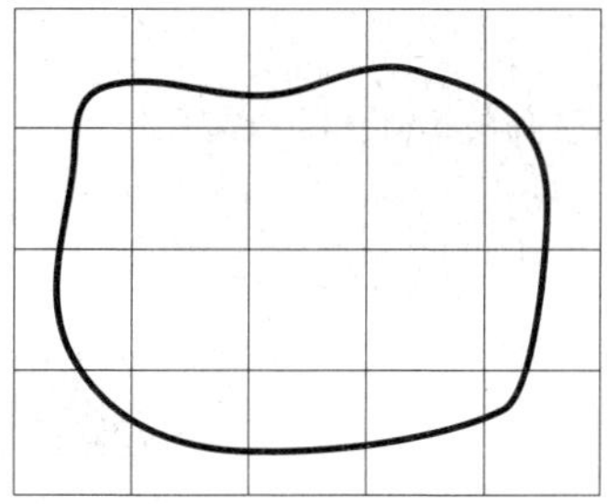

그림 11.10 방안법도

7) 성토(흙쌓기) 및 절토(흙깎기)의 경우

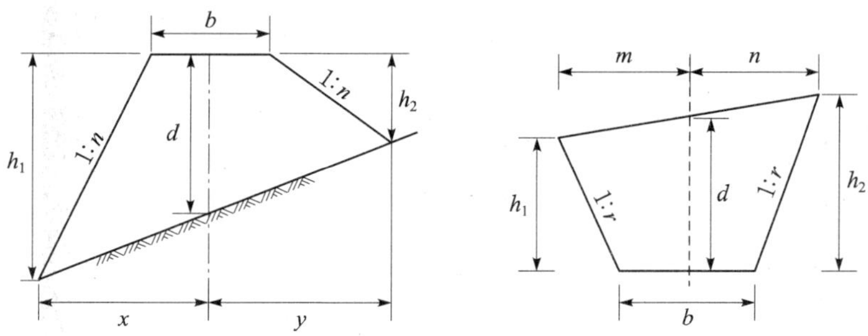


그림 11.11 성토, 절토단면도

그림 11.11에서 높이를 알고 폭 및 구배를 알고 있을 경우는 다음과 같은 면적 $A$가 구해진다.

$$\therefore\ A=\left\{\frac{h_1+h_2}{2}\times(x+y)\right\}-\left\{\left[\frac{1}{2}\left(x-\frac{b}{2}\right)\times h_1\right]+\left[\frac{1}{2}\left(y-\frac{b}{2}\right)\times h_2\right]\right\} \quad 11.10$$

$$\therefore\ A=\left\{\frac{h_1+d}{2}\times m+\frac{h_2+d}{2}\times n\right\}-\left\{\frac{h_1}{2}\times\left(m-\frac{b}{2}\right)+\frac{n_2}{2}\times\left(n-\frac{b}{2}\right)\right\} \quad 11.11$$

**예제 11.12**

그림과 같은 단면의 면적은 얼마인가?(단면 $ABCDE$, $EF=FD$)

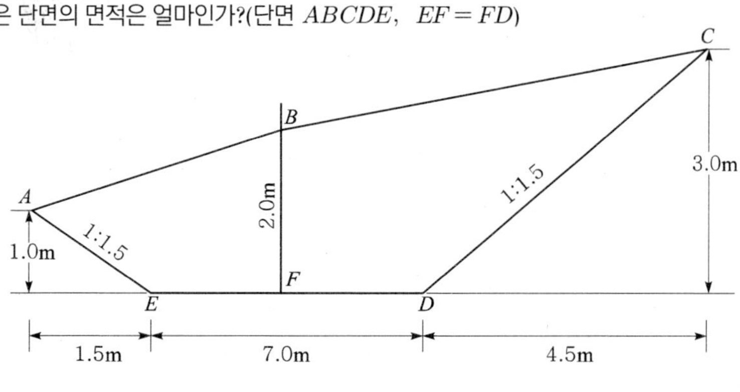

| 풀이 |

① $ABFE$ 면적 : $(A_1) = (1.0+2.0)\times(3.5+1.5)\times\frac{1}{2} - 1.0\times1.5\times\frac{1}{2} = 6.75(\mathrm{m}^2)$

② $BCDF$ 면적 : $(A_2) = (3.0+2.0)\times(3.5+4.5)\times\frac{1}{2} - 3.0\times4.5\times\frac{1}{2} = 13.25(\mathrm{m}^2)$

③ 총단면적$(A)$ ∴ $A = A_1 + A_2 = 6.75 + 13.25 = 20(\mathrm{m}^2)$

### (6) 구적기(求積器 : Planimeter)에 의한 방법

기계식 구적기는 극식(極式 : fixed tracing arm instrument)과 무극식(無極式 : movable arm instrument) 의 두 가지가 있는데 그 중에서 극식 구적기에서는 $\mathrm{mm}^2$ 단위의 구적면적을 직접 읽을 수 있으며 도면의 축척계수로 곱하여 토지의 면적을 쉽게 구할 수 있어서 예전에는 널리 사용되어왔으나 근래에는 대부분 디지털구적기를 사용하기에 이르렀다.

#### 1) 극식(定極) Planimeter

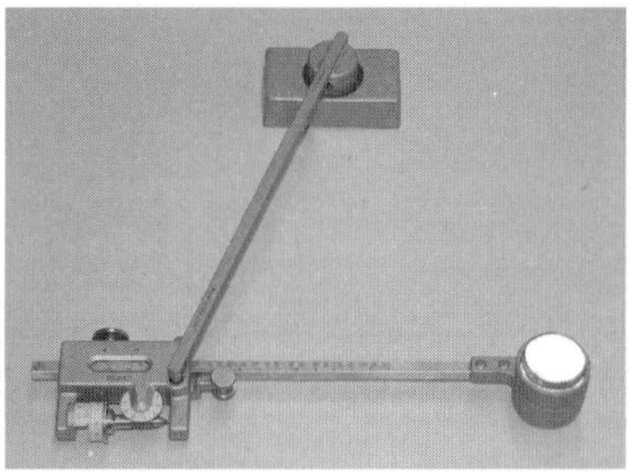

그림 11.12 구형구적기

#### 2) 전자식 구적기(Computer planimeter)

전자식에 의하여 불규칙한 면적을 구하는 구적기를 말한다. 면적이 넓은 경우는 삼사법으로 구할 수 있는 면적을 나눠 구하고 불규칙한 면이 있는 분할면적을 구해서 전체면적을 합하면 구하고자 하는 면적이 된다.

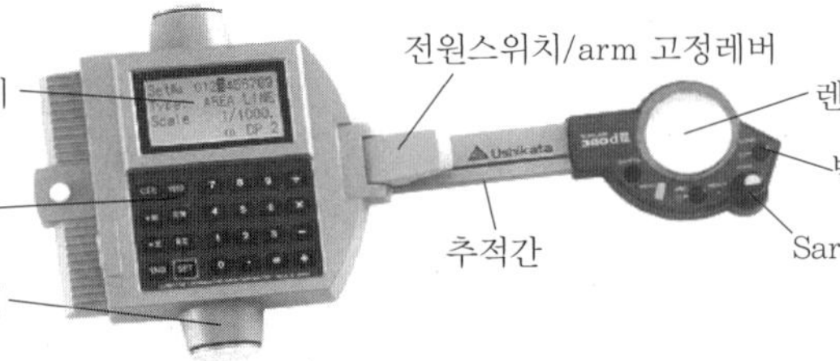


그림 11.13 전자식 구적기 구조

## 02 토량계산(土量計算)

토량을 측정하기 위하여 절토, 성토지역에 체적을 구하여 굴착량 및 성토량을 산정하기 위한 계산방법을 결정한다.

### (1) 점고법

매립공사, 땅고르기 등 필요한 토공량을 계산하는데 편리한 방법으로 넓은 면적을 일정한 4각형으로 분할하고 직각점마다 표고를 구해서 사각형분할, 삼각형분할법에 의하여 체적을 구하는 방법을 말한다.

1) 사각형으로 분할할 때

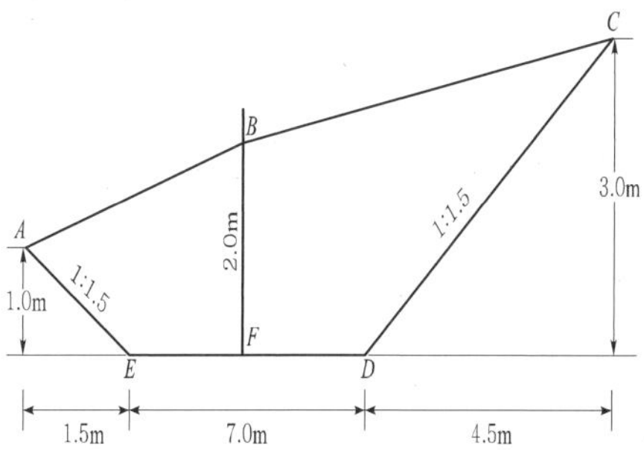


그림 11.14 사각형분할도

2) 삼각형으로 분할할 때

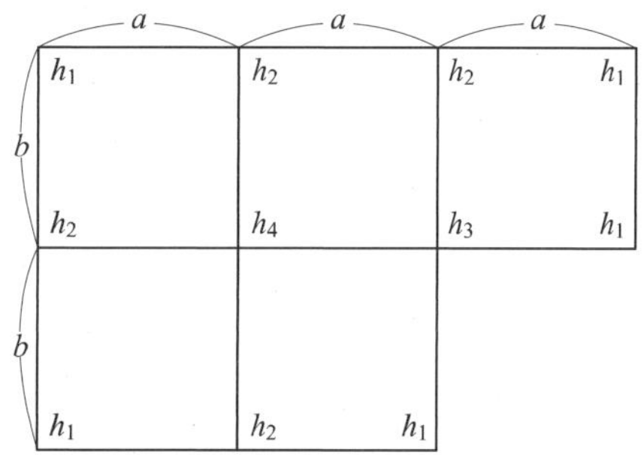


그림 11.15 삼각형분할도

$$\therefore \ V = \frac{ab}{4}(\Sigma h_1 + 2\Sigma h_2 + 3\Sigma h_3 + 4\Sigma h_4) \quad (11.12)$$

$$\therefore \ V = \frac{ab}{6}(\Sigma h_1 + 2\Sigma h_2 + 3\Sigma h_3 + 4\Sigma h_4 + 5\Sigma h_5 + 6\Sigma h_6) \quad (11.13)$$

여기서, $V$ : 부피(체적)

$\Sigma h_1$, $\Sigma h_2$, $\cdots$, $\Sigma h_n$ : 필요한 높이의 총합

$a$ : 가로폭 $\quad$ $b$ : 세로폭

$h_1$ : 1회 필요한 높이 $\quad$ $h_2$ : 2회 필요한 높이

$h_3$ : 3회 필요한 높이 $\quad$ $h_4$ : 4회 필요한 높이

$h_5$ : 5회 필요한 높이 $\quad$ $h_6$ : 6회 필요한 높이

**예제 11.13**

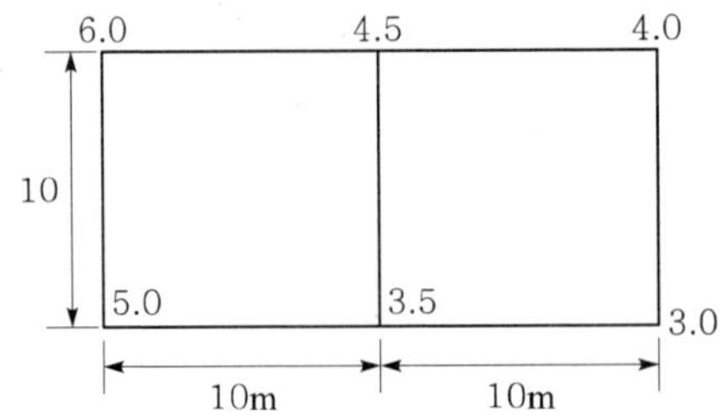


다음 그림은 고저 측량을 한 결과 기준면으로부터 높이이다. 이 용지를 수평으로 정지할 때의 높이는 기준면으로부터 몇 **m**로 하면 되는가? 정지할 때는 절토량과 성토량이 같다고 한다.

| 풀이 |

단면적 $A=10\times10=100(\text{m}^2)$ (구간)

$$\therefore\ V=\frac{A}{4}(\Sigma h_1+2\Sigma h_2)=\frac{100}{4}\{(6.0+5.0+4.0+3.0)+2(4.5+3.5)\}=850(\text{m}^3)$$

용지의 전면적 $=(10\times10)\times2=200(\text{m}^2)$

$$\therefore\ \text{정지높이}=\frac{850}{200}=4.25(\text{m})$$

**예제 11.14**

측량의 결과 다음과 같은 그림을 작성하였는데 이로부터 토량을 계산하라.

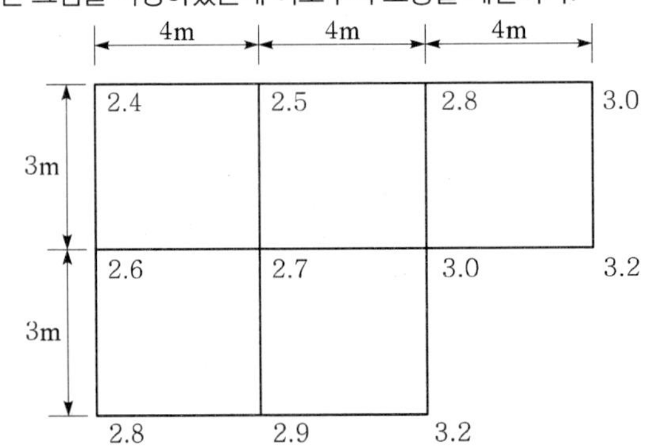


| 풀이 |

$\Sigma h_1=2.4+2.8+3.2+3.2+3.0=14.6(\text{m})$  $\Sigma h_2=2.6+2.5+2.9+2.8=10.8(\text{m})$

$\Sigma h_3=3.0(\text{m})$  $\Sigma h_4=2.7(\text{m})$

$$V=\frac{A}{4}(\Sigma h_1+2\Sigma h_2+3\Sigma h_3+4\Sigma h_4)$$

$$=\frac{3\times4}{4}(14.6+2\times10.8+3\times3+4\times2.7)=168(\text{m}^3)$$

**예제 11.15**

측량의 결과 다음과 같은 그림을 작성하였을 때 토량을 계산하라.

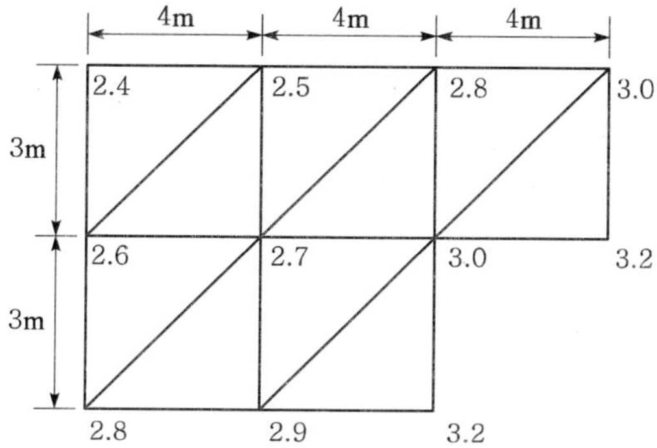


| 풀이 |

$\Sigma h_1 = 2.4+3.2+3.2 = 8.8(\mathrm{m})$　　$\Sigma h_2 = 2.8+3.0 = 5.8(\mathrm{m})$

$\Sigma h_3 = 2.5+2.8+2.9+2.6 = 10.8(\mathrm{m})$　　$\Sigma h_4 = 0(\mathrm{m})$

$\Sigma h_5 = 3.0(\mathrm{m})$　　$\Sigma h_6 = 2.7(\mathrm{m})$

$$\therefore\ V = \frac{A}{6}(\Sigma h_1 + 2\Sigma h_2 + 3\Sigma h_3 + 4\Sigma h_4 + 5\Sigma h_5 + 6\Sigma h_6)$$

$$= \frac{3\times 4}{6}(8.8+2\times 5.8+3\times 10.8+5\times 3.0+6\times 2.7) = 168(\mathrm{m}^3)$$

### 3) 등고선(等高線)에 둘러싸인 면적의 체적

체적은 근사적으로 구하는 경우에 대단히 편리하며, 산지 또는 저수용량을 측정하거나 택지의 토량 산출하는데 이용된다.

각각의 높이가 같은 등고선내의 면적을 구적기(Planimeter)로 측정하여 구한 $A_0$, $A_1, A_2$, ……, $A_n$이라 할 때 다음 식을 사용하여 체적을 구할 수 있다.

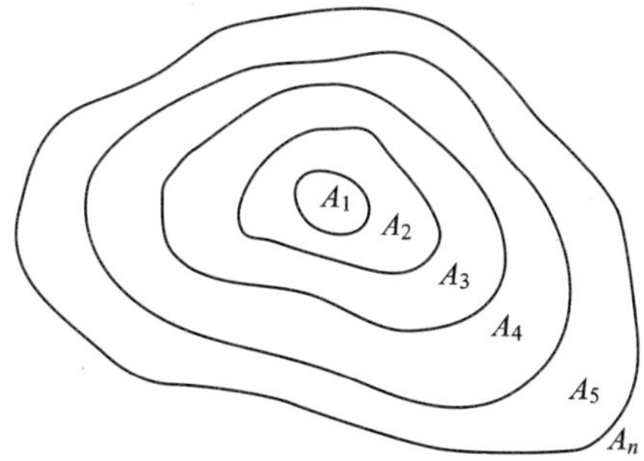


**그림 11.16 등고선에 둘러싸인 면적의 체적도**

$$\therefore\ V = \frac{h}{3}\{(A_1 + A_n) + 2(A_3 + A_5 + \cdots\cdots) + 4(A_2 + A_4 + \cdots\cdots)\} \qquad 11.14$$

여기서, $A$ 면적이 $V$계산에서 제외되는 경우는 사다리꼴 공식으로 나머지 면적에 대한 것은 부피를 구하여 합한다.

**예제 11.16**

다음 그림에서 85m 이상의 토량을 구하라. 각 등고선으로 둘러싸인 면적은?

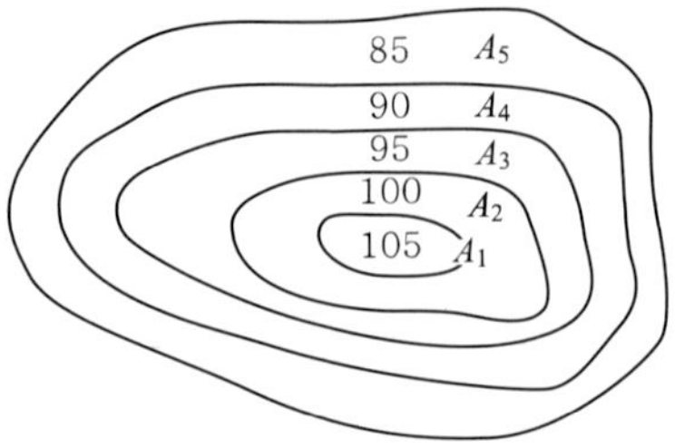


$A_1$(105m) : 30.5m$^2$ $A_4$( 90m) : 950.0m$^2$

$A_2$(100m) : 290.0m$^2$ $A_5$( 85m) : 1,525.5m$^2$

$A_3$( 95m) : 545.0m$^2$

| 풀이 |

$$\therefore\ V = \frac{h}{3}\{(A_1 + A_n) + 2(A_3 + A_5 + \cdots) + 4(A_2 + A_4 + \cdots)\}$$

$$= \frac{5}{3}\{(30.5 + 1{,}525.5) + 2 \times 545 + 4 \times (290.0 + 950.0)\}$$

$$= 12{,}676.6(\text{m}^3)$$

**예제 11.17**

저수지의 용량을 구하기 위해서 각 등고선내의 면적을 측정한 결과 다음과 같이 되었다. 유효수량을 구하라.

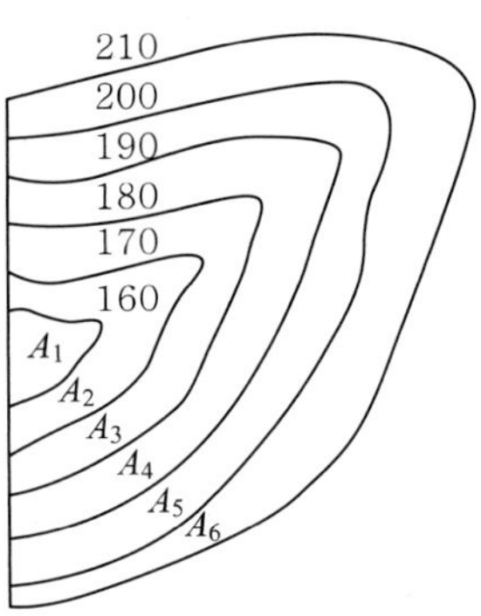


$A_1$ : 200m$^2$ $A_4$ : 10,000m$^2$

$A_2$ : 1,000m$^2$ $A_5$ : 15,000m$^2$

$A_3$ : 4,000m$^2$ $A_6$ : 20,000m$^2$

| 풀이 |

$$\therefore\ V = \frac{h}{3}\{A_1 + A_5 + 4(A_2 + A_4) + 2A_3\} + \frac{(A_5 + A_6)}{2}h$$

$$= \frac{10}{3}\{200 + 15{,}000 + 4(1{,}000 + 10{,}000) + 2 \times 4{,}000\}$$

$$+ \frac{15{,}000 + 20{,}000}{2} \times 10 = 399{,}000(\text{m}^3)$$

### (2) 평균단면법(平均斷面法)

도로, 철도에서 종단($l = 20$m)점간의 단면을 $A_1$, $A_2$라 할 때 아래 공식에 의해 체적을 구하는 방법으로 현장에서 일반적으로 양단면 평균법을 사용하여 성토, 절토량을 구한다.

$$\therefore \quad V = \frac{A_1 + A_2}{2} l_1 + \frac{A_2 + A_3}{2} l_2 \qquad 11.15$$

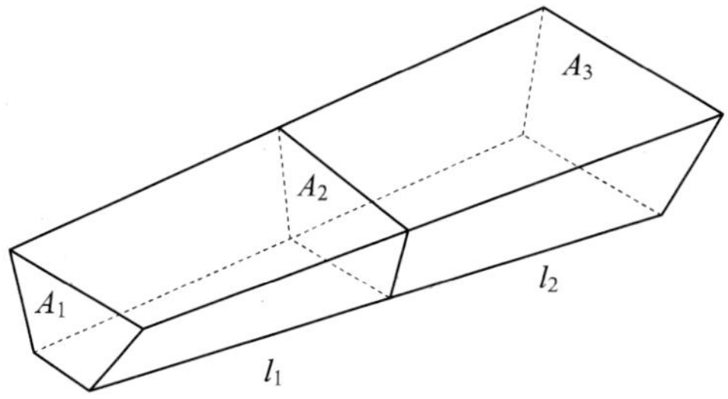


그림 11.17 평균단면법도

**예제 11.18**

도로공사의 시공에서 $A$점의 성토면적이 $25\text{m}^2$, $B$점의 성토면적이 $10.42\text{m}^2$이고 그 $A$, $B$간의 거리는 $20\text{m}$ 일 때 성토해야 할 토량은?

| 풀이 |

$$\therefore \quad V = \frac{l}{2}(A_1 + A_2) = \frac{20}{2}(25 + 10.42) = 354.2(\text{m}^3)$$

### (3) 각주공식(角柱公式 : prismoidal)

도로, 철도에서 종·횡단 측량 결과를 양단면 $A_1$, $A_2$를 측정하고 중앙단면 $A_m$을 구하여 중앙단면이 4배의 평균 단면으로 보고 아래 공식에서 체적을 구하는 방법을 말한다(11.7식 심프슨 제1법칙 참조).

$$\therefore \quad V = \frac{l}{6}(A_1 + 4A_m + A_2) \qquad 11.16$$

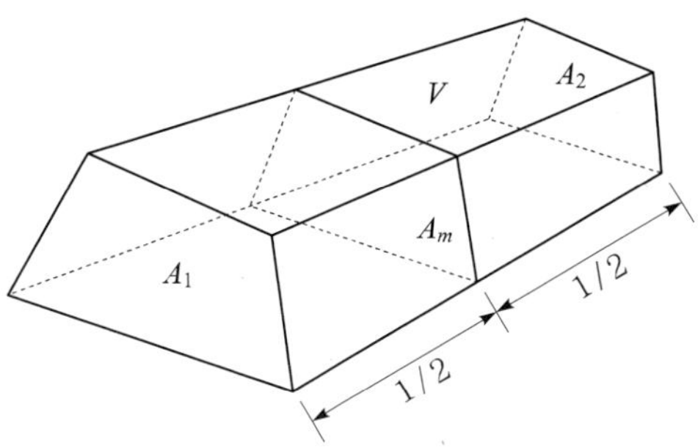


그림 11.18 각주도

**예제 11.19**

다음 그림과 같은 흙의 토량은?(단, 계산은 각주(prismoidal) 공식을 사용할 것)

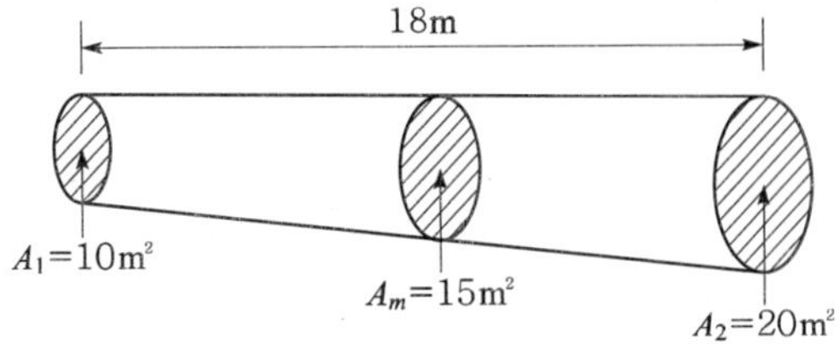


| 풀이 |

$$\therefore \; V = \frac{l}{6}(A_1 + 4A_m + A_2) = \frac{18}{6}(10 + 4 \times 15 + 20) = 270(\mathrm{m}^3)$$

### (4) 중앙단면을 알 수 없을 때

중앙단면을 구하지 않을 때 정확한 값에 가까운 체적을 구하기 위한 양단면 $A_1$, $A_2$를 이용하여 아래 공식으로 체적을 구하는 방법을 말한다.

$$\therefore \; V = \frac{l}{3}(A_1 + A_2 + \sqrt{A_1 \cdot A_2}) \qquad (11.17)$$

### (5) 중앙단면법

양단면이 일정한 기울기에 의해 구성되었을 때 중앙단면에 의해서만 아래 공식으로 체적을 구하는 방법을 말한다.

$$\therefore \; V = A_m l \qquad (11.18)$$

## 03 면적의 분할

면적의 분할 및 경계선을 정정하는 것은 지적 분할 측량 및 구획 정리 사업에 사용하는 방법으로 토목 공사에도 이용되고 있다.

## (1) 삼각형의 분할

### 1) $m : n$분할법

그림 11.19와 같이 $m : n$으로 분할하는 경우

$\triangle Axy : \triangle ABC$

$= m : (m+n)$

$= \overline{Ax}^2 : \overline{AB}^2$

$= \overline{Ay}^2 : \overline{AC}^2$

$= \overline{xy}^2 : \overline{BC}^2$ 이므로

$m : (m+n) = \overline{Ax}^2 : \overline{AB}^2$

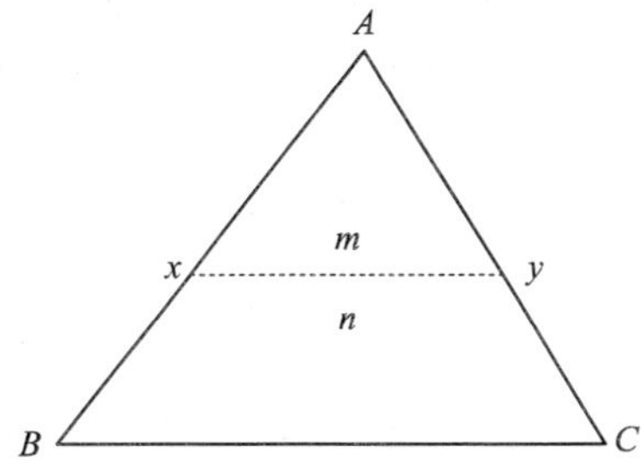


그림 11.19 $m : n$분할법

$$\overline{Ax} = \overline{AB}\sqrt{\frac{m}{m+n}} \quad (11.19)$$

**예제 11.20**

그림과 같이 토지의 1변 $BC$에 평행하게 $m : n = 1 : 3$의 비율로 분할하고자 할 경우, $AB$의 길이가 75m 일 때 $Ax$는 얼마인가?

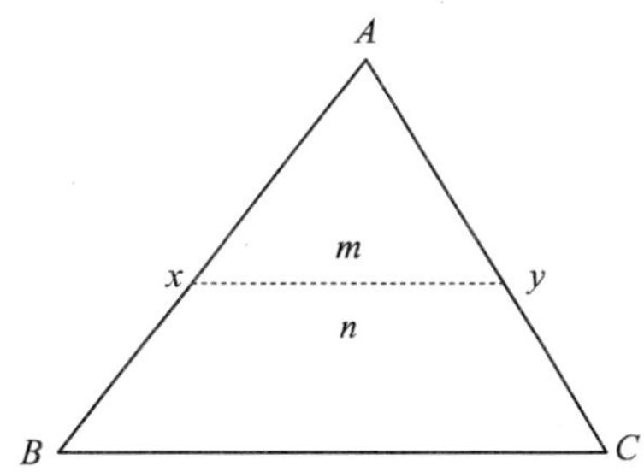


| 풀이 |

$$\therefore \ \overline{Ax} = \overline{AB}\sqrt{\frac{m}{m+n}} = 75\sqrt{\frac{1}{1+3}} = 37.5(\text{m})$$

### 2) $l$변 위의 점 $D$를 지나는 직선에 의한 분할

그림 11.20과 같이 $\triangle ABC$를 $\triangle BED : \square AEDC = m : n$으로 분할하려면 다음 식으로 점 $E$의 위치를 구하여 점 $D$와 $E$를 이으면 된다.

$\overline{AB} \cdot \overline{BC} \cdot (n)$

$= \overline{BE} \cdot \overline{BD} \cdot (m+n)$이므로

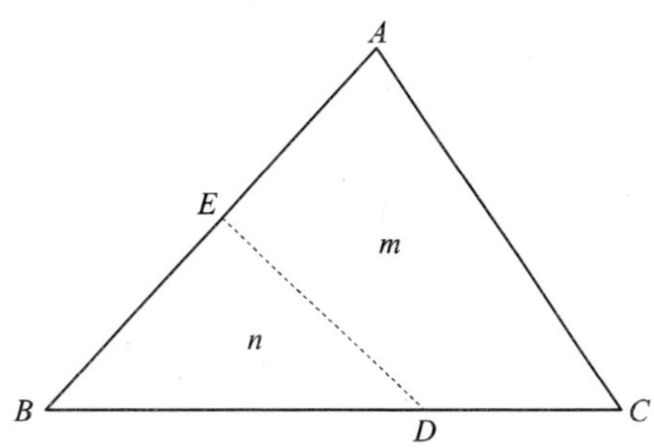


그림 11.20 한 변의 점을 지나는 분할

$$\overline{BE} = \frac{\overline{AB} \cdot \overline{BC}}{\overline{BD}} \times \frac{n}{m+n} \quad (11.20)$$

**예제 11.21**

그림과 같은 토지의 한 변 $BC = 52\text{m}$상의 점 $D$와 $AC = 46\text{m}$상의 점 $E$를 연결하여 $\triangle ABC$의 면적을 2등분하려면 $AE$의 길이를 얼마로 하면 좋은가?

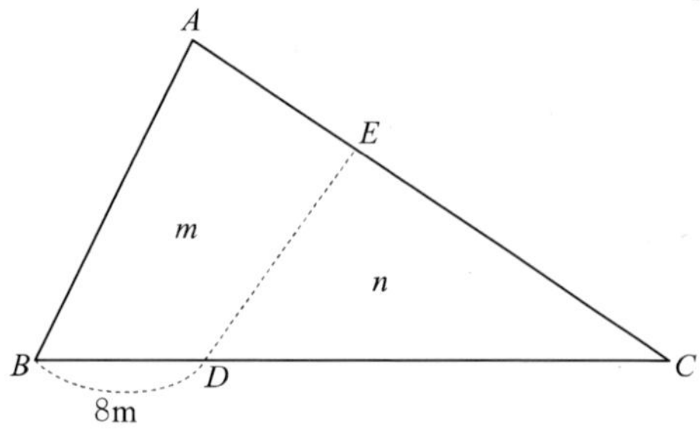


| 풀이 |

먼저 $\overline{CE}$ 를 구하면

$$\overline{CE} = \frac{46 \times 52}{44} \times \frac{1}{2} \fallingdotseq 27.2(\text{m})$$

$$\therefore \overline{AE} = \overline{AC} - \overline{CE} = 46 - 27.2 = 18.8(\text{m})$$

3) $a : b : c$분할법

그림 11.21과 같이 $\triangle ABC$를 $a : b : c$로 분할하려면

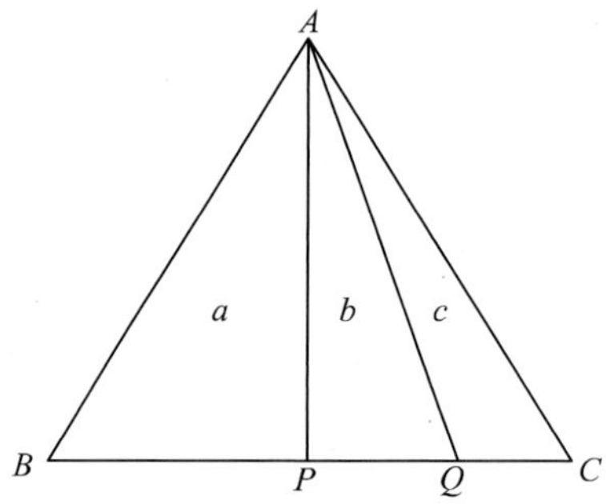


**그림 11.21 한 꼭지점을 지나는 분할**

$\overline{BP}\,(a+b+c) = \overline{BC}\,(a)$에서

$$\overline{BP} = \frac{a}{a+b+c} \times BC \tag{11.21}$$

$\overline{BQ}\,(a+b+c) = \overline{BC}\,(a+b)$이므로

$$\overline{BQ} = \frac{(a+b)}{a+b+c} \times BC \tag{11.22}$$

$$\overline{PQ} = BQ - BP \tag{11.23}$$

**예제 11.22**

그림과 같은 삼각형의 꼭지점 $A$로부터 밑변을 향해서 직선으로 $a:b:c=5:3:1$의 비율로 면적을 분할하려면 $BP$, $BQ$는 각각 얼마인가? (단, $BC=200\mathrm{m}$이다)

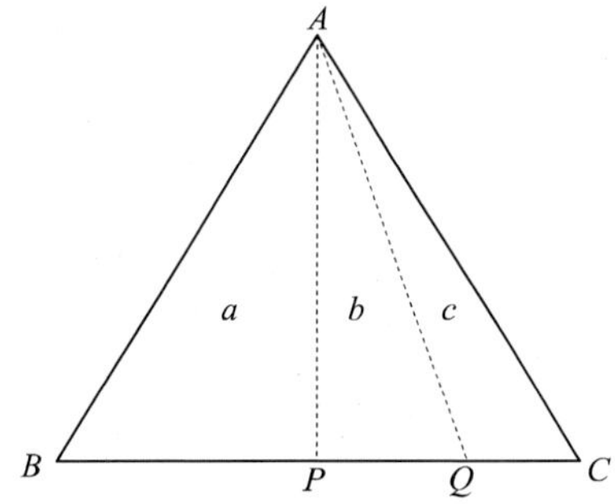


| 풀이 |

삼각형의 꼭지점 분할공식에서

$$\overline{BP}=BC\frac{a}{a+b+c}=200\times\frac{5}{5+3+1}=111.11(\mathrm{m})$$

$$\overline{BQ}=200\times\frac{8}{9}=177.78(\mathrm{m})$$

## (2) 사변형의 분할

### 1) 사다리꼴의 분할

사다리꼴을 밑변에 평행한 직선으로 $m:n$으로 분할할 경우

$AD//EF$인 경우

$$\triangle BCG=\frac{h''}{2}\cdot BC,\ \triangle EGF=\frac{h'}{2}\cdot EF,\ \triangle AGD=\frac{h}{2}\cdot AD$$

사다리꼴 $BCFE=\frac{m}{m+n}(\triangle ADG-\triangle BGC)=\triangle EFG-\triangle BCG$

$$\frac{m}{m+n}\left(\frac{h}{2}AD-\frac{h''}{2}\cdot BC\right)=\frac{h'}{2}EF-\frac{h''}{2}BC$$

$$\frac{m}{m+n}\left(\frac{h}{2}AD\right)-\frac{m}{m+n}\left(\frac{h''}{2}\cdot BC\right)+\frac{h''}{2}BC=\frac{h'}{2}EF$$ 에서

양변에 $2/h$를 곱하면

$$\frac{m}{m+n}AD+\frac{n}{m+n}\cdot\frac{h''}{h}BC=\frac{h''}{h}EF$$

$\frac{h''}{h}=\frac{BC}{AD},\ \frac{h'}{h}=\frac{EF}{AD}$ 이므로

$\frac{m}{m+n}\cdot AD+\frac{n}{m+n}\cdot\frac{BC^2}{AD}=\frac{EF^2}{AD}$ 에서 양변에 $AD$를 곱하면

$$\frac{1}{m+n}(mAD^2+nBC^2)=EF^2$$

$$\therefore\ EF=\sqrt{\frac{mAD^2+nBC^2}{m+n}} \tag{11.24}$$

$$\therefore \ AE = \frac{AD - EF}{AD - BC} \cdot AB \tag{11.25}$$

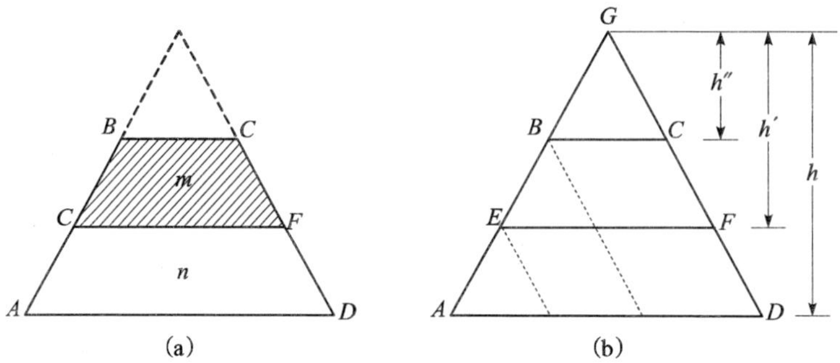


**그림 11.22 사다리꼴의 분할**

**예제 11.23**

그림과 같은 4변형의 토지를 $AD$에 평행하게 $m : n = 3 : 4$로 면적을 분할하고자 한다. $BC = 50\text{m}$, $AB = 70\text{m}$, $AD = 60\text{m}$일 때, $Ax$는 얼마인가?

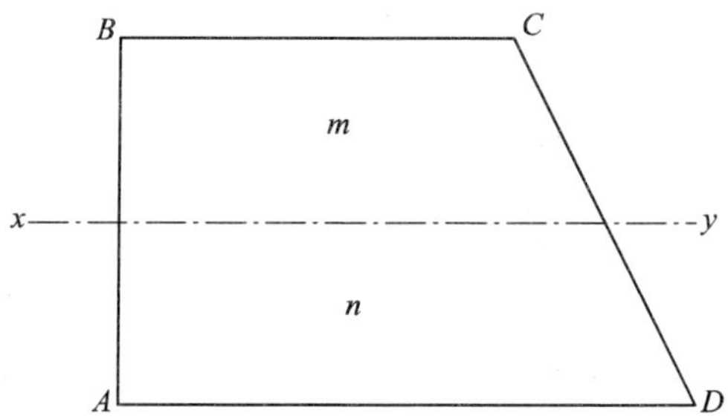


| 풀이 |

$$xy = \sqrt{\frac{m\overline{AD}^2 + n\overline{BC}^2}{m+n}} = \sqrt{\frac{3\times 60^2 + 4\times 50^2}{3+4}} = 54.5(\text{m})$$

$$Ax = \frac{\overline{AB}\,(\overline{xy} - \overline{BC})}{\overline{AD} - \overline{BC}} = \frac{70\times(54.5-50)}{60-50} = 31.5(\text{m})$$

2) 사변형의 분할법

그림 11.23과 같이 직선 $\overline{AP}$로 $\square ABCD$를 $\square ABCP : \triangle APD = m : n$되게 분할하려면 $P$의 위치는 $\frac{1}{2} \cdot \overline{PD} \cdot \overline{AH} = \triangle APD$, $\frac{1}{2} \cdot \overline{PD} \cdot \overline{AH}(m+n) = S \cdot n$이므로

$$\overline{PD} = \frac{2\triangle APD}{\overline{AH}} = \frac{2n}{m+n} \times \frac{S}{\overline{AH}} \quad (11.26)$$

여기서, $S$ : $ABCD$의 면적

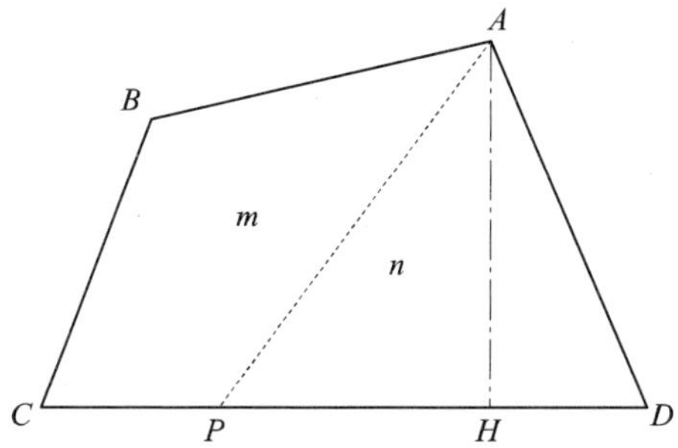


**그림 11.23 사변형의 분할**

**예제 11.25**

사변형 $ABCD$의 $A$를 통하여 면적을 2등분할 때 $PD$의 길이는? (단, $ABCD$의 면적은 $1{,}800\text{m}^2$이고, $AE$의 길이는 60m 임)

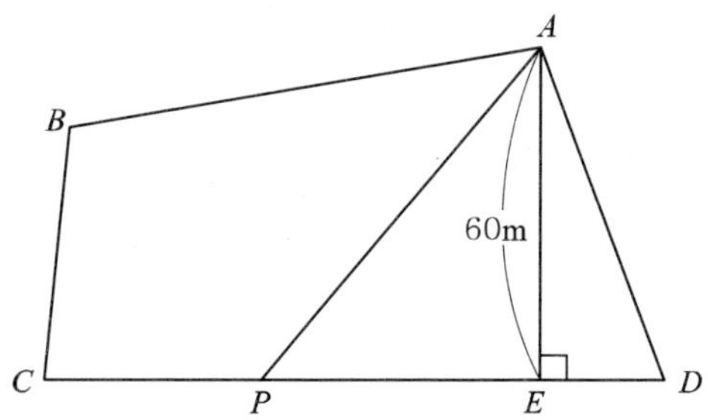


| 풀이 |

$\triangle PAD$의 면적 $= \dfrac{1{,}800}{2} = 900(\text{m}^2)$, 그러므로 $\dfrac{\overline{\text{PD}} \times 60}{2} = 900$이므로

$\therefore\ PD = \dfrac{2 \times 900}{60} = 30(\text{m})$

## 연습문제

**01** 그림과 같은 삼각형 토지에서 $A$점으로부터 20m 떨어진 $AC$상의 한 점 $D$를 고정점으로 하여 $D$점으로부터 $AB$상의 한 점 $E$를 연결하여 $\triangle ABC$의 면적을 $m : n = 2 : 3$으로 분할하고자 한다. $AE$의 길이는 얼마가 되어야 하는가? (단, $AB$의 길이는 37m, $AC$의 길이는 30m이다.)

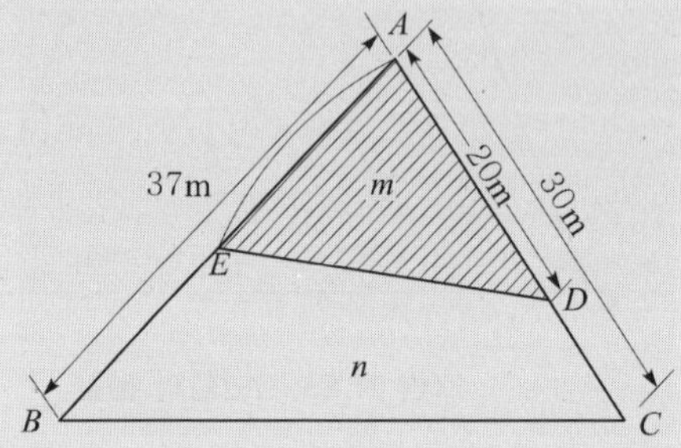


**02** 다음 그림과 같은 5각형 토지 $ABCDE$를 동일 면적의 사각형 토지로 하기 위해 $DC$의 연장선상에서 경계점 $F$를 설치하고자 한다. $\overline{AC} = 40\text{m}$, $\overline{BC} = 25\text{m}$, $\angle ACB = 30°$, $\angle BCF = 80°$라 할 때 $\overline{CF}$ 의 거리는?

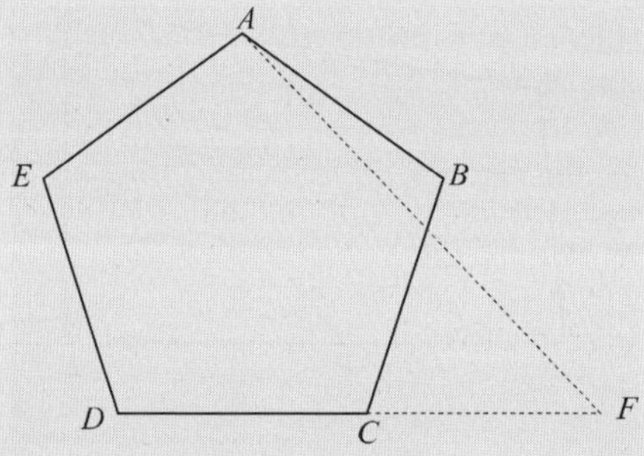


**03** $100\text{m}^2$의 정방형의 토지의 면적을 $0.1\text{m}^2$까지 정확하게 구하자면 이에 필요한 1변의 길이는?

**04** 단지개발 사업에 있어서 구형의 토지를 측량하여 75.45m와 48.55m를 얻었다. 길이의 측정치에 ±1 cm의 오차가 있다면 면적의 오차는 얼마인가?

**05** 장방형의 토지의 종횡을 포권척으로 측정하여 각각 37.8m와 28.9m을 얻었다. 그 경우 포권척의 공차가 30m에 대하여 4.5cm라고 할 때 발생하는 면적의 최대오차는?

**06** 그림과 같은 지형의 면적을 계산하시오.

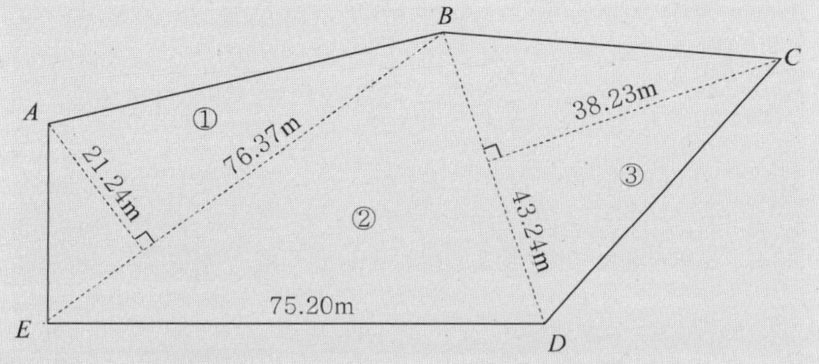


**07** 직각삼각형의 직각을 낀 두 면 $a$, $b$를 측정하여 다음 결과를 얻었다. 빗변 $c$의 거리와 확률오차는? (단, $a = 121.26 \pm 0.08$, $b = 186.25 \pm 0.06$)

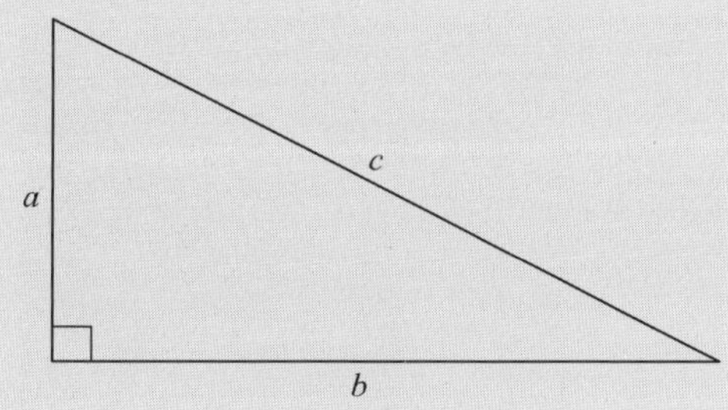


**08** 그림과 같이 간격을 $d$로 일정하게 나누어 그 면적을 구할 때 사다리꼴 공식을 이용하여 구한 면적($m^2$)은?

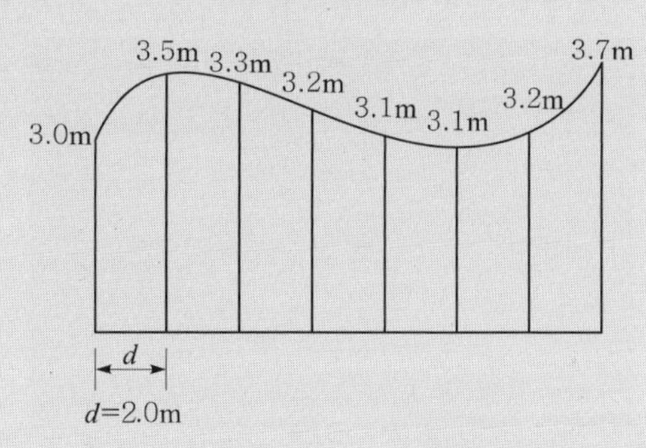

**09** 그림과 같은 삼각형 ABC의 면적을 1 : 3으로 분할할 경우 P점의 좌표는? (단, 단위는 m이다.)

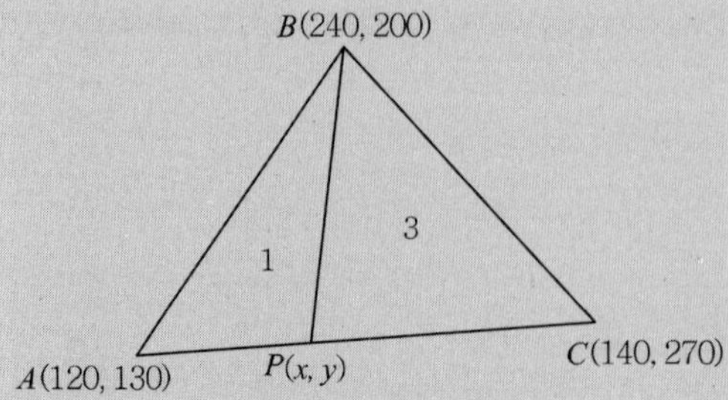


**10** 축척 1/50,000의 도면상에서 어떤 토지개량지구의 면적을 구하였더니 $45.50\text{cm}^2$였다. 실제면적은?

**11** 다음 그림은 도로의 횡단면도를 나타낸 것이다. 이 횡단면의 면적은? (단위는 m임)

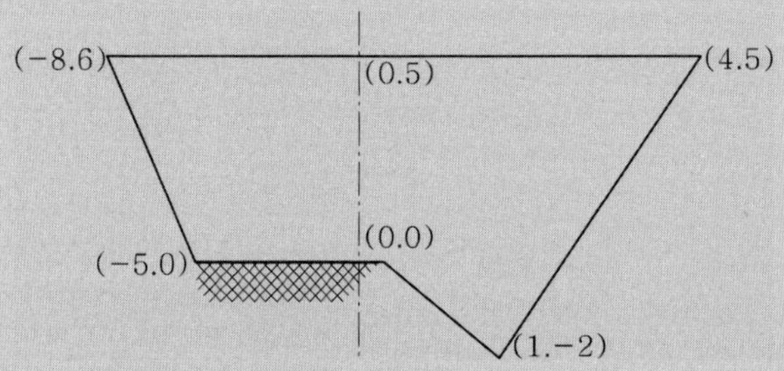


**12** 20m에 대하여 3cm 늘어난 베줄자로 삼각형인 토지의 면적을 삼사법으로 구한 값이 $48\text{m}^2$였을 때, 정확한 면적은?

basic surveying

Chapter 11

# 노선측량

Route Surveying

# 01 노선측량(Route Surveying)

도로, 철도, 수로, 관로, 송전선로, 삭도(索道) 등과 같이 폭이 좁고 장거리에 걸쳐 건설되는 시설의 계획과 공사를 위한 측량을 말한다. 골격측량 후 노선의 중심을 연결하여 측설하고 중심선에 따라 종횡단 측량을 하여 노선의 경사와 계획고에 따라 공사 토공량을 산출하고 종·횡단측량과 아울러 구조물의 위치와 노선경계를 결정하는 측량을 말한다.

## (1) 노선측량의 순서

1) 도상계획(圖上計劃), 2) 답사(踏査), 3) 예측(豫測), 4) 도상선정(圖上選定), 5) 실측(實測), 6) 공사측량(工事測量)

## (2) 도상계획(圖上計劃)

노선측량을 하는 지역의 지형도나 공중사진을 구해 노선의 목적, 경제성 및 시공기술면 등을 고려하여 몇 개(보통 3개)의 후보 노선을 지도나 사진위에 기입하여 현지 답사시 사용할 수 있도록 하는 작업을 말한다(가장 많이 이용되는 지도 1/50,000지형도).

## (3) 답사(踏査)

건설비 및 유지·관리비가 최소가 되도록 가급적 직선이며 평탄하고 공사가 용이한 장소를 선정하여야 하며 도상계획의 노선의 결점을 발견하면 현지에서 변경하고 더 좋은 노선이 있으면 도상에 추가하여 답사결과가 종합된 후보노선이 되도록 한다.

## (4) 예측(豫測)

답사에 의한 유망 노선에 보다 상세한 조사를 하며 공사비를 계산한다. 예측은 트래버스측량, 종단측량(횡축척 1/2,500~1/5,000, 종축척 1/250~1/500), B.M설치, 횡단측량(노면폭의 5~10배), 평면측량 등으로 나누어 실시한다. 거리측량의 정도는 1/3,000정도이고 예측도의 축척은 1/2,500, 등고선 간격은 평지에서는 1m급 경사지에서는 10m까지 한다.

### (5) 도상선정(圖上選定)

현지 상황을 검토하고 최적의 노선을 지형도상에 결정한다. 즉 계획노선과 용지폭(用地幅)을 기입한다.

1) 가능한 한 직선으로 할 것
2) 가능한 한 경사가 완만할 것
3) 토공량이 적게 되며 절토와 성토가 짧은 구간에서 균형될 것
4) 절토의 운반거리가 짧게 될 것
5) 배수가 완전할 것

### (6) 실측(實測)

도상선정에 의해서 정해진 노선 또는 예측의 결과로 선정된 노선을 지상에 측설하는 것이다.
〈실측작업〉
1) 중심선의 설치, 2) 수준측량, 3) 지형측량, 4) 지장물조사, 5) 용지측량, 6) 설계, 제도측량, 7) 공사시공 측량

### (7) 공사측량(工事測量)

용지측량(用地測量)과 시공측량(施工測量)으로 나누어 측량한다.

### (8) 경사(句配) 표시법

1) $1 : n\left(\frac{1}{n}\right)$경사 : 절토면, 성토면 및 하천 경사 등을 표시하는데 사용한다.
2) $n/100(n\%)$ : 도로의 경사를 사용한다(미국식).
3) $n/1{,}000(n‰$ permille)경사 : 철도경사에 사용한다.

## 02 실측(實測)

### (1) 중심선의 설치

#### 1) 교점(交點)의 설치(設置)

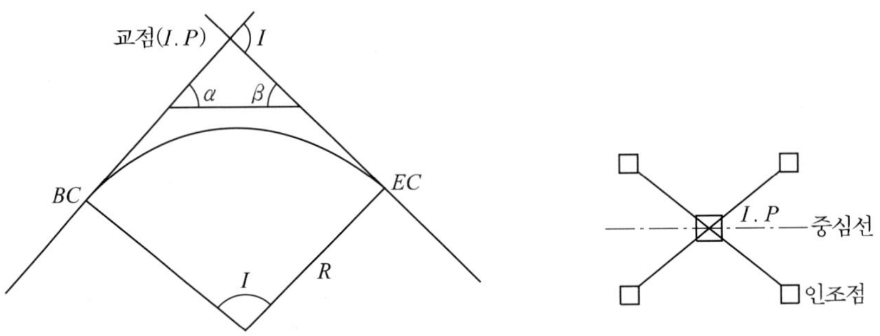


그림 12.1 교점의 설치도

① $\angle I = \angle \alpha + \angle \beta$이다(장애물이 있을 때 $\alpha$, $\beta$ 각 측정).

② 교점($I.P$)은 중심선의 기준으로서 곡선을 계산하기 위한 가장 중요한 점이다.

③ 공사측량이나 공사완성 후의 노선의 중심위치의 보전과 개량에 필요하므로 잘 보존해야 한다(인조점(引照點)을 설치한다).

④ $I.P$ 말뚝의 설치가 끝나면 두 직선의 교각 $I$를 정확하게 측정한다.

#### 2) 직선부의 중심말뚝 설치(中心抗設置)

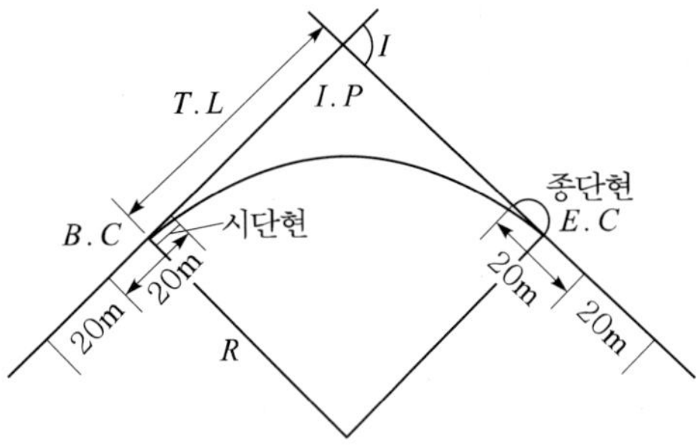


그림 12.2 중심말뚝 설치

① 노선의 중심선은 곡선과 직선의 연결이다.

② 방향선 상의 기점(起點)에서 20m 간격으로 중심말뚝을 설치한다.

③ 곡선 반경과 교각 $I$ 에 의하여 접선장을 구하여 곡선시점($B.C$)과 곡선종점($E.C$)을 구한 다음 곡선상에도 20m 간격으로 중심말뚝을 설치한다.

④ 교각 $I$ 를 알고 반경 $R$이 정해지면 접선장($T.L$)을 계산할 수 있으므로 $I.P$ 에서 접선장을 재서 $B.C$ 와 $E.C$ 를 구한다.

⑤ 곡선상에서 박은 첫번 말뚝과 $B.C$ 와 거리를 시단현(始端弦)이라 부르며 곡선상에 박은 마지막 말뚝과 $E.C$ 와의 거리를 종단현(終端弦)이라 한다.

※ 측량기기의 발전으로 측점좌표를 이용하여 노선 중심측점을 직접 측설하는 신속하고 편리한 방법을 근래에는 사용하고 있다.

### (2) 수준측량(水準測量)

1) 중심선의 종단측량을 하여 종단면도를 그려 계획선을 결정한다.
2) 1~2km 마다 공사에 장애되지 않는 곳에 반영구적인 $B.M$를 설치한다.
3) 중심선을 횡단하는 하천, 수로 등이 있으면 그 수저의 심천을 측정하고 홍수위를 알아두면 시공기면을 정할 때 참고로 한다.
4) 중심선에 따라 횡단측량을 하는데 이것은 토공량을 산출하는데 필요하다.

### (3) 지형측량(地形測量)

1) 중심선상의 말뚝의 표고를 기준으로 하여 횡단측량을 한다(보통 20m 간격).
2) 불규칙한 지형일 때는 더 간격을 좁힌다.
3) 토공량을 계산하고 지형도를 그리는데 필요하다.
4) 건물, 통로, 하천, 지형의 경계선 등의 세부를 기록한다.

### (4) 내업(內業)

#### 1) 실측 평면도(實測平面圖)

① 노선중심선의 양쪽으로 상당거리이내(약 20m 이내)에 있는 주요건물을 도시한다.

② 평면도의 축척은 종단면도의 횡축척과 같게 한다. (종·평면도 작성에 용이)

#### 2) 실측 종단면도(實測縱斷面圖)

① 횡축척 1/2,500~1/1,000, 종축척 1/400 이상의 축척으로 그린다.

② 일반적으로 성토, 절토가 균형이 되도록 시공기면(施工基面)을 정한다.

3) 실측 횡단면도(實測橫斷面圖)

① 축척 1/400~1/100의 축척으로 그려서 토량을 구한다.

② 용지도(用地圖)를 그려서 용지경계선을 현지에 설치한다.

## 03 곡선설치법(曲線設置法 : curve setting)

### (1) 곡선의 종류

1) 수평곡선(horizontal curve)

① 원곡선(circular curve)

- 단심곡선(simple curve)
- 복심곡선(compound curve)
- 반향 혹은 배향곡선(reverse curve)
- 머리핀곡선(hair curve)

② 완화곡선(transition curve)

- 3차 포물선
- 크로소이드곡선(clothoid)
- 렘니스케이트곡선(lemniscate)

2) 종단곡선(vertical curve)

① 원곡선

② 2차 포물선

### (2) 단곡선(單曲線 : simple curve)의 설치

1) 명칭 및 약호와 일반적 성질

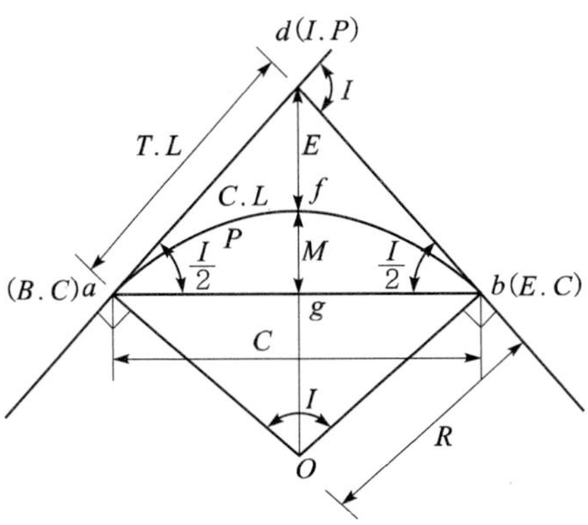


그림 12.3 단곡선도

$a$ : 곡선시점(begining of curve) : $B.C$

$b$ : 곡선의 종점(end of curve) : $E.C$

$d$ : 교점(intersection point) : $I.P$

$I$ : 교각(intersection angle) : $I$

$\overline{ad}$ , $\overline{bd}$ : 접선장(tangent length) : $T.L$

$\overline{df}$ : 외할 혹은 외선장(external secant) : $E$ 또는 $S.L$

$\overline{fg}$ : 중앙종거(middle ordinate) : $M$

$\overline{ab}$ : 장현(long chord) : $C$

$\widehat{afb}$ : 곡선장(curve length) : $C.L$

2) 단곡선(單曲線)의 공식(公式)

① 접선장 : $\triangle ADO$에서

$$ad = aO\tan\frac{I}{2}, \quad T.L = R\tan\frac{I}{2} \tag{12.1}$$

② 곡선장 : $C.L = RI\ rad$에서 각으로 표시하면

$$C.L = \frac{\pi}{180°}RI° \tag{12.2}$$

③ 외선장 : $\triangle OAD$에서

$$\frac{\overline{Od}}{Oa} = \frac{1}{\cos\frac{I}{2}}, \quad E = \overline{Od} - R = R\left(\frac{1}{\cos\frac{I}{2}} - 1\right) = R\left(\sec\frac{I}{2} - 1\right) \tag{12.3}$$

④ 장현

$$\overline{ab} = 2R\sin\frac{I}{2}, \quad C = 2R\sin\frac{I}{2} \tag{12.4}$$

⑤ 중앙종거

$$\overline{fg} = R - \overline{Og}, \quad M = R\left(1 - \cos\frac{I}{2}\right) \tag{12.5}$$

### 3) 편각설치법

① **편각**(偏角 : deflection angle) : 원호상의 한 점을 통하는 현과 그 점에서의 절선과 이루는 각을 말한다. 철도, 도로 등에 널리 이용되며 Transit로는 편각을 줄자로 거리를 측정하면서 곡선을 설치하는 방법으로 토탈스테이션이 없던 시절에는 가장 좋은 결과를 얻을 수 있는 방법이었다.

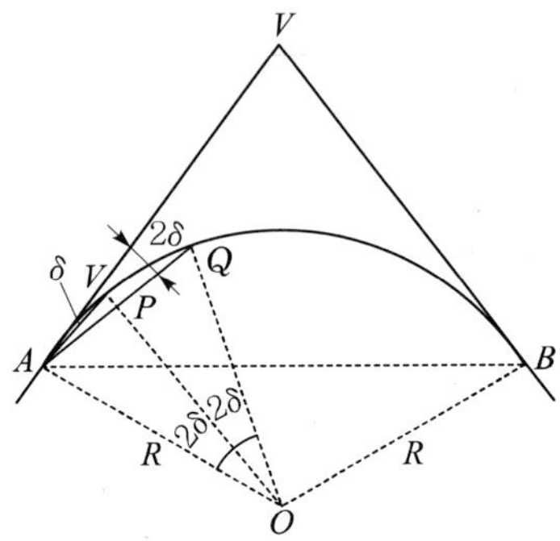


② 그림에서 $\overline{AP} = \overline{PQ} = l$에 대한 원의 중심각을 $2\delta$라 하면

$\angle VAP = \delta$, $\angle VAQ = 2\delta$

$\widehat{AP} \fallingdotseq \overline{AP}$ 라고 하면 $2\delta \cdot R = \widehat{AP} \fallingdotseq l$

$$\therefore\ \delta = \frac{l}{2R}\,Rad = \frac{l}{2R}\left(\frac{180°}{\pi}\right) = \frac{90° \cdot l}{\pi \cdot R} = \left(\frac{90°}{\pi}\right) \cdot \frac{l}{R} = 1718.87 \times \frac{l}{R}(\text{분}) \qquad (12.6)$$

③ 순서

㉠ 반경 $R$을 정한다.

$$R = \frac{V^2}{127(i+f)} \qquad (12.7)$$

여기서, $V$ : 주행속도, $i$ : 편경사, $f$ : 노선의 마찰계수

㉡ 접선장($T.L$)를 구하여 교점($I.P$)으로부터 절선장의 길이를 잡아 시점($B.C$) 및 종점($E.C$)을 정한다.

㉢ 곡선장($C.L$)을 구하고 시단현, 종단현을 계산한다.

㉣ 시단현에 대한 편각 $\delta_1$, 말뚝중심간의 거리(보통 20m)에 대한 편각 $\delta_2$, $\delta_3$, $\delta_4 \cdots$ 등을 계산한다.

ⓜ 시점($B.C$)에 transit을 세우고 $\angle VAB = \frac{I}{2}$ 임을 검사한다.

ⓑ 교점($I.P$)로부터 편각 $\delta$만큼 회전한 시준선중 시점($B.C$)부터 시단현의 길이를 잡아 $P$점을 설치한다.

ⓢ 교점($I.P$)으로부터 $\delta_0$(시단현각)$+\delta_1$만큼 망원경을 수평회전한 수준선 중에 $P$(시단현끝점)에서 말뚝거리(보통 20m)를 잡아 $Q$점을 설치한다.

ⓞ ⓢ의 방법을 계속하여(즉 $\delta_0+\delta_1+\delta_2+\cdots$) 곡선종점($E.C$)를 측정하여 말뚝간 거리인 현장을 줄자로 직선으로 잡은 까닭에 편위가 생긴다.

④ 말뚝간의 거리 $l$과 반경 $R$와의 비
($\frac{l}{R} \leqq \frac{1}{10}$ 이면 오차를 무시해도 좋으나, $\frac{l}{R} = \frac{1}{5}$ 정도면 오차를 보정한다.)

**예제 12.1**

단곡선에 있어서 교각($I$)= 30°, 반경($R$)= 300m 일 때 접선장($T.L$), 곡선장($C.L$), 외선장($S.L$), 중앙종거($M$), 장현($C$), $l$ = 20m 에 대한 편각($\delta$)을 구하라.

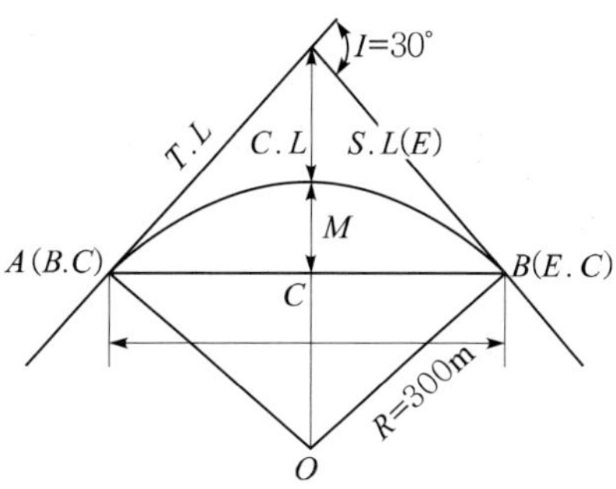


| 풀이 |

$$\therefore\ T.L = R\tan\frac{I}{2} = 300\times\tan\frac{30°}{2} = 80.385(\text{m})$$

$$\therefore\ C.L = RI\,(Radian) = \frac{\pi}{180°}RI$$

$$= \frac{\pi}{180°}\times 300\times 30° = 157.08(\text{m})$$

$$\therefore\ S.L = R\left(\sec\frac{I}{2}-1\right) = R\left(\frac{1}{\cos\frac{I}{2}}-1\right) = 300\times\left(\frac{1}{\cos\frac{30°}{2}}-1\right) = 10.583(\text{m})$$

$$\therefore\ M = R\left(1-\cos\frac{I}{2}\right) = 300\times\left(1-\cos\frac{30°}{2}\right) = 10.222(\text{m})$$

$$\therefore\ C = 2R\sin\frac{I}{2} = 2\times 300\times\sin\frac{30°}{2} = 155.291(\text{m})$$

$$\therefore\ \delta = \frac{90°l}{\pi R} = \frac{90°\times 20}{\pi\times 300} = 1°54'35.49''$$

예제 12.2

도로시점에서 교점 $P$까지의 추가거리가 500m, 교각 50°일 때 단곡선을 편각설치법으로 설치하려 한다. 외선장을 25m로 할 때 단곡선 설치에 필요한 요소를 구하라. (단, 중심말뚝간격 20m, 거리의 수치는 소수이하 3자리까지 편각은 0.1″단위까지 계산한다.)

| 풀이 |

1) 반경의 계산

$$\therefore\ R=\frac{SL}{\sec\frac{I}{2}-1}=\frac{25}{\sec\frac{50}{2}-1}=241.831(\mathrm{m})$$

2) 접선장 $T.L=R\tan\frac{I}{2}=241.831\times\tan\frac{50°}{2}=112.768(\mathrm{m})$

3) 곡선장 $C.L=\frac{\pi}{180°}RI°=\frac{\pi}{180°}\times241.831\times50=211.037(\mathrm{m})$

4) 도로의 시점에서 $BC$까지의 거리
$500-112.768=387.232(\mathrm{m})=19\times20+7.232=\mathrm{No.}19+7.232(\mathrm{m})$

5) 도로의 시점에서 $EC$까지의 거리
$387.232+211.037=598.269(\mathrm{m})=29\times20+18.269=\mathrm{No.}29+18.269(\mathrm{m})$

6) 시단현의 길이 $=20-7.232=12.768(\mathrm{m})$

7) 종단현의 길이 $=18.269(\mathrm{m})$

8) 중심말뚝에 대한 편각(20m)

$$\therefore\ \delta_0=\frac{90l}{\pi R}=\frac{90°\times20}{\pi\times241.831}=2°22'9.3''$$

9) 시단현 및 종단현의 편각($\delta$)

(시단현) $\delta_1=\frac{90°l}{\pi R}=\frac{90°\times12.768}{\pi\times241.831}=1°30'45.1''$

(종단현) $\delta_1=\frac{90°l}{\pi R}=\frac{90°\times18.269}{\pi\times241.831}=2°9'51.1''$

#### 4) 절선편거(切線偏距)와 현편거(弦偏距)에 의한 방법

측각기계를 사용하지 않고 줄자만으로 설치할 수 있는 방법으로 지방도로 등에 많이 사용되나 정밀도는 떨어진다.

$AP=PQ=lm,\ YP=Z$

$PQ=PS,\ SQ=X$라 하면 $PY$ : 절편편거, $SQ$ : 현편거

$$\frac{x}{l}=\frac{l}{R}\qquad \therefore\ x=\frac{l^2}{R}(\text{현편거})\qquad YP=\frac{x}{2}=\frac{l^2}{2R}$$

$$\therefore\ AY = \sqrt{l^2 - Z^2}\ (\text{접선장}) \qquad 12.8$$

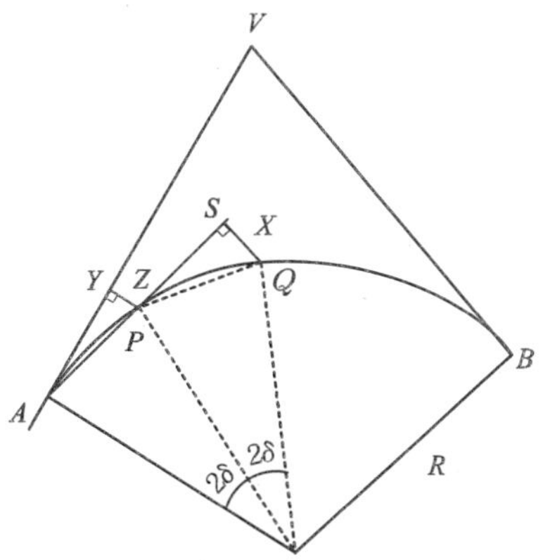


**그림 12.5 절선편거와 현편거 법도**

5) 장현(長弦)에 대한 종거(縱距)와 횡거(橫距)에 의한 방법

반경이 짧은 곡선은 이 방법에 의하여 설치할 수 있다.

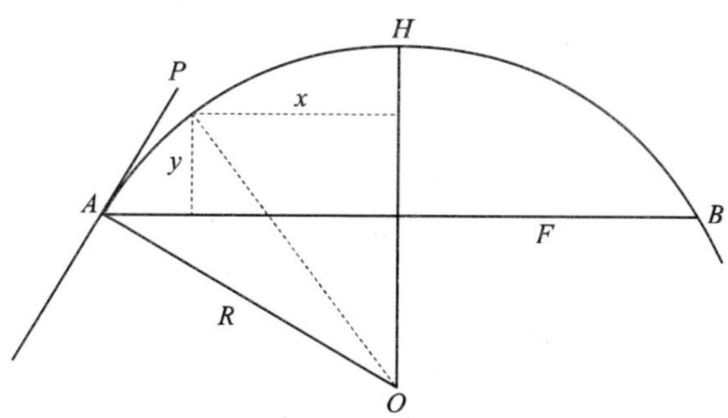


**그림 12.6 장현에 대한 종거와 횡거법도**

$$AB(\text{장현}) = C$$

$$\therefore\ y = \sqrt{R^2 - x^2} - \overline{0F} = \sqrt{R^2 - x^2} - \sqrt{R^2 - \left(\frac{C}{2}\right)^2} \qquad 12.9$$

$x$의 여러 값에 대한 $y$의 값을 식에서 계산하여 곡선을 설치할 수 있다.

6) 절선(切線)에 대한 지거(支距)에 의한 방법

① 굴(隊道)속의 곡선 설치에 주로 많이 쓴다.

② 산림지대에서 편각법을 쓰며 벌목량이 많아지는 경우에도 이 방법이 사용된다.

$$\overline{0P^2} = \overline{0S^2} + \overline{PS^2} \qquad \therefore\ R^2 = (R-y)^2 + x^2$$

$$\therefore\ y = R - \sqrt{R^2 - x^2} \tag{12.10}$$

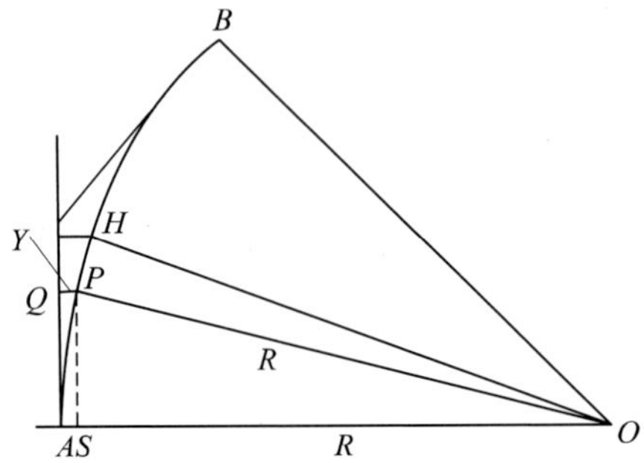


그림 12.7 절선지거법도

편평한 곡선(반경이 큰 경우)에서는 $\overline{PQ}$ 는 $2R$에 비하여 무시할 수 있을 정도로 미소하므로 $y$는

$$x^2 = R^2 - (R-y)^2 = \{R + (R-y)\}\{R - (R+y)\} = (2R-y)y$$

$$\therefore\ x^2 = 2R \cdot y$$

$$\therefore\ y = \frac{x^2}{2R} \tag{12.11}$$

**예제 12.3**

$I = 40°$, $R_1 = 30\text{m}$의 구곡선이 있다. 지금 ①점을 제일절선 방향으로 40m 옮겨 그에 따라 제②절선도 평행으로 이동한 경우 $B.C$점의 위치를 이동하지 않고 곡선을 설치한 경우 반경은 몇 m 취하면 되는가?

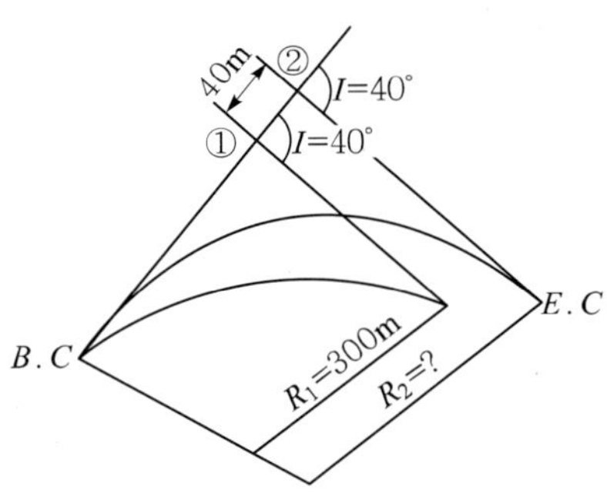


| 풀이 |

$$T_{L1} = R_1 \tan\frac{I}{2} = 300 \times \tan\frac{40°}{2} = 109.191(\text{m})$$

②의 외측으로 이동했을 경우

$$T_{L2} = 109.191 + 40 = 149.191\text{m}$$

$$\therefore\ R_2 = \frac{T_{L2}}{\tan\frac{I}{2}} = \frac{149.191}{\tan\frac{40°}{2}} = 409.899(\text{m})$$

### 7) 중앙종거법(Middle Ordinate Method) : $\frac{1}{4}$법

기설곡선의 검사 또는 조정에 편리하고, 시가지에서 괴도, 보도 등의 곡선 설치에 편리하나, 중심 말뚝의 간격을 20m 마다 설치할 수 없는 것이 결점이다. 그림에서 중앙종거 $M$과 $R$, $I$ 간에 다음의 관계가 있다. 중앙종거법은 시가지, 궤도의 곡선설치, 기설곡선의 정정 등에 편리하게 이용된다.

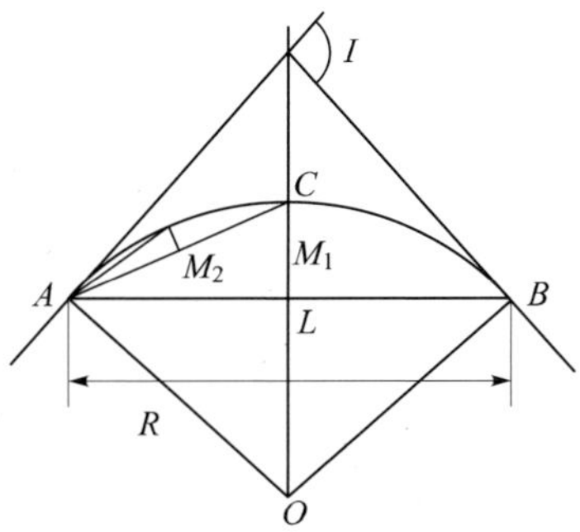


그림 12.8 중앙종거법도

#### 예제 12.4

그림과 같은 경우 $M$은 $M'$의 약 몇 배인가?

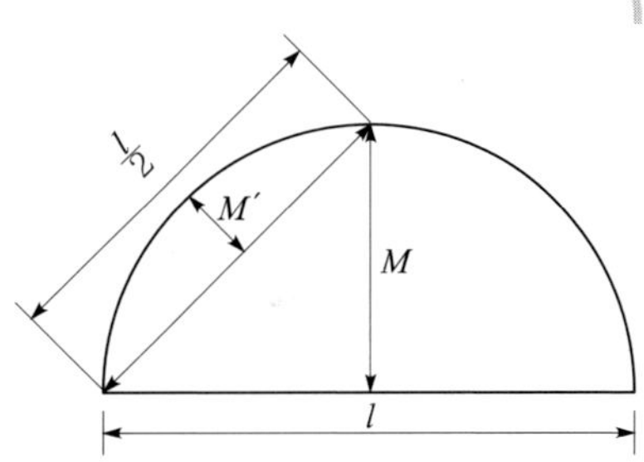


| 풀이 |

$$M = R\left(1-\cos\frac{I^\circ}{2}\right) = 2R\left(1-\cos^2\frac{I^\circ}{4}\right)$$

$$M' = R\left(1-\cos\frac{I^\circ}{4}\right)$$

$$\frac{M}{M'} = \frac{2R\left(1-\cos^2\frac{I^\circ}{4}\right)}{R\left(1-\cos\frac{I^\circ}{4}\right)} = \frac{2\left(1+\cos\frac{I^\circ}{4}\right)}{1} \fallingdotseq 2(1+1) = 4$$

#### 예제 12.5

$I = 60°$, $R = 200$m 일 때 중앙종거법에 의해 원곡선을 측설할 때 8등분점은?

| 풀이 |

2등분점 $M = R\left(1-\cos\frac{I}{2}\right)$, 4등분점 $M = R\left(1-\cos\frac{I}{4}\right)$, 8등분점 $M = R\left(1-\cos\frac{I}{8}\right)$

$$\therefore\ M = 200\times\left(1-\cos\frac{60°}{8}\right) = 1.71(\text{m})$$

### 8) 장애물(障碍物)이 있을 때의 곡선설치법(設置法)

현장에서 설치할 때 하천, 호수, 산림, 건물들의 장애물이 있어서 $I.P$, $B.C$ 등에 Transit을 세우지 못할 때의 곡선설치는 다음 방법에 의한다.

① **교점($I.P$)에 기계를 세울 수 없는 경우** : 그림 12.9와 같이 $\overline{PQ}$ 사이가 서로 잘 보이는 경우

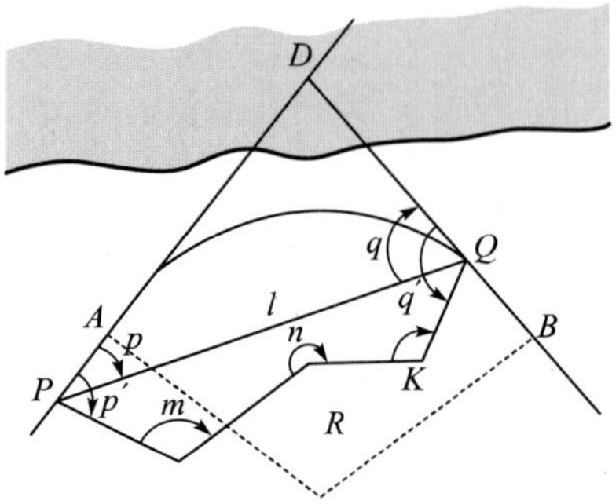


**그림 12.9 장애물이 있을 때(1)**

$$I = p + q$$

$B.C$나 $E.C$는 $\dfrac{l}{\sin(180° - I)} = \dfrac{DP}{\sin q} = \dfrac{PA + R.\tan\dfrac{I}{2}}{\sin q}$

$$\therefore \ PA = l\frac{\sin q}{\sin I} - R\tan\frac{I}{2} \quad (12.12)$$

$$\therefore \ QB = l\frac{\sin p}{\sin I} - R\tan\frac{I}{2} \quad (12.13)$$

$PQ$가 서로 보이지 않는 점이면 $P$에서 $P$, $Q$ 사이의 트래버스 측량을 하면 교각은

$$\therefore \ I = 180° - \{(\text{다각형 } DP\cdots Q\text{의 배각의 합}) - (p' + m + n + K + q')\} \quad (12.14)$$

② **$B.C$ 점에서 곡선을 설치할 수 없는 경우** : $B.C$에서 $E$점까지는 곡선을 설계할 수 있으나 다음 점들은 장애물 때문에 시통(視通)할 수 없는 경우

㉠ $AE$의 편각 $\dfrac{\alpha}{2}$를 계산한다.

㉡ $E$점에서 transit를 세운다.

㉢ $B$버어니어의 영(零)을 수평분도권의 180°에 일치시키고 상부고정나사를 잠근 다음 망원경 반위로 $A$점에 시준하고 고정나사(하부)를 잠근다.

㉣ 상부고정나사를 풀어 상부를 $\frac{\alpha}{2}$만큼 전진시켜 놓으면 이때의 망원경의 시준선은 $E$점에 있어서의 곡선의 절선방향과 일치한다.

㉤ 망원경을 정위로 한다.

㉥ ㉠에서 한 것과 같은 방법에 의하여 곡선을 설치한다.

③ **곡선상에 장애물이 많을 때** : 곡선의 외측 또는 내측에 동심원의 보조곡선($R \pm \alpha$의 반경)을 설치하고 이 보조곡선의 절선에 직각인 법선을 구한다.($\pm \alpha$만큼씩 재서 곡선상의 각점을 구한다.)

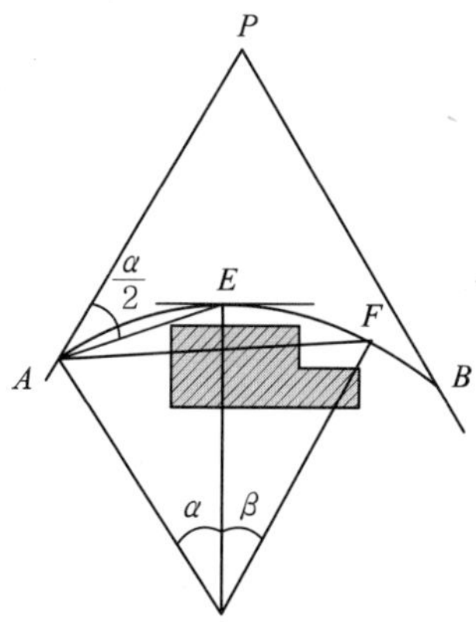


**그림 12.10 장애물이 있을 때(2)**

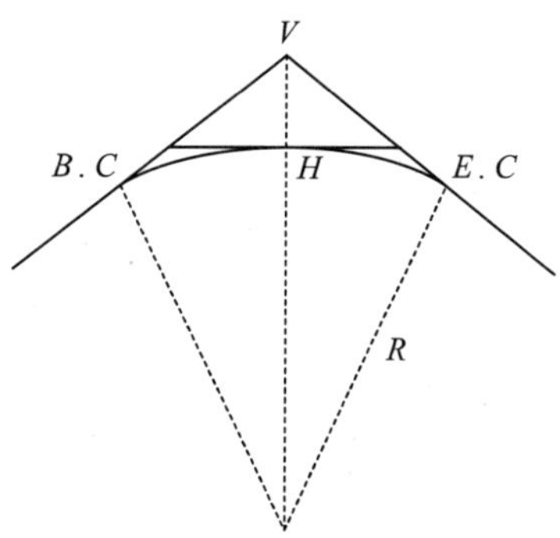


**그림 12.11 B.C와 E.C점 접근 곤란할 때**

④ **$B.C$점이나 $E.C$점에 접근할 수 없는 경우** : $E = VH = R\left(\sec\frac{I}{2} - 1\right)$와 같이 $VH$를 재서 $H$점을 정하고 $VH$에 수선방향을 정하면 이것은 $H$에서 곡선에 접하는 접선이 되므로 보통 반경으로 곡선을 설치할 수 있다.

### (3) 반향곡선(反向曲線 : Reversed Curve)

공통접선의 반대쪽에 중심을 가지고 두 원호를 그리는 곡선을 말한다.

1) 국내 국유철도 건설규정에는 본선로에서는 중간에 직선을 삽입하지 않으면 반향곡선을 부설하지 못하게 되어 있다.
2) 도로에 있어서도 고속도 자동차 도로에서는 반향곡선의 중간에는 완화 구간으로 직선을 삽입하도록 규정되어 있다.

3) 한 개를 정하면 다른 한 개 반경은 계산에 의하여 구하여야 한다.

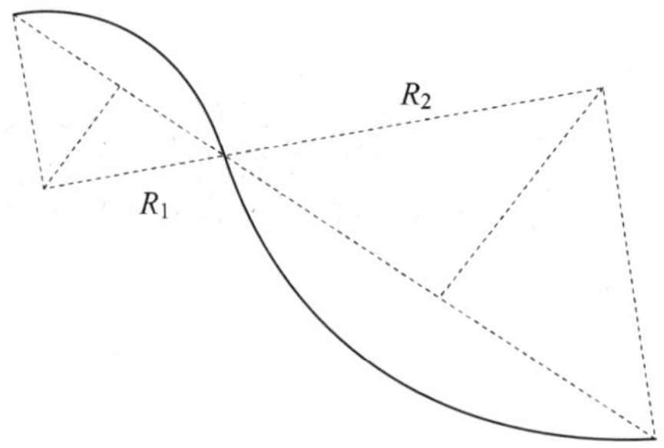


그림 12.12 반향곡선도

### (4) 복심곡선(複心曲線 : Compound Curve)

공통접선의 같은 쪽에 중심이 있고 반경이 다른 두 원호가 그려지는 곡선을 말한다.

1) 복심곡선중의 한 곡선을 연장한다.
2) 공유절점(共有切點)은 두 평행선($0_1D/0_2B$)의 절점을 연결하는 직선상에 있게 된다.

### (5) 머리핀곡선(背向曲線 : Hair pin curve)

배향곡선을 연속시켜 머리핀 같은 형태의 곡선으로 된 것을 말한다.

1) 산지의 도로에 통상수단으로 적당한 종단구배를 취할 수 없는 경우에 사용한다.
2) 산복에 따라 혹은 계곡을 이용하여 도로연장을 길게 하여 소정의 구배를 취해야 할 때 쓰인다.

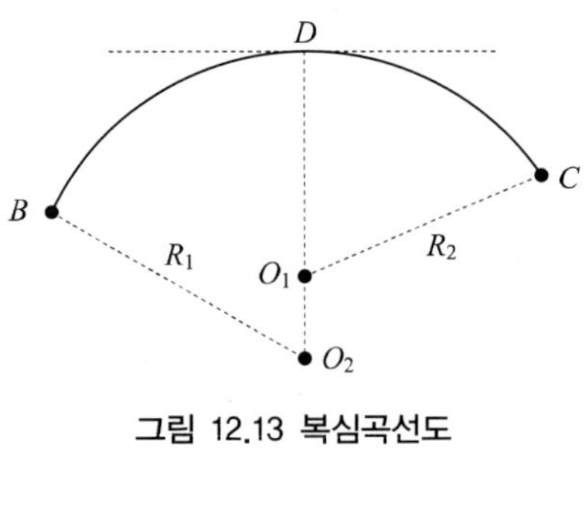


그림 12.13 복심곡선도

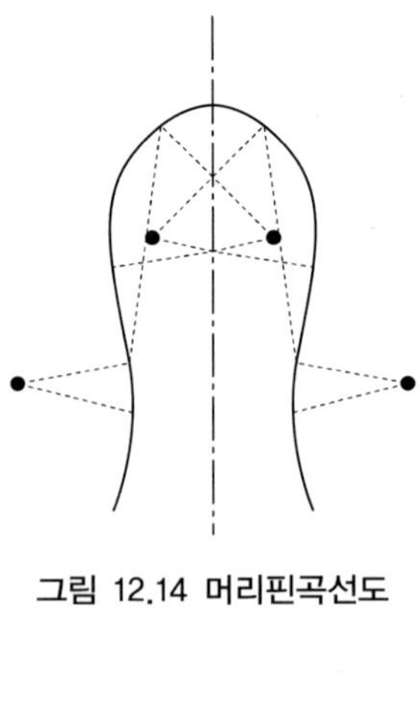

그림 12.14 머리핀곡선도

## 04 편경사(Cant)와 확폭(Slack)

### (1) 편경사 혹은 캔트(cant)

차량이 곡선부를 주행할 때 곡률과 차량의 주행속도에 의해 원심력이 작용되므로 횡활 또는 전도를 일으킬 위험이 있다. 이때 외측 rail노면을 내측보다 높여 주는 것을 cant라고 한다.

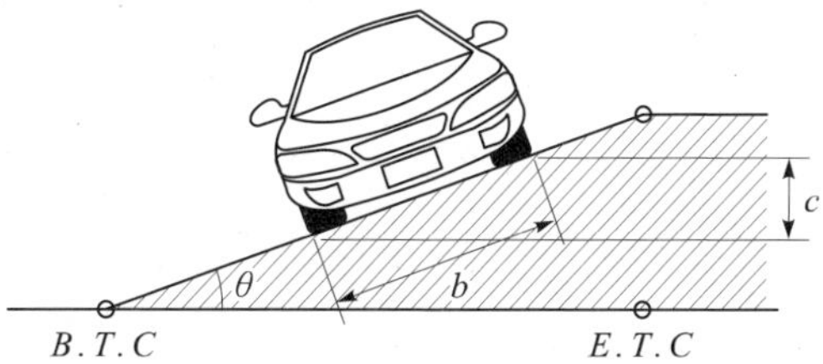


그림 12.15 캔트(cant)도

$$i = \tan\theta = \frac{P}{W} = \frac{MV^2/R}{M \cdot g} = \frac{V^2}{R \cdot g} \fallingdotseq \frac{C}{b}$$

$$\therefore\ C = \frac{bV^2}{R \cdot g} \tag{12.15}$$

여기서, $M$ : 차량의 질량 　　$V$ : 주행속도
$P$ : 원심력 　　$g$ : 중력가속도($9.8\text{m/s}^2$)
$W$ : 차량의 자중 　　$R$ : 곡률반경

$$\frac{C}{b} = \frac{V^2}{127R} \qquad \therefore\ C = \frac{bV^2}{127R}$$

궤간 $b = 1.50\text{m}$로 하고 단위 통일하면

$$\therefore\ C = 11.8\frac{V^2}{R} \tag{12.16}$$

**예제 12.6**

곡선반경 500m 되는 원곡선 상을 80km/h로 주행하려면 캔트(Cant)는?(단, 궤간 $b$는 1.067m 임)

| 풀이 |

$C = \dfrac{bV^2}{R \cdot g}$ 식에서

$$\therefore\ C = \frac{bV^2}{R \cdot g} = \frac{1.067 \times \left(\dfrac{80{,}000}{60 \times 60}\right)^2}{500 \times 9.8} = 0.10753(\text{m}) = 107.53(\text{mm}) \fallingdotseq 108(\text{mm})$$

**예제 12.7**

곡선 반경 300m의 곡선에 캔트 0.4m를 붙인 도로에 차량속도는 몇 km/hr까지 얻을 것인가?(단, 궤간 = 1.067m로 한다.)

| 풀이 |

$C = \dfrac{BV^2}{R \cdot g}$ 에서

$$\therefore \ V = \sqrt{\frac{R \cdot g \cdot C}{B}} = \sqrt{\frac{300 \times 9.8 \times 0.4}{1.067}} = 33.199(\mathrm{m/sec}) \fallingdotseq 119.5(\mathrm{km/hr})$$

**예제 12.8**

평균속도 100km/hr로 유효폭원 6m 되는 도로에 곡선부 중심반경 1,000m 되는 곡선을 투입하여 축조할 경우 몇 %의 편경사를 붙이는 것이 적당한가?

| 풀이 |

$$i = \frac{V^2}{127R} = \frac{100^2}{127 \times 1{,}000} = 0.08 \qquad \therefore \text{ 편경사} = 0.08 \times 100 = 8(\%)$$

**예제 12.9**

도로의 설계속도 $V = 100\mathrm{km/hr}$, 편경사 6%, 노면의 마찰계수 0.1일 때 최소곡선 반경은 얼마인가?

| 풀이 |

$$R \geq \frac{V^2}{127(i+f)} \text{ 조건에서 } \therefore \ R \geq \frac{100^2}{127(0.06+0.1)} = 492.126(\mathrm{m})$$

### (2) 확폭(확도 : slack)

차량이 곡선부를 주행할 때 뒷바퀴가 앞바퀴보다 안쪽으로 회전하려 한다. 그러므로 곡선부에서 내측의 노폭을 넓혀 주는데 이것을 확폭이라 한다.

$$\therefore \ \epsilon = \frac{L}{2\left(R - \dfrac{W}{2}\right)} \tag{12.17}$$

여기서, $R$ : 곡선반경, $W$ : 유효폭, $L$ : 차륜간격

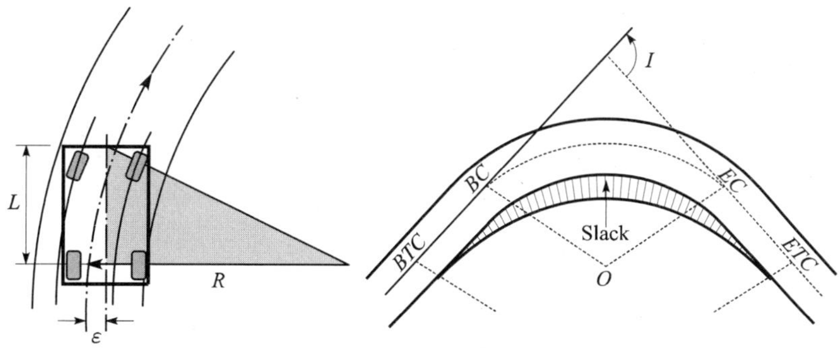


그림 12.16 확폭(slack)

**예제 12.10**

유효폭원 6m 되는 도로로서 곡선부 중심반경이 60m 되는 곡선을 삽입하여 축조할 경우 확폭량은 몇 m인가?

| 풀이 |

2차선 이상일 때는 내, 외측 차선에 모두 확폭하여야 하므로

$R$ : 곡선반경 60m, $W$ : 유효폭원 6m, $L$ : 트레일러 차륜 간격으로 최대 7m로 하면

$$확폭량(\epsilon)=\frac{L}{2\left(R-\frac{W}{2}\right)}=\frac{7}{2\left(60-\frac{6}{2}\right)}=0.06$$

## 05 완화곡선(緩和曲線 : Transition Curve)

직선부분에 원곡선으로 방향을 바꾸면 반경이 달라지기 때문에 동요가 생기는 것을 없애고 차륜을 안전하게 통과시키기 위하여 직선부와 곡선부 사이에 반경을 무한대로부터 차차 작아져서 곡선부에 접하도록 하며 곡선 중의 고도(高度 : Cant) 및 광대(壙大 : Slack)가 0에서 차차 커져 원곡선부에서 정해진 값이 되도록 직선부와 곡선부 사이에 넣는 특수곡선을 완화곡선이라 한다.

### (1) 완화곡선의 성질

① 곡반경은 완화곡선 시점에서 무한대 종점에서 원곡선의 반경 $R$로 된다.

② 완화곡선의 접선은 시점에서 직선에 종점에서 원호에 접한다.
③ 완화곡선에 연한 곡선반경의 감소율은 캔트의 증가율과 같다.

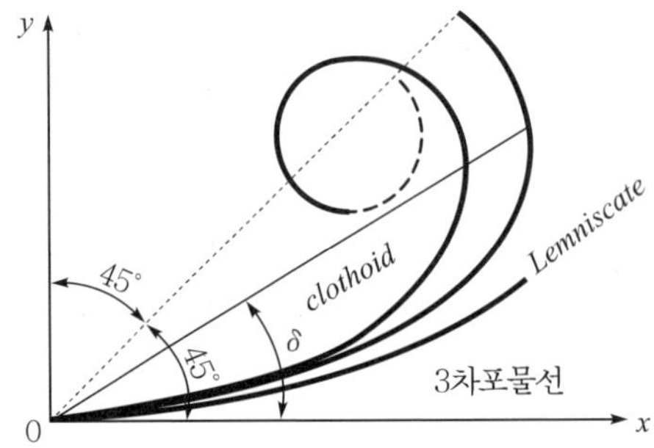


그림 12.17 완화곡선의 종류

### (2) 완화곡선장

1) 곡선길이를 cant의 $N$배에 비례

$$\therefore\ L = C \cdot N / 1{,}000 \qquad (12.18)$$

여기서, $C$ : 캔트(mm)이며 150mm가 최대
$N$ : 계수

2) 차량을 일정시간율로 경사시킨 것

$$t = \frac{L}{V} = \frac{C}{r} = \frac{bV^2}{rgR} \qquad \therefore\ L = \frac{bV^3}{rgR} \qquad (12.19)$$

여기서, $L$ : 완화곡선장 　 $V$ : 속도
$C$ : cant 　 $R$ : 곡선반경
$b$ : 폭

3) $P$를 원심가속도의 허용변화율

$$\therefore\ L = \frac{V^3}{PR} \qquad (12.20)$$

여기서, $P$의 허용치 : $0.5 \sim 0.75\text{m/sec}^2$

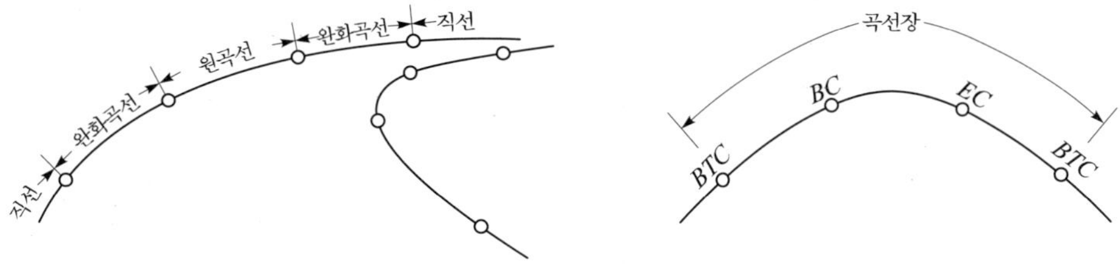


그림 12.18 완화곡선

### (3) 크로소이드곡선(Clothoid curve)

등속도(等速度)로 주행하고 있는 자동차의 핸들을 등각(等角)속도로 회전시켰을 때 주행궤로라는 것이 되고, 나선형이다. 따라서 크로소이드곡선의 반경은, 무한대로부터 연속적으로 변화하여 서서히 작아져가고 크로소이드시점에서의 곡선길이와 그 점에 있어서의 반경과는 반비례한다. 그리고 고속도로의 완화곡선으로 사용한다.

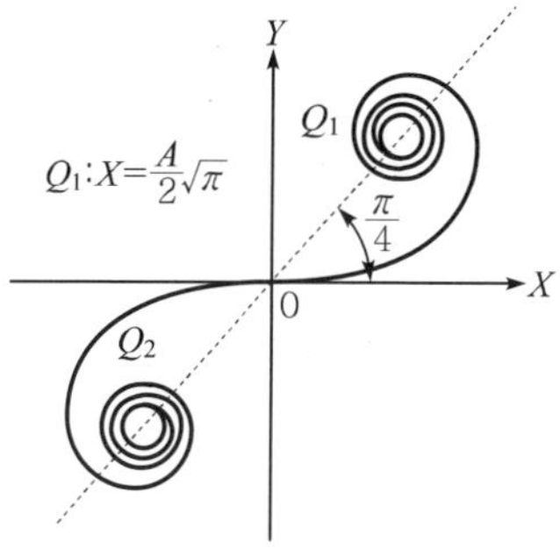


그림 12.19 Clothoid곡선

1) Clothoid곡선의 기본식은

$$\therefore\ A^2 = R \cdot L \qquad (12.21)$$

여기서, $A$ : Clothoid 매개변수, $R$ : 곡률반경, $L$ : 완화곡선장

크로소이드곡선 기본식을 수학적으로 추구하면, Fresnel의 적분이라는 것으로, 급수전개에 의해 적분할 수 있다. 그러나 이것을 실제로 크로소이드곡선을 사용한 도로 평면선형계획을 실시하는데 있어서는 반드시 이해하지 않아도 된다.

2) 단위 크로소이드

매개변수 $A$가 1인 크로소이드

$R \cdot L = 1$ 즉 $r \cdot l = 1$

3) 크로소이드의 공식

| 사 항 | 공 식 |
|---|---|
| 곡률반경 | $R = \frac{A^2}{L} = \frac{A}{l} = \frac{L}{2\tau} = \frac{A}{\sqrt{2\tau}}$ |
| 곡선의 길이 | $L = \frac{A^2}{R} = \frac{A}{r} = 2\tau R = A\sqrt{2\tau}$ |

| | |
|---|---|
| 접선각 | $\tau = \dfrac{L}{2R} = \dfrac{L^2}{2A^2} = \dfrac{A^2}{2R^2}$ |
| 매개변수 | $A^2 = R \cdot L = \dfrac{L^2}{2\tau} = 2\tau R^2$ |
| | $A = \sqrt{R \cdot L} = l \cdot R = L \cdot \tau = \dfrac{L}{\sqrt{2\tau}} = \sqrt{2\tau}\,R$ |
| $X$좌표 | $X = L\left(1 - \dfrac{L^2}{40R^2} + \dfrac{L^4}{3{,}456R^4} + \dfrac{R^6}{599{,}040R^6 + \cdots\cdots}\right)$ |
| $Y$좌표 | $Y = \dfrac{L^2}{2R}\left(1 - \dfrac{L^2}{56R^2} + \dfrac{L^4}{7{,}040R^4} + \dfrac{L^6}{1{,}612{,}800R^6 + \cdots\cdots}\right)$ |
| shift | $\triangle R = Y - R\cos\tau - R$ |
| $M$의 $X$좌표 | $X_M = X - R\sin\tau$ |
| 단접선의 길이 | $T_K = Y\cos\sec\tau$ |
| 장접선의 길이 | $T_L = X - Y\cot\tau$ |
| 동 경 | $S_0 = Y\,\mathrm{cosec}\,\delta = \sqrt{x^2 + y^2}$ |

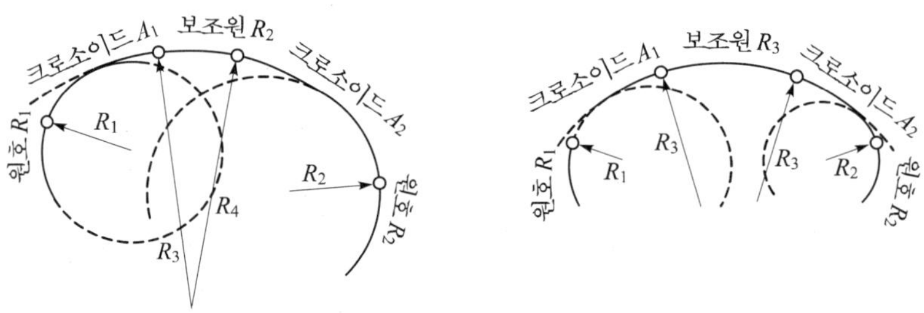


**그림 12.20 Clothoid곡선 배치도**

**예제 12.11**

노선의 곡률반지름 = 100m, 곡선장 = 16m 일 때 클로소이드의 매개변수(**Parameter**) $A$의 값은?

| 풀이 |

$\dfrac{1}{C} = \rho l = A^2 = RL$ 에서 $\therefore\ A = \sqrt{R \cdot L} = \sqrt{100 \times 16} = 40(\mathrm{m})$

**예제 12.12**

$A$= 60.00의 클로소이드곡선상의 시점 $BC$에서 곡선길이 30m 의 반지름은?

| 풀이 |

$A^2 = RL$ 이므로 $\therefore\ R = \dfrac{A^2}{L} = \dfrac{60^2}{30} = 120(\mathrm{m})$

#### 4) 크로소이드(Clothoid)곡선의 설치방법

설치방법은 원곡선의 경우와 같게 하면 되는데 곡선의 설치는 주요점의 설치 및 중간점설치의 순서로 실시한다.

트래버스 계산에서 얻어진 좌표를 근거로 하여 정확히 설정하고 주곡점에서 크로소이드 양단의 점이 있는데 설치법은 다른 방법에서 기술 한 점의 결정법과 같고 중간점의 설치법은 원곡선의 경우와는 다르다.

① 주 접선에서 직각좌표에 의한 설치법
② 현에서 직각좌표에 의한 설치법
③ 접선으로부터 직각좌표에 의한 설치법
④ 극각동경법에 의한 설치법
⑤ 극각현장법에 의한 설치법
⑥ 현각현장법에 의한 설치법
⑦ 2/8법에 의한 설치법
⑧ 현 다각으로부터의 설치법

## 06 종곡선(縱曲線 : Vertical curve)

종단 노선의 구배가 변할 때는 두 구배선이 갑자기 변화하는 것을 피하기 위하여 곡선에 따라서 원활하게 접촉할 필요가 있는데 운동량의 변화에 의한 충격의 완화와 시거의 확보를 위하여 곡선을 마련한다. 또 철도에는 차량의 부상으로 인한 탈선의 방지와 승차 기분을 좋게 하는 것이 주안으로 종단곡선을 설치한다.

### (1) 원호의 경우

두 선의 경사를 $\dfrac{m}{1,000}$, $\dfrac{n}{1,000}$이라 할 때

$$\tan\theta_1 = \frac{m}{1,000},\ \tan\theta_2 = \frac{n}{1,000},\ \alpha = \theta_2 - \theta_1,\ l = R\tan\frac{\alpha}{2} = R\tan\frac{\theta_2 - \theta_1}{2}$$

$\dfrac{\theta_2 - \theta_1}{2}$이 미소하므로

$$l = R\frac{1}{2}\tan(\theta_2 - \theta_1) = \frac{R}{2}\cdot\frac{\tan\theta_2 - \tan\theta_1}{1 - \tan\theta_1\cdot\tan\theta_2}$$

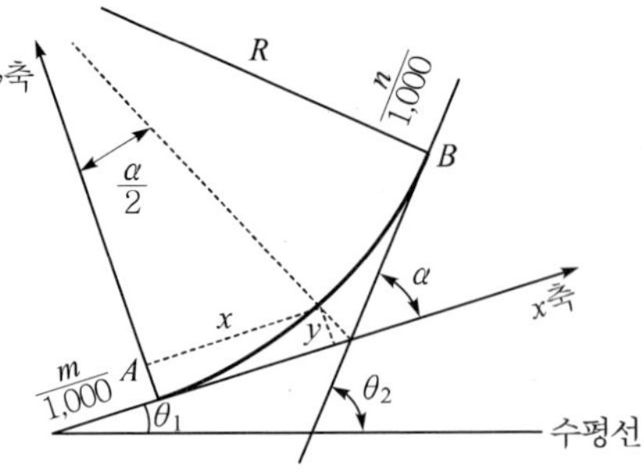


그림 12.21 원종곡선도

$\tan\theta_1 \cdot \tan\theta_2$를 무시

$$\therefore\ l = \frac{R}{2}(\tan\theta_2 - \tan\theta_1) = \frac{R}{2}\left(\frac{n}{1,000} - \frac{m}{1,000}\right) \tag{12.22}$$

여기서 $l$은 접선장이지만 호장의 반으로 사용

$$\therefore\ y = R - \sqrt{R^2 - x^2} = R\left\{1 - \left(1 - \frac{x^2}{R^2}\right)^{\frac{1}{2}}\right\}$$

$$= R\left\{\frac{x^2}{2R^2} + \frac{1}{8}\left(\frac{x}{R}\right)^4 + \cdots\cdots\cdots\cdots\right\} \fallingdotseq \frac{x^2}{2R} \tag{12.23}$$

### (2) 포물선의 경우

$AB$의 구배 $+\frac{m}{100}$, $BC'$의 구배 $-\frac{m}{100}$

$y$축은 포물선축에 평행 $x$축은 접선이라 한다.

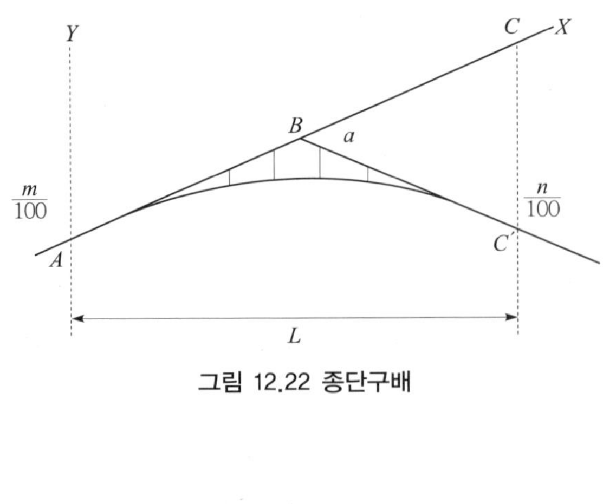


그림 12.22 종단구배

$y = px^2$ , $\tan\alpha = \dfrac{m+n}{100}$

$x = AC \fallingdotseq L$이라 하면 $CC' = PL^2$ $\therefore \tan\alpha \fallingdotseq \dfrac{CC'}{1/2L}$

$CC' = \dfrac{L}{2}\tan\alpha = \dfrac{L}{2}\left(\dfrac{m+n}{100}\right)$ $PL^2 = \dfrac{L}{2}\left(\dfrac{m+n}{100}\right)$, $P = \dfrac{1}{2L}\left(\dfrac{m+n}{100}\right)$

$$\therefore\ y = \frac{1}{2L}\left(\frac{m+n}{100}x^2\right) \tag{12.24}$$

종단곡선상의 표고

$$\therefore\ H' = H_0 + \frac{m}{100}x \tag{12.25}$$

$$\therefore\ H = H' - y \tag{12.26}$$

여기서, $H'$ : $B.C$에서 $x$만큼 떨어져 있는 $AV'$선상의 점의 표고

$H_0$ : $B.C$의 표고

$H$ : $B.C$에서 $x$만큼 떨어져 있는 종곡선상의 점의 표고

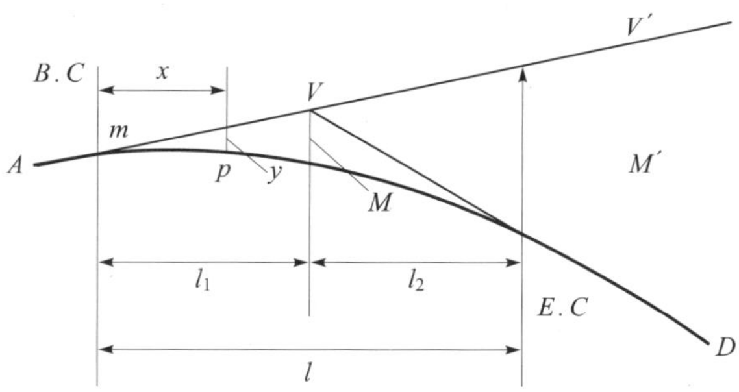


그림 12.23 포물선 종단곡선도

**예제 12.13**

도로의 상향구배 +6%, 하향구배 −4%의 종단구배 상에서 자동차가 60km/hr로 주행할 때 종곡선의 길이는 얼마나 되는가?

| 풀이 |

도로에서 충격을 고려할 때 종곡선장을 구하는 식

$\therefore\ L = \dfrac{m-n}{360}V^2 = \dfrac{6-(-4)}{360} \times 60^2 = 100(\text{m})$

### 예제 12.14

다음 그림과 같은 종단곡선을 설치하려 한다면 $B$점의 계획고는 얼마인가?(단, 종단곡선은 포물선이고 $A$점의 계획고는 78.63m 이다.)

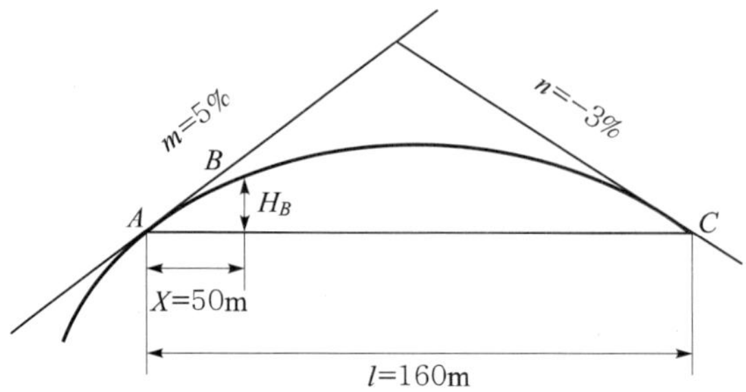


| 풀이 |

$$H_B = H_A + \frac{m}{100}x = 78.63 + \frac{5}{100} \times 50 = 81.13(\text{m})$$

$$y = \frac{(m \pm n)}{2L}x^2 = \frac{0.08}{2 \times 160} \times 50^2 = 0.625$$

$$\therefore\ B\text{점의 계획고} = H_B - y = 81.13 - 0.625 = 80.51(\text{m})$$

### 예제 12.15

상향구배 35/1,000와 하향구배 4.5/1,000가 반지름 2,000m 의 곡선 중에서 만날 경우에 곡선시점에서 20 m 떨어져 있는 점의 종거 $y$값은 어느 것인가?

| 풀이 |

① 종곡선길이($L$)

$$= \frac{R}{2}\left(\frac{n}{1{,}000} - \frac{m}{1{,}000}\right) = \frac{2{,}000}{2}\left\{\frac{4.5}{1{,}000} - \left(-\frac{35}{1{,}000}\right)\right\}$$

$$= \frac{2{,}000}{2}\left(\frac{4.5}{1{,}000} + \frac{35}{1{,}000}\right) = 39.5(\text{m})$$

② 종거$(y) = \frac{d}{2L}x^2 = \frac{d}{2(2L)} \cdot x^2 = \frac{0.0395}{2(2 \times 39.5)} \times 20^2 = 0.1(\text{m})$

$$\left[d = \frac{35}{1{,}000} + \frac{4.5}{1{,}000} = 0.0395\right]$$

## 연습문제

**01** 도로의 종단구배 $m = +6\%$, $n = -4\%$ 의 구간에 종곡선을 설치하라. 단, 양구배의 교점 $O$의 거리는 450.24m 이고 종곡선은 20m 마다 설치한다. 자동차의 속도는 60km/hr, 곡률반경 $R = 400\text{m}$ 이다.

**02** $P$로부터 $Q$까지 노선중간에 그림과 같이 연못이 있어서 $B.C$(시곡점)는 연못 속으로 들어가게 되었다. 그래서 $P$로부터 130m 되는 점 $A$에서 그림과 같이 $AB = 40\text{m}$의 기선을 취하여 $\alpha = 90°$, $\beta = 60°$을 측정하였다. $I = 120°$ 곡선반경 $R = 30\text{m}$로 정했을 때 $T.L$, $C.L$, $E(S.L)$을 계산하고 $A$부터 $B.C$까지의 거리를 구하라.

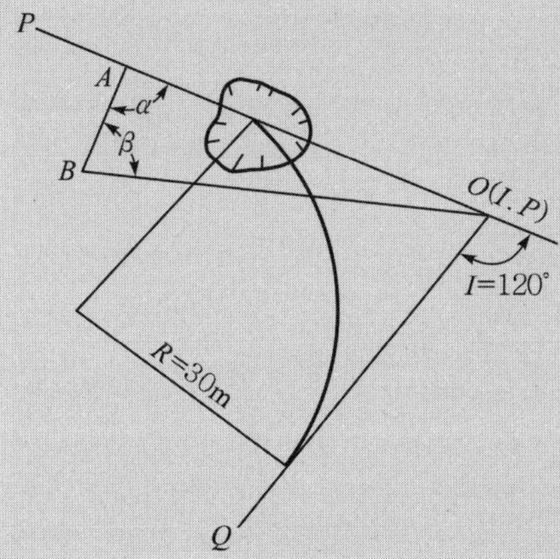


**03** 교각$(I) = 60°$, 곡선반경$(R) = 200\text{m}$ 의 원곡선을 중앙종거법에 의하여 설치하라.

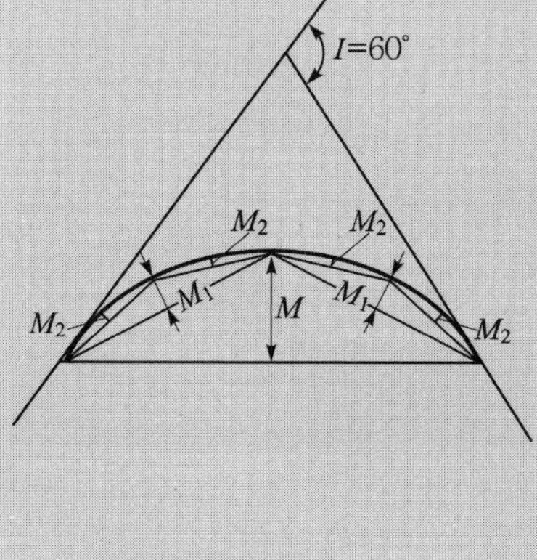

**04** 구곡선의 양절선은 변하지 않고 $R = 300\text{m}$의 신곡선을 설치할 경우 신곡선의 곡선중점을 구곡선의 곡선중심에서 얼마 이동할 것인가? $CD = E_1$, $CD' = E_0$

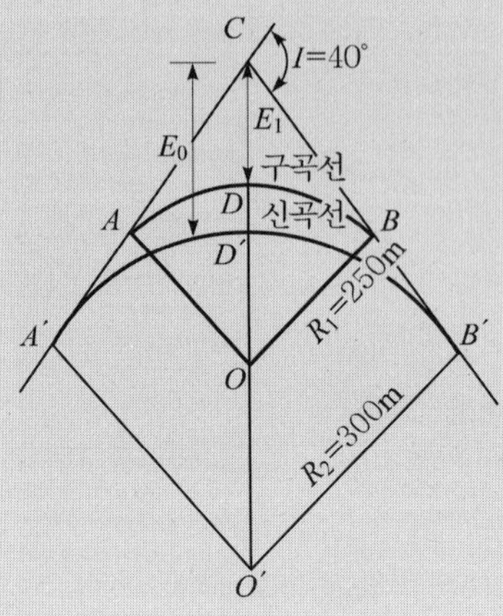


**05** 교각 $I = 60°$, 설계속도 $V = 90\text{km/hr}$, 곡률반경 $R = 400\text{m}$일 때 완화곡선(3차 포물선)을 설치하라.(단, 중심말뚝간격 20m, $n$=600, rail간거리 1,500mm이다. 노선시점에서 교점까지의 거리 1 km)

**06** 완화곡선장과 cant와의 비가 600이며, 교점의 추가거리 4,216.28m, 교각 45°, 원점의 반경 500m, 고도 105일 때 완화곡선장($l$)과 이정($f$)을 구한 값은?

**07** 하향구배 35/1,000선과 상향구배 5/1,000선이 반경 3,000m의 곡선중에서 교차할 때 종곡선을 삽입하라. (단, 종곡선의 상향시점의 표고는 100m임.)

**08** 교각이 30°, 곡선반경이 600m, 편물매가 50mm인 노선의 완화곡선과 이것에 접속한 원곡선을 설치하려면 접선길이는 얼마인가? (단, 완화곡선은 정수($N$)는 300으로 한다)

**09** 단곡선을 설치하기 위해 $\angle ABC$의 2등분선상에 있는 $D$점을 곡선의 중점으로 선정하기로 하였다. 기지점에서 $B$(I.P)까지의 거리는 400m이면 이 곡선의 시점($B.C$) 및 종점($E.C$)는 기점에서 얼마의 거리에 있는가?(단, $BD = 20\text{m}$, $I = 80°$이라 한다.)

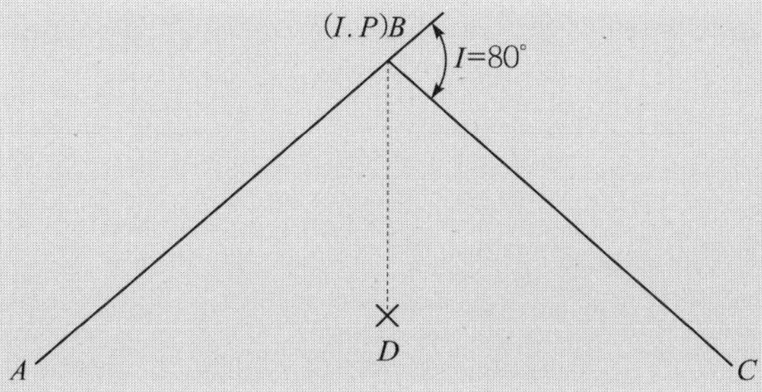


**10** $I = 60°$, $R = 200\text{m}$, $I.P = 1{,}125.47\text{m}$일 때 편각법으로 1체인 20m로 하여 단곡선을 설치하라.

basic surveying

# Chapter 12

# 터널측량

## Tunnel Surveying

# 01 터널측량이란

노선측량의 일부로서 터널 내에서 중심선을 설치하여야 하는 측량은 터널의 정확한 관통을 위하여 매우 정밀하여야 하는 등 어려운 조건이 많이 발생한다. 그리고 조건이 나쁜 곳에서 실시하는 경우가 대부분이므로 터널의 규모, 지형조건, 시공방법 등을 고려하여 목적에 부합하는 정밀도를 확보할 수 있도록 주의를 요하는 측량이며, 크게 나누어 지상측량, 지하측량, 갱내외 연결측량으로 구분된다.

## (1) 작업내용

1) 지상측량(地上測量) : 갱외측량(坑外測量)
2) 지하측량(地下測量) : 갱내측량(坑內測量)
3) 갱내외의 연결측량 : 지상점과 갱내점과의 연결측량을 말한다.

## (2) 측량기계의 구비조건

### 1) 트랜싯(또는 데오돌라이트)

① 이심장치를 가지고 있고 상·하 어느 측점에도 빠르게 구심시킬 수 있을 것.
② 상반 고정나사와 하반 고정나사의 모양을 바꾸어 캄캄한 갱내에서도 촉감으로 구별할 수 있을 것.
③ 기계의 십자선 및 눈금을 조명하는 장치가 있는 것(조명장치가 부착된 데오돌라이트 등을 사용하면 편리하다)

### 2) 타겟

최근에는 터널공사에서도 갱내의 조명시설이 매우 좋아졌으나 그래도 갱외에서의 측량과 같을 수는 없으므로 시표(視標, target)를 관측하기 위한 특별한 조명을 사용할 필요가 있다. 간단한 경우에는 추를 매단 끈이나 간단한 시표 뒤에 흰 종이나 투명유리를 세우고 그 뒤를 손전등 등으로 조명하는 방법을 사용한다. 측선이 긴 경우에는 삼각위에 설치하는 조명장치가 부착된 타겟을 사용한다.

### 3) 레이저 데오돌라이트와 레이저 레벨

데오돌라이트에 의하여 시준선을 연결하는 대신에 레이저를 사용하면 시준선이 육안으로 확인되고 목표물 또는 반사판 위에 명료하게 위치가 확인되므로 터널의 측량 또는 공사 등에 매우 편리하다.

#### 4) 자이로 경위의

자이로컴퍼스(gyrocompass)는 지자기(地磁氣)의 국소이상의 영향이 있는 경우나 북극성 관측을 이용하지 않을 경우에서 진북방향을 구하는데 매우 편리한 기계이다. 그러나 이것을 터널측량에 이용하는 것은 간단한 자이로컴퍼스로는 불충분하므로 적어도 자이로 모터의 회전축이 정확하게 경위의 수평분도원 위 또는 망원경의 시준선 위에 투영되는 것이 필요하다. 이와 같은 장치로는 데오돌라이트에 자이로 모터를 장치한 자이로 경위의 등이 있다.

그림 13.1 SOKKIA GPI-2 Gyro Station

### (3) 갱내측량 기계의 조정

1) 망원경의 초점을 맞출 때 시준선이 틀리지 않게 한다.
2) 수평축은 정확하게 수평이고 시준선이 정확하게 직교하여야 한다.
3) 정위 망원경이 달린 Transit는 정위망원경의 시준선이 주망원경의 시준선과 평행하고 동일 연직평면 내에 있게 한다.

## 02 지상측량(地上測量)

지상 중심점을 설치하여 갱내 굴진의 방향 및 거리를 제시하여 지상 중심선과 연결되는 지하중심측량의 기준을 제공하는 측량이며, 지형도 상에서 터널의 위치가 결정되면 좌표에 의하여 터널의 위치를 현장에 설치하기 위한 기준점을 설치한다. 기준점은 갱(坑)의 양쪽 입구와 작업 갱 입구 부근에 설치하며 방향과 좌표를 필요한 정밀도로 측정하여 설치하여야 한다.

### (1) 지표 중심측량(地表中心測量)

#### 1) 직접 측설법(直接測說法)

거리가 짧고 장애물이 없는 곳에서 Pole이나 transit으로 중심선을 측설한 후 강철 줄자에 의해 직접 거리측정을 하는 측설법을 말한다. 터널측량의 경우 방향과 고저가 가장 중요하나 방향에 대한 오차는 관통에 미치는 영향이 매우 큼으로 간접측량 방법은 피하고 직접측량 방법을 사용하는 것이 좋다.

2) Traverse에 의한 법

갱내 중심선위에 장애물이 있을 때 이용하여 갱내의 양단의 점을 연결하는 traverse를 만들어 좌표를 구하고, 이 좌표로부터 방향 및 거리를 계산하는 방법을 말하며, 일반적으로 연장 1km 이내의 터널의 경우에는 일반 노선측량에서와 같이 삼각측량 또는 트래버스 측량이나 GPS측량 방법 등을 사용한다

트래버스 측량을 사용할 경우에는 폐합 또는 결합 트래버스를 원칙으로 하며 아래 그림과 같이 두 개의 트래버스 망을 조합하여 최소한 폐합의 형태로 하여야 한다.

그림에 중심선 $\overline{AB}$ 의 길이와 방위각 $\alpha$는

$$\overline{AB} = \sqrt{\Sigma(\Delta x)^2 + \Sigma(\Delta y)^2}$$
$$\alpha = \tan^{-1}\left(\frac{\Sigma(\Delta y)}{\Sigma(\Delta x)}\right) \quad (13.1)$$

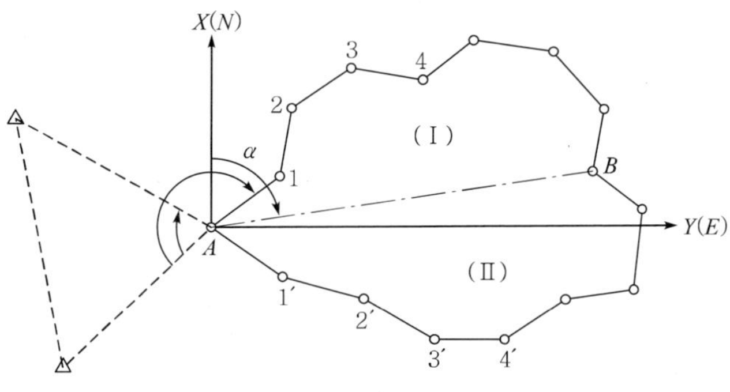


그림 13.2 트래버스에 의한 중심선측량

3) 삼각측량(三角測量) 삼변측량(三變測量)에 의한 법

1km 이상 되는 터널의 경우 비교적 짧고 지형이 급경사일 경우에는 다각측량 등으로 연결하나 터널이 긴 급경사의 산악지형에서는 GPS 측량과 삼변측량 뿐만 아니라 측각(測角)과 측거(測距)를 병합한 병합측량을 실시한다. 두 갱구와 작업 갱 부근에 설치한 기준점의 좌표를 결정하고자 할 경우에는 기존 양 끝에 있는 삼각점을 연결한 망을 구성하여 신설 기선측량과 방위각 측정을 한다. 7~8km 이상 되는 터널의 경우에는 별도의 기준점을 설치하여 삼각망을 구성하도록 한다. 거리가 상당히 멀거나 traverse로 불가능할 때 사용하는 방법이다.

### (2) 갱내 중심거리 측정

삼각측량 또는 Traverse에 의할 때는 계산된 방향과 거리로부터 중심 말뚝을 설치 후 전자파 거리측정기에 의하여 거리를 측정한다.

### (3) 지상 수준측량(地上水準測量)

갱구 부근에는 수준점을 설치하고 수준측량은 부근의 국가 수준점으로부터 측량한다. 산 주요점에도 수준점을 설치하고 중심선을 따라 종, 횡단측량을 실시한다.

### (4) 지형측량(地形測量)

중요점 부근은 평면 및 등고선을 직접 측정하여야 하나 항공사진측량에 의한 지형도를 사용하는 방법이 대부분이다.

## 03 지하측량(地下測量)

갱내의 굴진방향 및 높이를 지시하고 후일 보수 측량을 위해 복공(lining) 후 갱내에 영구적인 중심점을 설치하는 것이 목적이다. 전용측량기가 없을 때는 지상측량기에 조명장치를 설치하여 사용한다.

### (1) 지하측량은 다음 점에서 지상측량과 다르다.

1) 측점은 보통 천정(天井)에 설치한다.
2) 시준하는 목표 및 망원경의 십자선을 조명하지 않으면 안된다.
3) 갱내는 좁은데다가 굴곡이 많고 급경사인 때가 많아서 사용하는 기계는 여기에 적합한 것이 필요하다.

### (2) 측점(測點)

1) 측점에다 추를 달고 망원경 중심(중앙)에 그려져 있는 기계중심점을 추에 일치시킨다.
2) 천정의 측점에다 추를 달고 지상에 측점을 측설 후 기계를 설치한다.

### (3) 조명(照明)

시준표의 조명 및 십자선에도 조명이 필요하다.

### (4) 거리측량(距離測量)

수평에 가까운 때를 제외하고는 사면을 따라 거리를 재고 두 점간에 연직각을 재서 수평거리와 고저차를 계산한다.

### (5) 지하 중심선측량

1) 중심선 도입측량과 중심말뚝

일반적으로 갱구는 시통이 되지 않는 장소가 많아 그림 13.3과 같이 중심선을 도입(導入)하는 것이 보통이다.

갱내에서의 중심말뚝은 차량 등에 의한 파손이 없도록 견고하게 만들어야 한다. 보통 도벨(dowel)이라고 하는 기준점을 설치한다. 이것은 보통 노반을 30cm×30cm의 형태로 깊이 30cm~40cm의 깊이로 파서 콘크리트를 타설하고 그 중앙에 나무말뚝을 박고 그 중심에 가는 못을 박아 기준점으로 한다.

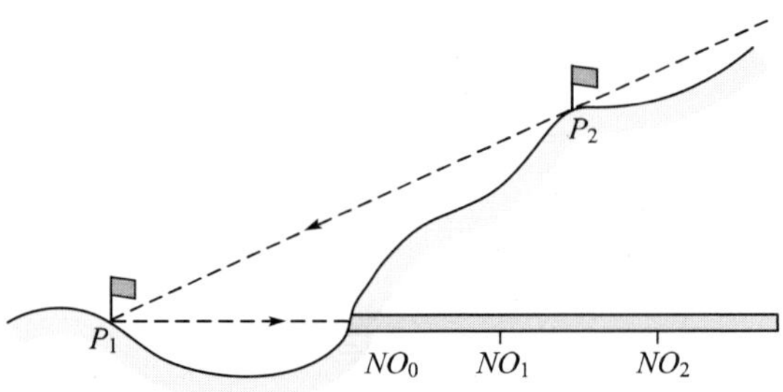


그림 13.3 중심선의 도입

2) 갱내의 곡선설치

터널이 곡선일 경우에는 갱내에서 정확한 곡선을 설치하여야 한다. 따라서 지상의 노선측량에서 사용하는 곡선설치법을 사용하는데, 일반적으로 갱내는 협소하므로 현편거법 또는 트래버스 측량에 의한다. 트래버스 측량에는 내접다각형법과 외접다각형법 등이 사용된다.

### (6) 지하 수준측량

터널의 굴착이 진행됨에 따라 갱구 부근에 설치된 수준점으로부터 갱내의 B.M.까지 수준측량을 실시하여 갱내의 고저측량을 실시한다. 갱내의 B.M.은 갱내의 작업에 따라 파손의 우려가 없는 곳을 택하여 측량에 편리한 곳에 설치하여야 하며 천장에 구멍을 뚫어 핀을 콘크리트로 고정하거나 장래 굴착이 없는 벽 등에 고정하여 설치하기도 한다.
갱내의 천장에 B.M.을 설치하는 경우에는 그림 13.4와 같이 수준 척을 역(逆)으로 사용하는 방법을 이용한다.

그림 13.4에서 점 $P_1$의 표고 $H$는

$$H = z_0 + h_0 + h_1 \tag{13.2}$$

야장에서는 천장에서 내린 표척의 읽음 값을 (–)로 표기하므로 이를 대수적으로 생각하면 식 (13.3)은 다음과 같다.

$$H = z_0 + h_0 - h_1 \tag{13.3}$$

이 되며 이것은 지상에서 실시하는 수준측량의 일반식과 같다. 지상 측량수준점 표고와 지하 측량 표고를 같게 하는 측량을 말한다.

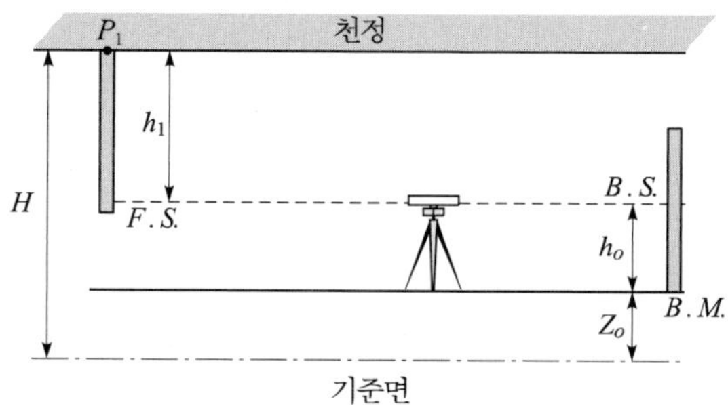


**그림 13.4 역 수준척**

**예제 13.1**

사거리가 50m, 연직각이 −15°이고 기계고($I.H$)가 1.5m, 시준고($H.P$)가 1.64m일 때의 고저차를 구하라. (단, 측점은 천정에 있다.)

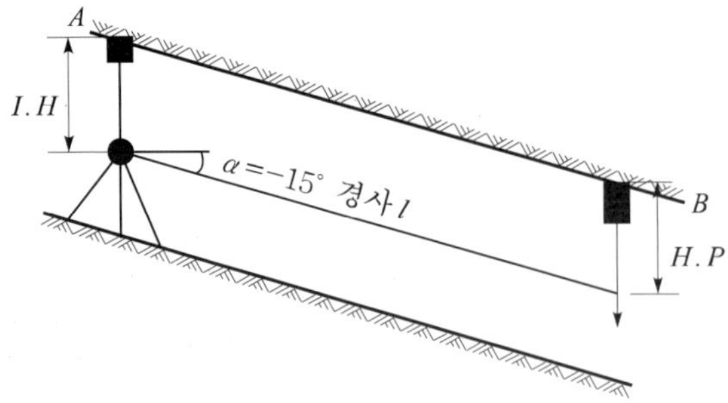


| 풀이 |

측점이 천정에 있으므로 $IH$, $IP$ 의 값은 (−)이므로
그림에서

$$\therefore\ H = l\sin\alpha + (\pm)I.H - (\pm)H.P$$
$$= L\sin(-\alpha) - (I.H) + (H.P)$$
$$= 50\times\sin(-15°) - 1.5 + 1.64$$
$$= -12.801(\mathrm{m})$$

**예제 13.2**

광산의 갱도내 고저차 측량에서 천정에 측점이 설치되어 있을 때 두 점 $A$, $B$간의 경사가 50m 이고 기계고가 1.60m, 시준고 1.50m, 연직각을 5°라고 하면 $A$점과 $B$점의 고저차는 얼마인가?

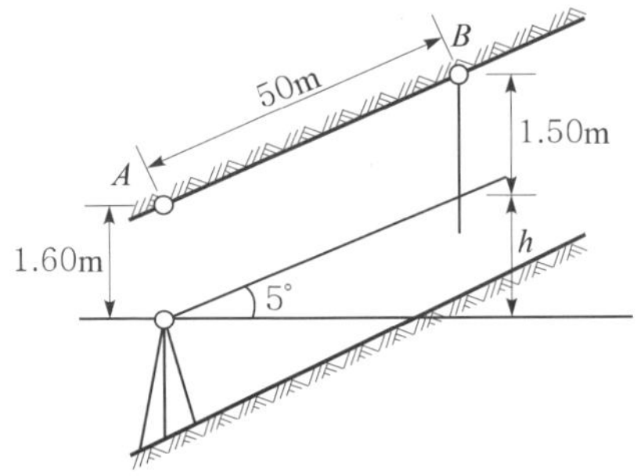


| 풀이 |

$h = 50\times\sin 5° = 4.358(\mathrm{m})$

$H_B - H_A + 1.6 = 1.5 + h$

$\therefore\ H_B - H_A = 1.5 + 4.358 - 1.6 = 4.258(\mathrm{m})$

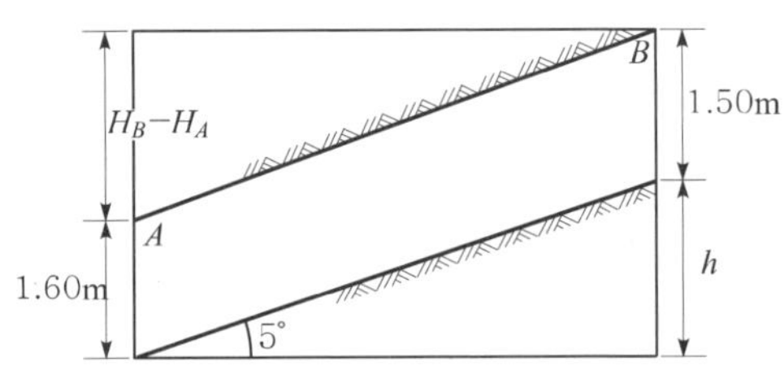

**예제 13.3**

$A$, $B$ 두 개의 수갱(竪坑)에 의하여 갱내외의 연결을 하는 경우 깊이를 700m 수갱 간의 거리를 500m로 하면 두 개의 수갱간의 거리는 갱내외에서 얼마나 틀리는가? (단, $R = 6{,}370\text{km}$ 임)

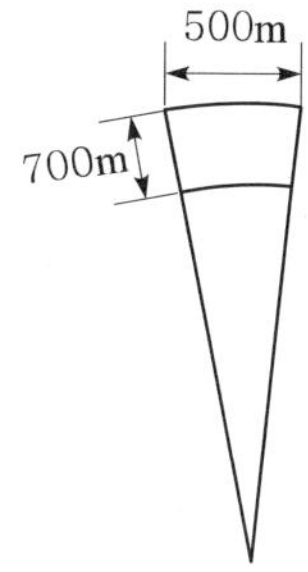


| 풀이 |

$R \cdot \theta rad = 500(\text{m})$,

$R' = 6{,}370{,}000 - 700 = 6{,}369{,}300(\text{m})$

$R' \cdot \theta rad = 6{,}369{,}300 \times \dfrac{500}{6{,}370{,}000} = 499.945(\text{m})$

$\therefore\ 500 - 499.945 = 0.0549 = 0.05(\text{m}) = 5(\text{cm})$

**예제 13.4**

두 개의 수갱(竪坑) $A$, $B$에서 수선측량(垂線測量)을 하여 갱내외(坑內外)를 연결했다. 갱외 $AB$ 좌표 $A(X = 1{,}265.45\text{m},\ Y = 468.75\text{m})$, $B(X = 2{,}185.31\text{m},\ Y = 1{,}692.60\text{m})$ 갱내 $AB$의 좌표 $A(X = 1{,}265.45\text{m},\ Y = 468.75\text{m})$, $B(X = 2{,}190.77\text{m},\ Y = 1{,}689.77\text{mm})$이다. 갱내측량의 최초의 측선의 방위각을 얼마만큼 수정해야 하는가?

| 풀이 |

갱외 $AB$좌표의 방위각

$$\theta = \tan^{-1}\left(\frac{Y_B - Y_A}{X_B - X_A}\right) = \tan^{-1}\left(\frac{1{,}692.60 - 468.75}{2{,}185.31 - 1{,}265.45}\right)$$

$\theta = 53°4'15.77''$

갱내 $AB$좌표의 방위각

$$\theta = \tan^{-1}\left(\frac{Y_B - Y_A}{X_B - X_A}\right) = \tan^{-1}\left(\frac{1{,}689.77 - 468.75}{2{,}190.77 - 1{,}265.45}\right)$$

$\theta = 52°50'39.21''$

수정량 $= 53°4'15.77'' - 52°50'39.21'' = 13'36.56''$

## 04 갱내외 연결측량

갱내외 연결측량은 수직갱을 이용하여 한 개의 수직갱에 의한 방법, 두 개의 수직갱에 의한 방법 등이 있다.

### (1) 한 개의 수직갱에 의한 방법

1개의 수직갱으로 연결한 경우에는 수직갱에 2개의 추를 매달아서 이것에 의해 연직면을 정하고 그 방위각을 지상에서 관측하여 지하의 측량을 연결한다.

1) 깊은 수갱에서는 피아노선(강선)을 이용
2) 얕은 수갱에서는 보통 철선, 동선, 황동선 등이 이용
3) 깊은 수갱에서는 추의 중량은 50~60(kg)
4) 얕은 수갱에서는 추의 중량은 5(kg)
5) 수갱밑에는 물 또는 기름을 넣는 탱크를 설치하고 그 속에 추를 넣어 진동하는 것을 방지
6) 추가 진동하므로 직각방향으로 수선 진동의 위치를 10회 이상 관측해서 평균값을 정지점으로 한다.

### (2) 두 개의 수직갱에 의한 방법

2개의 수갱구에 각각 1개씩 수선 $AE$를 정한다. 이 $AE$를 기점 및 폐합점으로 하고 지상에서는 $A$, 6, 7, 8, $E$ 갱내에서는 $A$, 1, 2, 3, 4, $E$의 다각측량을 실시한다.

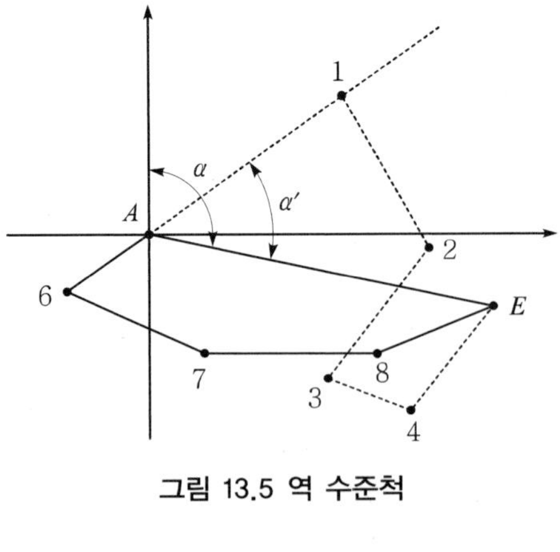


그림 13.5 역 수준척

**예제 13.5**

갱내의 좌표 $A(1{,}300,\ 900)$, $B(1{,}700,\ 600)$, 높이 $A(90\text{m})$, $B(120\text{m})$되는 $AB$점을 맺는 갱도를 굴진하는 경우 그 갱도의 경사거리 및 연직각을 구하라.

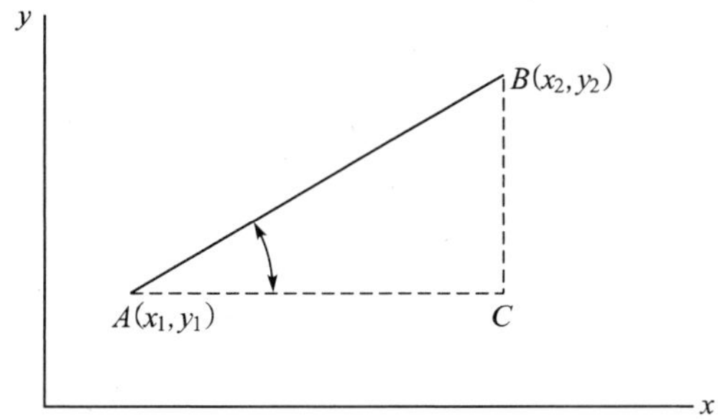


| 풀이 |

$AB$수평거리$= \sqrt{(1{,}700-1{,}300)^2+(600-900)^2} = \sqrt{(400)^2+(300)^2} = 500(\text{m})$

$\therefore$ $AB$의 경사거리 $= \sqrt{500^2+(120-90)^2} = 500.8992(\text{m})$

$\therefore$ 연직각$(\alpha) = \tan^{-1}\left(\dfrac{\text{높이}}{\text{수평거리}}\right) = \tan^{-1}\left(\dfrac{120-90}{500}\right) = 3°26'1.07''$

**예제 13.6**

직선이 터널을 뚫기 위하여 트래버스측량을 하여 다음과 같은 결과를 얻었다. 직선 **AF**의 거리와 방위각을 구하라.

| 측선 | 위거(L) | | 경 거(D) | |
|---|---|---|---|---|
| | + | − | + | − |
| AB | 50.4 | | | 75.4 |
| BC | 43.6 | | 40.5 | |
| CD | 32.5 | | 65.4 | |
| DF | | 70.5 | 63.1 | |

| 풀이 |

$\sum L = 50.4+43.6+32.5-70.5 = 56(\text{m})$

$\sum D = 40.5+65.4+63.1-75.4 = 93.6(\text{m})$

$\therefore\ \overline{AF} = \sqrt{\sum L^2+\sum D^2} = \sqrt{(56)^2+(93.6)^2} = 109.073(\text{m})$

$\tan\theta = \dfrac{\sum D}{\sum L} = \dfrac{93.6}{56} = 1.6714286$

$\therefore\ \theta = \tan^{-1}1.6714286 = 59°6'30''$ (1상한각이므로 $59°6'30''$)

## 연습문제

**01** 수갱의 깊이를 측정하기 위하여 강철 줄자로 측정하니 300m였다. 이 줄자는 자중에 의하여 대체 얼마 늘어나 있는가?

(단, 강철 줄자의 탄성계수 $E=2.0\times10^6\text{kg}/\text{cm}^2$, 단위 길이당의 무게 $W=0.000485\text{kg/cm}$, 단면적 $A=0.0556\text{cm}^2$)

**02** 갱내의 좌표(328.0m, 1,810.0m), (734.0m, 1,589.0m), 높이(186.30m, 12.40m)되는 점 $A$, $B$을 맺는 갱도를 굴진하는 경우 $A$, $B$점의 경사각은 얼마인가?

**03** 갱내의 좌표 $A$(328.0, 1810.0), $B$(734.0, 1589.0), 높이 $A$(186.30m), $B$(312.40 m)되는 $A$, $B$점을 맺는 항도를 굴진하는 경우 그 갱도의 사거리는 얼마인가?

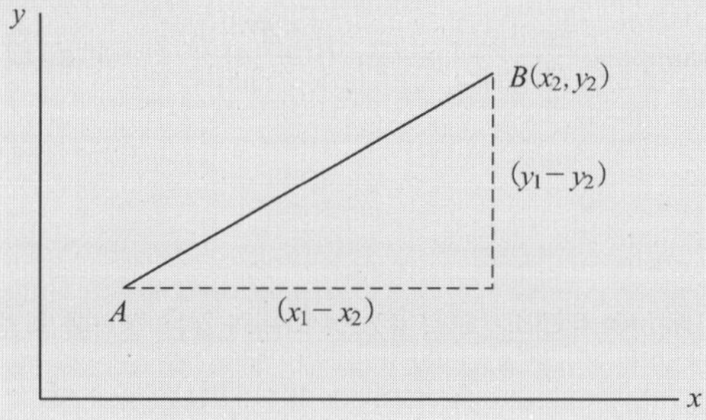


**04** 암석지반으로서 항내의 두 점 $A$, $I$ 간에 한 개의 직선항도를 굴착하기 위하여 개설항도를 통하여 두 점간의 Traverse측량을 실시하여 변 $AB$, $HI$의 방위각$(AB)=330°$, $(HI)=240°$을 얻었다. 또 $A$를 원점으로 하여 자오선을 $x$축, 동서선을 $y$축으로 취하여 그의 좌표를 계산한 결과 $x_i=+200\text{m}$, $y_i=+500\text{m}$였다고 한다. $\angle HIA$를 계산하라.

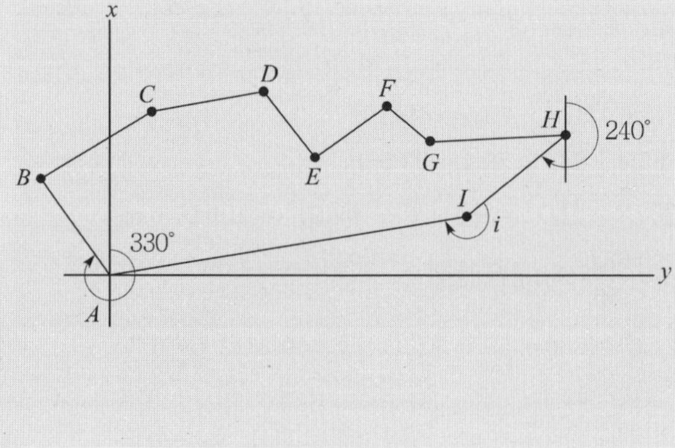

| | | 방위각 | $x$ | $y$ |
|---|---|---|---|---|
| AB | A | 330° | 0.00mm | 0.00mm |
| BC | B | | | |
| CD | C | | | |
| DE | D | | | |
| EF | E | | | |
| FG | F | | | |
| GH | G | | | |
| HI | H | 240° | | +500m |
| | I | | +200m | |

**05** 사갱의 고저차를 구하기 위해 측량한 결과 다음을 얻었다. $A$, $B$의 고저차는 얼마인가? (단, $A$점의 기계 높이와 $B$점의 시준높이를 천정으로부터 관측한 값이다. $A$점의 기계높이 $I.H=1.15\text{m}$, $B$점의 시준 높이 $Z=1.56\text{m}$, 사거리 $L=31.69\text{m}$, 연직각 $\alpha=+17°41'$)

**06** 터널 내 $A$, $B$점의 좌표가 (1,328m, 810m), (1,734m, 589m) 이고, 높이가 각각 86.3m, 112.4m인 $A$, $B$점을 연결하는 터널을 굴진할 때 갱도의 경사거리는?

basic surveying

# Chapter 13

# 하천측량

## River Surveying

# 01 하천측량

## (1) 하천측량(河川測量 : River Surveying)

하천의 계획, 유지관리에 필요한 자료로서 지반, 물체의 위치, 종횡단 등을 측량하여 평면도, 종단면도, 횡단면도 등을 작성하는 측량으로 삼각측량의 보조기준점을 정하고, 이것을 기준으로 중요지점의 위치를 결정하여 평면도를 만든다. 그리고 수준측량으로 종단면도 및 횡단면도를 만드는 외에 양수표에 의한 수위측정 및 유량측정도 필요한 측량이다.

## (2) 하천측량의 목적

하천의 형상, 수위, 심천, 단면, 구배 등을 측정하여(하천측량결과) 각종 수공설계, 시공에 필요한 자료를 얻기 위함에 있다.

## (3) 작업내용

1) 평면측량(平面測量), 2) 수준측량(水準測量), 3) 유량측량(流量測量), 4) 수위관측(水位觀測), 5) 우량관측(雨量觀測), 6) 공작물(工作物)의 조사 등

## (4) 순서

### 1) 도상조사

$\frac{1}{50,000}$ 의 지형도를 이용(유로상황, 지역면적, 지형, 지물, 토지이용상황, 교통, 통신시설상황) 상황을 조사한다.

### 2) 자료조사

현재까지의 제반자료를 모아 조사(피해, 이용 등)한다.

### 3) 현지조사

답사 및 선점 위치 조사를 한다.

### 4) 평면측량실시

골격측량실시 후 세부측량을 실시하여 평면도를 작성한다.

5) 수준측량실시

종, 횡단측량을 실시하고 유수부(流水部)는 심천(深淺)측량에 의해 종, 횡단면도를 작성한다.

6) 유량측량실시

수위관측, 유속관측, 유역면적관측에 의한 유량을 계산하고 유량곡선을 그린다.

7) 기타측량

구조물, 이용, 피해 등의 위치 및 수위를 파악한다.

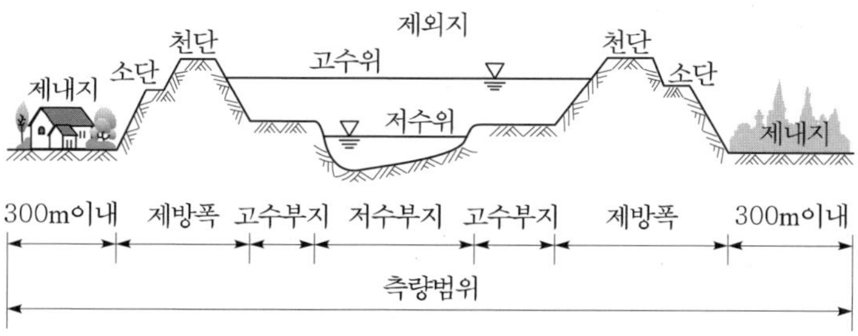


그림 14.1 하천단면도

## 02 평면측량(平面測量 : Plane Surveying)

### (1) 측량범위(測量範圍)

1) 제방이 있을 때(유제부)

제외지(堤外地) 전부와 제내지(堤內地)에서 300m 이내까지 실시한다.

2) 제방이 없을 때(무제부)

무제부(無提部)에 있어서는 홍수시의 물가선(Water course line)으로 부터 100m 정도까지 확대하여 실시한다.

### (2) 측량방법(測量方法)

1) 삼각측량(三角測量 : Triangulation)

① 단열삼각망을 짜서 측각은 단측법 또는 배각법으로 측정하여 40° 이상 100° 이하의 협

각으로 하고 각오차는 20″ 이내로 한다.

② 삼각점은 2~3km마다 설치한다.

③ 기설 삼각점 3개소 이상으로부터 관측할 수 있는 위치에 있어야 한다.

④ 트래버스측량과 지형측량을 실시하는데 편리한 장소에 설치한다.

⑤ 기선으로부터 계산한 변장은 실측 검기선장과의 차는 1/6,000이내가 되어야 한다.

⑥ 단열삼각망의 각 삼각형에 있어서 내각의 총화는 180°에 대하여 10″ 이내이다.

2) 트래버스측량(Traverse Surveying)

단열 삼각망으로는 기준점이 부족함으로 200m마다 결합 트래버스점을 잡고 각도오차는 3′ 정도, 결합비는 1/1,000 이내로 한다.

3) 세부지형측량(細部地形測量 : Detail Topographic Surveying)

① 평판측량이나 직접거리측정 등으로 세부지형도를 작성한다.

② 지형도에 표시되는 하안기주(河岸寄州)의 물가선(Water Course line)은 평수위(平水位)에 있어서의 수면의 위치로 표시한다.

③ 평판을 이용하는 경우에 거리측점은 Stadia측량으로 한다(시준거리 : 100m 이내).

④ 하천의 형태, 제방, 지목별 하천의 부속공작물, 승선장, 도로, 철도, 도, 군, 읍, 면, 리의 경계와 농지나 수준기선, 양수표 등을 표시하고 기타 중요지물을 측정한다.

## 03 고저측량(高低測量 : Leveling)

고저측량은 종단, 횡단, 심천 측량을 실시하며 고저측량을 실시하기 위해서는 먼저 수준기표(B.M)와 거리표를 설치하여야 한다.

### (1) 고저측량의 분류

1) 종단측량(縱斷測量 : Longitudinal leveling)

2) 횡단측량(橫斷測量 : Cross section)

3) 심천측량(深淺測量 : Sounding)

4) 하구 심천측량(河口深淺測量 : Sounding at river mouth)

### (2) 수준기표(水準基標 : Bench Mark)

고저측량을 실시하기 위해서는 먼저 수준기표(B.M)를 기준면에서 정확하게 측정해서 표시해 두어야 한다. 수준기표는

1) 지반이 침하되지 않는 곳일 것.
2) 교통에 지장이 없는 양안 5km마다 설치한다.
3) 기본수준점으로부터 정확히 측정하여 설치한다.
4) 구조는 보통길이 1.2m와 각 15×15cm형으로 만들어 매립한다.

### (3) 거리표(距離標 : Distance Mark)

거리표는 거리측량에 기준이 되는 것으로 거리표를 설치할 때는 그 위치를 정하는데 직접 거리를 측정하여 가면서 정하는 것이 좋으나 장애물이 있을 때는 복잡하므로 앞서서 거리표를 정하는 것이 좋다.

1) 우안 또는 좌안 중 한편에 따른 하구 또는 합류점으로부터 100m 또는 200m마다 설치한다(장애물이 있을 때 전후 3본의 말뚝이 200m 또는 400m가 되도록 한다.).
2) 타안에 설치할 때는 거리표로부터 하신(河身)에 직각방향으로 수준하는 선상에 설치한다.
3) 1km마다 석표(石標)를 매설한다.
4) 모양은 길이 1.2m에 12cm의 각으로서 두부는 구형으로 제조한다.
5) 횡단측량을 하지 않는 곳의 거리표는 생략해도 좋다.

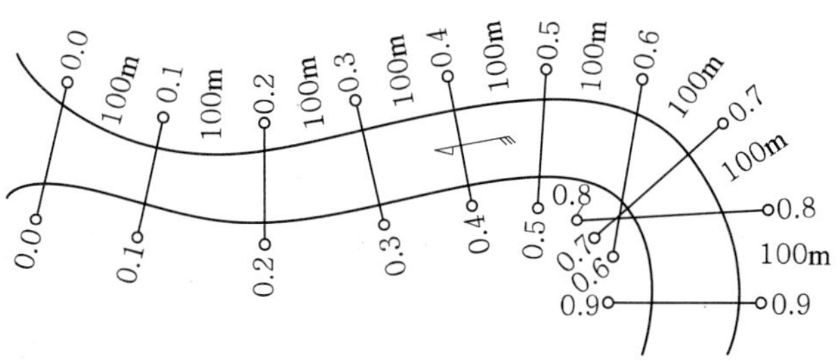


그림 14.2 거리표

### (4) 종단측량(縱斷測量 : Longitudinal leveling)

종단측량은 하천 흐름 방향으로 중요개소의 높이를 측정하며 대안을 연결하려면 적어도 5km마다 교호(交互) 수준측량을 해야 한다.

1) 거리표, 양수표, 수문, 기타 중요한 장소의 높이를 측정하는데 목적이 있다.
2) 허용오차는 4km 왕복측정시 유조부 10mm 이내, 무조부 15mm 이내, 급류부 20mm 이내이다.
3) 종단측량의 성과는 하류 좌측에 대하여 거리는 1 : 1,000 ~ 1 : 10,000, 높이는 1/100의 축척으로 종단면도를 작성한다.

### (5) 횡단측량(橫斷測量 : Cross section)

횡단측량은 양안의 거리표를 맺는 선중의 지반의 고저 및 하천의 심천(深淺) 등을 측정하는 작업이다.

1) 횡단측량은 200m 마다 양안에 설치한 거리표를 기준으로 하여 시행한다.
2) 단면이 급변하는 장소에 있어서는 말뚝을 다시 설치하여 시행한다.
3) 측정구역은 평면측량 할 구역을 고려하여 유제부에 있어서 제외지는 전부, 제내지는 300m 한다(허용오차 : 거리 1/300이내, 고저 300m 에서 10mm 이내).
4) 수심측정은 횡단선에 따라 수육(水陸) 모두 10~20m 마다 측량한다(수력발전을 목적으로 하는 경우 수심측정의 수평거리는 하폭의 대소에 따라 1~2m 로 한다).
5) 양수표(Water gauge), 댐(Dam), 교량(Bridge), 갑문(Lock) 등 구조물이 있는 개소에서는 상세한 측량을 실시한다.

### (6) 수심측량(水深測量 : Sounding)

수심측량은 원칙으로 횡단측량의 실시와 동시에 시행하며 수면말뚝을 기준으로 하여 다음 사항을 준수하면서 실시한다.

1) 횡단측량시 동시에 실시함을 원칙으로 하고 때에 따라 단독 실시하는 경우도 있다.
2) 보통 5m 구간으로 나누어 수심과 하저의 토질 또는 토사의 대소 등을 측정한다.
3) 사용기구는 하천의 길이와 유속에 따라 측간(Sounding pole)과 측추(Sounding lead)를 사용한다(측간 : 수심 6m 이내에 사용).
4) 측간은 10cm 간격으로 적, 백색의 눈금을 표시하여 사용한다.
5) 측추는 끈에 추를 매달아 수심이 6m 이상이고, 유속이 그리 크지 않은 장소에서 사용한다(추중량 4~5kg 정도).

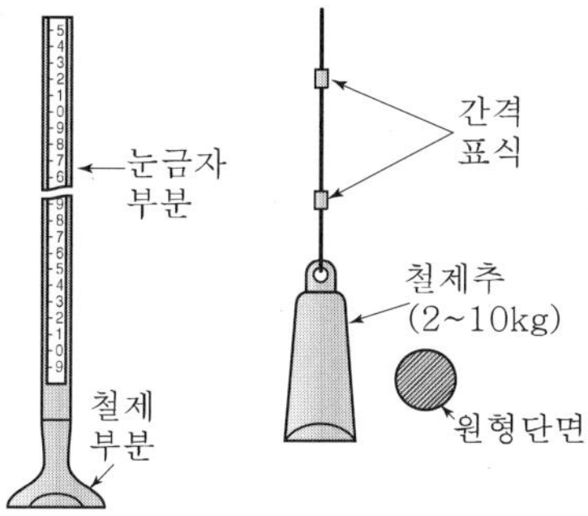


(a) 측심간　　(b) 측심추

**그림 14.3 측심간과 측심추**

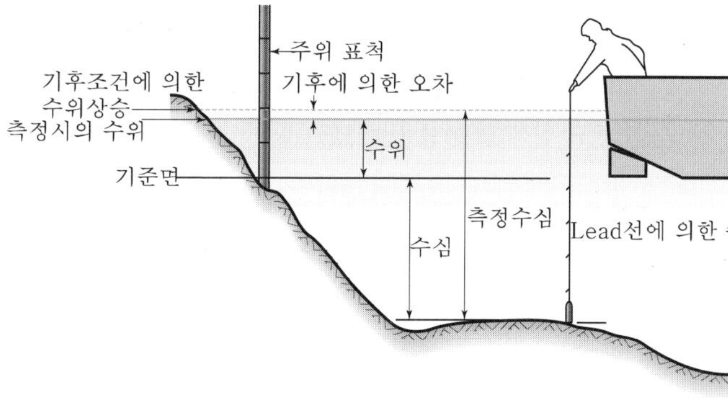


**그림 14.4 측심추(Lead)에 의한 수심측정**

6) 수심이 깊은 곳에는 음향측심기와 LiDAR 수심측정기를 사용한다(음향측심기 : 수심 30m 정도 되는 곳에 사용하면 오차는 0.5%정도 생긴다).

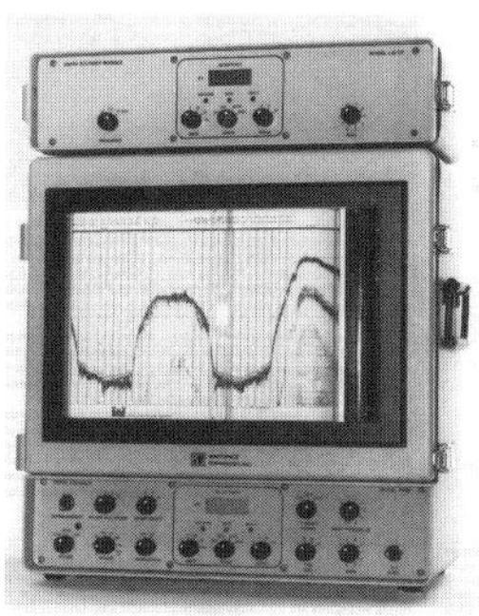

**그림 14.5 음향측심기**
**(Surveying Eng. Wolf 2002)**

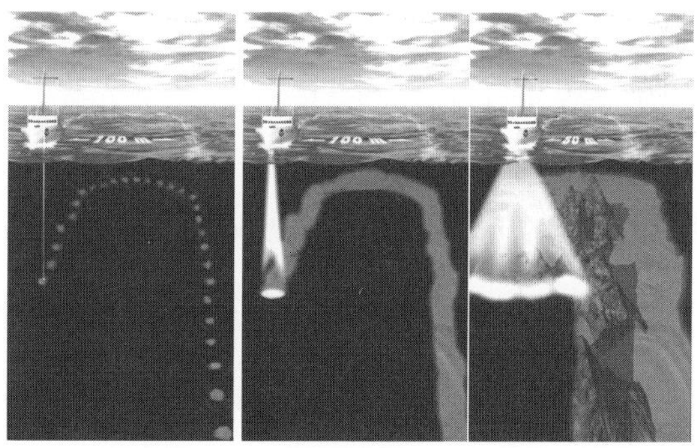

(a) 측심추　　(b) 단일빔　　(c) 다중빔

**그림 14.6 방법에 따른 수심측량**

## (7) 도면작성(圖面作成)

도면작성은 평면도, 종단면도, 횡단면도 등을 작성하고 도면에는 실시 연월일과 측량자명, 방위, 축척, 기타 필요한 사항을 명시한다.

### 1) 평면도 작성(平面圖作成)

평면도(plane map)는 개조, 기타 하천공사의 계획에 기본도가 되므로 측점은 직각 좌표에 의하여 전개(展開)해서 지형도를 작성한다.

① 평면도는 축척 $\frac{1}{2,500}$ 로 작도한다.

② 하천의 폭이 50m 이하에 있어서는 $\frac{1}{1,000}$ 로 작도한다.

2) 종단면도 작성(縱斷面圖作成)

종단면도(Longitudinal profile map)는 양안의 거리표, 지반고, 하상고, 최고수위, 양수표 교대고, 수문, 용배수의 통관, 기타 공작물의 위치와 높이 등을 기입한다.

① 거리 $\frac{1}{1,000}$, 높이 $\frac{1}{100}$ 로 작도한다.

② 폭이 $\frac{1}{500}$, 높이 $\frac{1}{50}$ 의 축척으로 하는 경우도 있다.

3) 횡단면도 작성(橫斷面圖作成)

횡단면도(Cross section)는 하천개조, 기타 공사는 좌안의 거리표를 기준으로 하고 작도한다. 그리고 Dam, 저수지의 계획에서 배수계획을 하는 경우 사용되는 도면에서는 하류로부터 상류로 시준하는 단면은 좌안은 우, 우안은 좌가 되도록 폭 : $\frac{1}{1,000}$, 높이 : $\frac{1}{100}$ 의 축척으로 작도한다.

### (8) 수위관측(水位觀測 : Observation of Water level)

수위표(量水標)에 의하는 것으로써 보통수위표와 자기수위표의 2종류가 있다.

1) 보통수위표(普通量水標 : Common Water gauge)

넓이 15~30cm의 판재에 2cm마다 눈금을 새긴 것이다. 수위표 설치는 기둥을 세우고 잣눈판을 붙이거나 교대, 교각, 수문 등의 견고한 구조물에 부착시킨다. 수위표의 관측은 평

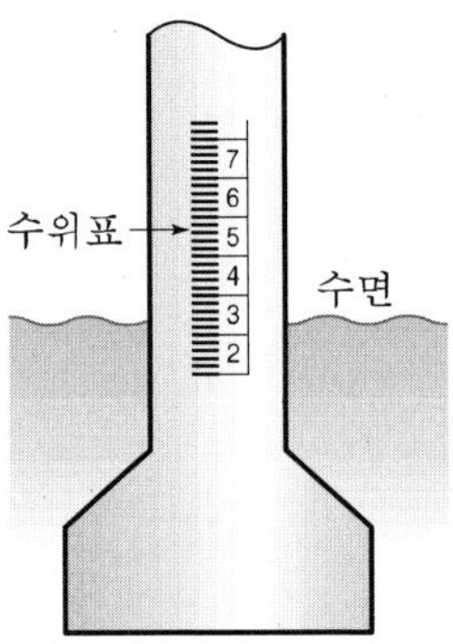


그림 14.7 보통수위표

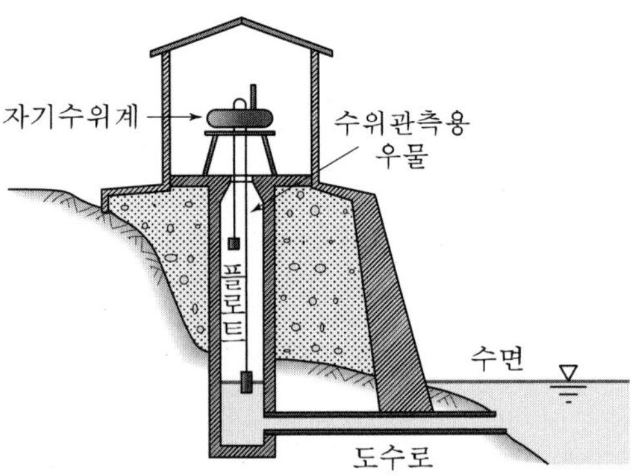


그림 14.8 수위관측소(자기수위계)

상시에는 6 또는 12시간마다 홍수 시는 30분 또는 1시간마다 관측하고 최고수위에 도달하였을 때에는 5분 또는 10분마다 관측하는 경우가 많다.

### 2) 자기수위표(自己水位 : Automatic Water gauge)

수위변화를 연속적으로 알기 위하여 자기수위표가 사용되며 이것은 시계장치에 의하여 늘 회전하는 둥근 통에 종이를 감아놓고, 보통부자에 의하여 연속적으로 종이 위에 수위변화를 자동적으로 기록하도록 되어 있다. 자기수위표를 설치하려면 하천 가까이 우물을 파고 수관으로 연락되게 하거나 하천의 언덕이 절벽일 때는 하천위에 직접 수관을 달고 그 안에 부자를 매단다.

### 3) 수위표 설치의 고려할 사항

① 수위표의 위치뿐만 아니라 상, 하류의 상당한 범위에서 하상과 하안이 안전하고 세굴이나 퇴적이 생기지 않는 장소일 것.
② 유속의 차가 심하지 않고 상하류 약 100m 정도의 직선인 장소일 것.
③ 수위가 교각이나 기타 구조물에 의한 영향을 받지 않는 장소일 것.
④ 홍수시 유실, 이동, 파손의 염려가 없는 장소일 것.
⑤ 평상시는 물론 홍수시에는 용이하게 수위량을 볼 수 있는 장소일 것.
⑥ 지천의 합류점에서는 불규칙한 수위의 변화가 없는 곳일 것.

### 4) 수위표의 영위(Zero of water gauge)

① 수위표의 영위는 하저수위의 밑에 있고, 수위표 눈금의 최고위는 최대 홍수위보다 높아야 한다.
② 수위표에 있어서는 평균해수면의 표고를 관측해 둔다.
③ 홍수후에는 수준점을 연결하여 그 표고를 확인한다.

**예제 14.1**

하천의 수면구배를 정하기 위해 100m 의 간격으로 동시수위를 측정하여 다음 결과를 얻었다. 이 결과로부터 구한 이 구간의 평균 수면구배는?

| 측 점 | 표 고 |
|---|---|
| 1 | 73.63 |
| 2 | 73.45 |
| 3 | 73.23 |
| 4 | 73.02 |
| 5 | 72.83 |

| 풀이 |

표고차

$1-2= 73.63-73.45= 0.18$ $\qquad$ $2-3= 73.45-73.23= 0.22$

$3-4= 73.23-73.02= 0.21$ $\qquad$ $4-5= 73.02-72.83= 0.19$

절대표고차의 합 $= 0.80$, 평균표고차 $= 0.80 \div 4= 0.2$

$\therefore$ 구배$(i) = \dfrac{0.2}{100} = \dfrac{1}{500}$

## 04 하천단면의 유속분포

하상의 상태, 하폭, 풍향 등에 의하여 변화하며 한단면내에 있어서도 하저로부터 수면으로 향하여 올라오는데 따라 유속이 다르다. 따라서 유속계산은 각 단면에 대하여 평균유속(mean velocity)을 구하는 것이 필요하다.

유속분포는 완전한 이론은 없으나 머피(E.C.Murphy)의 공식은 주로 사용하고 있으며 수로가 비교적 직선이고 단면도 규칙적이며 하상도 평활한 상태의 평균유속의 위치는 다음의 식들로 계산할 수 있다.

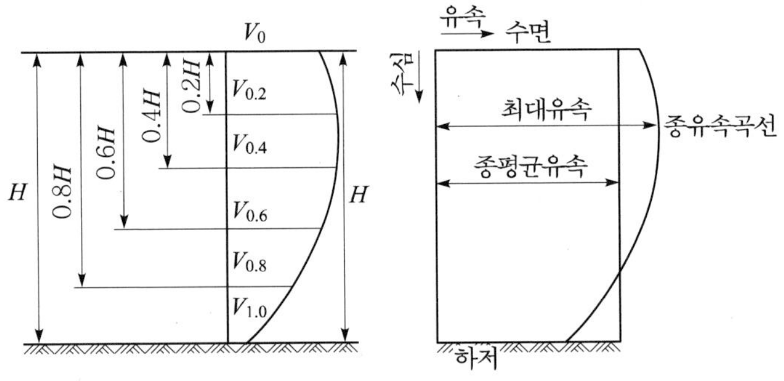


그림 14.9 하천유속분포 단면도

$\therefore$ 1점법 유속 $V_m = V_{0.6}$ (14.1)

$\therefore$ 2점법 유속 $V_m = \dfrac{1}{2}(V_{0.2} + V_{0.8})$ (14.2)

$\therefore$ 3점법 유속 $V_m = \dfrac{1}{4}(V_{0.2} + 2V_{0.6} + V_{0.8})$ (14.3)

$$\therefore \text{ 4점법 유속 } V_m = \frac{1}{5}\left[(V_{0.2} + V_{0.4} + V_{0.6} + V_{0.8}) + \frac{1}{2}\left(V_{0.2} + \frac{V_{0.8}}{2}\right)\right] \quad (14.4)$$

여기서, $V_m$ : $n$점법의 평균 유속

$V_{0.2}$, $V_{0.4}$, $V_{0.6}$, $V_{0.8}$ : 하천의 유속측정에 있어서 수면에서 깊이의 유속

**예제 14.2**

하천의 유속측정에 있어서 수면에서 0.2, 0.4, 0.6, 0.8의 깊이의 유속이 각각 0.54, 0.50, 0.48, 0.35 m/sec였다. 이때 구한 평균유속을 1점법, 2점법, 3점법, 4점법에 따라 계산하라.

| 풀이 |

① 1점법

$$\therefore V_m = V_{0.6} = 0.48(\text{m/sec})$$

② 2점법

$$\therefore V_m = \frac{1}{2}(V_{0.2} + V_{0.8}) = \frac{1}{2}(0.54 + 0.35) = 0.445(\text{m/sec})$$

③ 3점법

$$\therefore V_m = \frac{1}{4}(V_{0.2} + 2V_{0.6} + V_{0.8}) = \frac{1}{4}(0.54 + 2 \times 0.48 + 0.35) = 0.4625(\text{m/sec})$$

④ 4점법

$$\therefore V_m = \frac{1}{5}\left[(V_{0.2} + V_{0.4} + V_{0.6} + V_{0.8}) + \frac{1}{2}\left(V_{0.2} + \frac{V_{0.8}}{2}\right)\right]$$
$$= \frac{1}{5}\left[(0.54 + 0.50 + 0.48 + 0.35) + \frac{1}{2}\left(0.54 + \frac{0.35}{2}\right)\right]$$
$$= \frac{1}{5}[(1.87) + (0.3575)]$$
$$= 0.4455(\text{m/sec})$$

## 05 하천수위(河川水位 : River Water level)

어떤 기간을 두고 양수량의 관측치를 취하여 수위와 시간과의 관계를 도시한다. 이 도표를 수위도(水位圖 : hydro graphy)라 하고, 이에 따라 그 기간에 있어서의 각종 수위를 정하고 있다.

**(1) 최고수위**(H.H.W.L : Highest High Water Level)

어떤 기간의 최고수위를 말한다.

**(2) 최저수위**(L.L.W.L : Lowest Low Water Level)

어떤 기간의 최저수위를 말한다.

**(3) 평균수위**(M.W : Mean Water Level)

어떤 기간에 관측수위의 합계를 그의 관측횟수로 나눈 값을 말한다.

**(4) 평균최저수위**(N.L.W : Normal Low Water Level)

어떤 기간내에 있어서 년, 월의 최저수위의 평균값을 말한다.

**(5) 평균최고수위**(N.H.W : Normal High Water Level)

어떤 기간내에 있어서 년, 월의 최고수위의 평균값을 말한다.

**(6) 갈수위**(D.W.L : Droughty Water Level)

1년을 통하여 355일 이상 유지하는 수위를 말한다.

**(7) 저수위**(Low Water Level)

1년 중 275일은 이보다 내려가지 않는 수위를 말한다.

**(8) 고수위**(High Water Level)

매년 반드시 1~2회 발생할 정도의 높은 수위를 말한다.

**(9) 홍수위**(Flood Water Level)

몇 년만에 한번씩 발생할 정도의 홍수 때의 수위를 말한다.

**(10) 최다수위**(Most Frequent Water Lever)

수년을 통하여 가장 많이 일어나는 수위를 말한다.

### (11) 평수위(Ordinary Water Level)

어느 기간의 수위 중 이것보다 높은 수위와 낮은 수위의 관측수가 똑같은 수위로 일반적으로 평균수위보다 약간 낮은 수위, 1년을 통해 185일은 이보다 저하하지 않는 수위

### (12) 지정수위

홍수시에 매시 수위를 관측하는 수위

### (13) 통보수위

지정된 통보를 개시하는 수위

### (14) 경계수위

수방(水防)요원의 출동을 필요로 하는 수위

## 06 평균유속의 측정

유속은 물이 단위시간 1초간에 흐르는 거리를 말한다. 단위는 m/sec으로 날씨가 좋은 날 하천 단면이 균일한 직선부의 어느 구간에서 부자가 흐르는 데 요하는 시간을 측정하여 유속을 계산하는 방법으로 표면부자, 수중부자, 막대부자가 있다.

### (1) 표면부자사용법(Measurement of Velocity by Float)

하천의 단면이 고른 직선의 부분을 골라 부자를 띄워서 그 흐르는 거리와 소요시간을 측정하여 유속을 구하는 방법을 말한다. A선에서 B선에 도착하는 시간 $t$(sec), $AB$간 거리 $l$로 하면 유속($V$)는 아래와 같다.

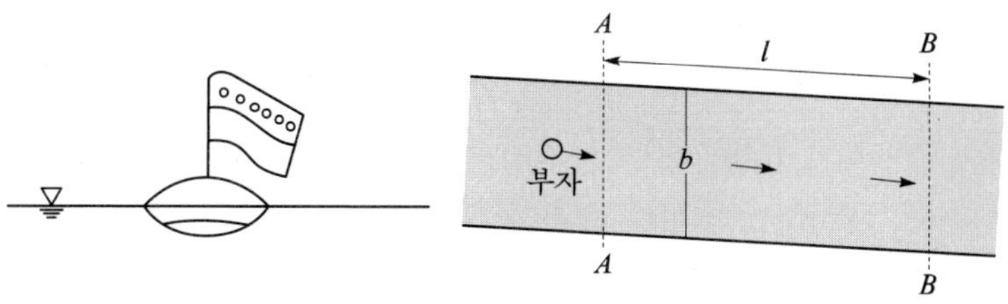


그림 14.10 표면부자 사용법

1) 투하지점(10m 이상 : $\frac{b}{3}$ 이상 : 20초 이상)

2) 부자가 떠내려갈 거리 $= 1.5b \sim 2.06b$

3) $V = \frac{l}{t}$ 에 의해 구한다.

### (2) 이중부자(二重浮子 : Subsurface of double Float)

표면부자에 수중유표를 연결한 것으로 연결 와이어의 길이를 흐름에 따라서 조절하고 평균유속으로 흐르게 하도록 하려는 것인데 수중부자의 정확한 위치를 얻을 수 없고 정확한 평균유속으로 흐르는 것도 어려우므로 결국 10%정도의 오차가 생긴다.

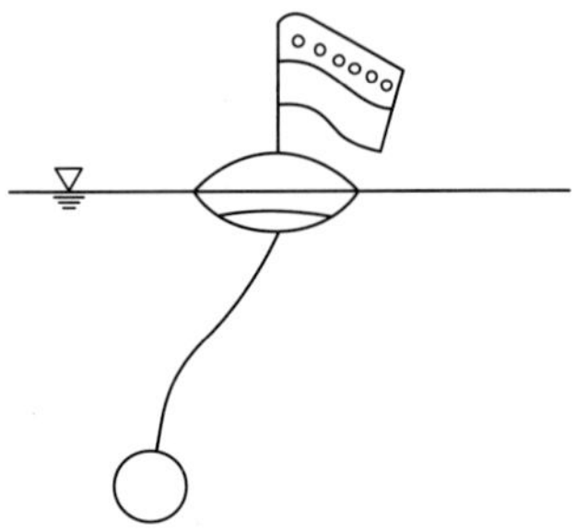

그림 14.11 이중부자 사용법

### (3) 막대부자 사용법

종평균 유속을 측정하기 위하여 사용되며 막대부자는 대나무통 또는 플라스틱통 등의 밑에 돌 또는 모래를 넣어 수직으로 뜨게 하여 사용한다. 종평균 유속은 프란시스(J.B.Francis)식에 의하여 구할 수 있다.

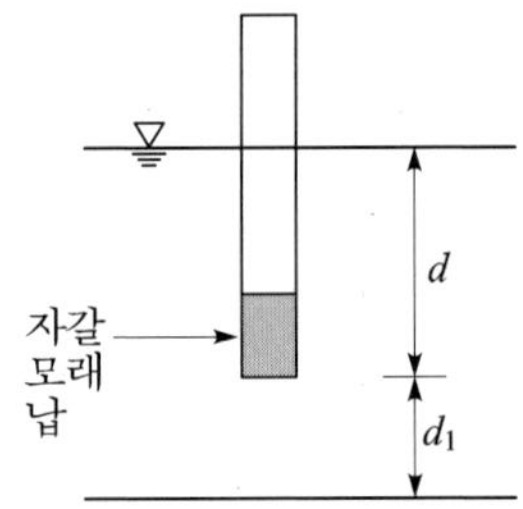


그림 14.12 막대부자법

1) 종평균 유속 측정시 사용하며 홍수시 유리하다.

2) 평균유속을 바로 산출할 수 있다(Francis식).

$$\therefore \ V_{mean} = V_f\left(1.012 - 0.116\sqrt{\frac{d_1}{d}}\right) \qquad (14.5)$$

$\therefore \ d_1 \leq \frac{1}{4}d$ 가 되어야 한다.

여기서, $V_f$ : 막대부자의 속도

$d$ : 막대부자가 물속에 잠긴 깊이

$d_1$ : 전체수심 $- \ d$

$V_{mean}$ : 종평균 유속

### (4) 유속계사용법(5회전마다 소리를 낸다)

1) 광정식 : 유속이 적은 장소에 사용한다.

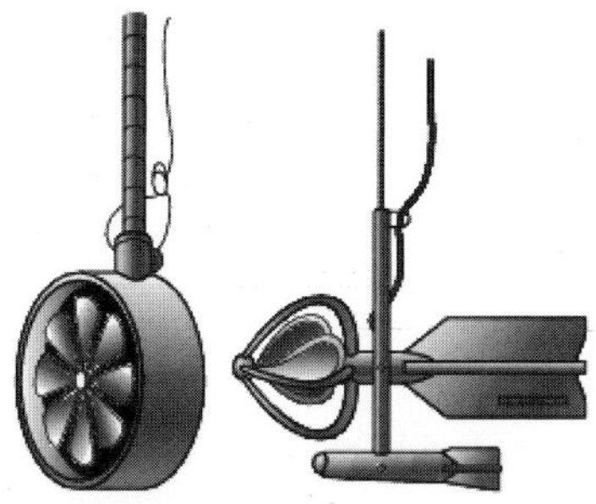

그림 14.13 스크류식 유속계

2) 프라이스식 : 유속이 큰 경우 적합하다.

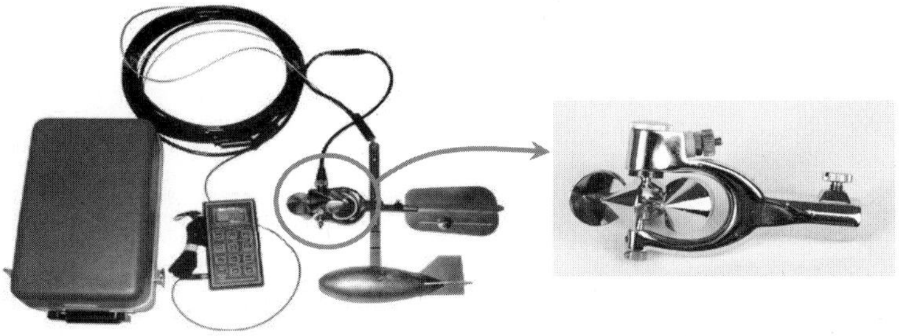

그림 14.14 프라이스식 유속계

3) $V = \frac{a}{T} + b$ [$V$ : m/sec, $T$ : 소리 울리는 시간(1회), $Za \cdot b$ : 정수]

4) 유속 0.5∼1.0m/sec장소에 적합하다.

### (5) 사용유속의 일반

1) 하천 : 유속계 사용
2) 유속이 크거나 유속계 사용이 어려울 시 : 부자 사용
3) 유량이 적고 관내의 유수 등이 특수할 때 : pito tube 사용

## 07 유량측정(流量測定 : Measurement of discharge)

유량측정은 하천과 기타 수로의 각종 수위에 대하여 유속을 측정하고, 이것에 기인(基因)하여 각 수위에 대한 유량을 계산하고, 수위와 유량을 명확하게 측정하여 기초자료를 작성하는데 목적이 있다.

### (1) 직접측정법

1) 큰 하천 : 평균유속에 횡단면적을 곱하여 구한다.
2) 작은 하천 : 둑(Weir)을 만들어 여기에 흐르는 물의 높이를 재어 유량을 측정한다.

### (2) 간접측정법

수면구배 및 경심$\left(\text{경심} = \dfrac{\text{유수단면적}}{\text{윤변}}\right)$, 조도계수 등을 알고 유속공식에 의하여 유속을 구하고, 이것을 단면적에 곱하여 유량을 산출한다.

### (3) 평균유속 측정법

1) 부자를 사용하는 방법 : 표면부자, 2중부자 등이 있다.
2) 유속계를 사용하는 방법 : 대표형은 프라이스(price)식, 히로이(廣井)식이 있다.

### (4) 평균유속공식

1) Chezy의 공식

유속계나 부자로 하는 유속측정이 어려운 홍수때와 같은 때 또는 개략을 구할 때는 어느 구간의 평균 유속을 구해서 이와 평균단면에 의하여 유량을 계산할 수 있다.

$$V = C\sqrt{RI} \tag{14.6}$$

여기서, $C$ : Chezy의 유속계수(Kutter공식 사용)

$R$ : 평균직경깊이$= \dfrac{\text{유수단면적}}{\text{윤변}}$

$I$ : 수면경사

2) Kutter의 공식

$$\therefore\ C = \frac{23 + \frac{1}{n} + \frac{0.00155}{I}}{1 + \left(23 + \frac{0.00155}{I}\right)\frac{n}{\sqrt{R}}} \quad (14.7)$$

여기서, $n$ : 조도계수, $R$ : 평균직경깊이, $I$ : 수면경사

표 14.1 조도계수

| 유로의 면 | $n$(m/sec) |
|---|---|
| 시멘트 | 0.010 |
| 절석공 및 벽돌 | 0.013 |
| 조석토 | 0.017 |
| 흙 | 0.025 |
| 잡초와 모래자갈 | 0.030 |

3) Manning공식

$$\therefore\ V = \frac{1}{n} \times R^{2/3} \times I^{1/2} \quad (14.8)$$

여기서, $R$ : 평균경심, $n$ : 조도계수, $I$ : 수면경사

$$\therefore\ C = \frac{1}{n} R^{1/3} \quad (14.9)$$

4) Bazin공식

$$\therefore\ V = \frac{87}{1 + \frac{m}{\sqrt{R}}} \sqrt{RI} = C\sqrt{RI} \quad (14.10)$$

5) Forchhcimer공식

$$\therefore\ V = \frac{1}{n} R^{0.7} I^{0.5} \quad (14.11)$$

$$\therefore\ C = \frac{1}{n} R^{0.2} \quad (14.12)$$

**예제 14.3**

수심 0m, 5m, 10m, 15m, 20m 점의 측정값이 표와 같을 때 전유량을 구하라.

| 거 리(m) | 0 | 5 | 10 | 15 | 20 |
|---|---|---|---|---|---|
| 수 심(m) | 0 | 1.20 | 1.80 | 1.60 | 0 |
| 평균유속(m/sec) | 0 | 0.05 | 1.24 | 0.36 | 0 |

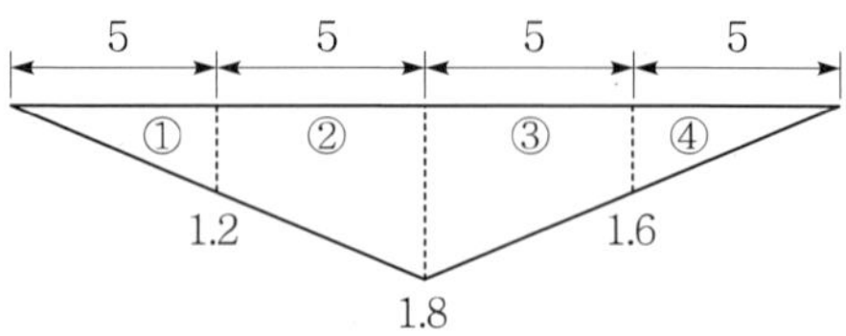


| 풀이 |

1. 하천의 단면적

단면 ① $A_1 = 5 \times 1.2 \times \frac{1}{2} = 3\text{m}^2$　　단면 ② $A_2 = (1.2 + 1.8) \times 5 \times \frac{1}{2} = 7.5\text{m}^2$

단면 ③ $A_3 = (1.8 + 1.6) \times 5 \times \frac{1}{2} = 8.5\text{m}^2$　　단면 ④ $A_4 = 5 \times 1.6 \times \frac{1}{2} = 4\text{m}^2$

2. 유량 계산

단면 ① $Q_1 = A_1 \cdot V_1 = 3 \times \frac{2}{3}(0 + 0.05) = 0.1\text{m}^3/\text{s}$

단면 ② $Q_2 = A_2 \cdot V_2 = 7.5 \times \frac{1}{2}(0.05 + 1.24) = 6.525\text{m}^3/\text{s}$

단면 ③ $Q_3 = A_3 \cdot V_3 = 8.5 \times \frac{1}{2}(1.24 + 0.36) = 6.8425\text{m}^3/\text{s}$

단면 ④ $Q_4 = A_4 \cdot V_4 = 4 \times \frac{2}{3}(0.36 + 0) = 0.96\text{m}^3/\text{s}$

$Q = 0.1 + 6.525 + 6.8425 + 0.96 = 14.4275\text{m}^3/\text{s}$

## (5) 유량측정계산법

어떤 단면에 흐르는 전유량은 적당한 수의 단면으로부터 구분하여 이의 평균유속을 구하고 이 유속과 그의 단면적을 곱한 것이 유량이 된다.

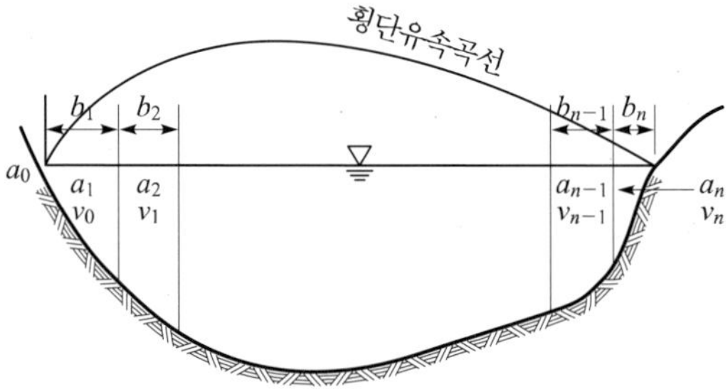


**그림 14.15 하천단면**

$$Q = A \cdot V = A_0 V_0 + A_1 V_1 + \cdots + A_n V_n \tag{14.13}$$

여기서, $Q$ : 전체유량($\text{m}^3/\text{sec}$)　　$A$ : 구간단면적($\text{m}^2$)

$V$ : 각 단면에 대응하는 유속(m/sec)

## 연습문제

**01** 부자에 의해 유속을 측정할 때 유하거리에서 $\pm 0.5\mathrm{m}$, 시간측정에서 0.5sec의 오차를 허용한다면, 관측유속 $1.0\mathrm{m/sec}$의 경우 유속정도를 2%로 하기 위해서는 유하거리를 얼마로 하면 좋은가?

**02** 어떤 하천 $BC$선에 연하여 심천측량을 하는데 $A$점을 $CB$에 직각으로 $AB = 100\mathrm{m}$를 취했다. 지금 선상에 $P$에서 육분의로서 $\angle APB$를 측정하여 $43°40'$을 읽었다면 $\overline{BP}$의 거리로 옳은 것은?

**03** 다음 그림에서 $\angle ABD = \angle ADC = 90°$, $BC = 16\mathrm{m}$, $BD = 40\mathrm{m}$일 때 하천의 폭 $AB$는 얼마인가?

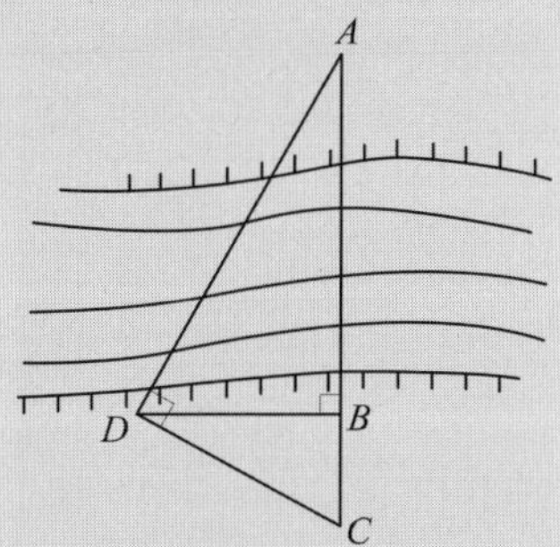


**04** 부자에 의해 유속측정을 할 때 유하거리에 $\pm 0.2\mathrm{m}$, 시간관측에 $\pm 0.4$초의 오차가 따른다고 하면 관측유속 $1.0\mathrm{m/sec}$인 경우 그 오차를 3%이내로 하기 위해서는 유하거리를 얼마로 하면 되는가?

**05** 어떤 하천을 횡단한 $BC$선에 따라 심천측량을 하는데 $A$점을 횡단선 $BC$에 직각으로 $AB$(연안방향) $= 90\mathrm{m}$로 하였다. 배위의 $P$점에서 Sextant로서 $\angle PAB$를 측정하니 43°였다. $BP$의 거리는 얼마인가?

**06** 수심이 H인 하천에서 수면으로부터 0.2H, 0.4H, 0.6H, 0.8H 되는 지점의 관측 유속[m/sec]이 0.57, 0.55, 0.50, 0.49 이였다. 평균 유속을 구하시오.

basic surveying

Chapter 14

# 지형공간정보체계

Geospatial Information System

# 01 지형공간정보체계

## (1) 개요

최근 GIS 및 이와 유사한 정보시스템들이 선진국을 중심으로 보다 통합적이고 다양한 학제적 분야를 포괄하는 방향으로 발전되고 있으며, 국토계획, 지역계획, 자원 개발계획, 공사계획 등 각종 계획의 입안과 추진을 성공적으로 추진하기 위해서는 토지, 자원, 환경 또는 이와 관련된 사회, 경제적 현황에 대한 방대한 량의 정보가 필요하다. 이러한 요구를 충족하기 위하여 관련된 각종 정보 등을 컴퓨터에 의해 종합적, 연계적으로 처리하는 방식이 지형 공간 정보체계이며, 다양한 형태의 지리정보를 효율적으로 수집, 저장, 갱신, 처리, 분석, 출력하기 위해 이용되는 하드웨어, 소프트웨어, 지리자료, 인적자원의 통합적 시스템으로 정의할 수 있다.

## (2) 지형공간정보체계의 특징

1) 대량의 정보를 저장하고 관리할 수 있다.
2) 원하는 정보를 쉽게 찾아볼 수 있고, 새로운 정보의 추가와 수정이 용이하다.
3) 표현 방식이 다른 여러 가지 지도나 도형으로 표현이 가능하다.
4) 지도의 축소·확대가 자유롭고 계측이 용이하다.
5) 복잡한 정보의 분류나 분석에 사용된다.
6) 필요한 자료의 중첩을 통하여 종합적 정보의 획득이 가능하다.
7) 입지 선정의 적합성 판정이 용이하다.

## (3) 지형공간정보 체계

- 지형공간 정보체계(GIS)
  - 토지정보체계(LIS)
  - 지리정보체계(GIS)
  - 도시정보체계(UIS)
  - 도면 자동화 및 시설물관리(AM/FM)
  - 측량정보체계(SIS)
  - 교통정보체계(TIS)
  - 환경정보체계(EIS)

## (4) 체계구성 및 구비요건

1) 체계의 구성

지형공간 정보체계는 토지, 자원 및 환경 등에 관련된 다양한 정보를 위치와 특성에 맞추어 입력, 저장하여 컴퓨터에 의해 처리함으로써 여러 목적에 맞게 활용, 분석 및 출력할 수 있는 정보체계이다.

2) 구비요건

① 하나 또는 그 이상의 자료입력 형식이어야 한다.
② 소요공간 관계와 관련된 정보의 저장 및 유지기능이 필요하다.
③ 자료간의 상관성과 적절한 요소들의 원인 및 결과 반응을 고려한 모형화 가능하여야 한다.
④ 다양한 방식에 의한 자료의 출력이 가능하여야 한다.

## (5) 자료처리체계

자료처리체계는 크게 입력, 처리, 출력 단계로 구분할 수 있다.

1) 자료처리의 흐름

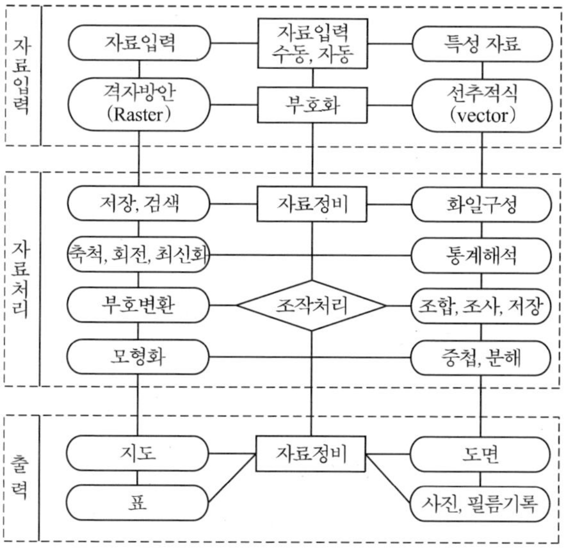


그림 15.1 자료처리의 흐름도

2) 자료 입력

① 자료 입력 : 자료의 입력 방식에는 수동방식과 자동방식이 있으며, 기본도의 투영법 및

축척 등에 맞도록 재편집 되어야 한다.

② 부호화

- 점, 선, 면, 다각형 등에 포함되어 있는 변량을 부호화 한다.
- 부호화 방식에는 선추적 방식(Vector), 격자 방식(Raster)이 있다.

3) 자료처리

① 자료정비

- 자료 관리 과정은 GSIS의 효율적 작업의 성공여부에 매우 중요한 요인이다.
- 자료 유지관리는 모든 자료의 등록, 저장, 재생 및 유지에 관련된 일련의 프로그램으로 구성된다.

② 조작처리

- 표면분석 하나의 자료 층상에 있는 변량들간의 관계를 분석 적용한다.
- 중첩분석 둘 이상의 자료층에 있는 변량들간의 관계를 분석 적용한다.

4) 출력(Out put product)

도면이나 도표의 형태로 검색 및 출력 하는 것을 말한다.

### (6) 지형공간정보체계의 필요성

1) 국토계획 측면

① 국토이용 및 자원관리, 환경보존에 필요한 일반적인 통계자료 및 도형자료의 전산화체계정비(지형도, 토양도, 삼림도, 지적관리, 지하자원 탐사자료, 하천 및 수계, 도로망, 문화재, 인구통계, 교통량, 환경오염 및 재해조사관리 등)

② 지형경사도, 피복상태, 토지이용 가능도 및 이용능력평가, 도시 및 지역형태 변화 등에 대한 공간적, 시간적 분포의 기록, 보존 및 기능적 분석

③ 상기 자료들의 주제별 영상화에 의한 시각적 표현 및 그 변천추이 등에 관한 이해 증진

2) 도시정보측면

① 관련정보의 구조적 특성분석

② 관련정보의 항목별 분류 및 정립

③ 관련 법규를 활용한 자료의 표준화

④ 정보시스템 데이터베이스 구축의 기본구상

### (7) 지형공간정보체계의 활용

1) 수치지도의 제작에 유용
2) 시설물관리에 유용
3) 환경 및 자원의 분석과 관리에 유용
4) 교통 및 관광분야에 유용
5) 유통 및 마케팅 분야에 유용
6) 지역개발 계획수립을 위한 자료제공
7) 도시 및 지역관리에 유용
8) 행정지원에 유용

## 02 GIS 관련 학문분야

### (1) GIS는 현대 응용과학 기술과 전통 학문분야의 통합 기술

GIS 기술은 공간정보를 다루는 많은 학문과의 밀접한 연관성을 가지고 있으며 각 분야의 기술들은 GIS를 완성하는데 중요한 원천 기술을 제공한다. GIS에서 지리정보의 통합, 모델링, 분석 기법을 통한 다른 응용 분야의 적용은 GIS의 지속적인 학문적 확산을 의미한다.

### (2) 관련 분야

1) 지리학(Geography)
2) 지도학(Cartography)
3) 측지학(Geodesy)
4) 원격탐사(Remote sensing)
5) 사진측정학 또는 사진측량학(Photogrammetry)
6) 통계학(Statistics)
7) 전산과학(Computer Science)
8) 인공 지능(Artificial Intelligence)
9) 수학(Mathmatics)
10) 토목공학(Civil Engineering)

# 03 GIS의 활용분야

### (1) 토지정보체계(Land Information System : LIS)

지형분석, 토지의 이용, 개발, 행정, 다목적 지적 등 토지자원 관련 문제 해결을 위한 정보 분석체계로서 수치지형모형(Digital Terrain Model : DTM)을 이용한 지형분석 및 경관정보 추출을 말한다.

### (2) 지리정보체계(Geographic Information System : GIS)

임의의 지형공간정보체계로 공간좌표 또는 지리좌표에 관련된 도형 및 속성자료를 효율적으로 수집, 저장, 갱신, 분석하기 위한 전산정보체계이다.

### (3) 도시정보체계(Urban Information System : UIS)

전산시스템을 이용하여 도시지역의 각종 위치정보와 속성정보를 데이터베이스화하며, 통일된 시스템 내에서 정보의 체계적 분석/갱신/편집/검색 등을 통합 관리하여 도시의 계획과 관리, 운영 등의 업무를 효율적으로 지원할 수 있는 종합 시스템이다.

### (4) 수치지도제작 및 지도정보체계(Digital Mapping and Map Information System : DM/MIS)

1) 수치지도제작 (Digital Mapping, Computer Aided Mapping)

위치, 지형, 지물, 기타 속성자료를 종합한 다목적 수치주제도 작성 및 중, 소축척지도제작 위주, GIS 공간기준자료를 제공한다.

2) 지도정보체계

수치지도의 활용면에 중점을 둔 정보체계이다.

### (5) 도면자동화 및 시설물관리(Automated mapping and Facility Management : AM/FM)

1) 도면자동화의 개념

도형 해석을 위한 소프트웨어를 이용하여 지형정보를 생성, 수정 및 합성하여 시설물 관리를 효과적으로 하기 위한 시스템으로, 시설물관리시스템에서 이용되는 지도나 도면을 수치 정보화한다.

2) 시설물관리시스템의 개념

건축, 전기, 설비, 통신 등 도면 자동화를 통해 구축된 수치지도를 바탕으로 지상 및 지하의 각종 시설물을 시스템 상에 구축하여 시설물에 대한 유지보수 활동을 효과적으로 지원하는 시스템이다.

### (6) 측량정보체계(Surveying Information System : SIS)

1) 측량 및 조사 정보체계(Survey Information System)

Total station에 의한 수치지형도 작성 및 DTM자료기반 구축과 지중 RADAR에 의한 지하시설물 조사, 탄성파측량에 의한 자원탐사, 위치결정, 도면화, 도형화 및 면·체적 산정, 생활공간의 개발과 유지관리에 자료를 제공하는 체계이다.

2) 측지정보체계(Geodetic Information System)

VLBI에 의한 장거리 위치결정 및 지각변동을 검출하고 GPS(Global Positioning System) 위성측량에 의한 3차원 위치결정하며, SEASAT와 LASER RANGING에 의한 해면 기복관측 등이 있다.

3) 사진측량정보체계(Photogrammetric Information System)

항공사진을 이용하여 정밀 지형도를 작성, 지상사진 측량에 의하여 문화재 조사, 관측, 복원, 근접 사진측량에 의한 중요시설물의 변형검출하여 비디오 사진측량(videometry)에 의한 이동체의 형태 추출 및 위치결정을 하는 체계이다.

4) 원격탐측정보체계(Remote Sensing Information System)

영상을 이용한 비접근지역 지형도 작성 및 환경, 자원 특성추출과 위성영상의 분석처리에 의한 자원탐사, 환경변화 검출, 농산물 작황 예측, 삼림 피해조사, 야생동물 이동경로 추적, 위성 영상을 이용하여 3차원 정사투영상 생성하는 체계이다.

### (7) 도형 및 영상정보체계(Graphic and Image Information System)

수치영상처리(Digital Image Processing), 전산도형해석(Computer Graphics)특성자료의 시각분석(군집분석, 색상표시, 입체표현), 전산지원설계(CAD/CAM), 모의관측(Simulation) 등이 있다.

### (8) 교통정보체계(Transportation Information System : TIS), 첨단교통체계(Intelligent Transportation System : ITS)

### (9) 환경정보체계(Environmental Information System : EIS)

대기오염정보(산업체 입지분포, 풍향, 지형특성을 고려한 대기오염 예측, 분석), 수질오염정보(하천수계별 수질오염분석, 오염물 확산 평가), 고형폐기물처리정보(산업쓰레기, 고형폐기물 처리를 위한 소각장, 매립장, 입지선정 및 영향평가) 등 원격탐측과 공간분석기법을 이용하여 유해 폐기물 위치 등을 평가하기 위한 체계이다.

### (10) 자원정보체계(Resource Information System : RIS)

농산자원정보(위성영상과 GSIS 기법을 활용한 농산작황조사, 병충해 피해조사 수확량예측), 삼림자원정보(수목성장도, 수종별 분포, 토양 및 토질, 지표특성 등을 고려한 삼림자원경영 및 관리대책수립) 등을 제공하기 위한 체계이다.

### (11) 경관 및 조경 정보체계(Viewscape and Landscape Information System : LIS/VIS)

수치지형모형(DTM), 전산도형해석(Computer Graphics)기법과 조경, 경관요소 및 계획대안을 고려한 다양한 모의관측(simulation)이 가능하여 최적 경관계획안 수립이 가능한 체계이다.

### (12) 재해정보체계(Disaster Information System : DIS)

### (13) 해양정보체계(Marine Information System : MIS)

### (14) 기상정보체계(Meteorological Information Sys(tem : MIS)

인공위성 영상분석에 의한 기상변동추적 및 장기간 일기예보를 제공하기 위한 체계구축이다.

### (15) 국방정보체계(National Defence Information System : NDIS)

### (16) 지하정보체계(Underground Information System : UGIS)

지하시설에 대한 정보(건축물·도시시설, 교통시설, 도시공급처리 시설물의 3차원(평면+깊이) 위치정보와 그 속성정보(지하상가, 지하철, 건축물기초, 공동구 등의 종별)를 제공하기 위한 체계이다.

## 04 지리정보(Geographic Information)의 특징

### (1) 지리정보의 유형에 따른 특징

지리정보는 공간상에 있는 객체나 현상의 공간적인 위치를 나타내는 도형자료(graphic data)와 이와 관련된 속성자료(attribute data)로 구분되어질 수 있다.

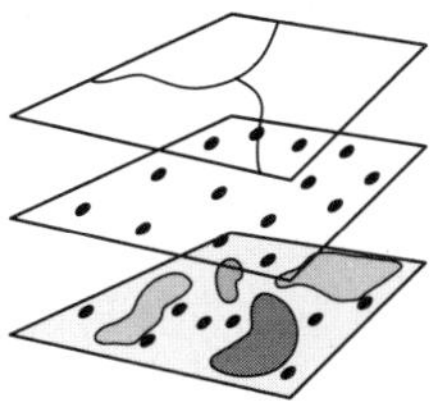

| 지번 | 면적 | 소유주 | 토질 | ‥ |
|---|---|---|---|---|
| 1 | 125,400 | 이승수 | 중 | ‥ |
| 2 | 3,000 | 조윤형 | 상 | ‥ |
| 3 | 600 | 김동우 | 하 | ‥ |
| 4 | 2,500 | 이정호 | 상 | ‥ |
| 5 | 40,000 | 박지영 | 중 | ‥ |
| : | : | : | : | : |

도형자료 (graphic date)　　속성자료 (attribute date)

**그림 15.2 지리정보의 유형**

#### 1) 도형자료(graphic data)

GIS에서 도형자료란 현 세계의 공간상에 있는 객체나 현상의 공간적인 위치를 지도학상의 좌표체계에 따라 표현하는 자료로 정의할 수 있다. 이때 도형자료는 대별하여 점, 선, 다각형의 세가지 유형으로 분류된다.

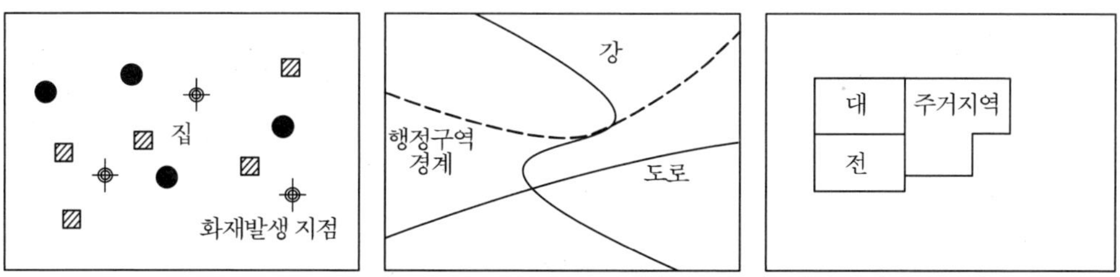


점(point)　　선(line)　　다각형(polygon)

**그림 15.3 도형자료의 유형**

점(point)은 공간상 대상물에 대한 지점 또는 장소를 나타내고 단순한 도식기호(symbol)로 표현되며, 또한 주소나 교통사고와 같은 면적을 점하지 않는 무형의 대상에 대한 위치를 표현하기도 한다.

선(line)은 1차원의 대상을 표현하고 길이를 포함하지만 넓이를 포함하지는 않는다. 도로나 강처럼 실질적인 대상과 행정구역경계와 같은 무형의 대상을 표현하며 종종 선의 두께를 이용하여 대상의 특성이나 유형을 설명하기도 한다(예 : 도로의 교통량, 차선 폭(2차선, 4차선 …) 등)

다각형(polygon)은 최소한 3개 이상의 변이 존재하는 2차원의 폐쇄된 공간을 의미하며 땅의 한 필지, 농업구역, 선거 구역과 같은 대상물의 영역과 경계를 표현한다.

#### 2) 속성자료(attribute data)

속성자료는 도형자료와 연관되어 대상물에 대한 설명, 또는 대상물의 특성에 대한 설명를 의미한다. 속성자료는 통상 문자 또는 숫자의 형태로 저장되며, 최근에는 영상, 소 등의 자료들도 속성자료에 포함되고 있다. 일반적으로 속성자료는 자료의 효율적 관리와 색 및 질의 수행을 위해 데이터베이스 시스템에서 테이블의 형태로 저장된다.

### (2) 지리정보의 특수성

#### 1) 도형자료와 속성자료의 상호연계

지리정보는 도형자료와 속성자료가 상호 연계되어 있어 도형자료에 의한 속성자료 검색, 즉 도형자료의 선택을 통한 관련된 속성자료의 검색이 가능한 특수성을 지니고 있으며, 또한 속성자료에 의한 도형자료 검색도 가능한데 이는 속성자료에 대한 조건을 설정하고 이를 통해 부합되는 도형자료를 검색하는 것을 말한다.

**도형자료에 의한 속성자료 검색**

Ex) 선택한 지역의 속성자료?

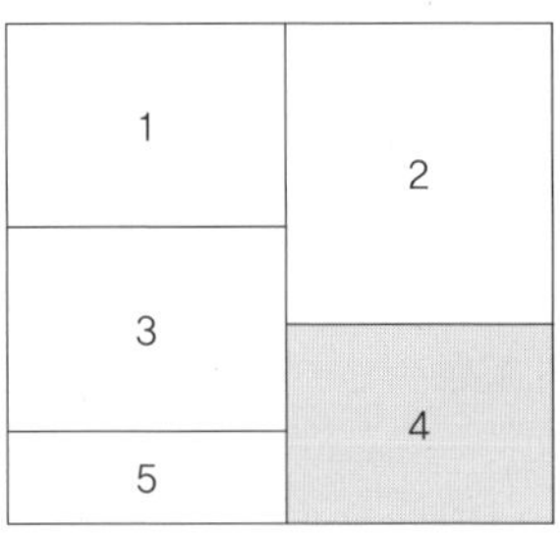


도형 자료

| 지번 | 면적 | 소유주 | 토질 | … |
|---|---|---|---|---|
| 1 | 125,400 | 이승수 | 중 | … |
| 2 | 3,000 | 조윤형 | 상 | … |
| 3 | 600 | 김동우 | 하 | … |
| 4 | 2,500 | 이정호 | 상 | … |
| 5 | 40,000 | 박지영 | 중 | … |
| ⋮ | ⋮ | ⋮ | ⋮ | ⋮ |

데이터베이스내 테이블 형태의 속성 자료

그림 15.4 도형자료에 의한 속성자료 검색

**속성자료에 의한 도형자료 검색**

Ex) 선택한 속성자료에 해당하는 지역은?

| 지번 | 면적 | 소유주 | 토질 | … |
|---|---|---|---|---|
| 1 | 125,400 | 이승수 | 중 | … |
| 2 | 3,000 | 조윤형 | 상 | … |
| 3 | 600 | 김동우 | 하 | … |
| 4 | 2,500 | 이정호 | 상 | … |
| 5 | 40,000 | 박지영 | 중 | … |
| ⋮ | ⋮ | ⋮ | ⋮ | ⋮ |

데이터베이스내 테이블 형태의 속성 자료

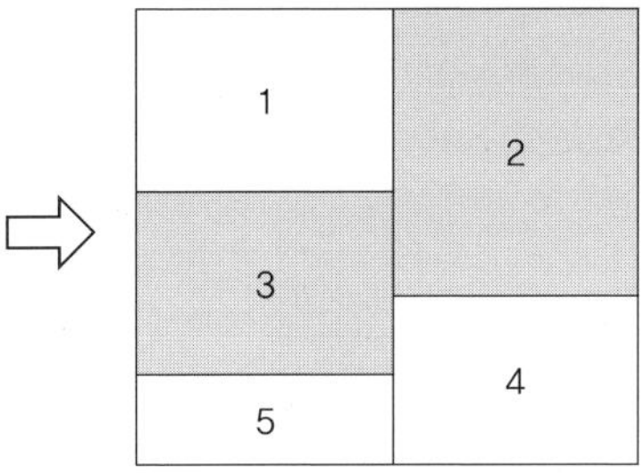


도형 자료

그림 15.5 속성자료에 의한 도형자료 검색

**속성자료와 도형자료에 의한 상호 검색**

Ex) 선택한 도형, 속성자료에 공통적으로 해당되는 자료는?

| 지번 | 면적 | 소유주 | 토질 | … |
|---|---|---|---|---|
| 1 | 125,400 | 이승수 | 중 | … |
| 2 | 3,000 | 조윤형 | 상 | … |
| 3 | 600 | 김동우 | 하 | … |
| 4 | 2,500 | 이정호 | 상 | … |
| 5 | 40,000 | 박지영 | 중 | … |
| ⋮ | ⋮ | ⋮ | ⋮ | ⋮ |

데이터베이스내 테이블 형태의 속성 자료

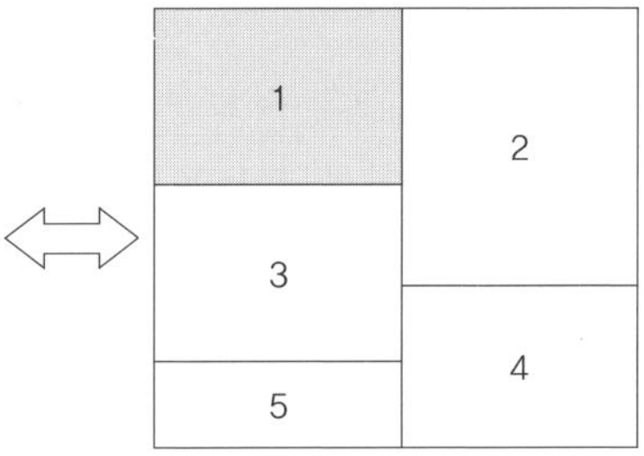


도형 자료

그림 15.6 속성자료와 도형자료에 의한 상호 검색

### 2) 공간적 위상관계를 이용한 분석

도형자료에서 공간 객체간에 존재하는 공간적 상호관계를 위상관계라 하며 이는 객체 간의 상호 인접성, 연결성, 포함성 등으로 특성 지어지며 이를 바탕으로 일정 조건을 만족하는 지역이나 조건을 검색, 분석할 수 있다. 이러한 공간상에 존재하는 객체들의 상호 위상관계를 바탕으로 필요한 정보를 얻기 위하여 분석하는 과정을 공간분석이라고 한다.

### 3) 동적인 공간자료의 가능

지리정보는 일정 시점이나 일정 기간에 대한 공간상의 변화에 관한 자료를 수집, 정리하는 것을 포함하며 지리정보가 수집된 시간을 파악, 저장함으로써 시간과 관련된 분석이 가능하다.

| | | |
|---|---|---|
| 인접성 | 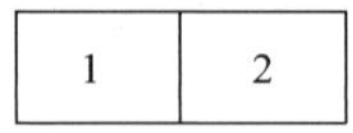 | • 폴리곤 1, 2는 인접관계<br>Ex) 폴리곤 1의 오른쪽 폴리곤?<br>→ 폴리곤 2 |
| 연결성 |  | • 노드 1 : 체인 A, B, C와 연결<br>• 체인 A : 체인 B, C와 연결 |
| 포함성 | 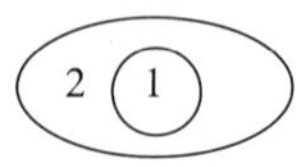 | • 폴리곤 2는 폴리곤 1을 포함 |

그림 15.7 도형자료의 위상관계

## 05 자료구조

지형공간정보체계의 자료구조는 지형공간정보, 자료의 형태, 전산화관련 자료구조, 도형 및 영상정보의 자료구조 등으로 구분된다.

### (1) 지형공간정보체계의 정보

### (2) 자료의 형태

자료의 형태에는 서류, 지도, 항공사진, 위성 영상자료, 통계자료, 설문조사 등이 있다.

### 3) 도형 및 영상정보의 자료구조

도형 및 영상정보를 표현하는 데에는 벡터자료구조와 격자 자료구조의 두 가지 방법이 있다.

벡터자료구조는 가능한 한 정확하게 대상물을 표시하는데 있으며, 분할된 것이 아니라 정밀하게 표현된 차원, 길이 등으로 모든 위치를 표현할 수 있는 연속적인 자료 구조를 말한다.

격자구조는 동일한 크기의 격자로 이루어지며, 자료구조의 단순성 때문에 주제도를 간편하게 분할할 수 있는 장점이 있으나 정확한 위치를 표시하는 데에는 많은 어려움이 따른 자료구조를 말한다.

## 06 벡터데이터와 래스터 데이터

공간 데이터(spatial data)는 크게 벡터데이터(vector data)와 래스터 데이터(raster data)로 구성된다.

### (1) 벡터데이터(vector data)

벡터 데이터(vector data)는 공간 데이터를 표현하는 주요 두 가지 방식중 하나로, 실세계 공간현상을 점, 선, 면인 0, 1, 2차원 공간형상(spatial feature)으로 표현 즉, 기하학 정보, 위상구조 정보, 메타데이터(Meta Data)등이 구축된다.

#### 1) 기하학(geometric) 정보

점, 선, 면의 데이터를 구성하는 가장 기본적인 정보로서, 점일 경우 $(x, y)$ 하나로 저장되며, 선의 경우는 연결된 점들의 집합, 즉 $(x1, y1)$, $(x2, y2)$,………,$(xn, yn)$으로 구성되며, 면의 경우는 면의 내부를 확인하는 참조점으로 구성

#### 2) 위상구조(topology) 정보

GIS 데이터의 필수 요소는 아니지만 공간 분석을 위해 필수적으로 존재해야 한다. 즉 위상구조란 점, 선, 면들의 공간 형상들의 공간 관계(spatial relationship)를 말하여, 즉 다양한 공간형상들간의 공간 관계 정보를 인접성(adjacency), 연속성(continuity), 영역성(area definition)등으로 구성되고, 공간 분석을 위해서는 필수적으로 위상구조가 정립되어야 한다.

## (2) 래스터 데이터(raster data)

래스터 데이터 유형은 실세계 공간현상을 일련의 셀(cell)들의 집합으로 정의, 표현 즉, 격자형의 영역에서 $x$, $y$축을 따라 일련의 셀들이 존재하며, 각 셀 들이 속성값(value)을 가지므로 이들 값에 따라 셀들을 분류하거나 다양하게 표현할 수 있다. 각 셀들의 크기에 따라 데이터의 해상도와 저장 크기가 달라지게 되는데, 셀 크기가 작으면 작을수록 보다 정밀한 공간현상을 잘 표현할 수 있다. 대표적인 래스터 데이터 유형으로는 인공위성에 의한 이미지, 항공사진에 의한 이미지 등이 있으며, 또한 스캐닝을 통해 얻어진 이미지 데이터를 좌표정보를 가진 이미지(georeferenced image)로 바꿈으로서 얻어질 수 있다.

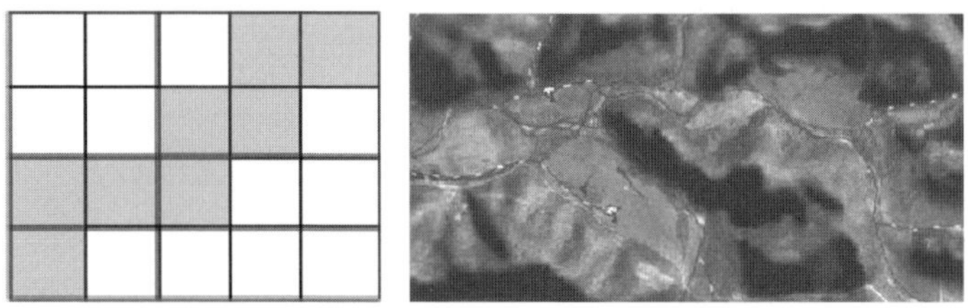

그림 15.8 래스터 데이터의 예

### 1) 래스터 데이터 특징

실세계 공간현상을 일련의 셀(cell)들의 집합으로 정의, 표현되며, 격자형의 영역에서 $x$, $y$축을 따라 일련의 셀들이 존재하고 각 셀들이 속성값을 가지므로 이들 값에 따라 셀들을 분류하거나 다양하게 표현되며 데이터 유형은 인공성에 의한 이미지, 항공사진에 의한 이미지, 또한 스캐닝을 통해 얻어진 이미지 데이터 등으로 3차원 입체적인 지도 디스플레이가 가능하다.

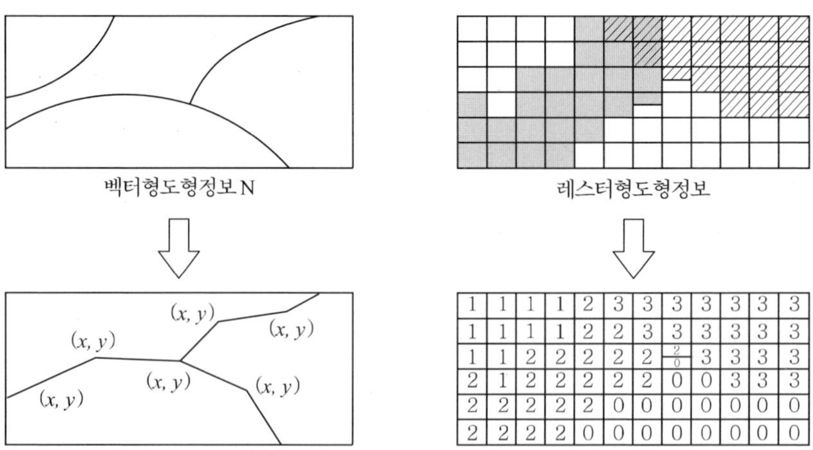


그림 15.9 벡터와 래스터의 도형정보

### (3) 벡터데이터와 래스터데이터의 비교

| 구 분 | 장 점 | 단 점 |
|---|---|---|
| 벡터 자료 | • Raster 자료보다 압축되어 간결하며 고해상도이고 저장공간이 적다.<br>• 지형학적 자료의 분석이 가능하며 필요한 망조직 분석에 효과적이다.<br>• 지도와 비슷한 도형제작에 적합하다. | • Raster보다 복잡한 자료구조로서 중첩기능을 수행하기 어렵다.<br>• 공간적 편의를 나타내는데 비효과적이다.<br>• 조작과정과 영상 질을 향상시키는데 비효과적이다.<br>• H/W & S/W 비용이 고가이다. |
| 레스터 (격자) 자료 | • 자료구조가 간단하다.<br>• 중첩에 대한 조작이 용이하다.<br>• 자료의 조작과정이 효과적이다.<br>• 수치영상의 질을 향상시키는데 용이하며 영상자료와 연계하여 GIS와 쉽게 통합할 수 있다. | • 벡터에 비하여 많은 자료량과 해상도에 따른 부정확성이 있다.<br>• 지형관계를 나타내기가 어렵다.<br>• 좌표변환에 많은 시간이 소요된다.<br>• 미관상 선이 매끄럽지 못하다. |

## 07 지형공간 정보체계 자료생성

지형공간정보체계의 자료생성방법에는 기존 지도를 이용하여 생성하는 방법, 지상측량에 의하여 생성하는 방법, 항공사진측량자료를 이용하는 방법, 인공위성측량에 의한 방법 등이 있다.

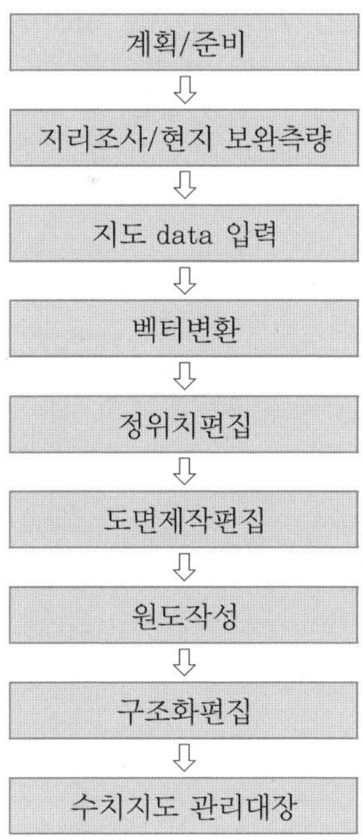

**그림 15.10 기존 지도를 이용하는 자료생성**

### (1) 기존 지도를 이용하여 생성하는 방법

가장 간단한 방법이며 가격이 저렴하고 신속하나 정도가 낮다.

#### 1) 디지타이징(digitizing)

디지타이징이란 문자나 도형으로 구성된 종이지도, 도면 등을 수치 자료로 전환시키거나 필요한 형태를 수치 자료 형태로 작도하는 작업을 말하며, 일반적으로 벡터 형태의 수치 자료를 취득하기 위해 사용된다. 디지타이징 작업방법으로는 수동디지타이징과 자동디지타이징이 있으며 데이터의 수정 작업 등 많은 작업시간을 필요로 한다. 자동화가 가능하지만 자동화의 정도에 따라 정확도가 떨어지게 마련이다. 따라서

적은 양의 자료를 입력하거나 필요한 수치 자료를 구할 수 없을 경우에만 실시하는 것이 바람직하다.

2) 래스터 – 벡터 변환

래스터로부터 벡터 자료를 추출하는 작업을 벡터라이징, 벡터 자료를 래스터로 변환하는 작업을 래스터라이징(rasterizing)이라고 한다. 벡터라이징은 작업자가 개입된 정도에 따라 수동, 반자동, 자동 벡터라이징으로 나뉜다.

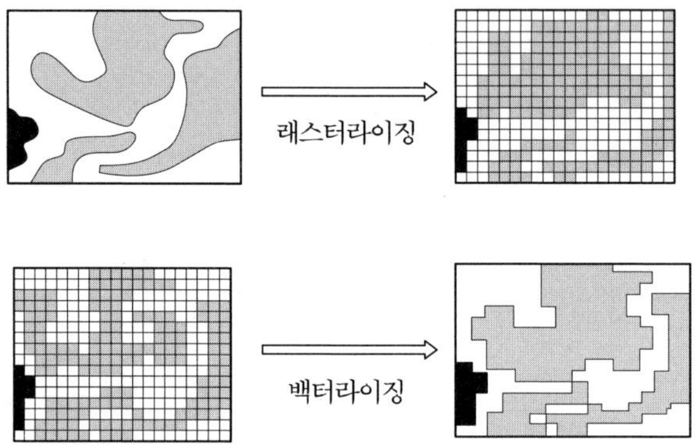


**그림 15.11 래스터라이징과 벡터라이징**

### (2) 지상측량에 의하여 생성하는 방법

비교적 높은 정확도의 현지 데이터 취득방법이나 대규모 지역에서는 비용이 고가이고, 영역에 한계가 있다.

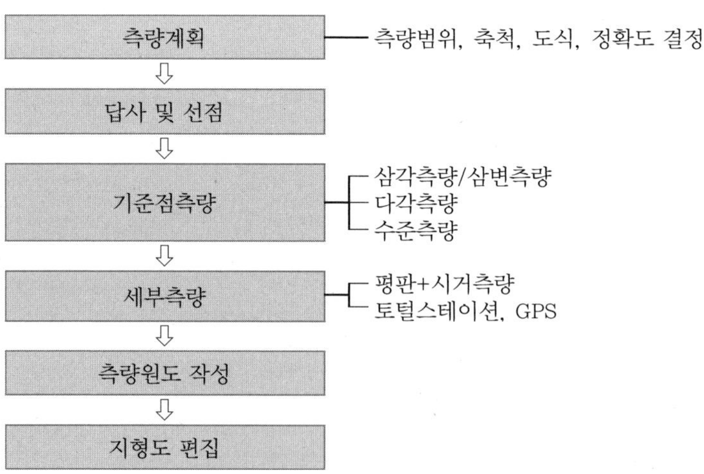


**그림 15.12 지상측량에 의한 자료생성**

### (3) 항공사진 측량 및 원격탐측에 의하여 생성하는 방법

가장 일반적 방법이며 정확도가 높고 대규모 지역의 자료생성에 유용하다.

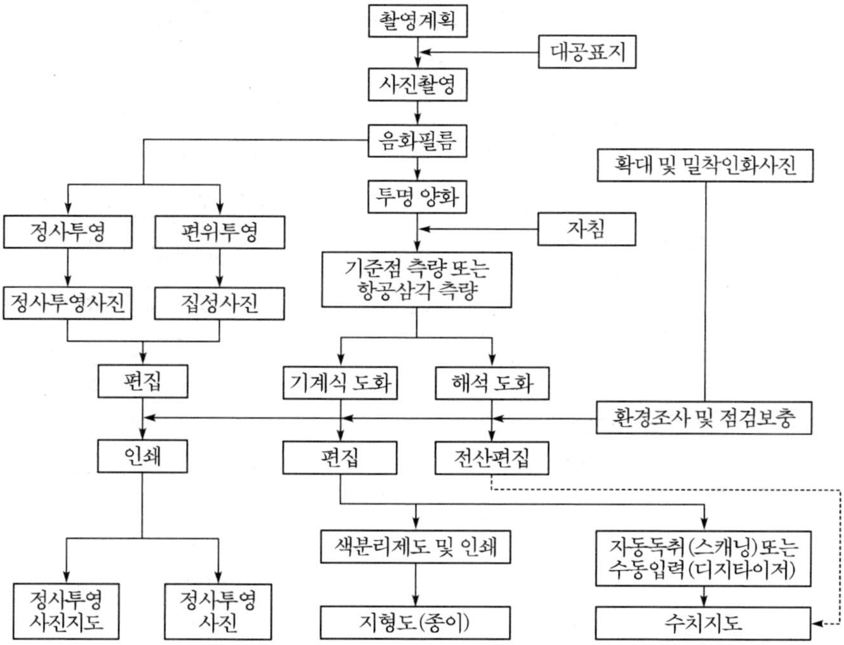


그림 15.13 항공사진 측량에 의한 자료생성

원격탐사(Remote sensing)란, 관찰 대상으로부터 떨어져 있는 센서로부터 감지된 데이터를 가공, 판독하여 필요한 정보를 수집, 저장하는 과정을 말한다. 주로 항공기나 인공위성, 우주선과 같은 비행체에 탑재된 센서를 이용하여 지상측량에 비해 매우 광범위한 지역에 대한 탐사를 수행하며 수집된 데이터는 사진으로부터 디지털 센서에 의한 넓은 파장대의 광파와 음파, 초단파까지 다양하다. 따라서 원격탐사는 매우 다양한 분야에 응용될 수 있으며 GIS의 자료 획득을 위한 중요한 기술이라고 할 수 있다.

## 08 자료의 분석

### (1) 형태에 따른 분석

#### 1) 표면분석

표면분석은 하나의 자료층 상에 있는 변량들간의 관계 분석에 적용하는 분석 기법이다.

#### 2) 중첩분석

중첩분석은 둘 이상의 자료층에 있는 변량들 간의 관계분석에 적용하는 분석 기법으로 중첩에 의한 정량적 해석 및 예측모델에 대한 분석을 수행하며, 예측모델에 대한 분석은 산불의 발생가능성, 지하수 오염, 교통체계 등에 적용하는 환경특성평가에 관련된 평가모델과 도시개발, 교통노선, 관개농경개발 등 특정한 토지이용에 적용하는 배치모델 등이 있다.

### (2) 공간분석을 위한 연산

#### 1) 논리적 연산

개체 사이의 크기나 관계를 비교하는 연산으로 일반적으로 논리 연산자 또는 부울 연산자를 통해 처리되는데 논리연산자는 개체 사이의 크기를 비교하는 것으로 =, >, <, ≥, ≤ 등을 이용하며 부울 연산자는 개체 사이의 관계를 비교하여 참, 거짓의 결과를 도출하는 것으로 AND, OR, NOR, NOT 등을 이용한다.

#### 2) 산술 연산

속성자료 뿐 아니라 위치자료에도 적용하며, 일반적으로 사칙연산자인 +, −, ×, ÷ 등과 지수, 제곱, 삼각함수 연산자 등 사용한다.

#### 3) 기하 연산

위치자료를 기반으로 거리, 면적, 부피, 방향, 면형 객체의 중심점 등을 계산한다.

#### 4) 통계 연산

주로 속성자료를 이용하는 연산으로 합, 최대값, 최소값, 평균, 표준편차 등의 일반적인 통계값 계산한다.

### (3) 공간분석 방법

#### 1) 근접 분석

근접분석이란 주어진 특정 지점을 둘러싸고 있는 주변 지역의 특성을 평가하는 기능으로 공간상에서 주어진 지점과 주변의 객체들이 얼마나 가까운가를 파악하고, 근접 분석을 수행하기 위해서는 목표지점의 설정, 목표지점의 근접지역에 대한 명시, 근접지역 내에서 수행되어야 할 기능이 명시되어야 한다. 단순거리 뿐 아니라 시간, 비용으로도 근접성을 측정하고, 검색기능, 확산기능, 공간적 집적기능, 경사도 분석 등 수행한다.

#### 2) 지형 분석

지형분석이란 DEM, TIN을 이용하여 지형을 분석하는 것으로 지형의 경사도, 음영분석, 시계분석, 경사면의 방향, 단면도 등에 관한 분석을 수행한다. 또, 3차원 지형표현에 의한 음영분석과 가시구역, 비가시구역을 분석하는 시계분석방법 등을 수행한다.

#### 3) 하계망 분석

하계망 분석은 물의 중력방향을 기준으로 위에서 아래로 흐르게 되므로 표고값을 기준으로 주변 지형과의 조합을 통해 분석 수행는 것이며, 하계망분석에서는 배수시스템, 유역분지 혹은 유역면적, 분수령, 배수분할, 분기점, 하계망 구조와 흐름방향분석, 하천과 유역경계 분석, 흐름방향추출, 하천 수로추출 등에 관한 분석 수행한다.

#### 4) 네트워크 분석

네트워크 분석이란 서로 연관된 일련의 선형 형상물의 연결성과 경로를 분석하는 것으로 고속도로, 철도, 도로, 하천, 전기, 전화, 상하수도 등에 주로 이용되며, 주로 벡터위상데이터를 기반으로 분석하는 기법이다. 네크워크분석에는 경로탐색, 경로배분, 경로 추적, 공간적 상호작용, 입지-배분 기능 등을 수행한다.

### (4) 공간분석기법의 종류

#### 1) 중첩 분석

① 중첩분석의 개념

㉠ 중첩을 통해 형상들 간의 공간관계를 파악 : 어떤 토양에 특정 작물이 성장하기에 적합한가를 분석하기 위해 작물도와 토양도를 중첩함으로서 해답을 찾을 수 있다.

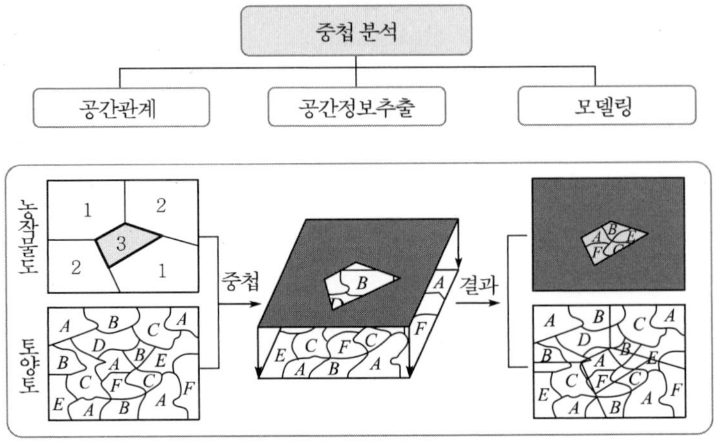


그림 15.14 중첩분석

㉡ 중첩분석을 통해 다양한 데이터베이스로부터 분석적인 정보를 추출 : 중첩분석을 수행하는 경우 단순하게 두 커버리지를 중첩하는 경우보다는 목적에 따라 각 커버리지의 속성값에 가중치를 부여하여 특정 커버리지를 변환시켜 중첩 연산을 수행한다. 변환함수는 곱셈, 나눗셈, 뺄셈, 제곱, 제곱근, 최소화, 최대화, 평균 등 수학적 연산이 가능한 함수들이며, 이러한 변환과정을 통해 새로운 정보 추출할 수 있다.

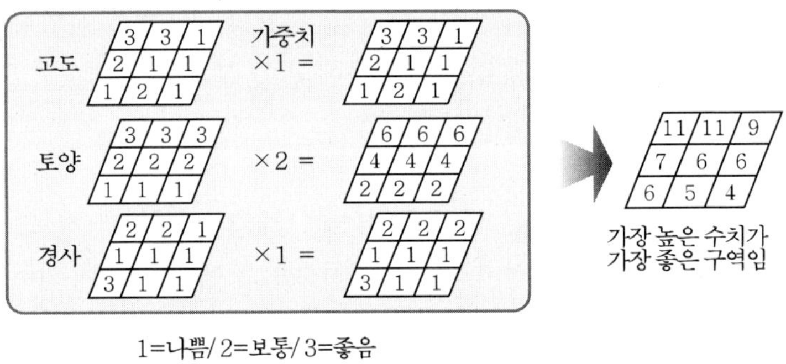


그림 15.15 변환함수를 통한 중첩분석의 예

㉢ 중첩분석을 통해 새로운 가설이나 이론 및 시뮬레이션을 통해 만일 어떤 사건이 일어난다면 그 결과가 어떻게 될 것인가에 대한 정보를 추출하는 모델링 작업을 수행할 수 있다.

② 중첩의 연산유형에 따른 분류

㉠ 교차(Intersect) : 첫 번째 입력커버리지 형상에 두번째 중첩 커버리지 형상을 교차시키는 경우를 의미하며, 중첩 커버리지는 그대로 유지되지만, 입력 커버리지 형상은 중첩 커버리지 안에 있는 형상들만 나타난다.

㉡ **결합**(Union) : 두 커버리지 간에 겹쳐지거나 부분적으로 교차하는 모든 형상들이 포함된 산출 커버리지가 생성된다.

㉢ **자르기**(Clip) : 두 번째 중첩 커버리지를 이용하여 첫 번째 입력 커버리지를 잘라내는 기능이며, 입력 커버리지 형상 가운데 클립 커버리지 안에 있는 형상만 남게 된다.

㉣ **지우기**(Erase) : 두 번째 중첩커버리지를 이용하여 첫번째 입력 커버리지의 일부분을 지우는 방법이다.

㉤ **조각내기**(Split) : 첫 번째 입력커버리지를 두번째 중첩 커버리지를 토대로 작은 구역으로 면적을 분할하여 조각으로 분리하는 방법이다.

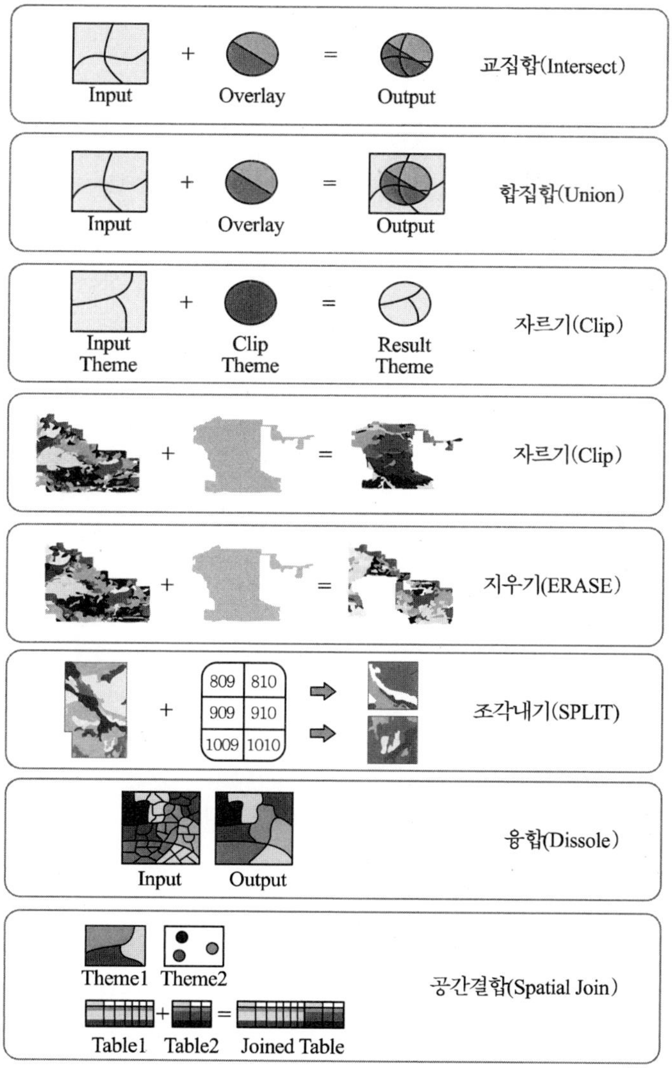


**그림 15.16 연산유형에 따른 중첩분석의 분류**

ⓗ 융합(Dissolve) : 첫번째 입력 커버리지가 동별 행정구역과 같이 세부적일 경우 구별 행정구역으로 융합시키는 기능을 수행하는 것이다.

ⓢ 공간결합(Spatial Join) : 두 커버리지에 있는 형상들을 서로 결합하며, 각 점에 속성과 그 점이 속해있는 구역의 정보들이 결합되는 방법이다 .

2) 면사상 중첩(폴리곤 간)

중첩 분석을 적용하는 경우 가장 많이 사용되는 것으로 폴리곤과 폴리곤의 중첩을 의미한다. 이는 다양한 형상들을 대상으로 중첩이 가능한데, 예를 들어 증가하는 인구를 수용하면서도 가능한 한 농업을 위해 최고의 토양 질을 보존하도록 단지 계획과 토지이용계획을 수립하려고 하는 경우에 활용된다.

3) 면사상과 선사상의 중첩(선과 폴리곤)

중첩분석을 적용하는 선과 폴리곤 유형이며, 선으로 표현되는 다양한 형상들을 대상으로 중첩이 가능하며, 선과 폴리곤 사이에 존재하는 공통영역을 나타내는 것으로 예를 들어 하천및 필지를 나타내는 레이어를 가질 경우, 정확히 어느 하천이 어느 필지에 속하며 또한 각 필지 당 얼마나 많은 면적을 차지하는가를 분석한다.

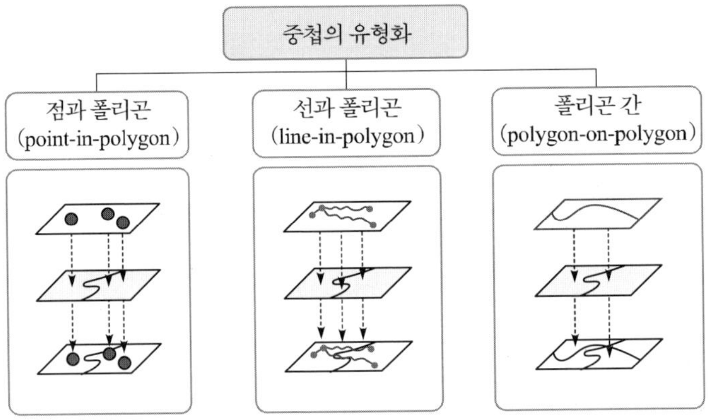


그림 15.17 중첩분석의 유형

4) 면사상과 점사상의 중첩(점과 폴리곤)

중첩분석을 적용하는 점과 폴리곤을 중첩하는 경우이며, 점으로 표현되는 다양한 형상들을 대상으로 중첩이 가능하다. 예를 들어, 각 인구조사 구역내에 얼마나 많은 식료품 점포가 존재하는지 분석할 경우, 새롭게 생성된 식료품 점포를 나타낸 레이어는 인구조사 관련 속성을 가진다.

5) 버퍼 분석

① 버퍼분석의 개념

㉠ 버퍼란 공간 형상의 둘레에 특정한 폭을 가진 구역을 구축하는 것으로, 버퍼를 생성하는 과정을 말한다.

㉡ 버퍼링은 점, 선, 폴리곤 형상 주변에 생성할 수 있으며, 버퍼링한 결과는 모두 폴리곤으로 표현된다.

㉢ 버퍼분석은 중첩분석과 마찬가지로 GIS의 중요한 분석 방법 중 하나이다.

㉣ 버퍼링은 근접분석을 수행하는데 매우 중요한 것이다.

㉤ 특정 지점 또는 선형으로 나타나는 공간 형상 주변지역의 특징을 평가하는데도 활용된다.

㉥ 버퍼링의 목적은 근접분석시에 관심 대상지역을 경계짓는 것이다.

② 버퍼분석의 사례

㉠ 편의점 반경 300m 이내에 인구수를 알기 위한 경우

㉡ 도로 중심선으로부터 50m 이내에 있는 구역

㉢ 필지로부터 100m 이내의 토지이용 현황 분석시에도 활용

㉣ 환경 규제, 관리시에 유해물질의 확산이나 이동의 영향권 설정시에

㉤ 대중교통과의 접근성이 양호한 지점을 파악시에도 활용

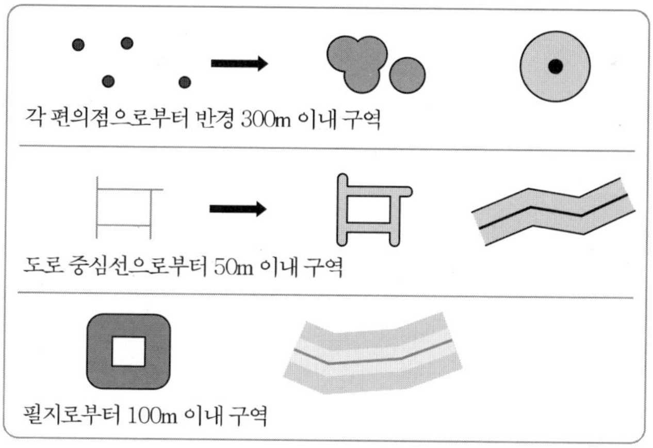


**그림 15.18 버퍼분석의 예**

6) 근린 분석

① 근린분석의 기능 : 목표 지점의 설정하고, 목표 지점으로부터 근린지역에 대한 명시하며, 근린지역내에서 수행되어야 할 기능이다.

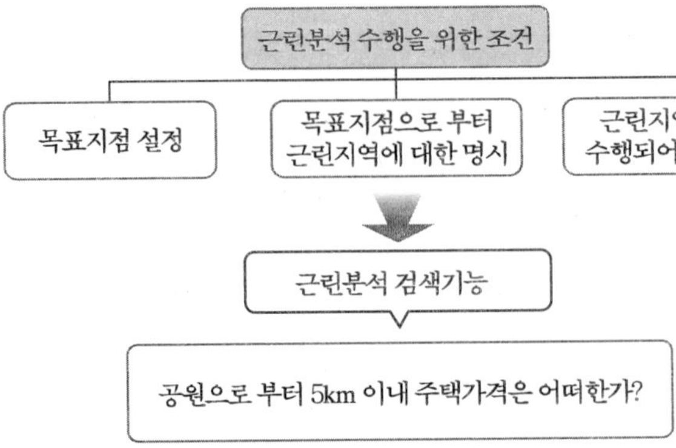


**그림 15.19 근린분석의 기능**

② 근린분석의 사례

㉠ 공원으로부터 반경 5km이내에 주택가격 확인을 위하여 근린분석의 가장 보편적인 검색 기능을 활용할 수 있다.

㉡ 공원에 관한 데이터는 시설물 커버리지를 통해서, 주택에 관한 데이터는 또 다른 커버리지에서 추출될 수 있다.

㉢ 주택 가격은 별도의 부동산 가격을 나타내는 속성 테이블을 이용

㉣ 공원으로부터의 반경 5km 이내의 주거용 건물로 한정되므로 버퍼기능을 통해 5km 이내에 검색된 주거용 건물의 주택만을 선택하고, 선택된 주택의 가격을 파악하기 위해 속성 테이블을 결합시켜서 주택 가격에 대한 정보를 추출하게 된다.

㉤ 속성 테이블에서 얻어진 주거용 건물의 가격을 평균 가격을 산정할 수도 있고, 공원으로부터 반경 5km 이내에 위치한 주택들의 가격이 거리에 따라서 어떻게 차이가 나는가를 서로 다른 색상을 사용하여 표현할 수도 있다.

7) 네트워크 분석

① 개요 : 네트워크 분석 중 가장 활발하게 이용되고 있는 것은 경로탐색이며, 경로탐색은 두 지점간에 최단거리를 찾는 것이다.

② 네트워크분석의 분류

㉠ 경로(path) 탐색 : 네트워크상에서 최단 경로나 최소비용 경로를 찾는 경로탐색이다.

㉡ 배분(allocation) : 주어진 자원으로 고려하여 시설물을 적정한 위치에 할당하는 배분하여, 네트워크상에 존재하는 수요와 공급을 고려하여 각종 시설물의 입지와 배분을 해결하는 입지-배분이 그 예이다.

㉢ 공간적 상호작용

㉣ 지역간의 공간적 상호작용을 네트워크상에서 분석하는 것으로 그 예로는 중력모델이나 상권 분석에 활용되는 허프 모델 등이 있다.

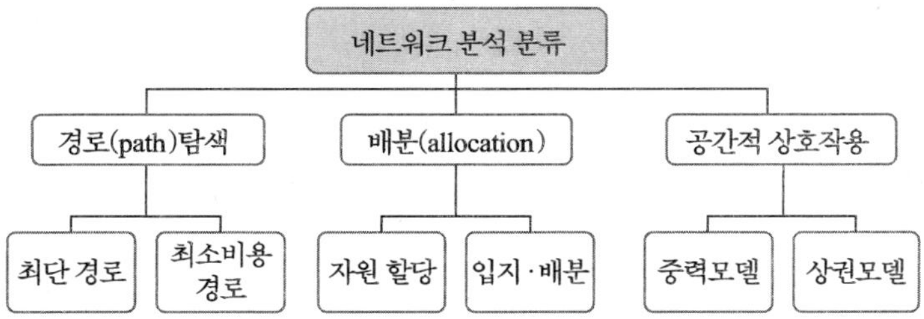


**그림 15.20 네트워크 분석의 분류**

## 09 표준코드

표준코드는 수치지도의 호환성을 확보하기 위하여 일정한 형식으로 구성된 코드를 말하며, 크게 도엽코드, 레이어코드, 지형코드로 구분된다.

### (1) 도엽코드

#### 1) 도엽코드 및 도곽

① 1/50,000 : 경위도 1° 간격을 15′씩 16등분, 도곽크기 15′×15′

② 1/25,000 : 1/50,000도엽을 4등분, 도곽크기 7′30″×7′30″

③ 1/10,000 : 1/50,000도엽을 25등분, 도곽크기 3′×3″

④ 1/5,000 : 1/50,000도엽을 100등분, 도곽크기 1′30″×1′30″

⑤ 1/2,500 : 1/25,000도엽을 100등분, 도곽의 크기 45″×45″

⑥ 1/1,000 : 1/10,000도엽을 100등분, 도곽의 크기 18″×18″

⑦ 1/500 : 1/1,000도엽을 4등분, 도곽의 크기 9″×9″

| | | | | |
|---|---|---|---|---|
| 37° | 01 | 02 | 03 | 04 |
| | 05 | 06 | 07 | 08 |
| | 09 | 10 | 11 | 12 |
| 36° | 13 | 14 | **15** | 16 |
| | 127° | | | 128° |

**그림 15.21 1/50,000 도엽명(36715) 예**

하단 위도 두 자리 숫자와 좌측 경도의 끝자리 숫자를 합성한 뒤 해당 코드를 추가한다.

- 도엽명 : 36715
- 도곽의 크기 : 15′×15′

### (2) 레이어 코드

레이어 코드는 도엽코드로 분류된 파일의 부속코드로서 9개의 레이어코드로 분류된다.

**표 15.1 레이어 코드**

| 레이어코드 | 1 | 2 | 3 | 4 | 5 | 6 | 7 | 8 | 9 |
|---|---|---|---|---|---|---|---|---|---|
| 내용 | 철도 | 하천 | 도로 | 건물 | 지류 | 시설물 | 지형 | 행정 및<br>지역경계 | 주기 |

### (3) 지형코드

지형코드는 레이어코드의 부속코드로서 수치지도의 가장 기본적 구성요소이며, 대분류, 중분류, 소분류, 세분류의 계층구조로 이루어진다.

대분류와 중분류는 9개코드, 소분류 및 세분류는 750여개로 구분된다.

#### 1) 대분류

| 코 드 | 내 용 | 코 드 | 내 용 | 코 드 | 내 용 |
|---|---|---|---|---|---|
| 1 | 철도 | 2 | 하천 | 3 | 도로 |
| 4 | 건물 | 5 | 지류 | 6 | 시설물 |
| 7 | 지형 | 8 | 행정 및 지역경계 | 9 | 주기 |

#### 2) 중분류

| 코 드 | 내 용 | 코 드 | 내 용 | 코 드 | 내 용 |
|---|---|---|---|---|---|
| 1 | 철도 | 3 | 도로 | 42 | 행정기관 |
| 11 | 선로 | 31 | 도로경계 | 43 | 산업 |
| 12 | 철도시설 | 32 | 도로중심 | 44 | 문화교육 |
| 2 | 하천 | 33 | 도로시설 | 45 | 서비스 |
| 21 | 수부 | 34 | 표지 및 도로번호 | 46 | 의료후생 |
| 22 | 하천시설 | 4 | 건물 | 5 | 지류 |
| 23 | 수부지형 | 41 | 경계 | 51 | 경계 |

## 연습문제

**01** 다음과 같이 도시계획 레이어와 행정구역 레이어를 중첩분석하였을 때, 결과 테이블로 옳은 것은?

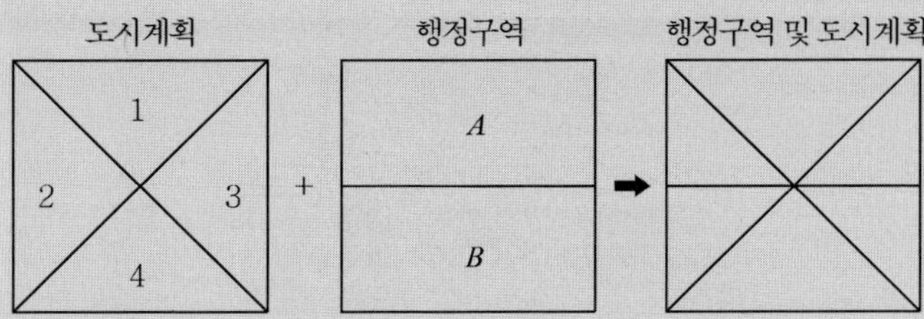


| Poly | 항목 | 면적 |
|---|---|---|
| 1 | 택지 | 2 |
| 2 | 농지 | 2 |
| 3 | 상업지 | 2 |
| 4 | 공업지 | 2 |

+

| Poly | 행정구역 | 면적 |
|---|---|---|
| *A* | 서울 | 4 |
| *B* | 경기 | 4 |

**02** 다음 그림은 6×6 화소 크기의 래스터 데이터를 수치적으로 표현한 것이다. 이 데이터를 2×2 화소 크기의 데이터로 만들고자 한다. 2×2 화소 데이터의 수치값을 결정하는 방법으로 중앙값 방법(Median Method)을 사용하고자 할 때의 결과는?

| | | | | | |
|---|---|---|---|---|---|
| 2 | 1 | 3 | 2 | 1 | 3 |
| 2 | 3 | 2 | 2 | 2 | 2 |
| 2 | 2 | 2 | 2 | 2 | 2 |
| 2 | 1 | 3 | 2 | 1 | 3 |
| 2 | 3 | 2 | 2 | 3 | 2 |
| 2 | 2 | 2 | 3 | 3 | 3 |

**03** 다음 2차원 코드트리(quadtree)에서 *B*의 면적은?(단, 하나의 셀의 면적을 1이라고 가정한다.)

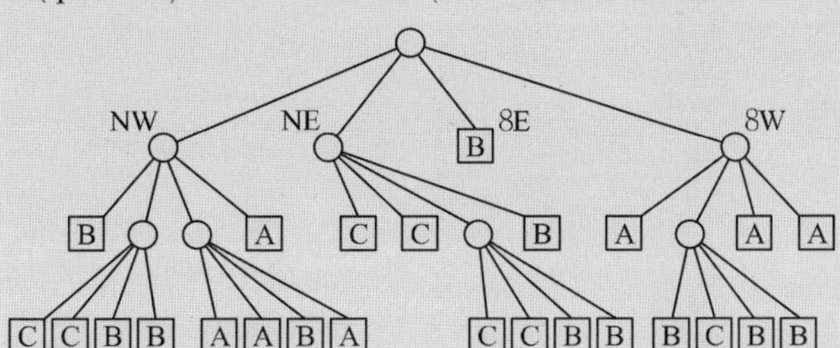

basic surveying

Chapter 15

# 사진측량

Photogrammetry

# 01 사진측량(寫眞測量 : Photogrammetry)의 개요

## 1. 사진측량학의 정의

사진측량학(photogrammetry)은 전자기파(electromagnetic wave)에 의한 영상을 이용하여 대상물에 대하여 정량적 및 정성적인 해석을 하는 학문이다. 정량적 해석이란 대상물에 대한 위치와 형상 해석을 의미하며, 길이, 방향, 면적 및 체적 등 일반측량학과 같으며, 정성적 해석이란 대상물의 특성을 규명하는 분야로서 자원 및 환경문제를 조사분석하는 것이다. photogrammetry는 photos(光, 電磁氣波, 寫眞), gramma(形狀)과 metron(觀測, 測量)의 라틴어 합성어로서 사진측량, 사진판독과 원격탐측으로 대별되어 연구개발되어 왔으며 광의의 사진측량으로 통칭되고 있다.

최근 사진측량학의 활용성이 날로 광역화되고 고도화되어 가고 있으며 원격탐측의 적용도가 급증되어 감에 따라 사진측정학을 photogrammetry and remote seneing이라고도 부른다. 사진측량학은 영상에 의하여 대상물에 대한 조사, 관측, 정량화, 계획 및 설계, 판독, 유지관리의 순서에 의하여 인류문명에 기여도를 증대시켜 가고 있다.

### 1) 정량적 해석

피사체에 대한 위치와 형상을 해석한다.

### 2) 정성적 해석

환경 및 자원문제를 조사, 분석, 처리하는 특성을 해석한다.

## 2. 사진측량학의 역사

1850년 사진기술이 도입되면서 이를 측량에 적용한 사진측량이 발전하기 시작했다. 사진측량의 역사는 자세한 기술보다는 표에서 보듯이 4세대로 구분하여 살펴보는 것이 보다 용이하다 하겠다.

표 16.1 사진측량의 역사

| 구 분 | 시 기 | 특 징 | 비 고 |
|---|---|---|---|
| 1세대 | 1850<br>~1900 | 개척기 | 1839년 프랑스 데갸르, 사진술 발명<br>1849년 프랑스 로세다, 사진을 이용한 지형도 제작<br>1858년 프랑스 투르나숑, 열기구에서 첫 항공사진 촬영 |

| 2세대 | 1900<br>~1950 | 기계식<br>사진측량 | 수동식 지도제작<br>1902년 라이트 형제의 비행기 발명으로 사진측량에 비행기 이용<br>기계식 편위수정기, 입체도화기 개발<br>1909년 풀프리히, 정밀좌표관측기 발명<br>1970년대까지 발전 |
|---|---|---|---|
| 3세대 | 1950<br>~현재 | 해석식<br>사진측량 | 반자동 방식<br>1957년 캐나다 Heleva 대학에서 해석시 도화기 개발<br>해석식 도화기 발전과 함게 항공삼각측량 발전<br>컴퓨터의 활용 도입<br>정밀좌표관측기(comparator) 이용 |
| 4세대 | 1990<br>~현재 | 수치<br>사진측량 | 완전 자동 방식<br>1950년대부터 연구 시작<br>1980년 컴퓨터 발전으로 수치영상처리기법 연구 진행<br>1988년 이론의 정립과 본격적인 연구 및 실제 응용 |

## (3) 사진측량의 분류

### 1) 촬영점(撮影點)의 위치에 의한 분류

① **지상(地上)사진측량**(terrestrial photogrammetry) : 지상에서 사진을 촬영하고, 이것을 이용하는 측량을 실행하는 측량을 지상사진측량이라 한다. 사진기의 광축은 지면에 대하여 평행하게 잡고 촬영하며 촬영방향, 촬영점 및 촬영점 사이의 거리(기선)를 정확히 결정할 수 있다. 촬영위치의 선정과 거리에 따라 정밀도에 영향이 있으므로 유용하게 이용할 수 있는 지점을 선정하고 거리는 단거리일수록 정도가 양호하다. 그리고 카메라를 고정할 수도 있고 카메라와 피사체의 관계를 자유로이 할 수 있으며, 반복촬영이 가능하다.

② **항공사진측량**(aerial photogrammetry) : 비행기에 설치된 측량용 카메라를 이용하여 지상을 촬영하는 측량을 항공사진측량이라 한다. 연속적으로 촬영된 중복사진으로부터 대상물의 조사, 촬영시 사진기의 광축 방향에 따라서 수직 및 경사사진으로 나뉘어지고, 대부분의 사진측량은 항공사진측량으로 이루어진다. 그리고 정도는 전지역에 따라 대체로 균일하다.

③ **수중(水中)사진측량**(Under water photogrammetry) : 수중카메라로 촬영한 해저의 사진을 이용하여 측량과 조사를 하는 것을 수중사진측량이라 한다. 최근 해양 개발의 진전에 따라 급속히 관심을 갖게 되었다. 측량으로는 해저의 기복상태가 있고, 조사는 수중자원, 수질조사, 수중식물의 활력도, 부유생물의 분포량 등을 조사한다.

④ **원격탐측**(Remote Sensing) : 대상물과 현상에 관한 정보를 해석함으로써 환경 및 자원 문제를 해결하는 학문이다.

⑤ **비지형 사진측량**(Non-Topography photogrammetry) : $X$선, 모아레사진, 홀로그래픽 등을 이용 의학, 고고학, 문화재조사에 주로 이용한다.

2) 사진기축과 지평면과 이루는 각에 따라 분류

① **연직사진**(鉛直寫眞) : 항공사진측량의 기본형이다(경사각 3° 이내)

② **수평사진**(水平寫眞) : 지상사진측량의 기본형이다.

③ **경사사진**(傾斜寫眞) : 경사각 3° 이상으로 고각도 경사사진과 저각도 경사사진이 있으며 고각도 경사사진은 화면에 지평선이 찍혀있는 사진을 말하며 저각도 경사사진은 화면에 지평선이 찍혀있지 않은 사진을 말한다.

3) 사용목적에 의한 분류

① 사진측량(photographic survey)

② 사진판독(photographic interpretation)

③ 응용사진측량(applied photogrammetry)

④ 원격탐사(remote sensing)

4) 촬영축척에 의한 분류

① **대축척 도화** : 교외도로, 철도, 주택지, 공장지, 가교지점, 지적 또는 토지개량계획 등을 저공촬영으로 촬영고도 800m 이내이고, 대축척은 1/500~1/3,000의 도화를 말한다.

② **중축척 도화** : 시가지계획, 도로, 철도, 송전선, 도수로 등의 예비조사 및 계획을 도화 할 때 사용하며 중공촬영으로 촬영고도는 800~3,000m 이고 중축척은 1/5,000~1/25,000의 도화를 말한다.

③ **소축척 도화** : 지형의 조사, 산림조사, 개발계획, 홍수조절, 그 외에 넓은 지역의 계획과 조사를 하고 고공촬영으로 촬영고도는 3,000m 이상으로 소축척은 1/ 50,000~ 1/100,000를 말한다.

5) 카메라의 화각에 의한 분류

**표 16.2 카메라의 화각에 따른 분류**

| 종 류 | 화 각 | 사용목적 | 비 고 |
|---|---|---|---|
| 초광각 사진 | 약 120° | 소축척도화용 | 완전평지에 이용 |
| 광각 사진 | 약 90° | 일반지형도제작, 판독용 | 경제적 |
| 보통각 사진 | 약 60° | 삼림조사용 | 산악지대, 도심지촬영, 정면도 제작 |
| 협각 사진 | 60° 이하 | 특수한 대축척용, 판독용 | 특수한 정면도 제작 |

① **초광각 사진** : 완전 평지에 이용하며 소축척의 도화용이다(화각 120°).

③ **광각 사진** : 일반 지형도를 제작, 판독하는 도화기로 경제적이다(화각 90°).

③ **보통각 사진** : 산악, 도심지 촬영 및 정면도 제작에 이용하며 주로 산림 조사용 도화기이다(화각 60°).

④ **협각 사진** : 특수한 대축척용으로 정면도 제작 및 판독용 도화기이다(화각60° 이내).

6) 필름에 의한 분류

① **팬크로**(Panchro) **사진** : 가시광선이 $0.4\mu \sim 0.75\mu$에 해당하는 전자파로 이루어진 사진으로 가장 많이 사용한다.

② **적외선**(infrared) **사진** : 지질, 토양, 수자원 및 산림조사 등 판독작업에 이용한다.

③ **팬 인플러**(paninfra) **사진** : 팬크로 사진과 적외선 사진의 중간에 속하며 적외선용 필름과 황색필터를 사용한다.

④ **천연색**(colour) **사진** : 조사판독에 색조화로 표시한다.

⑤ **위색**(false colour) **사진** : 적외선에 감성하는 필름의 층을 붉게 발생 시키는 것으로 식물의 잎은 적색으로 그 외는 청색으로 찍히도록 하는 것으로 생물 및 식물의 연구조사 등에 사용한다.

## (3) 사진측량학의 장단점

1) 장점

① 광범위한 외업을 빠른 시간에 할 수 있다.

② 촬영기록은 영구히 보존되므로 그 자료에 의하여 필요에 따라 고쳐서 측량하는 것도 간단히 할 수 있다.

③ 접근하기 어려운 대상물의 측량이 용이하다.

④ 정확도는 균일성이다.

표고의 경우 : 촬영고도의 1/10,000 ~ 2/10,000
평면의 경우 : 촬영축척 분모수의 10 ~ 30$\mu$

⑤ 지표에 표현할 수 없는 부분도 촬영되므로 각종 조사에 이용된다.

⑥ 축척변경이 용이하다.

⑦ 경제적이다.

⑧ 4차원 측량이 가능하다.

2) 단점

① 시설비용이 많이 들고 내업에 많은 시간과 비용이 필요하다.

② 소지역의 측량에 부적당하다.

③ 기상의 영향을 받기 쉽다.

④ 피사 대상에 대한 식별의 난해가 있다.

## 02 사진측량(寫眞測量)의 순서

현재 가장 많이 사용하고 있는 수직항공사진에 의한 표준적인 공정은 다음과 같다.

### (1) 계획(計劃)과 준비

목적에 따라 지도의 축척, 등고선간격, 작업방법 등을 정하는 것보다 계획이 앞서야 한다. 등고선 간격을 좁게 하면 작업시간, 경비 등에 크게 영향을 주므로 필요이상의 간격을 좁힐 필요는 없으므로 계획준비는 신중을 기하여야 한다.

### (2) 촬영과 대공표지(對空標識)

지상 기준점측량과 같은 방법으로 사진을 표정하는데 필요한 기준점(표정점)을 설치한 후 항공 삼각측량이나 도화에 필요한 기준점이 사진상에서 잘 보이도록 표지를 설치하고 필요한 축척으로 사진을 촬영한다.

### (3) 기준점측량 및 현지답사

사진측량전에 현지에서 사진표정에 필요한 기준점을 삼각측량, 수준측량, 다각측량으로 구해야 하는데 이 작업을 기준점측량(표정점측량)이라 한다. 또, 지명과 도로, 토지이용의 종류 등도 현지에서 여러 자료조사를 해야 하며 이것을 현지조사라 한다.

### (4) 항공삼각측량

사진측량은 2매 1조의 모델(Model)중에 3점이상의 표정점의 위치와 높이를 알고 있어야 한다. 방사법으로 취하거나 현지측량을 이용하는 수도 있으나 대부분이 1급 도화기에 의한다.

### (5) 기계도화(圖化)

실제도화기를 이용하여 등고선이나 도로, 가옥 등 지형지물을 그려가는 작업이다.

### (6) 편집(編集)

기계도화를 끝마친 도면은 아직 도식, 기호, 크기 및 형태 등이 기입되어 있지 않다. 이것을 정리하여 주며 지명 등의 기입을 편집이라 한다. 이 공정은 거의 기계화 되어 있지 않고, 현재 숙련된 기술자에 의해서 이루어지고 있다.

### (7) 보충측량

사진에서 확실하지 않은 지형이나 중요한 사항을 확인할 필요가 있을 때에는 현지에 가서 확인한 다음 점검한다.

### (8) 자료정리

작성된 지형도의 원도 등을 정리 보관한다.

## 03 측량용 사진의 일반성

### (1) 사진측량용 카메라 렌즈의 특징

1) 초점거리가 길다.
2) 렌즈의 지름이 크다.
3) 수차가 극히 적으며 왜곡수차(歪曲收差 : distortion)가 있더라도 역의 왜곡수치를 가진 보정판을 이용하므로서 수차를 없앨 수 있다.
4) 해상력과 선예도가 높다(중심부 50본/mm, 주변수 30본/mm).
5) 주변부라도 입사하는 광량의 감소가 거의 없다.
6) 셔터의 속도는 1/100~1/1,000초이다.
7) 중량이 무겁고 거대하다.
8) 화각이 크고 필름은 폭 24cm, 19cm가 있으며 길이는 60cm, 90cm, 120cm인 것을 사용한다.
9) 파인더(finder)로 사진의 중복도를 조정한다.

### (2) 촬영계획

1) 사진축척(Photo scale)

기준면으로부터 비행기의 고도와 촬영카메라 렌즈의 초점거리에 의해 사진 축척은 다음과 같다.

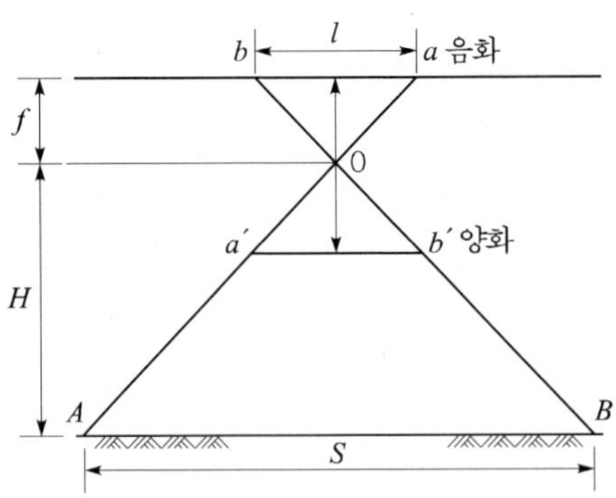


그림 16.1 사진의 축척

$\triangle OAB \backsim \triangle Oab$이므로

$$M = \frac{1}{m} = \frac{l}{S} = \frac{f}{H}$$

$$\therefore \ M = \frac{1}{m} = \frac{f}{H} \tag{16.1}$$

여기서, $f$ : 화면거리(초점거리 : 렌즈의 중심으로부터 화면에 내린 수선의 거리)

$H$ : 촬영고도 $l$ : 화면상의 2점간 거리

$S$ : $l$의 지상 실거리 $M$ : 사진축척

$m$ : 축척분모수

**예제 16.1**

화면의 크기 23cm × 23cm 인 사진기로 평탄한 지역을 촬영고도 3,000m로 촬영해서 연직 사진을 얻었으며, 그 면적은 21.16km$^2$이었다. 이 사진기의 초점거리는 얼마인가?

| 풀이 |

변장$(S) = \sqrt{21.16} = 4.6(km)$, $\frac{l}{S} = \frac{f}{H}$에서 $\frac{0.23}{4{,}600} = \frac{f}{3{,}000}$

$\therefore \ f = \frac{0.23 \times 3{,}000}{4{,}600} = 0.15(\text{m}) = 15(\text{cm})$

**예제 16.2**

비행고도 4.5km 상공에서 1/20,000 축척의 사진을 촬영한 사진기의 초점거리는?

| 풀이 |

$\frac{1}{m} = \frac{f}{H}$에서 $\frac{1}{20{,}000} = \frac{f}{4{,}500}$ $\therefore \ f = \frac{4{,}500}{20{,}000} = 0.225\,\text{m} = 22.5\,\text{cm}$

**예제 16.3**

그림과 같이 연직사진에서 연직고도 4,530m에서 촬영했을 때 B점의 축척은?(단, 화면거리는 150mm)

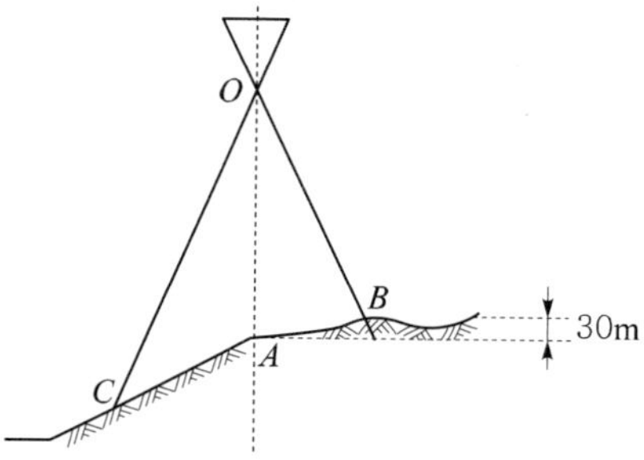


| 풀이 |

공중사진에서 사진기의 초점거리 $f$, 비행고도를 $H$라 하면

사진기의 축척 $\frac{1}{m}$은 $M = \frac{1}{m} = \frac{f}{H}$에서

$\therefore \ M = \frac{1}{m} = \frac{f}{H-h} = \frac{0.150}{4{,}530-30} = \frac{0.150}{4{,}500} = \frac{1}{30{,}000}$

**예제 16.4**

화면거리 153.7mm, 화면크기 23cm×23cm의 항공 사진상에서 삼각점 $a$, $b$의 거리는 145.0mm이고 이의 대응하는 지상 삼각점 $A$, $B$의 좌표($x$, $y$)와 표고 $H$는 다음 표와 같다. 사진내의 대부분을 차지하는 평탄한 지면의 표고가 50m일 때 평지에 있어서 축척은 얼마인가?

| 삼각점 | $x$(m) | $y$(m) | $H$(m) |
|---|---|---|---|
| $A$ | 12,265.4 | 21,533.9 | 359.4 |
| $B$ | 13,858.4 | 21,454.0 | 354.8 |

| 풀이 |

$$AB\text{의 거리} = \sqrt{(13{,}858.4-12{,}265.4)^2+(21{,}454.0-21{,}533.9)^2} = 1{,}595.0(\text{m})$$

$$\text{평균표고} = \frac{359.4+354.8}{2} = 357.1(\text{m})$$

$$\text{표고 357.1m 에서의 사진의 축척} = \frac{0.145}{1{,}595.0} = \frac{1}{11{,}000}$$

$$H = f \cdot m = 0.1537 \times 11{,}000 = 1{,}690.7(\text{m})$$

표고 50m일 때의 촬영고도

$$H = 1{,}690.7+357.1-50 = 1{,}997.8(\text{m})$$

$$\therefore \text{축척 } \frac{1}{m} = \frac{f}{H} = \frac{0.1537}{1{,}997.8} = \frac{1}{12{,}998}$$

2) 촬영기선장(Air base)

하나의 촬영코오스중에 하나의 촬영점(shutter를 누른 지점)으로부터 다음 촬영점까지의 거리를 촬영기선장(공중기선장)이라 한다.

① **촬영 종 기선장** : 1코스의 촬영 중에 임의의 촬영점으로부터 다음 촬영점까지의 실거리

$$\therefore\ B = \text{화면크기의 실거리} \times \left(1-\frac{p}{100}\right) = a \cdot m\left(1-\frac{p}{100}\right) \quad (16.2)$$

② **촬영 횡 기선장** : 코스와 코스 사이의 촬영점간 실거리

$$\therefore\ C_0 = \text{화면크기의 실거리} \times \left(1-\frac{q}{100}\right) = a \cdot m\left(1-\frac{q}{100}\right) \quad (16.3)$$

여기서, $B$ : 촬영종기선장　　$C_0$ : 촬영횡기선장
$a$ : 화면크기　　$p$ : 종중복도
$q$ : 횡중복도　　$m$ : 축척의 분모수

**예제 16.5**

주점기선장이 밀착사진에서 7.2cm 일 때 18×18cm 의 항공사진의 중복도는?
사진 1변의 길이를 $a$라 하고 주점기선장($b_0$)을 7.2cm 라 하면

| 풀이 |

$$b_0 = a\left(1-\frac{P}{100}\right)$$

$$\therefore\ P=\left(1-\frac{b_0}{a}\right)\times 100=\left(1-\frac{7.2}{18}\right)\times 100$$

$$\therefore\ P=50(\%)$$

**예제 16.6**

축척 1/20,000로 촬영된 연직사진을 C－계수가 1,300인 도화기로 도화할 수 있는 최소 등고선 간격이 1.5 m였다면, 이때의 기선고도비는? (단, 화면크기 23cm ×23cm, 횡중복도 30%, 종중복도는 60%이다.)

| 풀이 |

$$H=\triangle h\cdot C=1.5\times 1{,}300=1{,}950(\mathrm{m})$$

$$b=a\cdot m\left(1-\frac{p}{100}\right)=0.23\times 20{,}000\left(1-\frac{60}{100}\right)=1{,}840(\mathrm{m})$$

$$\therefore\ 기선고도비\ B/H=1{,}840/1{,}950=0.943$$

### 3) 촬영고도(flight height) 및 American—C—factor(C—계수)

촬영고도와 지형도의 최소등고선 간격과의 비례하며 다음 관계식이 성립한다. 도화기의 표고측량에 대한 정도가 C-펙터(factor)로 규정되는 것인데 이 C-factor가 높으면 그 기계는 표고측량 정도가 높다고 본다.

① **촬영고도**(H) : 지역내의 저지면을 기준으로 하고 비고가 클 때는 평균표고를 사용한다.
② **C-계수** : 도화기의 성능과 정도를 표시하는 계수를 말한다.

$$\therefore\ H=C\cdot\triangle h \qquad (16.4)$$

여기서, $H$ : 촬영고도
$C$ : $C$ 계수
$\triangle h$ : 최소등고선 간격

표 16.3 C-factor

| 도화기 | C-계수 |
|---|---|
| 1급 도화기 | 1,600~2,000 |
| 2급 도화기(A급) | 1,200~1,600미만 |
| (B급) | 800~1,200미만 |
| 3급 도화기 | 500~800 |

**예제 16.7**

$C$계수가 1,600인 도화기로써 1/60,000의 항공사진을 도화 작업할 때 신뢰할 수 있는 최소 등고선 간격은 얼마인가? (단, 화면거리는 150mm이다.)

| 풀이 |

$$\frac{1}{m}=\frac{f}{H},\quad H=f\cdot m=0.15\times 60{,}000=9{,}000(\mathrm{m})$$

$f$ : 화면거리, $H$ : 비행고도, $m$ : 축척 분모수

$$C=\frac{H}{\Delta h},\quad \therefore\ \Delta h=\frac{H}{C}=\frac{9{,}000}{1{,}600}=5.625(\mathrm{m})$$

**예제 16.8**

1 : 30,000의 항공사진을 아메리카 C−계수(American C−factor)가 1,5000인 도화기로서 도화작업을 할 때의 신뢰할 수 있는 최소 등고선의 간격은? (단, 사진의 화면거리는 150mm이다.)

| 풀이 |

$$H=f\cdot m=0.15\times 30{,}000=4{,}500(\mathrm{m})$$

$$\therefore\ \Delta h=\frac{H}{C}=\frac{4{,}500}{1{,}500}=3(\mathrm{m})$$

4) 중복도

① **종중복도**(End lap : p) : 촬영진행 방향의 중복으로 입체시를 위하여 최소 50%이상이고 일반적으로 60%의 중복도를 둔다.

② **횡중복도**(Side lap : q) : 촬영 코스 사이의 중복으로 최소 5% 이상 일반적으로 30%의 중복도를 둔다.
산악지역 등(비고가 촬영고도의 10% 이상되는 지역)은 사각부를 없애기 위해 중복도를 10~20%이상 증가시킨다.

5) 촬영일시

구름이 없는 쾌청일의 오전 10시~오후 2시경(태양각 30° 이상)이 최적 우리나라 연평균 쾌청일 80일이다.

6) 사진 및 모델의 매수

촬영지역의 유효면적(stereo model의 면적) 및 안전율을 고려한 사진 및 모델의 매수는 다음 식으로 구한다.

① 유효면적의 계산

㉠ 사진 한 매의 경우

$$\therefore\ A_0 = a^2 \cdot m^2 = \frac{a^2 H^2}{f^2} \tag{16.5}$$

㉡ 단 코스(Strip)의 경우

$$\therefore\ A_1 = a^2 \cdot m^2 \left(1 - \frac{p}{100}\right) \tag{16.6}$$

㉢ 복 코스의 경우

$$\therefore\ A_2 = a^2 \cdot m^2 \left(1 - \frac{p}{100}\right) \cdot \left(1 - \frac{q}{100}\right) \tag{16.7}$$

② 사진 및 모델의 매수(안전율을 고려한 경우)

$$\therefore\ \text{사진매수}\ N = \frac{F}{A} \times (1 + \text{안전율}) \tag{16.8}$$

여기서, $F$ : 촬영 대상지역의 면적　　$A$ : 촬영유효면적($A_0$, $A_1$, $A_2$)
$a$ : 화면크기　　$p$ : 종중복도
$q$ : 횡중복도　　$m$ : 축척의 분모수

**예제 16.9**

평지를 촬영고도 4,500m에서 촬영한 밀착사진의 종중복도가 60%, 횡중복도가 30%일 때, 이 연직사진의 유효모델의 면적을 구하라. (단, 화면크기 23×23cm, 화면거리 150mm)

| 풀이 |

$$A_0 = a^2 \cdot m^2 \left(1 - \frac{p}{100}\right)\left(1 - \frac{q}{100}\right)$$

$$= 0.23^2 \times 30{,}000^2 \left(1 - \frac{60}{100}\right)\left(1 - \frac{30}{100}\right)$$

$$= 13{,}330{,}800(\mathrm{m}^2) = 13.33(\mathrm{km}^2)$$

$$\left(\because \ \frac{0.15}{4{,}500} = \frac{1}{30{,}000}\right)$$

**예제 16.10**

10km × 10km 인 정방형의 지역을 항공 촬영하고자 한다. 사진매수를 계산하면? (단, 간이계산법에 의한다. 사진축척 1 : 10,000, 화면크기 23cm × 23cm, 종중복도 60%, 횡중복도 30%, 안전율을 고려하지 않는다.)

| 풀이 |

촬영유효면적

$$A_0 = a^2 m^2 \left(1 - \frac{p}{100}\right)\left(1 - \frac{q}{100}\right) = 0.23^2 \times 10{,}000^2 \left(1 - \frac{60}{100}\right)\left(1 - \frac{30}{100}\right)$$

$$= 1{,}481{,}200(\mathrm{m}^2) = 1.48(\mathrm{km}^2)$$

$$\therefore \ \text{사진매수} \ N = \frac{F}{A_0} = \frac{10 \times 10}{1.48} = 67.6 \fallingdotseq 68(\text{매})$$

**예제 16.11**

비고 300m 이고 20×40km 인 장방형 지역을 해발고도 3,300m 에서 화면거리 152mm 의 카메라로 촬영했을 때 필요한 사진매수는? (단, 종중복 60%, 횡중복 30%, 화면크기 23cm × 23cm, 안전율 30%이며, 입체 모델의 면적으로 간이법에 의한 계산을 한다.)

| 풀이 |

$$M = \frac{1}{m} = \frac{f}{H-h} = \frac{0.152}{3{,}300 - 300} = \frac{1}{19{,}737}$$

촬영유효면적($A_0$)

$$A_0 = A\left(1 - \frac{p}{100}\right)\left(1 - \frac{q}{100}\right) = 0.23(1-0.6) \times 19{,}737 \times 0.23(1-0.3) \times 19{,}737$$

$$= 5{,}770{,}002.291(\mathrm{m}^2) = 5.77(\mathrm{km}^2)$$

$$\text{사진매수} = \frac{20 \times 40}{5.77} 138.65(\text{매})$$

안전율 30%를 가산하면

$$\therefore \ \text{사진의 매수} = 138.65(1+0.3) = 180.24 \fallingdotseq 181(\text{매})$$

### (3) 촬영(撮影 : photographing)

지도가 요구하는 정도나 작업방법, 사용기계의 종류에 따라 사진 촬영의 규격도 달라지고 카메라, 비행기의 성능, 계절적, 기상적 조건의 제약도 받는다. 촬영은 이러한 조건하에 필요한 축척으로 사진을 촬영하는 작업이다.

1) 지정된 코스에서 코스 간격의 10% 이상 차이가 없도록 한다.
2) 지정고도에서 5% 이상 낮게, 혹은 10% 이상 높게 진동하지 않도록 직선상에서 일정고도를 유지하면서 촬영하여야 한다.
3) 편류각 5° 이내, 앞뒤 사진간의 회전각 5° 이내 카메라의 경사 3° 이내이어야 한다.
4) **모델**(Model) : 중복된 한 쌍의 사진에 의해 입체시 되는 부분으로 입체 모델 혹은 스테레오 모델(stereo model)이라 한다.
5) 촬영코스는 동서방향으로 하고, 남북으로 긴 경우는 남북방향으로 촬영코스를 계획하여 일반적으로 코스의 연장은 30km를 한도로 한다.
6) 표정점은 각 코스의 최소의 모델에 4점, 최소모델에는 최소한 2점을 둔다.

### (4) 노출시간(exposure time)

촬영할 때 문제가 되는 것은 노출시간과 조리개의 결정이다. 이것은 물론 사용하는 필름의 감광도, 필터의 성질, 촬영목적물에서의 반사광의 스팩트럴(spectral) 분포 등, 보통사진을 촬영할 때 고려할 사항과 관계가 있다. 여기서 최장 및 최소 노출시간은 다음 식과 같다.

1) 최장 노출시간

$$T_\theta = \frac{\Delta s \cdot m}{V} \tag{16.9}$$

2) 최소 노출시간

$$T_s = \frac{B}{V} \tag{16.10}$$

여기서, $T_\theta$ : 최장노출시간　　$\Delta s$ : 허용흔들림양
$B$ : 촬영 종 기선장　　$m$ : 축척분모수
$T_s$ : 최소노출시간　　$V$ : 항공기의 초속

**예제 16.12**

화면거리 15cm 인 광각사진기로 비행고도 3,000m 을 유지하며 시속 240km 의 속도로 항공사진 촬영을 하여 이때 허용흔들림을 0.03mm 라 하면 최장노출시간은 몇 초인가?

| 풀이 |

$$\therefore\ T_\theta = \frac{\triangle s \cdot m}{V} = \frac{0.00003 \times 20{,}000}{240 \times \frac{1}{3.6}} = \frac{1}{111}(\text{sec})$$

$$\left(\because\ \frac{1}{m} = \frac{f}{H} = \frac{0.15}{3{,}000} = \frac{1}{20{,}000}\right)$$

**예제 16.13**

초점거리 15cm 인 광각카메라로 촬영고도 6,000m 에서 시속 180km 의 운항속도로 항공사진을 촬영할 때 사진 노출점간의 최소 소요시간은?(단, 사진화면의 크기 23cm × 23cm 이고, 종중복크기 60%이다.)

| 풀이 |

$$M = \frac{1}{m} = \frac{f}{H} = \frac{0.15}{6{,}000} = \frac{1}{40{,}000}$$

$$B = a \cdot m \times \left(1 - \frac{p}{100}\right) = 0.23 \times 40{,}000\left(1 - \frac{60}{100}\right) = 3{,}680(\text{m})$$

$$\therefore\ T_s = \frac{B}{V} = \frac{3{,}680}{180 \times \frac{1}{3.6}} = 73.6(\text{sec})$$

### (5) 수준기(水準器 : level)와 지표(指標 : fiducial mark)

수준기는 촬영 카메라의 경사를 표시하며 사진의 각변 혹은 모서리에 표시된 것으로 연결하여 만나는 점이 사진의 주점이 된다.

#### 1) 수준기

촬영시 카메라의 경사를 표시하며 그레이드(grade)로 나타낸다.
1grade는 1직각을 100등분한 각도의 호칭

$$\therefore\ 1g = \frac{90°}{100} = 0.9° = 54' \qquad 16.11$$

2) 지표

사진의 각변 혹은 모서리에 표시된 것으로 이것을 연결하여 만나는 점이 사진 주점이다.

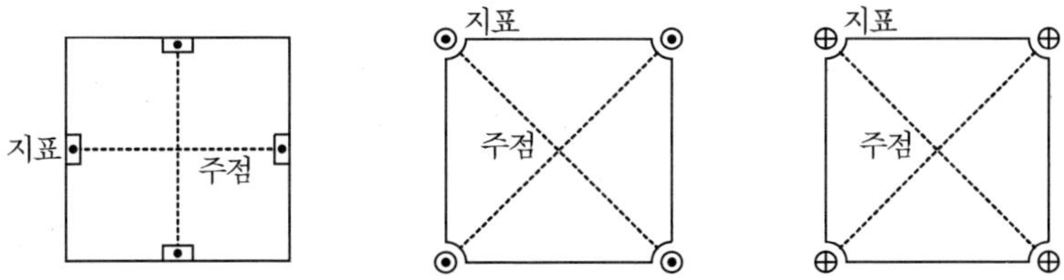


**그림 16.2 지표의 종류**

**예제 16.14**

사진측량에 있어서 원형 기포관은 grade로 나타나 있다. grade의 눈금을 1직각 100grade로 한 각의 단위이지만 1센티 grade는?

| 풀이 |

$$1\text{grade} = 100\text{Centi grade}$$

$$1\text{grade} = \frac{90°}{100}$$

$$\therefore 1\text{Centi grade} = \frac{90°}{100} \times \frac{1}{100} = \frac{90 \times 60 \times 60''}{10{,}000} = 32.4''$$

### (6) 대공표지(對空標識 : Air target)

항공사진에 표정용 기준점의 위치를 정확하게 표시하기 위하여 촬영전에 대공표지를 설치하여 지상측량에 의하여 그 위치와 높이를 정확하게 결정해 놓아야 한다. 공사용이나 지적측량 등에 필요한 대축척의 도면을 만들 때에는 반드시 대공표지를 설치해야 한다.

1) 대공표지의 재료

주로 베니어판, 목재판, 알루미늄, 돌 등이 사용된다.

2) 대공표지의 형상 및 크기

① 사진상에서 명료하게 보이기 위해 주위에 강한 대비로 명료한 선이 나타나도록 한다.

② 상공은 45° 이상의 각도로 열어 둔다.

③ 사진상의 크기는 $30\mu$ 정도의 반점으로 나타나도록 한다.

**표 16.4 대공표지의 형상**

| | 기준점 | 표정점 | 필계점 |
|---|---|---|---|
| 형상 | 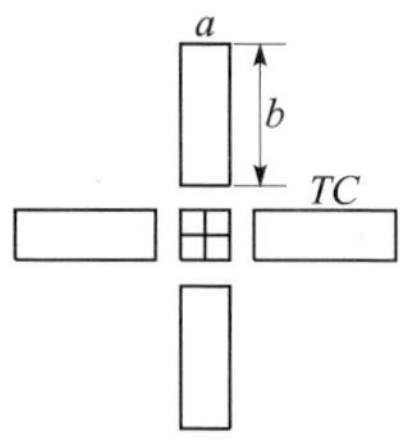 | 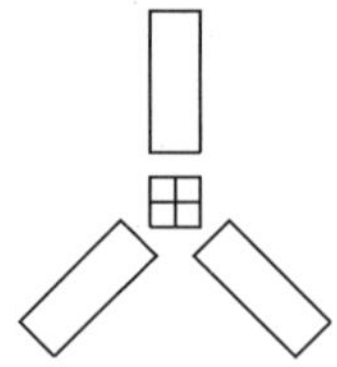 | 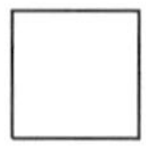 |

④ 정방형 표지의 경우

$$\therefore \ d = \frac{1}{T \cdot M} \fallingdotseq \frac{m}{T} (\mathrm{cm}) \qquad 16.12$$

여기서, $d$ : 사진상에서 최소크기 $T$ : 촬영축척에 대한 상수

$M$ : 사진축척 $m$ : 축척의 역수

3) 대공표지를 할 경우

① 사진상에서 정확하게 그 위치를 결정하고자 하는 점

② 항공삼각측량을 위하여 필요로 하는 지상 기준점

4) 대공표지를 생략하는 경우

① 대공표지 하려는 점이 자연점으로 표지설치 하지 않고도 사진상에 명료하게 확인되는 점

② 그 위치가 촬영 후 확인되는 다른 점으로부터 쉽게 편심측량되는 경우

③ 정도가 촬영 후의 자침작업(Prick)으로도 좋은 경우

### (7) 자침점(Prick point)의 경우

1) 정확히 구분할 수 있는 자연점이 없는 지역에 행해진다.

2) 항공삼각 측점 및 도화를 위한 절대표정에 있어서의 종접합점의 이사에 행해진다.

3) 스트립(strip)에 있어 세 사진 중 가운데 사진에서 한번 자침되면 이들 점을 인접사진에 옮길 필요는 없다.

4) 횡접합점의 자침점은 각 스트립에서의 측량을 동시에 할 수 없으므로 인접스트립에 이동한다.

### (8) 사진의 특성

항공사진은 중심투영(中心投影)이고, 지도(地圖)는 정사투영(正射投影)이다.

#### 1) 중심투영(中心投影)

사진측량은 중심투영으로 피사체인 지형을 렌즈의 광축을 중심으로 하여 평면으로 촬영한 화상이며 이것을 중심투영이라 한다. 따라서 중심투영은 항공사진을 사용함에 있어서 가장 중요한 기본적인 요소이다.

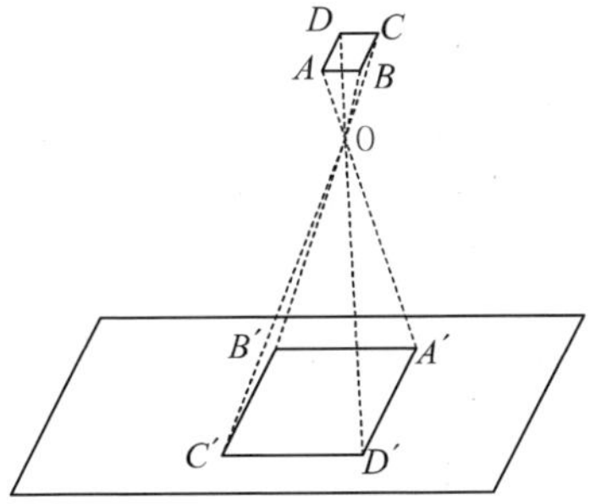


그림 16.3 중심투영

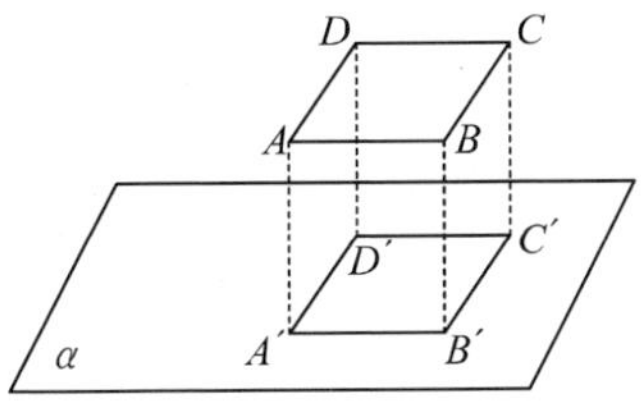


그림 16.4 정사투영

#### 2) 정사투영(正射投影)

항공사진은 중심투영이지만 지도는 정사투영이다. 정사투영은 투영체가 투영면상에 직교되는 투영을 말한다.

#### 3) 항공사진의 특수 3점

사진상의 중요한 점을 주점(主點), 연직점(鉛直點), 등각점(等角點)을 말한다.

① **주점**(principal point) : 사진의 중심점으로 렌즈의 중심으로부터 화면에 내린 수선의 자리. 즉, 렌즈의 광축과 화면이 교차하는 점(사진상에는 $m$, 지상점에는 $M$점).

② **연직점**(nadir point) : 중심 투영점 0을 지나는 중력선이 사진면과 마주치는 점(사진상에는 $n$, 지상에는 $N$점).

③ **등각점**(isocenter) : 사진면에 직교되는 광선과 중력선이 이루는 각을 2등분 하는 광선이 사진면에 마주치는 점(화면에는 $j$, 지상에는 $J$점). 연직점은 주점 $m$을 지나 최대 경사선상에 위치하므로

$$\therefore \quad \overline{mn} = f \tan i \tag{16.13}$$

등각점은

$$\therefore\ \overline{mj} = f\tan\frac{i}{2} \qquad (16.14)$$

여기서, $f$ : 화면의 초점거리, $i$ : 화면경사

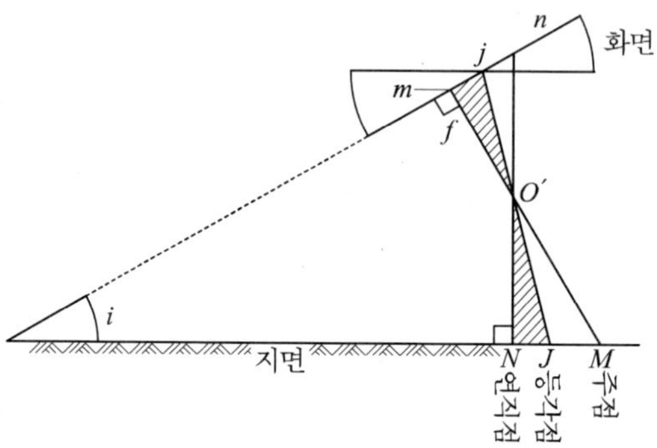


**그림 16.5 항공사진의 특수 3점**

**예제 16.15**

주점을 $n$, 연직점을 $m$, 등각점을 $j$라 하고, 화면거리 $f$는 152.7mm, 화면의 크기가 23cm×23cm인 수직 항공사진의 경사가 5°일 때 연직점과 등각점간의 화면상 거리는?

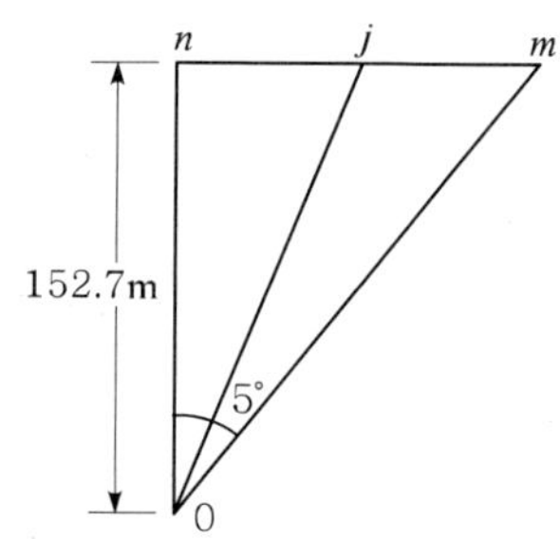


| 풀이 |

$$\therefore\ \overline{mj} = f\tan\frac{i}{2} = 152.7\times\tan\frac{5°}{2} = 6.667(\text{mm})$$

**예제 16.16**

카메라의 초점거리 153mm, 촬영 경사각이 4그레이드(grade)로 평지를 촬영한 항공사진이 있다. 이 사진의 등각점은 주점보다 최대 경사선상 몇 mm인 곳에 있는가?

| 풀이 |

$$\therefore\ \overline{mj} = f\tan\frac{i}{2} = 153\times\tan\frac{3.6°}{2} = 4.80(\text{mm})$$

### (9) 기복변위(起伏變位 : relief displacement)

지표면에 기복이 있을 경우 연직으로 촬영하여도 축척은 동일하지 않으며 사진면에서 연직점을 중심으로 방사상의 변위가 발생하는 현상을 기복변위라 한다.

$\triangle Opn \backsim \triangle PBA$

$$\Delta R / \Delta h = r / f \text{ 에서 } \Delta R = \frac{r}{f} \cdot \Delta h \quad \cdots\cdots ①$$

$\triangle Opa \backsim \triangle OBA$

$$\frac{\Delta r}{\Delta R} = \frac{\overline{OP}}{OB} = \frac{f}{H} \quad \cdots\cdots ②$$

①식을 ②식에 대입

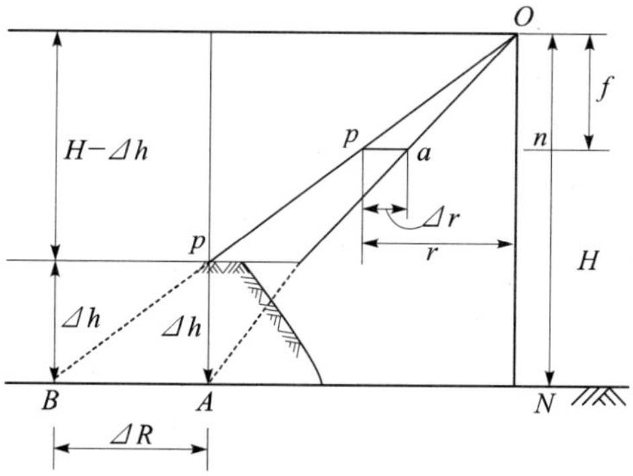


그림 16.6 기복변위도

$$\therefore \ \Delta r = \frac{\Delta h}{H} \cdot r \qquad (16.15)$$

여기서, $\Delta h$ : 기복(비고) $H$ : 촬영고도

$\Delta R$ : 사진상의 변위 $r$ : 주기점에서 관측하려는 점까지의 거리

비고에 의한 변위량 $\Delta r$은 사진 중심에서의 거리 $r$에 비례하므로 변위량은 최대값 $\Delta r_{max}$는 $r$이 최대가 되어야 한다. $r$은 사진 중심에서부터 변위발생지점까지의 거리로 최대가 되려면 사진상에서 4모서리점이 된다.

$$\therefore \ r_{max} = \frac{a}{2} \times \sqrt{2} \qquad (16.16)$$

# 04 편위수정(偏位修正)과 사진지도

### (1) 편위수정(偏位修正 : rectification)

항공사진은 정확한 연직사진이 아니므로 사진상에 변위가 발생하고 축척도 일정하지 않게 되어, 촬영한 그대로 항공사진의 경사를 바로하고, 촬영고도의 변동에 의한 사진축척의 변화를 수정하여 편차가 없는 일정한 축척의 연직사진을 만드는 작업을 편위수정이라 한다. 편위수정을 하기 위하여는 그 사진내에 적어도 4이상의 기준점이 있어야 하고 그 가운데 4점은 사진의 네모서리 가까이에 있어야 한다. 또한 편위수정을 하기 위하여 사용되는 기준점의 표고가 편위수정의 기준면(보통은 가장 넓은 면적을 차지하는 평면의 면에 취한다)의 표고와 다른 경우에 기준점의 전개(plot) 위치는 그 비고(比高) 때문에 일어나는 편위만이라도 보정하여 두어야 한다.

$$\therefore \quad \Delta r = \frac{\Delta h}{H} \cdot r \qquad (16.17)$$

여기서, $\Delta r$ : 보정할 편위량

$\Delta h$ : 비고(比高)

$r$ : 전개지상의 주점 위치로부터 그 전개한 기준점까지의 위치

$H$ : 촬영고도

### (2) 편위수정의 조건

일정한 거리의 렌즈에 따른 투영거리에 대하여 화면상을 투영면상에 선명한 상으로 맺게 할 조건

① 기하학적 조건(소실점 조건)

② 광학적 조건(Newton의 렌즈조건)

③ 샤임 플러그(scheimpflug) 조건

### (3) 사진지도

1) 사진 변위의 수정방법에 의한 사진지도

① **약조정집성 사진지도** : 카메라의 경사에 의한 변위, 지표면의 비고에 의한 변위를 수정하지 않고 사진으로 그대로 접합한 시도

② **조정집성 사진지도** : 카메라의 경사에 의한 변위를 수정하고 축척도 조정
③ **정사투영 사진지도** : 카메라의 경사, 지표면의 비고를 수정하고 등고선도 삽입된 지도
④ **반조정 집성 사진지도** : 일부만 수정한 지도

## 05 입체사진측량(立體寫眞測量)

사람이 사물을 관찰할 때는 한 눈 관찰을 단안시(單眼視 : monocular vision)와 두 눈으로 관찰하는 쌍안시(雙眼視 : binocubar vision)로 나누며 입체시는 쌍안경에 의한 정입체시(正立體視)가 있다. 일반적으로 입체시는 정입체시(正立體視)를 의미한다.

### (1) 입체시(立體視)

#### 1) 정입체시

중복부가 있는 한 쌍의 사진을 입체시 할 때 높은 곳은 높게 보이고, 낮은 것은 낮게 보이는 현상을 말한다.

#### 2) 역입체시

높은 것이 낮게, 낮은 것이 높게 입체시 되는 현상으로 두 가지 원인이 있다.
① 정입체시 되는 한쌍의 사진에서 좌우 사진을 바꾸어 입체시 하는 경우
② 정상적인 여색입체시 과정에서 색안경의 적과 청을 바꾸어 볼 경우

#### 3) 입체사진의 조건

① 1쌍의 사진을 촬영한 카메라의 광축은 거의 동일평면 내에 있어야 한다.
② 기선고도비(B/H)가 적당한 값(약 0.25정도)이어야 한다.
③ 2매의 사진축척은 거의 같아야 한다.

#### 4) 입체상의 변화

① 촬영기선이 긴 경우가 짧은 경우보다 더 낮게 보인다.
② 렌즈의 초점거리가 긴 쪽의 사진이 짧은 쪽의 사진보다 더 높게 보인다.
③ 촬영고도가 낮은 쪽이 고도가 높은 쪽보다 더 높게 보인다.
④ 눈의 위치가 약간 높아짐에 따라 입체상은 더 높게 보인다.

⑤ 눈을 옆으로 돌렸을 때 항공기의 방향선상에서 움직이면 눈의 움직이는 쪽으로 기울어져 보인다.

### (2) 시차와 시차차

시차(視差 : parallax)는 양안에 의한 시각적 오차를 말하며 시차차(視差差 : parallax difference)란 원근(遠近)을 느끼는 것을 말한다.

#### 1) 시차(視差 : parallax)

한 쌍의 사진상에 있어서 동일점에 대한 상점이 연직하에서 만나야 되는 1점에서 생기는 종·횡의 시각적인 오차를 말한다.

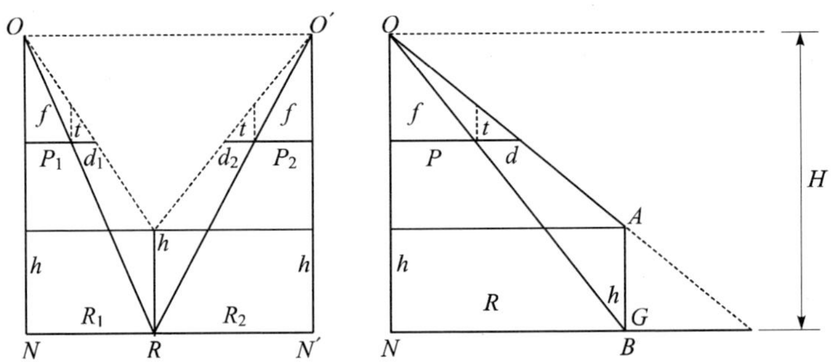


그림 16.7 시각적 오차도

$\overline{O \cdot O_2}$ : 사진 1, 2의 촬영기선장

$$P_1 = R_1 \frac{f}{H},\ P_2 = R_2 \frac{f}{H} \qquad P_1 + P_2 = (R_1 + R_2)\frac{f}{H}$$

$$\frac{d_1}{t} = \frac{P_1 + d_1}{f} = \frac{R_1}{H-h} \qquad d_1 = R_1 \frac{t}{H-h},\ d_2 = R_2 \frac{t}{H-h}$$

$$\therefore\ d_1 + d_2 = (R_1 + R_2)\frac{f}{H-h}$$

이 식에서 $d_1 + d_2 = \Delta P$

$R_1 + R_2 = B$ 또는 $P_1 + P_2 = b_0$

여기서, $\dfrac{t}{h} = \dfrac{P}{R},\ x = \dfrac{Ph}{R}$ 이므로

$$\therefore\ \Delta P = \frac{h}{H-h},\ \therefore\ h = \frac{\Delta P}{\Delta P + b_0} \cdot H$$

위 두 식은 약산식으로 다음과 같은 식을 쓴다.

$$\therefore\ \Delta P = b_0 \cdot \frac{h}{H},\quad h = \frac{H}{b_0} \cdot \Delta P \qquad (16.18)$$

여기서, $\Delta P$ : 시차차　　　$b_0$ : 주점기선장

$h$ : 비고　　　$H$ : 촬영고도

### (3) 실체경(입체경 : stereoscope)

육안실체시와 같이 조금만 연습하면 실체경에 의한 입체시도 가능하며 실체사진을 렌즈의 초점 거리에 맞추어 놓고 관찰하면 사진에서 나온 광선은 평행광선으로 되어 자연상태 그대로 반사되므로 눈의 수정체 조절이 대단히 편하고 좌우의 상이 무리없이 실체시 할 수 있으며 거울식(반사경식)은 대소 2개의 반사경을 장치하여 허상을 실제 눈으로 보는 것과 같은 상태가 되도록 하며 무리없이 실체시 할 수 있다.

**그림 16.8 실체경(입체경 : 立體鏡)**

**예제 16.17**

어떤 상호표정에 있어 총 수정량이 58.5이고, 과잉수정계수가 4, 잔유량이 −13일 때 과잉수정량의 절대값은?

| 풀이 |

과잉수정량 = 과잉수정계수 × 잔유량 = 4 × (−13) = −52

**예제 16.18**

촬영고도 750m의 밀착 연직 사진이 있다. 이 사진에서 비고 15m에 대한 시차차(視差差)는 얼마인가? (단, 화면거리 $f = 15\text{cm}$, 화면크기 23cm × 23cm, 중복도 60%)

| 풀이 |

$$b_0 = a\left(1 - \frac{p}{100}\right) = 0.23\left(1 - \frac{60}{100}\right) = 0.092(\text{m})$$

$h = \frac{H}{b_0}\Delta p$에서

$$\therefore\ \Delta p = \frac{h}{H}b_0 = \frac{15}{750} \times 0.092 = 1.84(\text{mm})$$

**예제 16.19**

사진축척 1/6,000 카메라 초점거리 15cm, 화면크기 23cm × 23cm, 종중복도 60%인 인접사진에서 상의 시차차가 0.1mm까지 측량될 때, 몇 m의 등고선을 그릴 수 있는가?

| 풀이 |

$$H = f \cdot m = 0.15 \times 6{,}000 = 900(\mathrm{m})$$

$$b_0 = a \times \left(1 - \frac{P}{100}\right) = 0.23 \times \left(1 - \frac{60}{100}\right) = 0.092(\mathrm{m})$$

$$\therefore\ h = \frac{\Delta P}{b_0} \times H = \frac{0.0001}{0.092} \times 900 = 0.98(\mathrm{m})$$

**예제 16.20**

축척 1/6,000로 표고 350m의 평탄한 토지를 촬영한 연직 항공사진이다. 촬영에 사용한 카메라의 초점거리 15cm, 화면의 크기 23cm × 23cm, 종중복도 60%일 때, 밀착 사진상에 투시된 연돌의 시차를 시차 측정 간으로 측정하였더니 정상 13.30mm, 거부 16.30mm였다. 연돌의 높이는?

| 풀이 |

$$\Delta P = 16.3 - 13.3 = 3\mathrm{cm}$$

$$b_0 = 23 \times \left(1 - \frac{60}{100}\right) = 9.2(\mathrm{cm})$$

$$H = f \cdot m = 0.15 \times 6{,}000 = 900(\mathrm{m})$$

$$\therefore\ h = \frac{\Delta P}{b} \times H = \frac{0.003}{0.092} \times 900 = 29.34(\mathrm{m})$$

### (4) 표정(標定 : Orientation)

투사기의 상태는 비행기로 촬영할 때 사진기의 상태를 그대로 재현시킨 것이 아니면 안된다. 그렇지 않으면 좌우 사진상의 같은 점으로부터 나온 광선은 교차를 이루지 못하고 빗나가게 되며 점을 구할 수가 없으므로 촬영때와 같은 상태로 재현하는 조작을 표정이라 한다.

#### 1) 표정의 순서

내부표정(內部標定) → 상호표정(相互標定) → 대지표정(對地標定) → 접합표정(接合標定)

① **내부표정**(內部標定 : inner orientation : 內部定位) : 투명 양화판을 도화기의 투영기에 촬영 당시와 똑같은 상태로 장착시키는 작업이다. 주점위치 결정과 화면거리의 조정을 정확하게 합치는 조작을 한다. 즉, 건판(乾板) 신축, 대기굴절, 지구곡률보정, 렌즈

수차(收差)보정을 행하여야 한다.

② **상호표정**(相互標定 : Relative orientation) : 양 투영기에서 나오는 광속이 촬영당시 촬영면상에 생기는 종시차를 없애고 지형상의 목표물의 상대적 위치를 맞추는 작업으로 표정점은 5개의 표정인자($k$, $\phi$, $\omega$, $by$, $bz$)이며 가능한 한 보통 대칭형으로 6개를 취한다.

③ **대지표정**(對地標定 : absolute orientation : 절대표정) : 축척의 결정, 위치, 방위의 결정, 표고, 경사의 결정을 하는 표정을 말하며 표정점은 4각형으로 4점을 선택한다. 대지표정이 완전히 끝났을 때에는 사진모델과 실제지형은 상이(相以)형이 된다.

④ **접합표정**(接合標定 : successive orientation) : 7개의 표정인자($\lambda$, $k$, $\phi$, $\omega$, $S_x$, $S_y$, $S_z$) 결정이 가능하면 모델간 strip간의 접합요소(축척, 미소변위, 위치 및 방위) 표정이다.

## 06 항공사진측량(航空寫眞測量)

### (1) 정의

입체도화기 및 정밀좌표측정기(comparator)에 의하여 사진상의 좌표를 측정한 다음 지상기준점의 성과를 이용하여 측정된 점들의 좌표를 전자계산기, 블록조정기 및 도해적 방법에 의하여 절대좌표로 환산하는 기법으로 항공삼각측량(aerial trangulation)은 정밀도화기 및 정밀좌표측정기에 의하여 관측된 많은 항공사진 좌표군을 소수의 대응지상 기준점 성과를 이용하여 사진좌표를 대지상좌표(혹은 측지좌표)로 조정, 전환하는 작업이다.

### (2) 항공사진측량의 계획(표정점 배치)

1) 기계적 항공삼각측량의 경우

① 1코스 모델수는 10모델을 표준으로 하고 15모델 이내, 1블럭 표준은 10코스 이하

② 표정점의 수는 10모델당 7점

③ 절대표정에 필요한 표정점의 수는 출발모델에 3점, 폐합모델의 폐합에 2점, 코스 중간에 2점

2) 해석적 항공삼각측량의 경우

① 1코스의 모델수는 10모델이 표준

② 표정점 수는 10모델당 7점 이상

③ 표정점의 배치는 조정계산에 더욱 유효한 배치가 되도록 한다.

표정점의 수 $= \frac{n}{2} + 2$ ($n$ : 모델수)

**예제 16.21**

보통사람의 눈은 안기선이 65mm, 명시거리가 250mm라 할 때, 광각 카메라의 주점기선장이 92m, 초점거리가 150mm이면 광각 카메라에서의 과고감은 약 몇 배인가?

| 풀이 |

$$\therefore \text{ 과고감} = \frac{\frac{250}{65}}{\frac{150}{92}} = 2.36$$

## 07 사진측량의 현지작업

### (1) 표정점(Orientation point)의 선점

1) 표정점은 X.Y.H가 동시에 정확하게 결정될 수 있는 점이어야 한다.
2) 사진상에서 명료한 점을 택해야 한다.
3) 상공에서 잘 보이는 점이어야 한다.
4) 시간적으로 변화하는 것들은 안된다.
5) 가상상, 가상점은 안된다.
6) 경사가 급한 지표면이나 경사 변환 선상을 택해서는 안된다.
7) 헐레이션(halation)이 발생되기 쉬운 점은 안된다.
8) 원판상의 가장자리에서 1cm 이상 떨어져 나타나는 점을 택하는 것이 좋다.
9) 지표면에서 기준이 되는 높이의 점이어야 한다.
10) 사진상에 표고 표정점의 주위에 적어도 10cm 정도는 평탄하고 급격한 색조의 변화가 없어야 한다.

## (2) 표정점측량의 필요 정도

1) 위치 표정점의 필요정도

$$\therefore \ m_p = \frac{0.5}{\sqrt{M_0}}(\mathrm{cm}) = 0.5\sqrt{\mathrm{m}_0}\,(\mathrm{cm}) \qquad (16.19)$$

2) 표고 표정점의 필요정도

$$\therefore \ m_h = 0.1 \cdot \Delta h(\mathrm{m}) = 10 \cdot \Delta h(\mathrm{cm}) \qquad (16.20)$$

여기서, $m_p$ : 위치 표정점의 필요정도 $m_h$ : 표고 표정점의 필요정도

$M_0$ : 축척 $m_0$ : 축척 분모수

$\Delta h$ : 최소등고선 간격

## (3) 표정점(標定點 : orientation point)측량

1) 표정점측량은 원칙적으로 촬영전에 행하고 대공표지를 설치함을 원칙으로 하지만 촬영후에 행할 경우는 자침에 의하여 사진상에 그 위치를 표시한다.
2) 표정점측량은 기준점 측량과 마찬가지로 삼각측량·다각측량·수준측량에 의한다.
3) 표정점의 평면위치 및 높이의 정도는 지도축척 1/2,500, 1/5,000의 경우 ±0.2m, 축척 1/1,000의 경우 ±0.1m로 한다.

## (4) 대공표지의 크기

1) $Y$자형, +자형의 단변 : $\frac{m}{750}(\mathrm{cm})$
2) $Y$자형, +자형의 장변 : $\frac{m}{250}(\mathrm{cm})$
3) 정방형의 1변 : $\frac{m}{400}(\mathrm{cm})$

**예제 16.22**

도화축척 1/5,000, 최소등고선 간격 2m인 경우 수평위치에 대한 표정점 위치의 허용오차는 얼마인가?

| 풀이 |

위치 표정점의 필요정도

$$\therefore \ m_p = \frac{0.5}{\sqrt{M_0}}(\text{cm}) = 0.5\sqrt{m_0}(\text{cm}) = 0.5 \times \sqrt{5{,}000} \fallingdotseq 35(\text{cm})$$

표고 표정점의 필요정도

$$\therefore \ m_h = 0.1 \times \Delta h(m) = 0.1 \times 2 = 0.2(\text{cm})$$

## 08 사진 판독(寫眞判讀 : photographic interpretation)

항공사진 판독이라 함은 사진화면으로부터 얻어진 여러 가지 정보를 목적에 따라 적절히 해석하는 기술로써 정보를 어떠한 방법에 의해 얻는가와 정보의 질에 의해 크게 좌우된다.

[장점]

① 넓은 지역을 단시간에 판독이 가능하다.

② 정보를 종합적으로 얻을 수 있고 정확히 기록 보존된다.

③ 접근이 어려운 지역의 정보를 얻을 수 있다.

[단점]

① 상대적인 판별이 불가능하다.

② 색조, 모양, 입체감 등이 나타나지 않는 지역의 판독이 불가능하다.

### (1) 항공사진 판독순서의 기본사항

1) 사진화상의 읽음(photo reading)

2) 사진화상의 분석(photo analysis)

3) 사진화상의 판독(photo interpretation)

### (2) 사진 판독의 요소

1) 촬영조건

촬영시일, 기상조건, 고도, 촬영기의 성능, 필름(film)의 종류, 노출시간, 비행기의 성능 등이 판독의 기초가 된다.

2) 촬영지구

지상의 각종 물체는 지역에 따라 지방색이 있으며, 지구를 알면 복사체가 무엇인가를 판정하기 쉽다.

3) 형상(shape)

지물의 평면형상으로 부락, 교량, 하천, 도로, 정지, 교회, 병원, 학교, 공장등은 각기 독특한 형상에 의해 판독한다. 개체나 대상물의 윤곽, 구성, 배치 및 일반적인 형태로 형상을 판독한다.

4) 색조(tone)

명암에 따라 논, 밭의 구별, 침엽수, 활엽수의 구별 등 색조는 주로 식물류의 판독에 쓰인다. 대상물이 가지는 빛의 반사에 판별하며 인간의 육안으로 보통 10 ~ 15단계 구별이 가능하다.

5) 음영(shadow)

물체가 받는 빛의 양과 물체가 광선을 가림으로써 생기는 것이다. 전자는 음영이 차차 엷어지므로 지모를 판독하는 자료가 되며, 후자는 진하게 나타나므로 전주, 탑, 연돌 등 높이가 높은 정사영(正射影)이 작은 물체의 판독에 자료가 된다.

6) 계절, 천후(天候)

4계절에 따라 또는 천후에 따라 지상의 식물, 전답의 상황, 토지의 건습상태가 변하므로 색깔과 음영에 의해 판독한다.

7) 촬영시간

기촬영시각에 따라서 음영색깔의 변화가 있다.

8) 색조, 모양, 질감, 크기, 형상, 음영 이외에 파고감과 상호위치관계가 판독요소에 사용되는 경우도 있다.

### (3) 항공사진 판독(航空寫眞判讀)의 순서

촬영계획 → 촬영과 사진의 작성 → 판독 기준의 작성 → 판독 → 지리조사 → 정리

### (4) 사진 판독 일반 성질

1) 항공사진 판독에는 팬크로(panchro) 사진이 가장 많이 이용되나 천연색이나 적외선 사진도 좋은 효과를 나타낸다.
2) 팬크로(panchro)필름에서 하천부분은 전체가 백색으로 나타나거나 회색으로 나타난다.
3) 학교, 병원, 공장 등 건물은 그 형상으로부터 쉽게 판독된다.
4) 침엽수나 활엽수의 판독은 색조, 윤곽 등이 불명확하여 판독이 어렵다.
5) 항만시설이나 호안 시설 등은 형태나 명암이 비슷하여 판독이 용이하지 않다.

## 09 지상사진측량(地上寫眞測量)

### 1. 지상사진측량의 특징

1) 항공사진은 후방교회법이고 지상사진은 전방교회법이다.
2) 항공사진이 감광도에 중점을 두는데 비하여 지상사진은 렌즈 수차만 적으면 된다.
3) 항공사진에 비하여 기상 변화의 영향이 적다.
4) 지상사진은 축척 변경이 용이하지 않다.
5) 항공사진에 비하여 평면정도는 떨어지나 높이의 정도는 높다.
6) 소규모 지역에서는 지상사진측량이 경제적이다.

### 2. 지상사진의 촬영

#### 1) 직각수평촬영법

양 카메라의 촬영축이 촬영기선에 대하여 직각[그림 16.9 (a)의 경우]

#### 2) 편각수평촬영법

양 카메라의 촬영축이 촬영기선에 대하여 일정한 각도만큼 좌 또는 우로 수평편각하여 촬영한 경우[그림 16.9 (b)의 경우]

#### 3) 수렴(收斂)수평촬영법

양 카메라의 촬영축을 촬영기선에 대하여 어느 각도만큼 수렴시켜 촬영한 경우[그림 16.9 (c)의 경우)

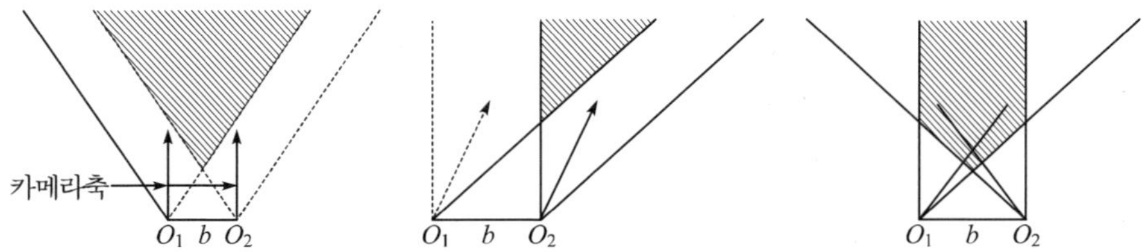


(a) 직각수평촬영법 (b) 편각수평촬영법 (c) 수렴수평촬영법

**그림 16.9 지상사진의 촬영법**

## 10 사진측량(寫眞測量)의 응용(應用)

### (1) 수치지형 모델(digital terrain model : D.T.M)의 조건

수치지형 모델은 지표면상에서 규칙 및 불규칙적으로 관측된 3차원 좌표값을 보간법 등의 자료 처리 과정을 통하여 불규칙한 지형을 기하학적으로 재현하고 수치적으로 해석하는 기법을 말한다.

1) D.T.M에 쓰이는 지형 데이터는 능률적인 방법으로 얻어질 것
2) 될 수 있는 한 적게 주어진 점에서 정도를 유지하여 지형을 근사화할 것
3) 계산기 내 모델의 조립 및 구하려는 점의 삽입에 요하는 시간이 적을 것
4) DTM을 구성하기 위해 주어진 데이터를 능률적으로 얻는 2가지 방법
   ① 스테레오 모델(stereo model)을 프로필로 스코프(profilo scope)가 부착된 사진측량 도화기를 이용하여 측정하는 방법
   ② 지형도가 있는 경우 지형도 상에서 필요한 임의점의 좌표를 재는 방법
5) 수치지형의 이용은 수치지형도 제작, 경관분석 및 예측, 절성토량 추정, 최적노선의 서정은 물론 쓰레기의 장래추정도 할 수 있다.

### (2) DTM을 표현하는 유형

1) 단면의 집합에 의한 표현법
2) 곡면에 의한 표현법
3) 등고선에서 점을 뽑는 방법

## 연습문제

01 표고 300m의 평지를 사진축척 $\frac{1}{10,000}$로 촬영한 연직사진의 촬영고도는? (단, 카메라의 화면거리는 150mm이다.)

02 촬영고도 3,000m의 비행기에서 화면거리 150mm의 카메라로 촬영한 수직항공사진에 길이 40m의 다리는 얼마로 찍히는가?

03 1/50,000의 사진을 만들기 위해 6,000m의 비행고도로 촬영하였을 때 평면에서의 상대오차는 얼마인가?

04 화면거리 150mm의 카메라로 촬영고도 3,000m에서 촬영한 밀착사진의 크기가 18×18cm이고 종중복도가 60%, 횡중복도가 30%일 때 이 연직사진의 유효모델의 면적은?

05 화면거리 20cm의 카메라로 표고 200m의 촬영기준면을 사진 축척 $\frac{1}{20,000}$으로 촬영한 연직사진이 있다. 이 사진상에서 표고 400m의 산의 사진 축척은?

06 촬영고도 3,000m, 비고 200m 사진주점에서 투영점까지의 거리가 9.6cm인 지점에서 사진상의 기복변위량은(혹은 편위량)을 구한 값은?

07 화면 연직점에서의 거리가 60.5mm이고 평지에서의 비고(比高)가 250m인 지점의 비고에 의한 화면상 변위량은 얼마인가? (단, 이때 사진축척 1/23,000, 화면거리 153mm로 한다.)

08 화면거리 150mm의 카메라로 지면의 비고가 120m인 구릉지에서 촬영한 사진의 축척이 1/36,000이었다. 이 사진의 비고에 의한 최대변위는? (단, 사진크기 23cm×23cm)

09 동서 30km, 남북 20km의 장방형의 토지에 대하여 축척 $\frac{1}{20,000}$의 항공사진으로 종중복도 60%, 횡중복도 30%로 할 경우 사진의 매수는? (단, 사진의 크기는 23cm×23cm이고 안전율을 20%로 한다)

**10** 화면거리 15cm, 화면의 크기 23cm×23cm, 종중복도 60%, 사진축척 $\frac{1}{12,000}$ 일 때 기선고도비는?

**11** 축척 1/30,000의 항공사진을 시속 200km로 촬영할 경우 허용 흔들림을 사진상에서 0.01mm로 한다면 최장 노출시간은?

**12** 화면거리 150mm의 수직사진에서 평지의 사진축척은 $\frac{1}{30,000}$ 이다. 화면 연직점에서의 거리가 70 mm 평지에서의 비고가 300m인 지점의 비고에 의한 차이의 양은?

**13** 30m의 교량이 수직항공사진상에서 0.6mm로 나타났다. 이 사진의 화면의 크기를 23cm×23cm라면 사진 1장에 찍히는 토지의 면적은?

**14** 50m 높이의 굴뚝을 촬영고도 4,200m에서 촬영한 항공사진에서 주점기선장이 20cm였다. 이 굴뚝의 시차차는?

**15** 촬영고도 3,000m로 촬영한 연직사진상에 있는 두 점간의 시차차 1mm이다. 두 점간의 비고는? (단, 카메라의 화면거리는 150mm, 화면의 크기는 23cm×23cm이고 종중복도는 60%이다)

**16** 촬영고도 3,000m 사진 Ⅰ의 주점기선장 60mm, 사진 Ⅱ의 주점기선장 62mm일 때 시차차 2mm의 그림자의 고저차는?

**17** 1/30,000의 항공사진을 $C$계수가 1200인 도화기로써 도화작업을 할 때에 믿을 수 있는 최소등고선 간격은? (단, 사진의 화면거리는 150mm이다.)

**18** 항공사진에서 건물의 꼭지점의 시차를 측량하니 17mm이고 건물 밑의 시차를 측량하니 15mm이었다. 이 건물의 높이는? (단, 건물 밑을 기준으로 한 촬영고도는 3,000m로 한다.)

**19** 동일 축척으로 동일 지역을 촬영한 두 연직사진이 있다. 사진 $A$의 화면거리는 15cm, 사진 크기는 23×23cm, 사진 $B$의 화면거리는 21cm, 사진 크기는 18cm×18cm이다. 이 사진을 같은 입체경으로 입체시하였을 때 그 부상비(浮上比)는 사진 $A$의 경우가 사진 $B$에 비하여 얼마만큼 더 높이 보이는가? (단, 횡중복도 30%, 종중복도 60%)

**20** 편위수정(偏位修正 : rectification)에 의하여 1/25,000축척의 지도제작을 하는 경우에 허용되는 최대 비고(比高 : height difference)는?(단, 촬영 카메라의 화면거리는 150mm 항공사진 축척은 1/50,000 지도 제작범위는 1/50,000 사진의 사진 중심점에서 6cm 이내 완성도(完成圖)상에서 최대 오차는 0.4 mm 편위수정은 평균표고면(平均標高面)을 기준으로 실시함)

basic surveying

Chapter 16

# 원격탐사

Remote Sensing

## 01 원격탐사(遠隔探査 : remote sensing)의 개요

### (1) 정의

원격탐사(Remote Sensing)라는 용어는 1960년대 초반 항공사진으로부터 지상의 대상 물체에 대한 각종 정보를 추출하던 시절부터 사용되기 시작하였으며, 이후 다양한 사람들에 의하여 다양한 정의가 내려져 왔다.

#### 1) 넓은 의미에서의 원격탐사

"물체에 대한 직접적인 접촉이 없이 그 물체에 대한 정보를 수집하는 과정"으로서 정의된다. 그러나 이러한 정의는 매우 넓은 의미에서의 원격탐사로서, 이와 같은 정의에 근거하면 너무나 많은 종류의 비접촉식 관측 및 분석 행위가 원격탐사의 범주에 포함되게 된다.

#### 2) 좁은 의미로서 원격탐사

원격탐사란 항공기나 인공위성 등에 탑재된 스캐너 등의 장비들을 이용하여 대상 물체나 지역으로부터 반사 혹은 방사되는 전자파 스펙트럼의 광학 및 극초단파 파장 대역의 에너지를 영상 자료의 형태로서 측정하고 분석함으로써 대상 물체에 대한 정보를 도출하고자 하는 과학 기술을 말한다. 원거리에서 대상물과 현상에 관한 정보를 해석함으로써 자원 및 환경문제를 해결하는 학문 즉, 비행기, 인공위성 등의 플랫폼(platform)에 탑재된 탐사기를 사용하여 지표의 대상물에서 반사 또는 방사된 전자 스펙트럼을 측량하고 이들의 자료를 이용하여 대상물이나 현상에 관한 정보를 얻는 기법을 말한다.

그림 17.1 원격탐사의 처리과정

### (2) 원격탐사의 종류

원격탐사는 크게 자연 발생의 전자파 에너지를 이용하는 수동형 원격탐사와 인공적으로 발생시킨 전자파 에너지를 이용하는 능동형 원격탐사로서 나누어진다.

#### 1) 수동형 원격탐사(passive remote sensing)

① **의미** : 자연 발생의 전자파 에너지를 이용하는 원격탐사의 종류이며 수동형 원격탐사를 광학 파장 대역의 전자파 에너지를 측정한다고 해서 광학 원격탐사(optical remote sensing)라고도 한다.

② **전자파에너지의 종류** : 수동형 원격탐사에서는 태양 및 지구에서 방사되는 전자파 에너지중 광학 파장 대역(optical wavelength) 전자파 에너지가 측정되며, 여기에는 자외선, 가시광선, 그리고 적외선이 포함된다.

#### 2) 능동형 원격탐사(active remote sensing)

① **의미** : 능동형 원격탐사는 인공적으로 발생시킨 극초단파(microwave) 전자파 에너지를 안테나를 이용하여 지표면을 향하여 보낸 후, 지표면으로부터 반사되어 되돌아오는 전자파 에너지의 경과 시간과 세기를 측정함으로써 지표면에 대한 영상 자료를 얻는다. 능동형 원격탐사는 극초단파 원격탐사(radar remote sensing) 혹은 레이더 원격탐사라고 한다.

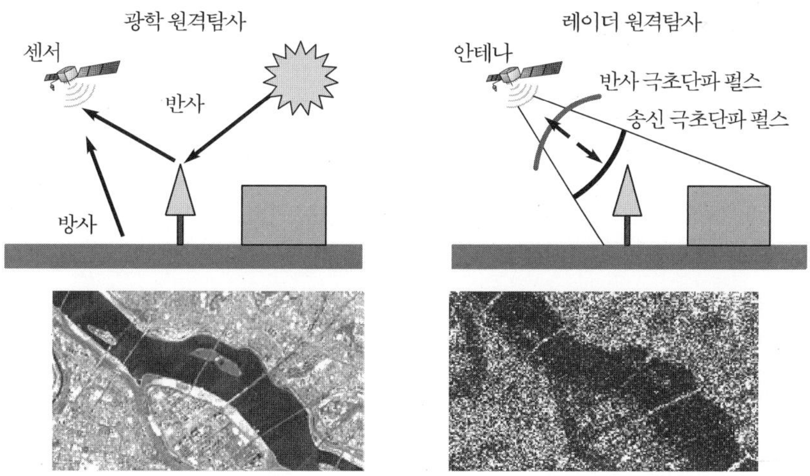


광학 위성 영상　　레이더 위성 영상

**그림 17.2 원격탐사의 종류와 영상획득원리(서울 여의도부근)**

② 장점

㉠ 수동형 원격탐사와는 달리 구름으로 가려진 부분에 대해서도 볼 수 있다.

㉡ 야간에도 영상을 획득하는 것이 가능하다는 장점을 가지고 있다.

③ 단점

㉠ 능동형 원격탐사를 통해 제공되는 영상은 인간의 시각을 통하여 인식되는 영상과는 그 특징이 달라 활용에 어려움이 있다.

㉡ 장치 구조가 복잡하고 레이더 신호를 이용해 영상을 만들어 내는 과정이 복잡하며, 에너지 소모가 심하여 위성의 수명이 짧다.

### (3) 원격 탐사의 특징

1) 짧은 시간내 넓은 지역을 동시에 측량할 수 있으며 반복 측량이 가능하다.
2) 센서(sensor)에 의한 지구표면의 정보획득이 용이하며 측량자료가 수치 기록되어 판독이 자동적이고 정량화가 가능하다.
3) 관측이 좁은 시야각으로 행하여지므로 얻어진 영상은 정사투영상에 가깝다.
4) 탐사된 자료가 즉시 이용될 수 있으며 재해 및 환경문제 해결에 편리하다.
5) 회전 주기가 일정하므로 원하는 지점 및 시기에 관측하기가 어렵다.

## 02 원격탐사의 원리

### (1) 전자파 스펙트럼

원격탐사는 물체가 그 물리적 특성과 환경에 따라 서로 다른 전자파 방사/반사 특성을 나타내는 점을 이용한다. 따라서 원격탐사 영상을 올바르게 이해하고 분석하기 위해서는 전자파의 특성 및 물질과의 상호 작용에 대한 이해가 필요하다.

#### 1) 전자파 스펙트럼의 분류

① 전자파는 그 파장에 따라 순서대로 $\gamma$선, $X$선, 자외선, 가시광선, 적외선, 극초단파, 전파 등으로 나누어진다.

② **광학 원격탐사에서 사용되는 전자파** : 자외선($0.3 \sim 0.4\mu$m), 가시광선($0.4 \sim 0.7\mu$m), 적외선($0.7 \sim 14\mu$m) 파장대가 사용된다.

③ 레이더 원격탐사에서 사용되는 전자파 : 극초단파(1mm ~ 1m)가 사용되며 그 파장에 따라 Ka, K, Ku, X, C, L 밴드 등으로 불린다.

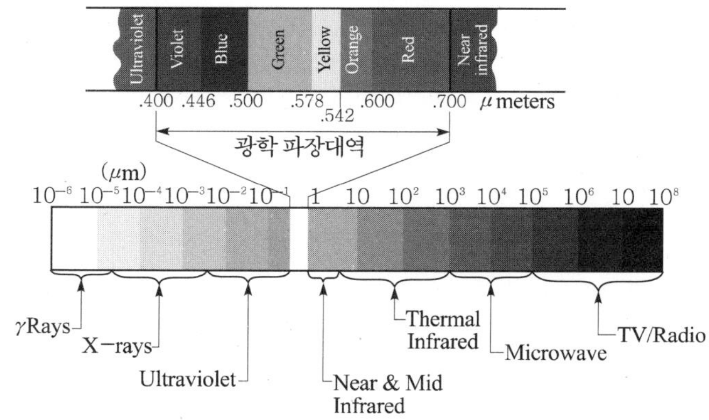


그림 17.3 전자파 스펙트럼

2) 전자파의 의미와 활용분야

① 가시 및 반사 적외 파장대(근적외선, 중간적외선)의 전자파 : 태양이 그 발생원으로서 지표대상물에서 반사되는 정도가 원격탐사에서의 측정 대상이 된다.

② 열적외 파장대의 전자파 : 대상물 자체의 온도와 복사율에 의하여 그 크기가 결정되며,

**표 17.1 원격탐사에서 사용되는 전자파 대역별 활용분야**

| 전자파 | | 파 장 | 활용분야 |
|---|---|---|---|
| 가시광선 | 파랑색 | 0.4~0.5 μm | 연안수역조사 – 토양과 식생지역 구분<br>산림종류 식별 – 인공지물 탐지 |
| | 초록색 | 0.5~0.6 μm | 식생 활력도 조사 – 인공지물 탐지 |
| | 빨강색 | 0.6~0.7 μm | 식물 종류 구분 – 토양/지질 조사<br>인공지물 탐지 |
| 적외선 | 근적외선 | 0.7~1.3 μm | 식생활력도조사 – 육지와 수역 구분<br>경작지 조사 – 토양과 식생지역 구분 |
| | 중간적외선 | 3.0~8.0 μm | 암석/지질 조사 – 토양 조사<br>토양/식생의 수분 함유 정도 |
| | 열적외선 | 8.0~14 μm | 식생 활력도 조사 – 지열 조사<br>표면 온도분포 조사 – 온배수 조사 |
| 극초단파 | | 1cm ~1m | 토양수분함유량 – 식생분포 – 지질조사 |

따라서 열적외 원격탐사를 통해서 대상물의 온도 및 복사율에 대한 정보를 얻을 수 있다. 많은 해양 관측위성들은 열적외선 센서를 탑재하고 있으며, 이러한 위성 영상들을 이용하여 해수면 온도에 대한 정보를 도출한다.

③ 극초단파의 반사는 대상물의 기하학적 특징과 표면 거칠기, 그리고 유전율에 의하여 그 세기가 결정된다. 유전율은 수분 함유량과 관계되므로 레이더 원격탐사를 통하여 토양의 수분 함유 정도에 대한 정보를 도출할 수도 있다. 극초단파는 구름이나 강우를 통과하므로, 레이더 원격탐사는 기상 조건에 관계없이 지구 표면에 대한 영상을 얻을 수 있다는 장점을 가지고 있다. 실제로 레이더 원격탐사는 열대 우림과 같이 늘 구름에 덮여 있을 뿐만 아니라 접근이 매우 어려운 지역에 대한 지리정보를 획득하는 매우 유용한 도구로 사용되고 있다.

## (2) 원격탐사 영상의 해상도

원격탐사 영상 자료는 공간 해상도, 분광 해상도, 방사 해상도, 그리고 주기 해상도의 4가지의 해상도에 의하여 그 특징이 결정된다. 이러한 해상도들은 활용 목적에 적합한 영상 자료를 선택하는 기준이 된다.

### 1) 공간 해상도(spatial resolution)

① 의미 : 공간해상도는 원격탐사 센서 시스템에 의하여 서로 다른 두 물체로서 구별될 수 있는 최소 거리를 의미하나 실제로는 영상 자료의 한 화소가 나타내는 지표면의 넓이로서 표현된다.

② 예 : 공간 해상도가 10m×10m라 함은 영상 자료의 한 화소가 나타내는 지표면의 넓이가 10m×10m임을 의미한다.

③ 중요도

㉠ 축척을 결정

예 공간 해상도가 5m×5m인 경우 약 1 : 10,000 축척의 지도를 활용하는 분야에 이용될 수 있으며, 공간 해상도가 10m×10m인 영상 자료의 경우 약 1 : 25,000 축척의 지도를 활용하는 응용 분야에의 활용이 가능하다.

㉡ 응용 분야 및 목적에 적합한 영상 자료를 선택하는데 있어 매우 결정적인 역할을 한다.

4 meter × 4 meter　　　　16 meter × 16 meter

**그림 17.4 원격탐사 영상의 공간해상도에 따른 식별력의 차이**

### 2) 주기 해상도(temporal resolution)

① **의미** : 특정 지역에 대하여 얼마나 자주 영상 자료를 획득할 수 있는 지를 나타낸다.

② **최근의 특징** : 최근의 위성들에 탑재되어 있는 원격탐사 센서 시스템들은 좌우로 기울여 영상을 획득할 수 있는 기능을 가지고 있어 주기 해상도가 매우 향상되고 있다

③ 각종 원격탐사 위성들의 공간 해상도 및 주기 해상도

**표 17.2 원격탐사 위성의 공간해상도 및 주기해상도**

| 원격탐사 위성 | 공간 해상도(m) | 주기 해상도(일) |
|---|---|---|
| Landsat TM | 15/30/60 | 16 |
| Kompsat | 6.6 | 28 |
| SPOT | 10/20 | 26 |
| IRS | 5.8 | 3 |
| IKONOS | 1/4 | 1~3 |
| QuickBird | 0.82/3.2 | 1~4 |

### 3) 분광 해상도(spectral resolution)

① **의미** : 분광해상도는 원격탐사 시스템의 센서가 얼마나 좁은 파장 대역의 전자파 에너지를 측정할 수 있는가를 나타내나, 흔히 밴드가 몇 개인가로서 나타낸다.

② **활용** : 밴드가 3개 이상인 영상은 색합성을 통하여 칼라영상으로의 표현이 가능하여 밴드가 1개인 흑백영상에 비하여 보다 많은 정보를 포함한다.

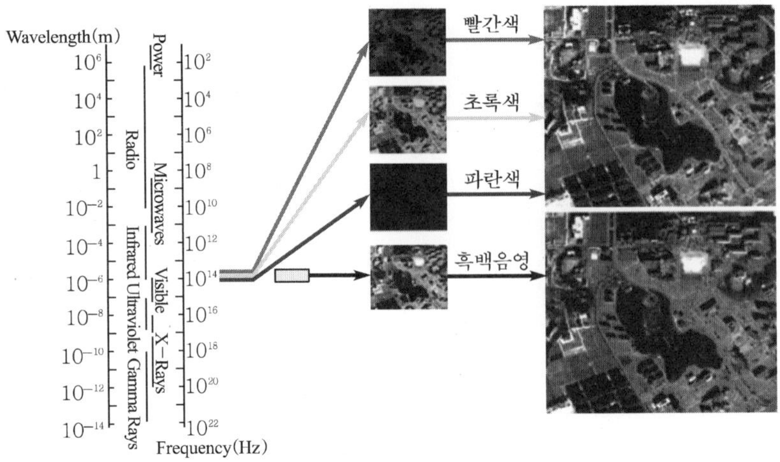


그림 17.5 분광 해상도

4) 방사 해상도(radiometric resolution)

① 의미 : 원격탐사 시스템의 센서가 얼마나 작은 신호의 크기 차이를 구별할 수 있는가를 나타낸다. 최근에는 대부분의 영상 자료가 수치 자료로서 획득되므로 하나의 화소의 값을 나타내는데 사용되는 비트(bit)의 수로서 방사 해상도를 표현한다.

② 각 위성의 방사해상도

㉠ Landsat TM 센서의 경우 방사 해상도는 8 bit로서 화소값은 0 ~ 255의 범위를 가짐

㉡ IKONOS 영상의 경우 방사 해상도는 11 bit로서 화소값은 0 ~ 2047의 범위로서 기록된다.

③ 활용 : 방사해상도가 11 bit인 영상에서는 8 bit 영상에 비하여 밝기나 색의 미세한 차이가 식별될 수 있다.

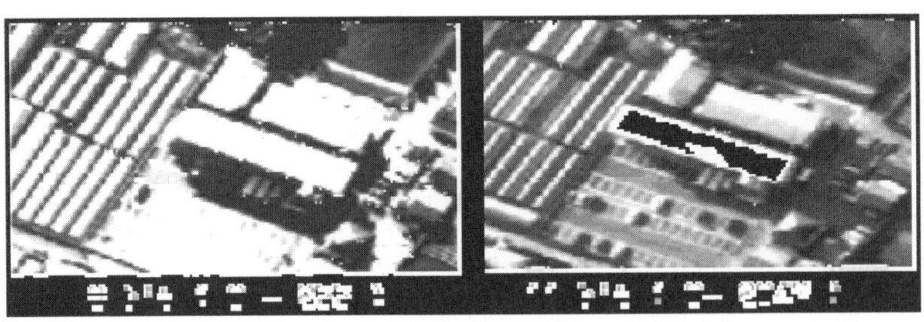

그림 17.6 Landsat TM 영상과 IKONOS 영상의 비교

# 03 위성영상

## 1. 위성영상의 종류

원격탐사용 위성은 그 궤도와 탑재 센서 등에 의하여 구분된다. 대부분의 기상 위성은 수만 km 상공의 정지 궤도에 위치하여 일정 지역을 상시 관측하며, 그 외의 대부분의 지구관측 위성들은 수백 km 상공의 극궤도를 따라 운행되며 지구 표면을 관측한다.

### 1) Landsat 위성

- Landsat 위성은 미국이 1972년 세계 최초로 발사한 본격 지구관측 위성으로서, 인공위성에 의한 원격탐사의 시초가 되었다. 현재 7호까지 발사되었으며, 6호는 발사에 실패하여, 최근까지도 5호와 7호가 운용되어 왔으나, 2001년 초 5호의 수명이 다하여 현재는 7호만이 운용되고 있다.
- Landsat 5호까지의 위성에 탑재되어 왔던 TM(Thematic Mapper) 센서는 가시광선으로부터 열적외선에 이르는 파장대에 대하여 7개의 밴드 자료를 제공하며, 열적외 밴드인 밴드 6은 그 해상도가 120m × 120m 이며, 그 이외의 밴드들은 30m × 30m 의 공간해상도를 제공한다.
- 7호 위성에는 공간해상도가 향상된 ETM(Enhanced Thematic Mapper) 센서가 탑재되어 있어, 열적외 밴드의 경우 60m × 60m, 그리고 그 외의 밴드에 대하여는 30m × 30m 의 공간해상도를 제공하며, Panchromatic 모드에 의하여 15m × 15m 공간해상도의 흑백 영상자료가 제공된다. 위성의 고도는 705km, 관측 주기는 16일, 관측폭은 185km × 185km 이다.

**표 17.3** Landsat 7호 위성 ETM 센서의 7개 밴드별 파장대역

| 밴드1 | 밴드2 | 밴드3 | 밴드4 | 밴드5 | 밴드6 | 밴드7 |
|---|---|---|---|---|---|---|
| 파란색영역 | 초록색영역 | 빨간색영역 | 근적외선 | 중간적외선 | 열적외선 | 중간적외선 |
| 0.46~0.61 (μm) | 0.52~0.60 (μm) | 0.63~0.69 (μm) | 0.75~0.90 (μm) | 1.55~1.75 (μm) | 10.4~12.5 (μm) | 2.09~2.35 (μm) |

### 2) SPOT 위성

- 프랑스에 의하여 1986년 2월에 최초로 발사된 위성으로서 현재 5호 위성까지 발사되어 있다. SPOT4호 위성까지는 HRV(High Resolution Visible)이라는 센서가 탑재되어 왔

으며, 멀티스펙트럴 모드(XS Mode)와 팬크로매틱(Pan)의 2개의 모드를 가지고 있어 XS의 경우 20m×20m, Pan의 경우 10m×10m의 공간 해상도를 가지는 영상 자료를 제공한다. SPOT 4호 위성에는 중간 적외선 밴드가 추가된 HRVIR(High Resolution Visible and Infrared) 센서가 탑재되어 있다. Landsat 위성의 TM센서가 주사경의 회전에 의한 주사 방식(whiskbroom type scanner)을 채택하고 있는데 반해 SPOT 위성의 HRV 센서는 선형 CCD를 이용하는 주사 방식(pushbroom type scanner)을 채택하고 있다. 뿐만 아니라 경사 관측이 가능하여 한 지역에 대한 스테레오 영상의 획득이 가능하므로 입체시효과를 이용한 표고 자료 추출을 위하여 활발히 활용되고 있다. 위성의 고도는 832km, 관측주기는 26일, 그리고 관측폭은 60km×60km이다.

- SPOT 5호 위성은 2002년 5월 4일에 발사되어 현재 운영중이며, 공간해상도를 향상시킨 HRG(High Resolution Geometry) 센서 2대를 탑재하고 있어 최대 2.5m 공간해상도의 흑백영상과 가시광선과 근적외선 영역의 3개 밴드를 가지는 10m 해상도의 다중분광 영상 및 20m 해상도의 중간적외선 영역 영상을 제공한다.

**표 17.4** SPOT 5호 위성 HRG 센서의 밴드별 파장대역

| 밴드1 | 밴드2 | 밴드3 | 밴드4 |
|---|---|---|---|
| 초록색영역 | 빨간색영역 | 근적외선영역 | 중간적외선영역 |
| 0.50~0.59<br>(μm) | 0.61~0.68<br>(μm) | 0.78~0.89<br>(μm) | 1.58~1.75<br>(μm) |

### 3) IRS 위성

IRS위성은 인도에 의하여 발사된 원격 탐사용 위성으로서 1988년도에 IRS-1A가 발사된 후 1991년도에 IRS-1B, 1995년도에 IRS-1C, 그리고 1997년도에 IRS-1D가 발사되었다. IRS-1A와 IRS-1B에는 파랑, 초록, 빨강, 근적외의 4개의 밴드를 가지고 있는 LISS (Linear Imaging Selfscanning Sensor) 센서가 탑재되어 있다. LISS-I 센서는 72.5m×72.5m의 공간해상도를 제공하며, LISS-II 센서는 36.25m의 공간해상도를 제공한다. IRS-1C와 IRS-1D 위성은 LISS-III 센서가 탑재되어 있으며, 이 센서는 초록, 빨강, 근적외, 그리고 중간 적외의 4개 밴드 자료를 제공한다. 공간해상도는 중간 적외 밴드 자료는 70m, 그 나머지는 23m이다. 또한 Panchromatic 센서가 탑재되어 있어 5.8m 해상도의 흑백 영상을 제공한다. 위성의 고도는 약 820km이며, 관측폭은 약 70km×70km이다.

표 17.5 IRS 위성 LISS 센서의 밴드별 파장대역

| 밴드1 | 밴드2 | 밴드3 | 밴드4 |
|---|---|---|---|
| 초록색영역 | 빨간색영역 | 근적외선영역 | 중간적외선영역 |
| 0.52~0.59 (μm) | 0.62~0.68 (μm) | 0.77~0.86 (μm) | 1.55~1.70 (μm) |

4) KOMPSAT 위성

우리나라에 의하여 1999년 12월 발사된 KOMPSAT 위성은 원격 탐사 센서로서, EOC (Electro-Optical Camera)와 OSMI(Ocean Scanning Multi-spectral Imager)의 두 센서를 탑재하고 있다. EOC는 6.6m의 공간해상도를 가지는 단일 밴드 영상을 제공하며, OSMI는 해양 관측용 센서로서 1km의 공간해상도를 가지고 있으며 6개 밴드중 4개 밴드를 선택하여 영상을 생성할 수 있다. EOC 는 0.51μm ~ 0.73μm 대역의 전자파 에너지를 측정하며, 위성체를 최대 ±45°까지 기울여 관측할 수 있어 입체시 영상에 의한 표고 추출의 응용이 가능하다. 현재 2004년 발사를 목적으로 2호 위성이 제작중에 있으며, 이 위성에는 MSC (Multi-Spectral Camera) 센서가 탑재될 예정이다. MSC 센서는 1m 공간해상도의 단일 밴드 영상과, 다중 분광 영상으로서 4m 해상도의 영상을 획득한다. 위성의 고도는 685km, 관측폭은 17km이다.

5) IKONOS 위성

1999년 9월 미국의 Space Imaging 사에서 발사한 세계 최초의 상업용 위성으로서 1m 공간해상도의 흑백 영상과 4m 해상도의 다중 분광 영상 자료를 제공한다. 센서와 위성체의 회전을 통한 입체시 영상의 획득이 가능하여 수치 표고 자료의 추출이 가능하도록 설계되어 있다. IKONOS 위성은 특히 해상도의 한계로 대축척 지도 제작이 불가능했던 위성 영상 지도 제작 분야의 비약적인 발전과 응용을 유발하였다. 위성의 고도는 681km, 관측주기는 약 2일, 그리고 관측폭은 11km이다.

표 17.6 IKONOS 위성 Multispectral 센서의 4개 밴드별 파장대역

| 밴드1 | 밴드2 | 밴드3 | 밴드4 |
|---|---|---|---|
| 파란색영역 | 초록색영역 | 빨간색영역 | 근적외선 영역 |
| 0.45~0.51 (μm) | 0.52~0.60 (μm) | 0.63~0.69 (μm) | 0.75~0.90 (μm) |

6) RADARSAT 위성

- 캐나다 CSA(Canadian Space Agency)에 위해 개발된 첫 번째 원격탐사 위성으로서 1995년 11월 4일 1호가 발사되었으며 5.3 GHz의 극초단파를 이용하여 영상을 생성하는 SAR 센서가 탑재되어 있는 레이더 원격탐사용 위성이다. 다양한 관측 모드를 통하여 여러 가지 해상도의 레이더 영상을 제공하며 현재 최대 8m의 공간해상도를 제공하고 있다. 2003년 3m의 공간해상도를 가진 센서가 탑재된 2호 위성이 발사될 예정으로 있다.
- RADARSAT은 레이더 원격탐사용 위성으로서 시간과 기상조건에 관계없이 영상을 생성할 수 있는 능력을 가지고 있어 홍수, 산불, 태풍 등 광학 원격탐사 영상의 활용이 불가능한 여러 분야에 활용이 가능하다. 특히, 레이더 간섭현상을 이용한 지표 고도에 대한 정보의 추출이 가능하여 지형, 지질, 산림, 빙하 등에 대한 조사 연구에 활발히 이용된다.

## (2) 위성영상의 분석

### 1) 영상의 강조

영상 자료의 효과적 육안 분석을 위해서는 분석 목적에 따라 분석자가 영상 자료의 각종 특징들을 보다 정확히 인식할 수 있도록 가공해주어야 할 필요가 있다. 이러한 가공을 영상 강조(image enhancement)라고 한다. 영상 강조는 분석자가 영상 자료의 내용을 시각적으로 쉽게 파악할 수 있도록 해주는데 그 목적이 있으며 대비 신장(contrast stretch), 공간 필터링(spatial filtering), 색합성(color composite) 등이 있다.

① 대비 신장

㉠ **의미** : 분석자가 영상의 특징을 보다 쉽게 인식하게 하기 위하여 영상의 밝기나 대비를 조절하는 과정을 말한다.

㉡ **활용의 예** : 많은 경우에 원시 위성 영상 자료는 고유의 방사 해상도에 따른 화소값의 범위에 비하여 좁은 영역에 분포한다. 즉, 예를 들어 8bit의 방사 해상도를 가지는 영상 자료의 경우 가능한 최소값과 최대값은 각각 0과 255이나 실제 화소값들은 대부분 50과 150사이의 값을 가지고 있는 경우가 많다. 이 때 만일 화소값을 그대로 화면의 밝기로서 나타낸다면 영상이 매우 어둡게 나타나게 된다. 이때 만일 특정 변환식을 통하여 50의 화소값을 0의 밝기로, 그리고 150의 화소값을 255의 밝기로서 화면에 나타낸다면 훨씬 인식하기 좋은 상태의 영상으로서 나타날 것이다.

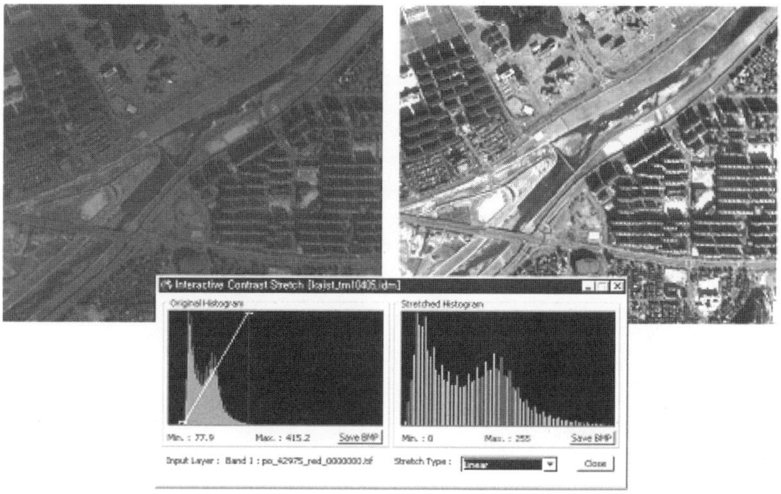


그림 17.7 대비 신장(contrast stretch)에 의한 영상 강조

② 공간 필터링

- 의미 : 원래의 영상 자료에 필터 함수를 적용시켜 보다 개량된 영상 자료를 얻는 과정을 말하며, 영상을 더욱 선명하게 보이게 하거나, 경계를 두드러지게 보이도록 하기 위해 흔히 사용된다. 공간 필터링은 대개 매트릭스 연산자를 국소적으로 중첩 연산 시킴으로써 이루어 진다.

| | | | | |
|---|---|---|---|---|
| 120 | 121 | 131 | 132 | 131 |
| 121 | 122 | 120 | 131 | 132 |
| 122 | 121 | 132 | 131 | 132 |
| 120 | 121 | 131 | 132 | 131 |
| 120 | 121 | 121 | 130 | 132 |

| | | |
|---|---|---|
| 0 | −1 | 0 |
| −1 | 5 | −1 |
| 0 | −1 | 0 |

| | | | | |
|---|---|---|---|---|
| 120 | 121 | 131 | 132 | 131 |
| 121 | 127 | 84 | 140 | 132 |
| 122 | 110 | 157 | 128 | 132 |
| 120 | 112 | 149 | 137 | 131 |
| 120 | 121 | 121 | 130 | 132 |

그림 17.8 공간필터링의 개념

③ 칼라 표현

- 영상 자료를 칼라로 표현함으로써 보다 효율적으로 영상을 육안 분석할 수 있다. 영상 자료를 칼라영상으로서 나타내는 방법에는 색상 테이블을 이용하여 단일 밴드 자료를 칼라 영상으로서 나타내는 의사색(pseudo color) 표현 방법과 세 개 밴드 자료를 각각 RGB 등의 원색에 할당하여 색합성(color composite)시키는 방법이 있다.

그림 17.9 색합성에 의한 다중 분광 영상 자료의 칼라 표현

2) 영상의 보정

① 영상의 기하보정 : 원격탐사 영상에는 다양한 원인에 의한 기하학적 왜곡이 포함되어 있다. 영상 자료의 기하 보정이란 영상 자료에 포함되어 있는 기하학적 왜곡을 제거하는 과정을 말한다.

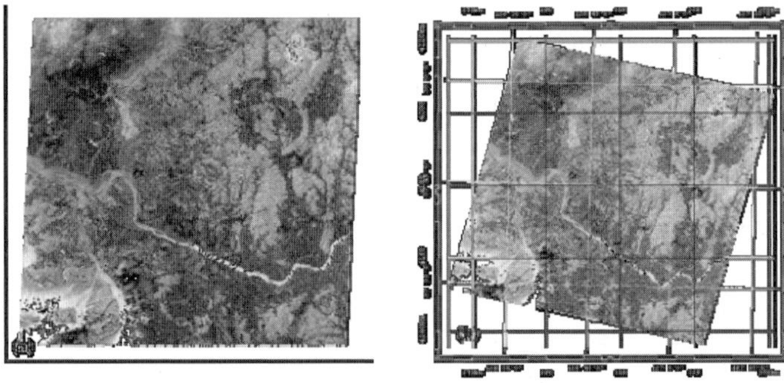

그림 17.10 기하보정 전 영상(a)와 기하 보정 후의 영상(b)

② 영상의 정사보정 : 위성 영상 자료는 기본적으로 중심투영 방식으로 획득되기 때문에 지표나 지물의 고도에 의한 평면위치 오차가 포함되어 있다. 이와 같이 중심투영 방식에 따른 고도 차이에 의한 평면 위치 오차를 보정하여 정사투영된 영상의 형태로 변환하는 과정을 정사보정이라고 한다.

**그림 17.11 정사 보정전 영상과 정사 보정후 영상의 비교**

3) 영상의 분류

① **의미** : 영상 자료의 분류(classification)는 영상 자료에 포함된 여러 가지 대상물들을 종류별로 구별하여 인식하기 위하여 유사한 특징을 보이는 화소들을 하나의 항목으로 지정하는 과정을 말한다. 이러한 항목을 분류 항목(class)이라고 하며, 대개 화소의 분광적 특징이 분류의 기준이 된다.

② **활용** : 토지피복도(Land Cover Map)는 위성영상의 분류를 통해서 생성될 수 있는 가장 일반적인 주제도(Thematic Map)중 하나이며, 토지피복도는 피복 종류별 토지 이용 현황에 대한 후속 조사 작업을 통하여 토지이용도(Land Use Map)로 발전될 수 있다.

③ 무감독 분류(군집화)

㉠ **의미** : 컴퓨터를 이용하여 자동적으로 유사한 특징의 화소들을 그룹화하는 기법

㉡ **유형** : 무감독 분류는 일종의 영상 분할(Segmentation) 과정으로서, 순차적 군집화(Sequential Clustering), K-평균(K-Means), 그리고 ISODATA 등의 방법이 있다. 무감독 분류에서는 분류 항목을 지정하지는 않으나, 군집의 최대 개수, 군집의 최대 반경 및 군집간 최소 거리 등영상 화소들을 그룹화하기 위하여 필요한 입력 변수들이 요구 된다.

④ 감독 분류

㉠ **의미** : 감독 분류는 분류 항목 및 각 분류 항목별 교사 자료(training data)를 분석자가 지정하고, 교사 자료의 특징을 기준으로 영상 자료를 분류하는 방법이다.

㉡ **과정** : 감독 분류에서는 분석자에 의하여 사전에 분류 항목 및 각 분류 항목별 교사 자료(training data)가 선정되며, 선정된 교사 자료의 특징을 근거로 하여 각 화소가 어떤 교사 자료와 가장 유사한지를 판별 함으로서 영상 자료에 대한 분류가 수행된다. 따라서 분류를 위해서는 영상 자료를 분석하여 분류 항목을 우선 설정하여야 하며, 설정된 분류 항목별 교사 자료를 선정해 주어야 한다.

**그림 17.12 무감독 분류 과정과 결과 예**

㉢ 유형 : 어떤 화소가 어떤 교사 자료와 가장 유사한 지를 판별하는 기준에 따라 서 최소거리법(Minimum Distance), 평행사변형법(Parallelipiped), 최대우도법(Maximum Likelihood), 분광각도법(Spectral Angle Mapper), 인공신경망법(Neural Network) 등의 방법으로 구분된다.

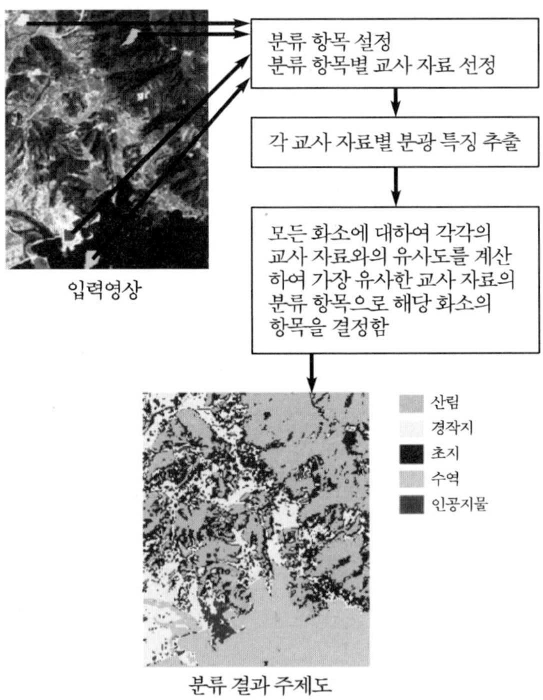


**그림 17.13 감독 분류의 개념과 원리**

#### 4) 영상의 활용

원격탐사 영상으로부터 얻어질 수 있는 정보의 종류는 매우 다양하여, 각종 주제 지도 제작, 산림 조사, 지질 조사, 농산물의 경작 상태 및 규모 파악을 통한 수확량 예측, 자연 생태 조사 등 다양한 목적으로 활용되고 있다. 또한, 최근에는 위성 영상이 상업적으로 판매되고 있어 누구든 간단한 개념과 원리의 이해를 통해서 지구 환경과 관련된 관련 정보를 얻는 것이 가능해졌다. 특히, 인공위성은 지구 주변을 반복해서 회전하면서 지구를 관측하므로, 넓은 지역에 대한 정보를 신속히, 그리고 주기적으로 관찰해야 할 필요가 있을 때 매우 유용한 도구로서 활용될 수 있다.

## 연습문제

**01** 원격탐사 영상 중 2개의 밴드를 이용하여 4개의 분류항목으로 트레이닝을 실시하고 최단거리결정규칙을 적용했을 때 화소값(132, 225)는 어떤 분류항목에 할당해야 하는가?

> 각 분류 항목의 평균벡터는 다음과 같다
> - 나대지 : (43, 56)
> - 식생지대 : (75, 134)
> - 인공구조물 : (110, 179)
> - 결빙된 호수 : (196, 250)

**02** 어떤 지상물체의 분광반사율(Albedo)이 57%라고 가정할 때 임의의 전자기복사에너지 파장대에서 그 지상물체에서 반사되는 복사에너지가 $15.3\,\mathrm{Wm^{-2}sr^{-1}}$이었다면 이 지상물체로 입사되는 총 복사에너지는 얼마인가?

**03** 다음 표는 영상 분류 오차 행렬(Classification Error Matrix)이다. PCC(Percent Correctly Classified) 지수는 얼마인가?

| | | 참조데이터 | | | | 총계 |
|---|---|---|---|---|---|---|
| | | $A$ | $B$ | $C$ | $D$ | |
| 표본 데이터 | $A$ | 1 | 2 | 0 | 0 | 3 |
| | $B$ | 0 | 5 | 0 | 2 | 7 |
| | $C$ | 0 | 3 | 5 | 1 | 9 |
| | $D$ | 0 | 0 | 4 | 4 | 8 |
| 총계 | | 1 | 10 | 9 | 7 | 27 |

## 참고문헌

1. 이석찬, 표준 측량학, 선진문화사, 1989
2. 안철수 외 1인, 일반 측량학, 문운당, 1991
3. 백온기, 측량학, 청문각, 1988
4. 유복모, 측량학, 동명사, 1992
5. 조태용 외 2인, 측량학, 구미서관, 1996
6. 양인태 외 10인, 현대 측량학, 진영사, 2000
7. 이재기 외 2인, 측량학 Ⅰ, 형설출판사, 2002
8. 유복모, 측량학 원론(Ⅰ)(Ⅱ), 개문사, 1990
9. 유복모, 지형공간정보론, 동명사, 1994
10. 유복모, 측량공학 5판, 2005
11. 조규전,  측량정보공학, 양서각, 2004
12. 국토연구원 GIS교육센터, GIS교재 Ⅰ, Ⅱ, 2003
13. 한승희, 공간정보공학, 구미서관, 2013
14. 박성규, 측량및지형공간정보 특론, 2010
15. 차득기, GPS측량이해, 성림출판사, 2006
16. 이강원 외 1인, GIS용어 해설집, 구미서관, 1999
17. 최종근, 공간정보모델링, 구미서관, 2002
18. 김욱남, 21C지적측량학, 신성출판사, 2007
19. 정영동, 측량용어해설, 구미서관, 1998
20. 조태용, 측량학문제해설, 구미서관, 1999
21. 이석찬 외 2인, 기준측량연습, 선진문화사, 1982
22. 土性淸方, 測量士補受驗必携上, 弘文社, 昭化54
23. 土性淸方, 測量士補受驗必携下, 弘文社, 昭和54
24. 中村英夫 외 1인, 測量學, 技報堂, 1981
25. 坪川家抗 외 1인, 測童學序說, 山海堂, 1968
26. ACSM, GIS/US Proceeding : Volume 1, ACSM, 1991
27. ACSM, GIS/LIS Proceeding : Volume 2, ACSM, 1989
28. ASPRS, Proceedings of Geographic Informations Systems Workshop, ASPRS, 1986

29. ESRI, PC understanding GIS, ESRI, 1991
30. ERDAS Field Guide ERDAS INC, 1981
31. Thomas, M, Lillesand, Remote Sinsing And Image Interpretation, WILEY, 1989
32. Willam, J, Ripple, Fundamental of Geographic Information Systems, ASPRS, 1989
33. Wichman, Digital Photogrammetry System Prazis Druck, 1991
34. Y. Leong, Spatial Analysis and Planning Under Imprecision, North. Holland, 1988
35. Lord Chorley, Handing Geographic Information Grown, 1987
36. A. D. Cliff, Spatial Autocorrelation Pion Limited, 1973

## 찾아보기

## 저자 소개

**김성규** 연성대학교 토목환경과 교수
**이진녕** 신구대학교 지적부동산학과 겸임교수
**김동현** 동양대학교 철도건설안전공학과 교수
**김용석** 동아대학교 조경학과 교수
**박병수** 강원도립대학 건설지적토목과 교수
**양승룡** 여주대학교 토목방재과 교수
**엄재구** 우송대학교 철도건설시스템학부 겸임교수
**이동락** 창신대학교 토목공학과 교수



(제2판) **기본측량학** **정가 20,000원**

저자 : 김성규 · 이진녕 · 김동현 · 김용석 · 박병수 · 양승룡 · 엄재구 · 이동락

발행인 : 임해진
발행처 : 도서출판 구미서관

발행 : 2014년 8월 27일 초 판
2022년 2월 14일 제2판 1쇄
2023년 2월 15일 제2판 2쇄

등록 : 1979년 6월 29일 No.9-6호

주소 : 서울시 마포구 신촌로 2길 5-15 구미빌딩
전화 : 02-333-1101
팩스 : 02-335-2201
**http://www.goomibook.com**

ISBN : 979-11-6257-201-6 (93530)